智能制造领域高素质技术技能人才培养系列教材

FANUC 工业机器人离线编程与应用

黄　维　余攀峰　孙　敏　李　燕　李菁川　林　谊　朱本旺　编著

王　军　主审

机械工业出版社

本书以上海发那科机器人有限公司基础编程和 ROBOGUIDE 离线编程培训标准为基础，对接“1+X”工业机器人操作与运维职业技能等级证书中级标准，内容包括 FANUC 工业机器人系统组成、工业机器人 TP 程序示教、ROBOGUIDE 离线仿真动画应用、工业机器人与外围设备 I/O 通信、工业机器人以太网通信、KAREL 程序编程及工业机器人维护等。

本书在“学银在线”“超星学习通”平台上配有在线课程，提供微课、电子课件、在线题库等丰富的教学资源，并针对行业发展持续更新和优化模块化教学项目，利于展开线上线下混合式教学，综合培养学生的专业精神、职业精神及工匠精神。

本书可作为职业院校、应用型本科机电设备类、自动化类的工业机器人课程教材，也可作为社会培训及行业从业人员的参考用书。

为方便教学，本书配有免费电子课件、电子教案、微课、模拟试卷及答案、工程文件及习题答案等，凡选用本书作为授课教材的教师可登录 www.cmpedu.com 网站，注册后免费下载。若有问题，可联系编辑热线（010-88379564）。

图书在版编目（CIP）数据

FANUC 工业机器人离线编程与应用/黄维等编著. —北京：机械工业出版社，2020.8（2025.2 重印）
智能制造领域高素质技术技能人才培养系列教材
ISBN 978-7-111-66131-3

Ⅰ.①F… Ⅱ.①黄… Ⅲ.①工业机器人-程序设计-教材 Ⅳ.①TP242.2

中国版本图书馆 CIP 数据核字（2020）第 128718 号

机械工业出版社（北京市百万庄大街 22 号 邮政编码 100037）
策划编辑：冯睿娟 责任编辑：冯睿娟 杨晓花
责任校对：王 延 封面设计：鞠 杨
责任印制：郜 敏
北京富资园科技发展有限公司印刷
2025 年 2 月第 1 版第 12 次印刷
184mm×260mm · 17 印张 · 475 千字
标准书号：ISBN 978-7-111-66131-3
定价：54.00 元

电话服务 网络服务
客服电话：010-88361066 机 工 官 网：www.cmpbook.com
010-88379833 机 工 官 博：weibo.com/cmp1952
010-68326294 金 书 网：www.golden-book.com
 机工教育服务网：www.cmpedu.com

前 言

工业机器人是当前先进制造业的重点发展领域之一。随着工业机器人产业的迅猛发展，相关企业如雨后春笋般大量涌现，企业对工业机器人操作技能型人才的需求与日递增。

本书以 FANUC LR Mate 200iD 系列工业机器人及离线编程软件 ROBOGUIDE 为学习对象，利用智能制造中的数字化设计技术，有机结合离线编程软件与工业机器人现场编程技术，面向工业机器人行业岗位实际需求，以工业机器人典型生产项目为载体，系统性介绍工业机器人离线仿真动画设计、工业机器人操作及编程方法。本书为活页式教材，利于模块化教学及学习。

本书具有以下特点：

1. 内容深度产教融合，对接“1 + X”职业技能等级证书

本书以项目式教学设计作为框架，对接“1 + X”工业机器人操作与运维职业技能等级证书中级标准，结合上海发那科机器人有限公司基础编程以及 ROBOGUIDE 离线编程培训标准，由上海发那科机器人有限公司相关岗位技术人员全程参与教学项目设计，融入工业机器人行业新技术、新工艺、新规范，校企双元开发教学内容。借助配套的在线课程资源，学生可以学习使用 3D 打印机和激光切割机完成机器人外围设备制作，以“数字双胞胎”实现方式在 ROBOGUIDE 离线编程软件中完成工业机器人动画仿真及离线编程，通过 Simulation 功能下载程序并监控实体机器人，实现实体机器人与外围设备（如西门子 S7-1200 控制器等）的协同运行，可以满足学生多种学习情境下工学结合、理实一体化的学习需求，从而使学生全方位掌握发那科工业机器人的离线编程、现场调试及基本保养维护方面的知识技能。

2. 教学教法创新，德国协作式教学法促进综合素质能力提升

本书结合德国职业教育行动导向教学理念，利用协作式学习模式组织内容，借助信息化手段将德国职教专家法、学习速度二重奏、任务排序、结构确立等教学法融入教学设计，打造线上线下混合式教学模式。全书 8 个项目根据德国职业教育“信息、计划、决策、实施、检查、评价”六步法组织教学，针对职业教育学情特点设计和优化，实现以学生为中心、多元化内容融合，在学习专业技能的同时，提升职业化规范意识及岗位素养，实现专业精神、职业精神和工匠精神的有机融合。项目在结构设计上包含 4 个子任务和 1 个决策任务，4 个子任务为基础任务且相互之间相对独立，决策任务在子任务的基础上，实现技能的进阶和提升。教师通过专家法组织学生进行子任务的实施，学生再根据实训指引完成决策任务，知识和能力的提升由点到面、由局部到整体，层层递进。

3. 教学资源多元化，校企合作开发，联合企业实现动态升级

本书探索“互联网 +”职业教育模式，在“学银在线”慕课平台上提供配套在线课程，书中涉及的德国职业教育教学方法和课程内容重难点均配套相关学习资源，包括在线课程、教学视频、外围设备图、程序代码及在线题库等，学员还可用手机扫描与课程配套的二维码进行学习。另外，联合上海发那科机器人有限公司，针对行业技术及工艺上的革新持续更新和优化模块化教学项目。

编者将定期开展在线答疑，对学习中遇到的问题进行在线讨论及解答。在线课程设有针对本书及在线课程的服务、评价、信息反馈、新技术内容发布等功能，可通过读者的信息反馈与评价，收集全过程使用数据。

4. 学习建议

本书以工业机器人离线编程软件 ROBOGUIDE 为载体，结合实体机器人操作，鼓励学生以协作式方式，参与项目学习和实施，实现集体到个人、再到集体的“思考—交流—分享”三步曲，达到共同进步的目的。项目的设计为递进闯关模式，每个项目都是基于上个项目的扩展，因此建议初学者根据项目进度安排有序学习，对于有一定经验的读者可根据附录 A 中知识点名称的下标页码快速查找对应的知识技能点。

本书每个项目中均含有离线编程和现场操作两个部分，彼此相辅相成，以解决协作式学习时出现的“信息孤岛”问题，因此每个项目均建议 4 人以上组成合作小组，加强小组内部与小组间的讨论，对问题进行深入研究。受限于外部条件时，也可依次在 ROBOGUIDE 或实体机器人中完成项目任务。

全书由黄维、余攀峰、孙敏、李燕、李菁川、林谊、朱本旺编著，王军主审。项目 1、项目 2、项目 3 及项目 8 由李燕、孙敏、李菁川编著，项目 4 和项目 5 由黄维编著，项目 6 由黄维和余攀峰编著，项目 7 由余攀峰编著，配套在线课程及微课视频由余攀峰制作。上海发那科机器人有限公司林谊和湖南视比特机器人有限公司朱本旺为本书编写提供了大量宝贵资料，并参与了本书的审校工作。余攀峰负责全书统稿工作。

编者团队所在学校为工业机器人操作与运维“1 + X”职业技能等级证书试点单位，该团队曾获全国职业院校技能大赛教学能力比赛一等奖、全国机械行业工业机器人职业技能竞赛一等奖等多个奖项。

由于编写时间仓促、专业和学术水平有限，错漏之处，在所难免。敬请各位专家、学者不吝赐教，恳请广大读者批评指正。

编　者

目　录

项目 1 认识工业机器人

学习情境

随着社会经济及工业技术的发展，人工成本不断攀升，很多生产企业都在考虑使用工业机器人以降低人工成本。面对众多型号的工业机器人，企业负责人需要了解工业机器人的功能优势、工作特点以及维护保养等才能选出满足企业生产需求的工业机器人。

工作任务

任务描述	以工业机器人的发展历史和结构特点为线索，阅读相关文档、微课视频及产品说明书，了解并梳理相关的知识点，通过学习速度二重奏法组织小组讨论并确定相关内容，最后通过小组汇报形式完成本项目
任务目标	1）了解工业机器人的发展及其应用场景 2）掌握 FANUC LR Mate 200iD 系列工业机器人的组成特点 3）掌握工业机器人的使用安全规范

任务过程

1.1 信息

1.1.1 工业机器人的发展史

1. 工业机器人的概述

工业机器人概述

机器人有多种表现形态，可分为工业机器人、服务型机器人以及特种机器人等多种类型，其中工业机器人是智能制造的核心部分。各国对工业机器人定义不尽相同，但其内涵基本一致，其显著特点如下：

1）工业机器人是面向工业领域的多关节机械手或多自由度的操作机。

2）靠自身动力和控制系统而无须人为干预完成预先设计的程序。

3）可通过安装工具及制造用的辅助工具，完成搬运物料、焊接等各种作业。

4）具有一定的智能功能，可通过感知系统实现对周边环境的自适应。

2. 工业机器人的发展

世界公认的第一台工业机器人由 Unimation 公司于 1956 年研制而成，并在 1961 年应用于汽车生产线，因此德沃尔和恩格尔伯格这两位 Unimation 公司的创业者也被称为“工业机器人之父”。

1967 年，日本公司从美国购买了工业机器人 Unimate 的生产许可证书，从此日本开始了对工业机器人的研究及制造。

德国库卡（KUKA）公司于 1973 年将 Unimate 机器人改造成为世界上第一台电机驱动的六轴机器人，并命名为 Famulus。并于 1974 年由瑞典通用电机公司开发出类似于人类机械手臂的工业机器人 IRB-6，该机器人最大的特点是由微控制器控制运行，从此便开启了以计算机和自动化技术为基础的现代工业机器人发展新征程。

1980 年，工业机器人开始在日本普及，因此该年也被称为“机器人元年”，从此工业机器人在日本得到了快速的发展，故日本也获得了“机器人王国”的美称。当前工业机器人四大家族中日本厂家占据两位，可见日本在工业机器人领域的领先地位。

我国的工业机器人起步较晚，虽然从三国时期就开始有木牛流马的传说，但其与现在的工业机器人有所不同。现代意义上的工业机器人是从 1972 年开始研制，直到 1985 年我国才有了第一台六自由度关节机器人。随着计算机和自动化技术的发展，我国机器人行业发展迅速，研制开发了如特种机器人“潜龙二号”等先进机器人，同时工业机器人领域也涌现出了大量的国产品牌，突破了外国公司的垄断局面，但与先进国家相比，整体上来看仍任重而道远。

我国工业机器人保有量居全球首位，但机器人使用密度远小于制造业先进的日本、德国、意大利等国家。根据工业机器人发展前景预测，我国工业机器人产业还有较大的发展空间，预计最快在 2030 年工业机器人在各相关行业所提供的生产力将全面超过产业功能，“机器换人”的大趋势可见端倪。

1.1.2 工业机器人的应用

很多实际工业应用场景中存在对人体不利的工作环境，使用工业机器人可避免这种对人体的伤害。将工业机器人与数控加工中心、自动导引运输车（Automated Guided Vehicle，AGV）等设备组合成自动生产线，在制造执行系统（Manufacturing Execution System，MES）下进行智能化生产，可有效提高生产质量和效率，典型应用如下。

1. 搬运码垛工业机器人

工业机器人搬运是指利用安装在机器人本体上的末端执行器，将物料工件从一个位置移动到另一个位置，如图 1-1 所示。按搬运对象和放置方法，可分为一般搬运、码垛和拆垛。搬运码垛工业机器人减轻了作业员的工作强度，常用于机床上下料、产品打包、自动生产线装配等工作内容。

2. 焊接工业机器人

焊接工业机器人通过示教程序实现固定轨迹的顺序运行，从而实现长期高质量、高稳定性的焊接或点焊，主要由工业机器人本体、控制柜和自动送丝装置等部分组成，可明显提高焊接工作效率，如图 1-2 所示。

图 1-1 搬运码垛工业机器人

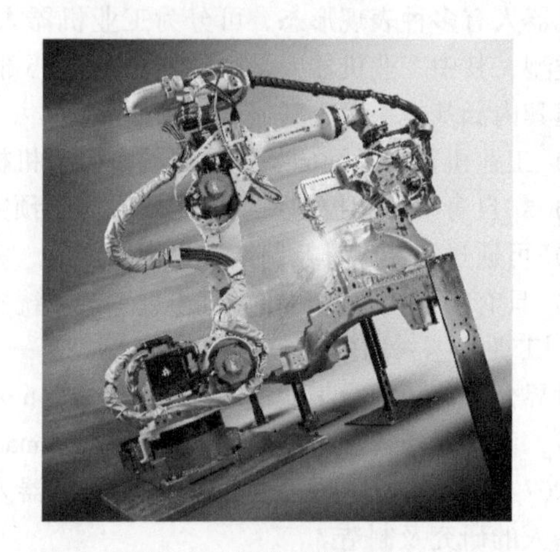

图 1-2 焊接工业机器人

3. 喷涂工业机器人

喷涂工业机器人替代作业者在危险环境下操作，在减少油漆消耗的同时获得更为快速、准确的喷涂响应和稳定的喷涂质量，如图 1-3 所示。

由于油漆属于易燃、易爆化学品，因此喷涂机器人除外观需满足防爆要求外，还必须采用隔离危险空气的腔体和良好的接地装置，以导出机器人表面聚集的静电。

4. 装配工业机器人

工业机器人因其重复精度高，常用于复杂的装配过程，以减小零部件装配误差，提高零部件装配精度，如图1-4所示。

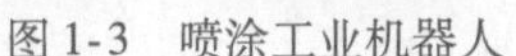

图1-3　喷涂工业机器人

图1-4　装配工业机器人

在工业机器人末端安装不同的执行器，配合传感器或视觉系统，可高效、精准地进行零部件装配，并具备一定的自适应性。在日本生产的发那科工业机器人，就是由机器人组装和试验的，实现了无人化作业。

5. 工业机器人材料加工

通过安装不同的执行器，工业机器人可执行包括切割、清洗、抛光、水切割等加工应用，如图1-5所示。

在机器人手臂末端安装激光发生器，通过示教可实现对复杂对象的自动化雕刻加工，也可利用外部轴协同作业，实现更为复杂的工件表面或内腔的打磨、去毛刺等操作。

6. 工业机器人检测

工业机器人具有低成本、高效率及24h工作的特点，非常适用于相同动作的测试应用场景。当配备了视觉系统后，工业机器人还可实现对产品零部件的外观瑕疵检测，如图1-6所示。

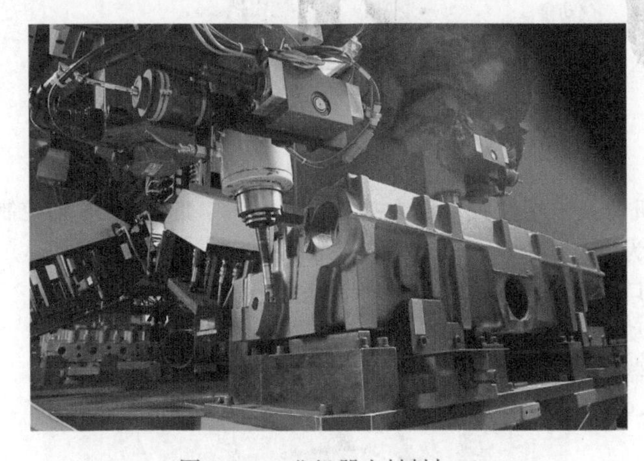

图1-5　工业机器人材料加工

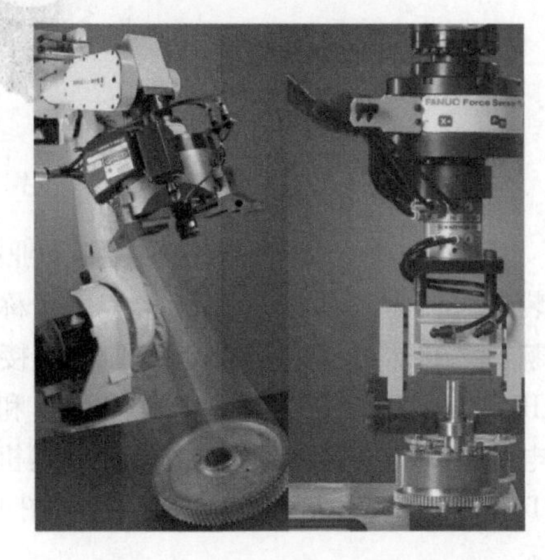

图1-6　工业机器人视觉检测

FANUC率先在工业机器人系统中集成视觉功能，通过减少外部视觉硬件控制设备，有效降低了视觉系统的使用成本，其Vision Shift功能可通过视觉方法检测目标工件原位置与当前位置之间的偏差，自动实现整体偏移补偿。

1.1.3 工业机器人的系统组成

工业机器人的系统组成

FANUC 工业机器人型号多种多样，除工业机器人本体大小及负载能力不同外，其控制方式、结构大致相同，尤其是示教器的操作非常相似。FANUC LR Mate 200iD 系列机器人主要由三部分组成：工业机器人本体、Mate 控制柜和示教器，如图 1-7 所示。

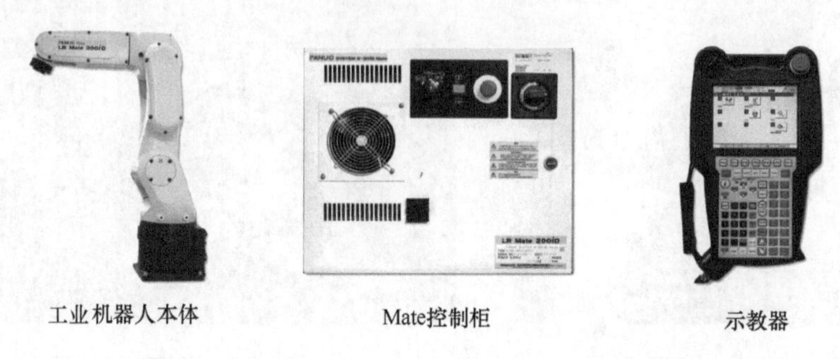

图 1-7 FANUC LR Mate 200iD 系列工业机器人组成

1. 工业机器人本体

工业机器人本体是具有六自由度的机械主体，其内部集成有交流伺服抱闸电机、绝对值脉冲编码器、气动元器件及 EE 接口等，如图 1-8 所示。

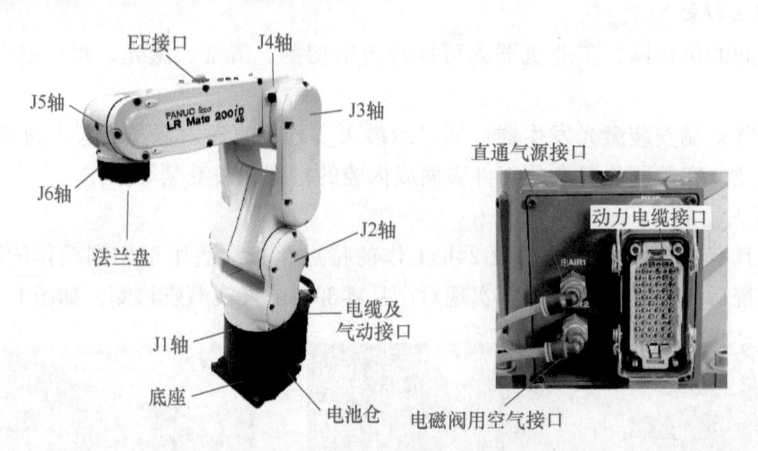

图 1-8 工业机器人本体

其中，J1 轴、J2 轴和 J3 轴控制工业机器人末端位置，称为基本轴；J4 轴、J5 轴和 J6 轴控制安装在法兰盘上的末端执行器姿态，称为手腕轴。机器人底座集成直通气源接口（AIR1）、电磁阀用空气接口（AIR2）和动力电缆接口；位于 J4 手臂的 EE 接口是机器人 I/O 对外接口。J4 手臂内部结构如图 1-9 所示。

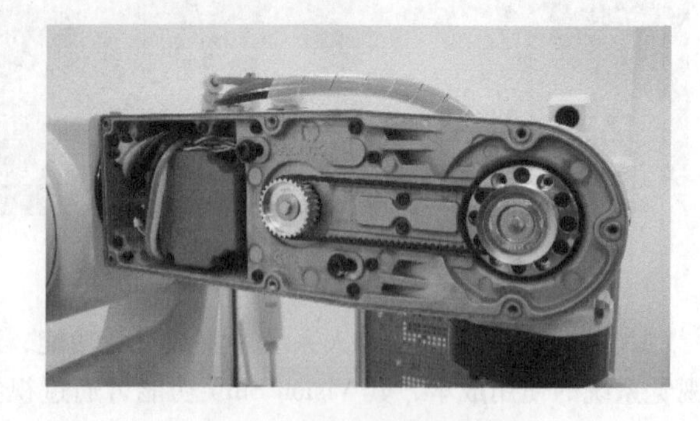

图 1-9 J4 手臂内部结构

机器人的主要参数包括负载能力、运动轴数、运动范围、安装方式、重复定位精度以及最大运动速度。以 FANUC LR Mate 200iD/4S 为例，具体参数见表 1-1。

表1-1 FANUC LR Mate 200iD/4S 工业机器人参数

规格		
工作半径/mm	550	
额定负载/kg	4	
特性		
重复定位精度/mm	±0.02	
防护等级	IP67	
环境要求	工作环境温度：0~45℃ 相对湿度：最高95%（一个月内） 噪声水平：最高70dB（A） 辐射：EMC/EMI屏蔽	
安装方式	落地式、悬挂式、壁挂式	
主电压	220V交流电	
运动范围		
轴	运动范围/(°)	最大速度/(°/s)
J1轴	340	460
J2轴	230	460
J3轴	402	520
J4轴	380	560
J5轴	240	560
J6轴	720	9000

2. Mate控制柜

Mate控制柜是工业机器人的控制机构，是工业机器人的“大脑”。FANUC工业机器人主要有R-30iB A控制柜、R-30iB B控制柜和R-30iB Mate控制柜，200iD系列机器人使用R-30iB Mate控制柜（以下简称Mate控制柜），其外部模块如图1-10所示，功能见表1-2。

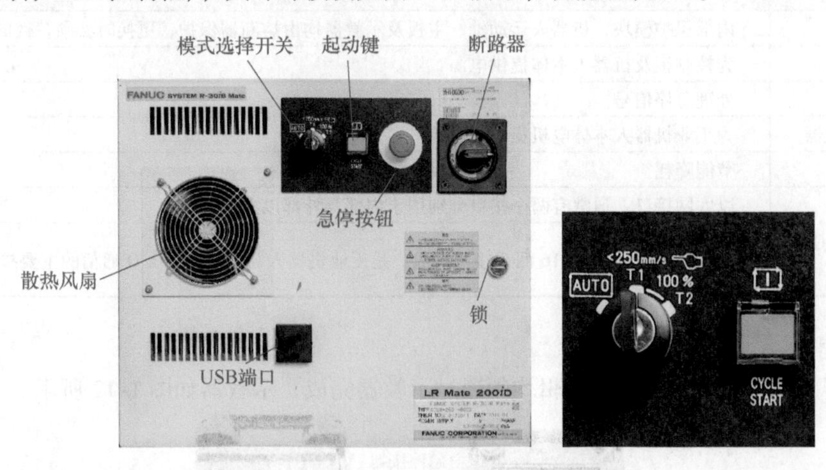

图1-10 R-30iB Mate控制柜外部模块

表1-2 Mate控制柜外部模块组成及其功能

模块名称	功能
模式选择开关	模式选择开关可切换三种状态，分别是T1模式、T2模式和Auto模式，须使用钥匙切换模式，具体说明如下： 1）T1模式：手动运行模式，最高限速250mm/s 2）T2模式：手动运行模式，无速度限制 3）Auto模式：自动运行模式，无速度限制

（续）

模块名称	功能
起动键	本地自动运行起动键，满足起动条件时每按下一次，执行对应程序一次
急停按钮	按下后工业机器人停止运行
断路器	控制柜电源开关，控制 Mate 柜开关机及打开 Mate 柜，具体操作如下：顺时针旋转开起工业机器人电源，逆时针旋转时可打开 Mate 柜
锁	防止未经授权人员打开 Mate 控制柜
USB 端口	外部 USB 存储装置接口，用于程序拷贝及系统备份
散热风扇	Mate 控制柜内部散热

Mate 控制柜内部结构如图 1-11 所示，主要模块及功能见表 1-3。

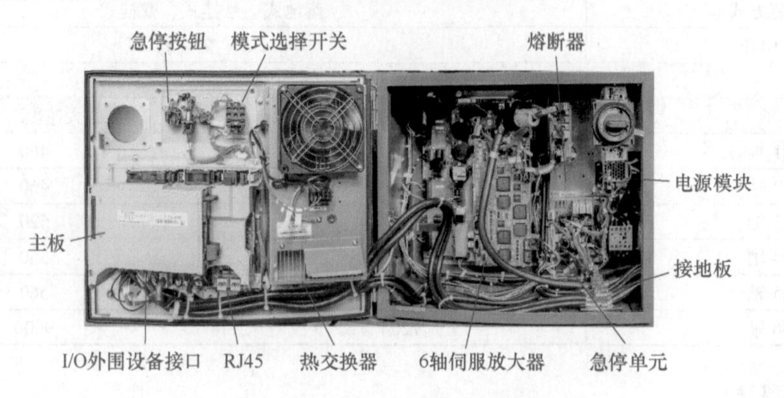

图 1-11　Mate 控制柜内部结构

表 1-3　Mate 控制柜内部模块及其功能

模块名称	功能
熔断器	内部保护模块，机器人运动轴、主板及示教器均由熔断器保护，更换时必须替换同型号熔断器
电源模块	为控制柜及机器人本体提供电源
急停单元	处理急停信号
6 轴伺服放大器	为工业机器人本体电机提供动力源
热交换器	节能降耗
RJ45	以太网接口，通常有两个接口分别用于内部及外部以太网通信
主板以及 I/O 外围设备接口	由 CRMA15、CRMA16 两个接口组成，是工业机器人与外围设备 I/O 通信的主要接口

3. 示教器

工业机器人现场示教以及程序编辑均须通过示教器完成，示教器如图 1-12 所示。

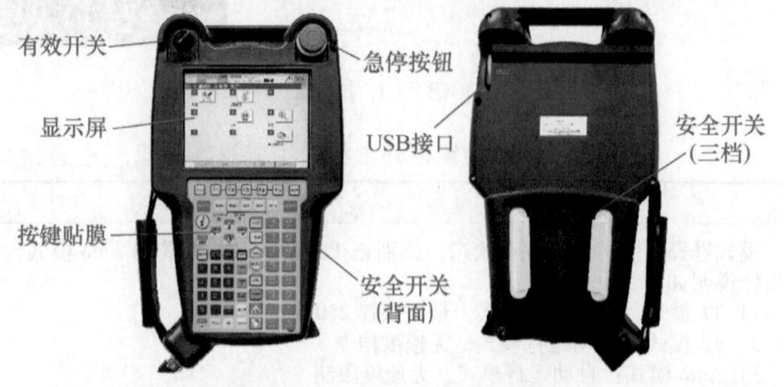

图 1-12　工业机器人示教器

示教器模块功能见表 1-4。

表 1-4　示教器模块功能

模块名称	功　能
显示屏	系统上电后若无故障，示教器显示屏自动点亮，若长时间不操作则息屏
急停按钮	按下后工业机器人停止运行
有效开关	处于 OFF 状态时只能观察机器人运行状态，处于 ON 状态时可设置系统及程序编辑示教
按键贴膜	根据机器人安装版本不同，示教器贴膜所呈现的按键内容及按键功能会有所变化
安全开关（DEADMAN）	仅点动状态下有效，使用时两个黄色开关按住任意一个即可，该开关可分为三档。 第一档、第三档：工业机器人无法实现点动操作，同时系统提示“SRVO-003 安全开关已释放错误”报警，但此时可以输入程序 第二档：可点动工业机器人
USB 接口	视觉示教时可外接 USB 鼠标方便操作或连接 USB 存储设备

1.1.4　工业机器人的作业安全

工业机器人运动空间属于危险场所，错误操作工业机器人不仅会导致工业机器人系统损坏，甚至有可能造成现场工作人员伤亡，为保证安全须遵循以下事项：

1）不得在易燃易爆、高湿度和无线电干扰环境条件下使用工业机器人，且不以运输人或动物为目的。

2）操作者在操作工业机器人前必须接受过工业机器人使用安全教育，严禁恶意操作及恶意实验。

3）进入操作区域时，必须佩戴安全帽，且不要戴手套操作示教器和操作面板。

4）接通电源前，须检查所有的安全设备是否正常，包括工业机器人和控制柜等。

5）进入工业机器人运动范围内之前，编程人员必须将模式开关从 Auto 改为 T1 或 T2 模式，并保障工业机器人不会响应任何远程命令。

6）使用示教器操作前，须确保平台上无其他人员，要预先考虑工业机器人的运动轨迹，并确定该轨迹线路不会受到干扰。

7）实践过程中，仅执行编程者编辑或了解的程序，同时保证只能由编程者一人控制工业机器人系统。

8）在点动操作工业机器人时须采用较低的倍率以增加对工业机器人的控制机会。

9）必须明确工业机器人控制器及外围设备上急停按钮的位置，当出现意外时可使用急停按钮。

10）工业机器人开始自动运行前，须保障作业区域内无人，安全设施安装到位并正常运行。工业机器人使用完毕后须按下急停按钮，并关闭电源。

11）维护工业机器人时，须查看整个系统并确认无危险后方可进入工业机器人工作区域，同时关闭电源、锁定断路器，防止在维护过程中意外通电。

12）注重工业机器人日常维护，检查工业机器人系统是否有损坏或裂缝，维护结束后必须检查安全系统是否有效，并将工业机器人周围和安全栅栏内打扫干净。

1.2 计划与决策

本项目采用速度二重奏法组织教学，规则要求如下：

1）文章分配：教师将信息环节（1.1.1～1.1.4）共计四个部分内容对应的4篇文章随机分配给学员，每人领取一篇文章，尽量保证每篇文章分配到的学员人数一致。

2）填写工作计划信息表：学员在15min内，根据领取的文章编号完成对应的工作计划信息表，见表1-5～表1-8。

3）分组讲解交流：学员完成工作计划信息表后举手示意教师，教师根据学员完成顺序依次将学员两两组合在一起，要求同组的两个学员所完成的文章编号不同，同组的两位学员分别讲解自己对文章的理解，讲解完毕后方可互相提问交流。

4）完善工作计划信息表：双方讲解交流完毕后，分别阅读对方文章，并完成对应编号的工作计划信息表。

5）思维导图总结：完成上述步骤后，小组成员利用思维导图准备讲解内容，根据完成进度，本环节可在表1-7“工业机器人的系统组成”中增加“3. 示教器”。

表1-5 “工业机器人的发展史”工作计划信息表

工作计划信息表			
文章编号	1.1.1 工业机器人的发展史	学员姓名	
信 息 记 录			
1. 世界第一台工业机器人是在何时由谁研制出来的？			
2. 现代工业机器人是基于什么技术发展的？			
3. 机器人元年是哪一年？			
4. 说明国产机器人及在国内市场的发展情况。			

表1-6 “工业机器人的应用”工作计划信息表

工作计划信息表			
文章编号	1.1.2 工业机器人的应用	学员姓名	
信 息 记 录			
1. 使用工业机器人的初衷是解决什么问题？			
2. 使用工业机器人的优势是什么？			
3. 为何工业机器人可应用于不同的场景？			
4. 以工业机器人任意应用场景为例，列出使用时的注意事项。			

表1-7　“工业机器人的系统组成”工作计划信息表

工作计划信息表			
文章编号	1.1.3　工业机器人系统组成	学员姓名	
信 息 记 录			
1. 说明 FANUC LR Mate 200iD 系列工业机器人的组成特点。其供电电压为多少？			
2. 说明 FANUC LR Mate 200iD 系列工业机器人的六轴分别位于什么位置。			
3. 说明 FANUC LR Mate 200iD 系列工业机器人 Mate 控制柜的作用。			
4. 说明 Mate 控制柜上模式选择开关的作用。			

表1-8　“工业机器人的作业安全”工作计划信息表

工作计划信息表			
文章编号	1.1.4　工业机器人的作业安全	学员姓名	
信 息 记 录			
1. 在进入工业机器人工作区域之前有哪些注意事项？			
2. 在点动操作机器人时有哪些安全注意事项？			
3. 在点动工业机器人时以低倍率方式运行的目的是什么？			
4. 操作完机器人之后有哪些安全注意事项？			

1.3　实施与检查

1）小组分享（20min）：教师随机从不同的小组中选出学员讲解所阅读的两篇文章，直至本项目的4篇文章讲解完毕。

2）组间提问（25min）：小组汇报期间，其他小组进行记录并准备提问，根据汇报文章对应的工作计划信息表检查讲解内容，所提问题与汇报内容相关即可，不局限于表1-5～表1-8中的内容。汇报小组讲解完毕后，再回答其他学员所提问题并做好记录。

1.4　反馈

1.4.1　项目总结评价

1. 总结本项目学习收获，并根据其他学员的意见提出改进措施，以提高自身职业素养。

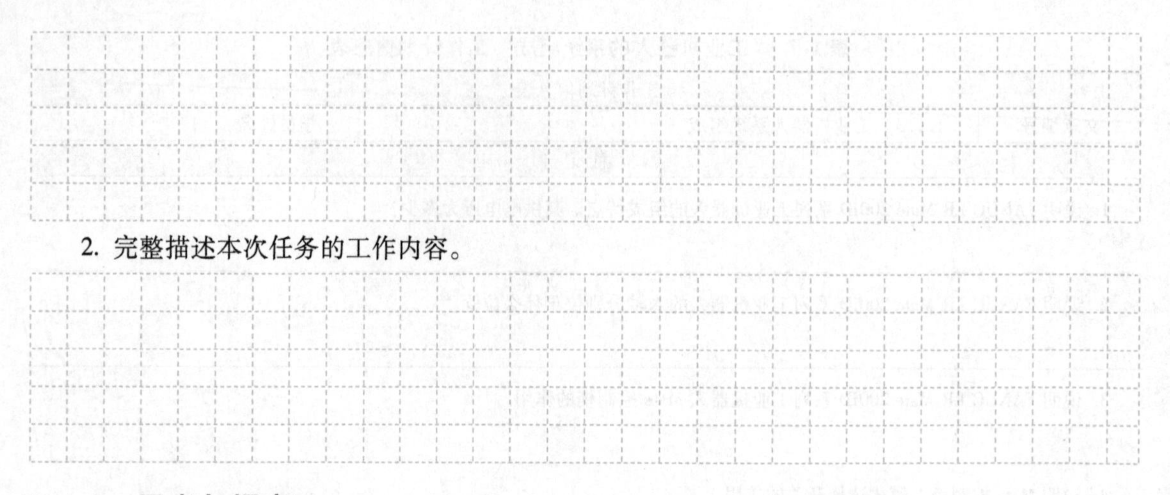

2. 完整描述本次任务的工作内容。

1.4.2 思考与提高

调查当前工业机器人行业的发展情况，列举国产工业机器人的发展情况。

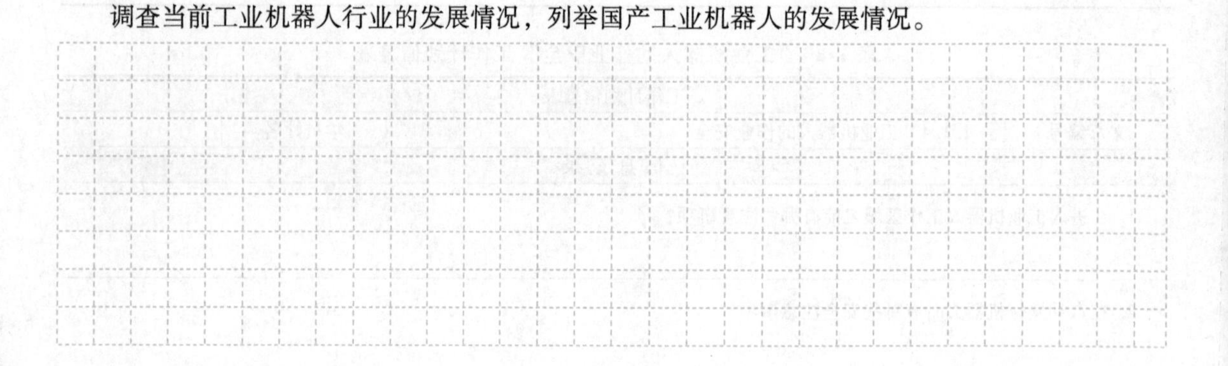

项目 2 工业机器人基本操作

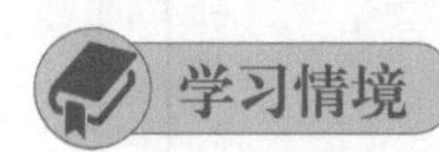

学习情境

在劳动密集型企业中，智能工厂的建设已成为趋势。智能工厂中人工与自动化机器的协作能大幅减少人工因素所导致的工期延误、质量不稳定等问题，但同时也对操作人员的操作技能提出了更高的要求。在企业改造生产线的过程中，MES、机器人和智能小车等一系列智能化软硬件设备的引进，亟需操作人员熟练掌握工业机器人的操作以及安全保护等基本技能。

工作任务

任务描述	根据操作指导规范，保证设备和人员安全是使用工业机器人的前提条件，使用离线编程软件 ROBOGUIDE 创建工作站辅助工业现场安装与调试，是智能制造领域“数字双胞胎”的重要组成元素。以专家法教学法组织教学，以创建虚拟工作站为基础，控制、分析实体工业机器人的运行特点，保障工业机器人的安全运行
任务目标	1）掌握 ROBOGUIDE 离线编程软件的安装与工程文件的创建 2）掌握 ROBOGUIDE 离线编程软件中外围设备的添加与设置 3）掌握工业机器人点动控制的方法及其运动特点 4）掌握工业机器人基本安全设置方法

任务过程

2.1 信息

2.1.1 ROBOGUIDE 软件的安装

ROBOGUIDE
离线编程
软件概述

ROBOGUIDE 软件可实现工业机器人应用环境仿真及程序离线编程，其操作工业机器人示教器方式与实体机器人一致，并支持 KAREL 程序编译。针对不同行业应用，该软件提供搬运（Handing）、焊接（Weld）、喷涂（Paint）等多个软件包。

下面以 ROBOGUIDE Version 9 为例介绍 ROBOGUIDE 软件的安装，在安装过程中需要关闭杀毒软件和防火墙，以免误杀文件，安装过程如下：

ROBOGUIDE
软件的安装

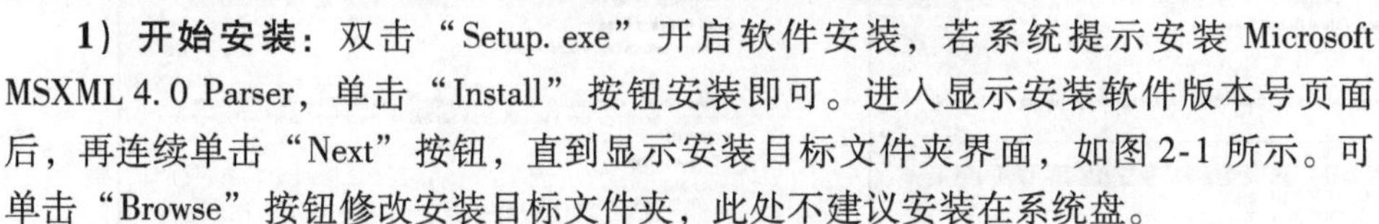

1）开始安装：双击“Setup. exe”开启软件安装，若系统提示安装 Microsoft MSXML 4. 0 Parser，单击“Install”按钮安装即可。进入显示安装软件版本号页面后，再连续单击“Next”按钮，直到显示安装目标文件夹界面，如图 2-1 所示。可单击“Browse”按钮修改安装目标文件夹，此处不建议安装在系统盘。

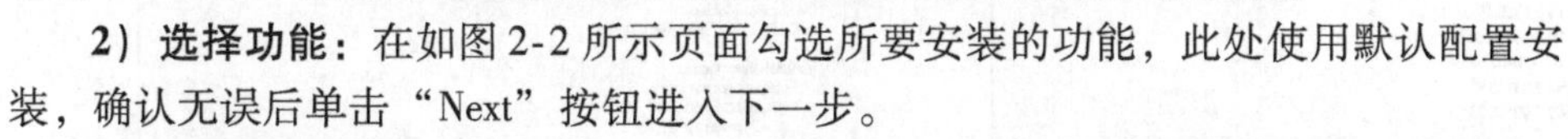

2）选择功能：在如图 2-2 所示页面勾选所要安装的功能，此处使用默认配置安装，确认无误后单击“Next”按钮进入下一步。

3）选择辅助功能：在如图 2-3 所示页面勾选添加的默认功能后，单击“Next”按钮进入下一步。

4）选择快捷键和语言：在如图 2-4 所示页面可选择性勾选桌面快捷图标（Desktop Shortcuts）、语言选择（Additional Language）和项目范例（Sample Workcells），选择默认配置后单击“Next”按钮进入下一步。

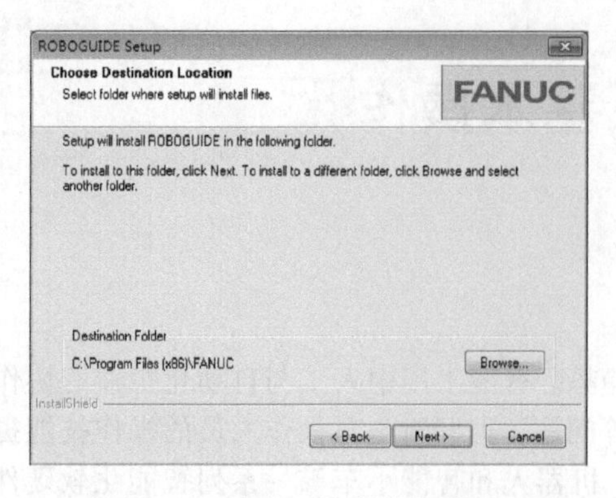

图 2-1　安装目标文件夹设置

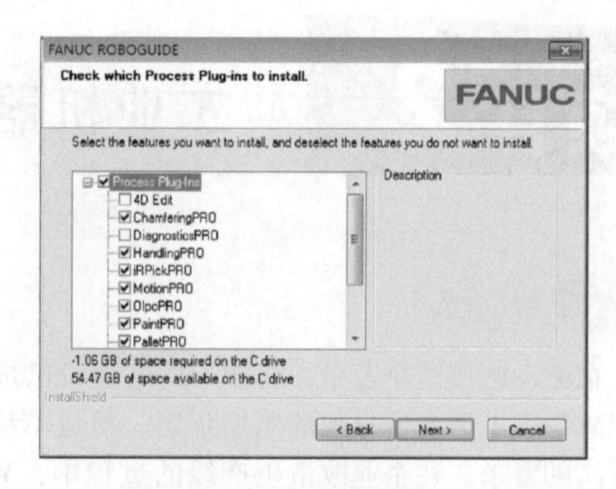

图 2-2　功能选择

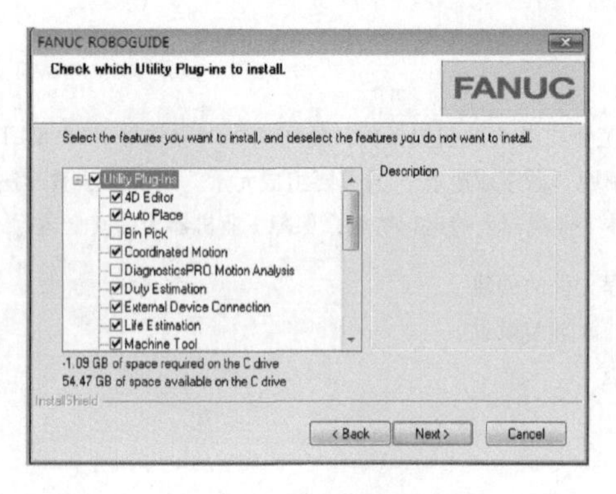

图 2-3　辅助功能选择

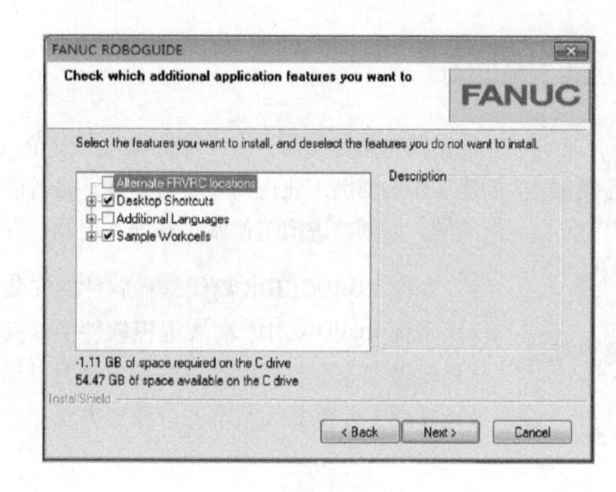

图 2-4　快捷键和语言选择

5）**选择安装系统软件版本号**：此处建议勾选最新版本及与实体机器人控制器相同的软件版本，否则，使用程序导入/导出及网络远程监控等功能时会出现不兼容等问题，确定后单击“Next”按钮进入下一步，如图 2-5 所示。

6）**查看安装信息**：在如图 2-6 所示页面确认所有安装项目后，连续单击“Next”按钮直到显示图 2-7 所示页面，单击“Finish”按钮完成软件的安装。

7）**保存文件**：安装完毕后，保存当前操作的其他文件，选择“Yes”选项后，单击“Finish”按钮重启计算机，即完成软件的全部安装，如图 2-8 所示，也可选择“No”选项后，单击“Finish”按钮延迟重启。

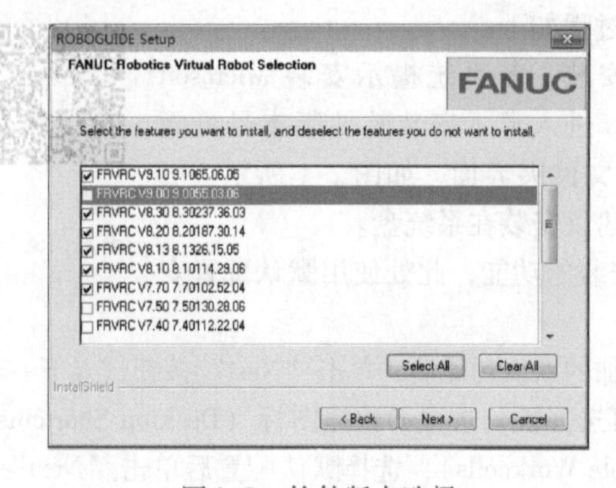

图 2-5　软件版本选择

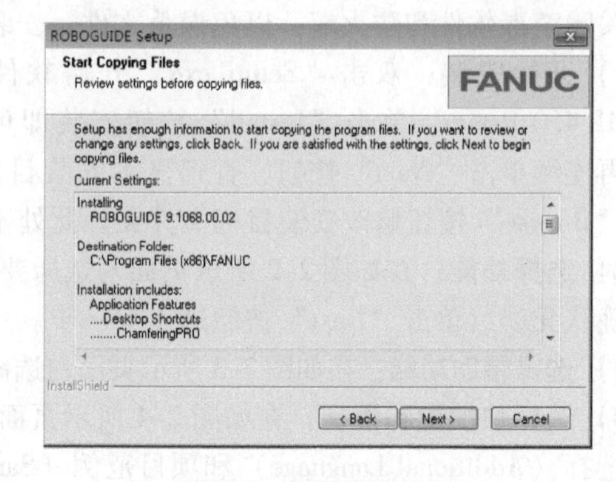

图 2-6　安装信息查看

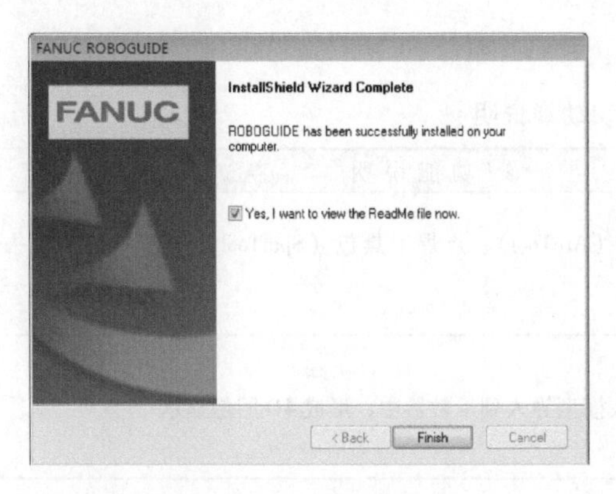

图2-7　软件安装完毕

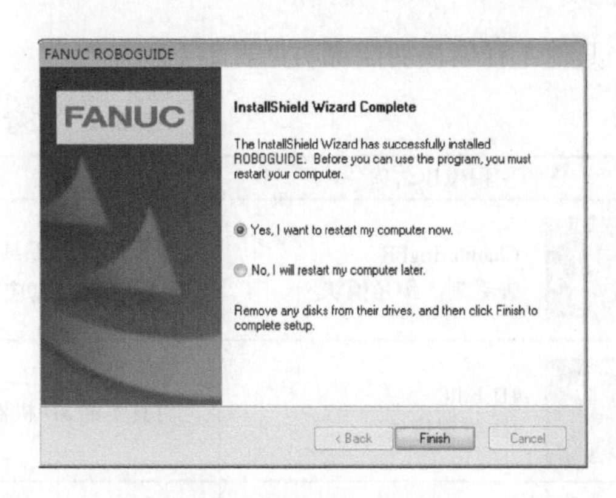

图2-8　系统重启提示

2.1.2　ROBOGUDIE 中工程文件的创建

ROBOGUDIE 中工程文件的创建步骤如下。

1）创建工程文件：打开离线编程软件后，单击“File”工具栏下“New Cell”创建工程文件，或通过“Open Cell”导入已创建的工程文件，ROBOGUIDE 工程文件后缀名为 frw，如图2-9所示，“Recent Workcells”页面中显示已创建的工程文件。

仿真工程文件的创建

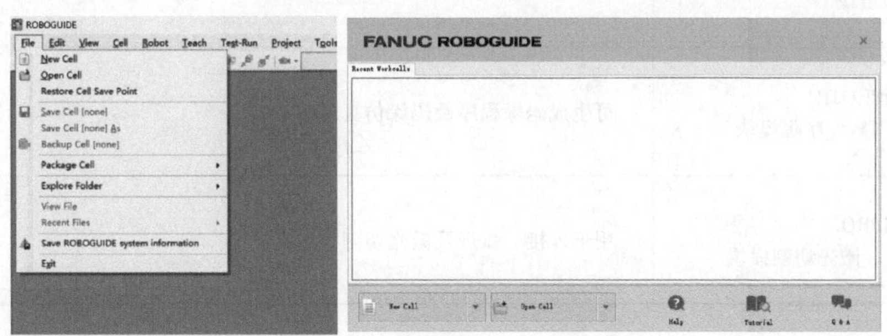

图2-9　创建工程文件页面

2）选择工程模块：如图2-10所示，根据工程对象选择不同工程模块，以加载不同的软件包，此处选择 HandingPRO 模块。

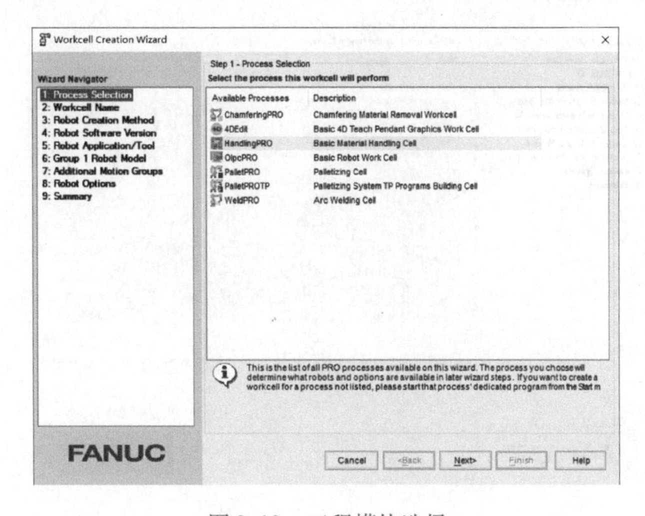

图2-10　工程模块选择

其他工程模块功能说明见表 2-1。

表 2-1　工程模块功能说明

工程模块名称	功 能 说 明
ChamferingPR 去毛刺、倒角模块	可添加弧焊工具包（ArcTool）、点焊工具包（SpotTool）等工具包实现去毛刺、倒角等仿真应用
4D Edit 4D 编辑模块	将真实的 3D 机器人模型导入到示教器中，形成 4D 图像显示
HandingPro 物料搬运模块	用于机床上下料、冲压、装配等物料搬运仿真应用
OlpcPRO 入门模块	TP 程序、KAREL 程序的编辑模块
PalletPRO 码垛模块	用于各种码垛仿真应用
PalletPROTP 码垛 TP 程序版模块	可生成码垛程序及码垛仿真应用
WeldPRO 焊接、激光切割模块	用于焊接、弧焊及激光切割等仿真应用

3）工程文件命名：在图 2-11 页面的“Name”文字框中输入创建工程文件名，创建的工程文件默认保存在系统文档文件夹下“My Workcells”文件夹中，“Existing Workcells”列出已创建的工程文件。

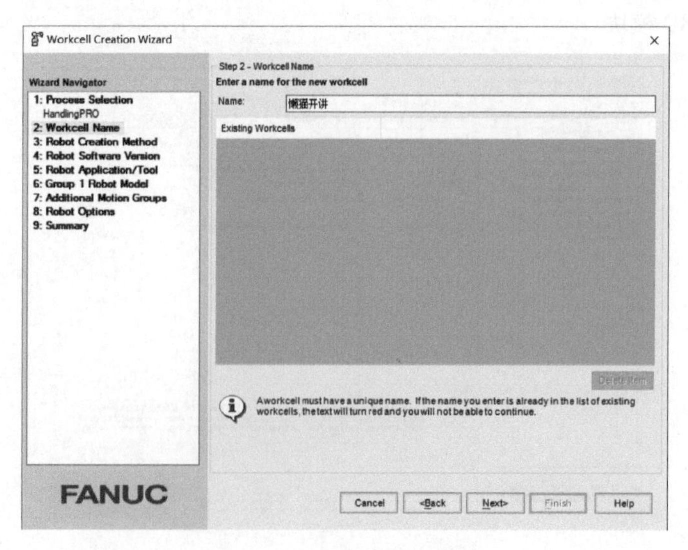

图 2-11　创建工程文件名

4）工程文件创建：如图2-12所示，有四种工程文件创建方法，分别为：

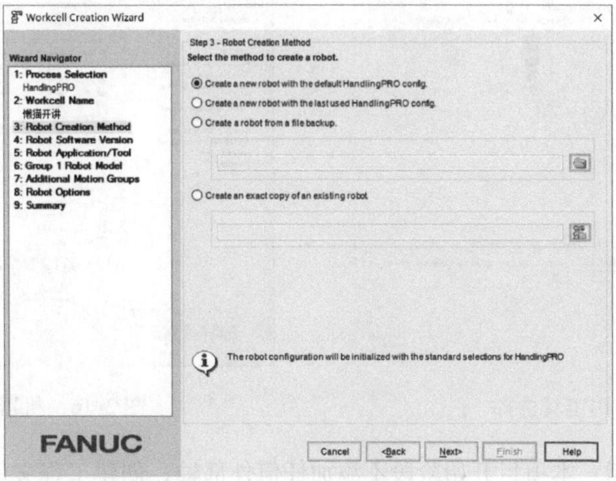

图2-12　工程文件创建方法

① Create a new robot with the default HandingPRO config：根据缺省配置新建工业机器人，本项目中使用该方式创建工程文件。

② Create a new robot with the last used HandingPRO config：根据上次使用的配置新建工程文件。

③ Create a robot from a file backup：根据实体机器人备份文件创建工程文件，使用该选项时须用机器人镜像文件中的FROM00. IMG，使用该方式将自动导入备份文件中的程序和配置。

④ Create an exact copy of an existing robot：根据已有虚拟机器人备份创建工程文件。

确定后单击"Next"按钮进入下一步。

5）选择机器人系统版本：建议根据被控实体机器人选择机器人系统版本，此处选择V9. 10P/06机器人系统版本，如图2-13所示，单击"Next"按钮进入下一步。

实体机器人开机后，依次单击"MENU"键→"1 实用工具"→"1 声明"查看系统版本信息，如图2-14所示。

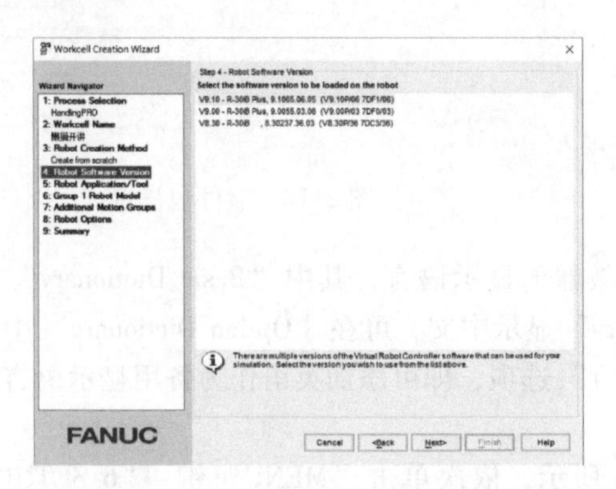

图2-13　选择机器人系统版本

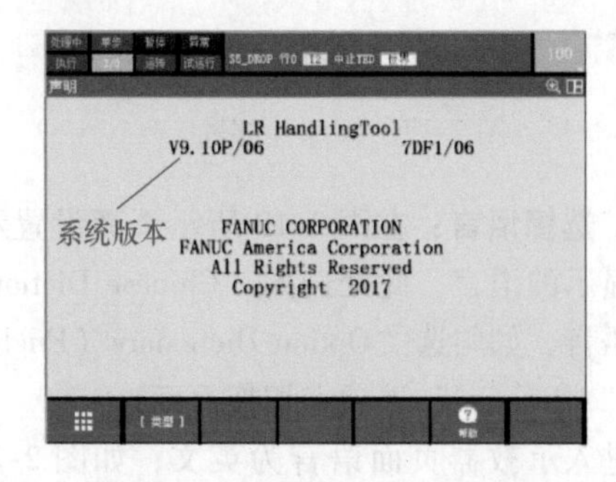

图2-14　机器人系统版本信息

6）设置机器人应用工具：选择离线编程可能使用到的工具，如弧焊工具（ArcTool）、搬运工具（HandingTool）、喷涂工具（PaintTooL）等，此处选择LR HandingTool选项，如图2-15所示，单击"Next"按钮进入下一页。

7）选择机器人型号：根据实体机器人型号在图2-16所示页面中选择FANUC机器人型号，此处选择LR Mate 200iD/4S，单击"Next"按钮进入下一步。

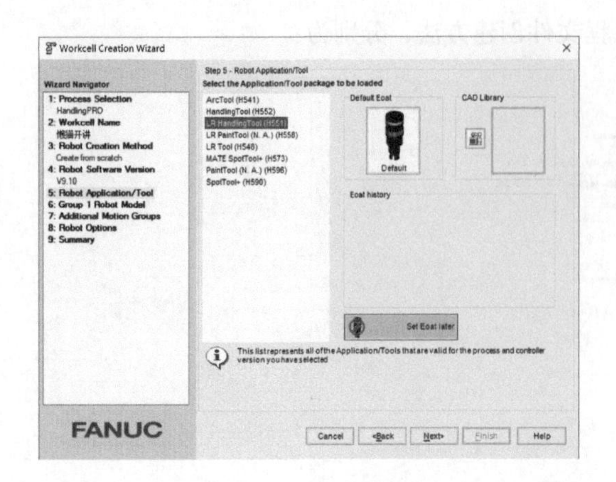

图 2-15　应用工具选择

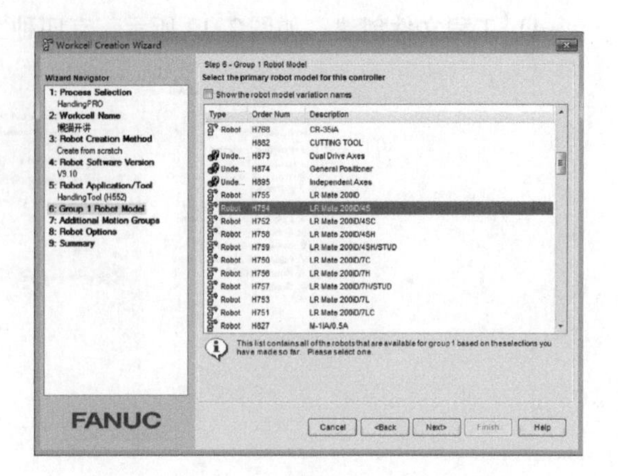

图 2-16　机器人型号选择

8）**设置附加动作组**：本项目开始阶段不添加任何外部轴，创建工程文件后根据需要再添加外部轴，单击“Next”按钮进入下一步，如图 2-17 所示。

9）**设置软件包**：FANUC 工业机器人通过添加不同的软件工具包实现功能的扩展，如 2D、3D 视觉等，此处建议根据实体机器人已安装的功能或项目工艺需求添加功能。本项目在系统默认软件包基础上添加 KAREL（R632）和 KAREL Use Sprt FCTN（J971）两个软件工具包，如图 2-18 所示，以实现对 KAREL 程序的支持，确定后单击“Languages”选项卡切换页面。

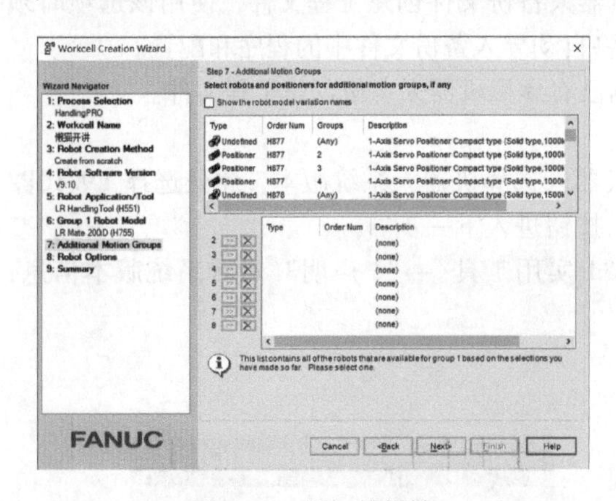

图 2-17　添加外部轴

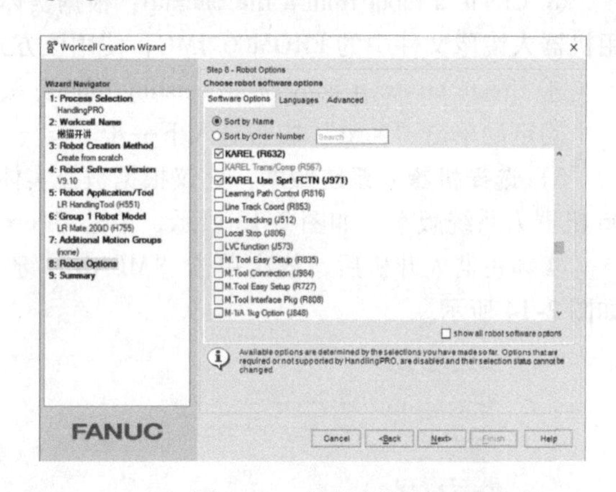

图 2-18　软件包设置

10）**选择语言**：在图 2-19 所示页面设置示教器的显示语言，其中“Basic Dictionary”为示教器默认显示的语言，此处选择“Chinese Dictionary”显示中文，可在“Option Dictionary”中选择添加其他语言，如勾选“Option Dictionary（English）”选项，即可添加英语作为备用显示语言，确定后单击“Advanced”选项卡切换页面。

若进入示教器页面语言为英文，如图 2-20 所示，依次单击“MENU”键→“6 SETUP”→“3 General”→“2 Current language”→“F4　CHOICE”→“1 CHINESE”，即可切换为中文显示。

11）**高级选项设置**：程序数量、堆栈数量及数值寄存器个数等与机器人内存大小相关，可在图 2-21 所示页面修改 FROM、CMOS、DRAM 等参数，建议与实体机器人保持一致，确认无误后，单击“Next”按钮进入下一步。

12）**确认配置**：图 2-22 所示页面中列出了所有已设置选项，若确定无误则单击“Finish”按钮即可完成工程设置，进入离线编程环境；若须修改则单击“Back”按钮退回上一步进行修改。

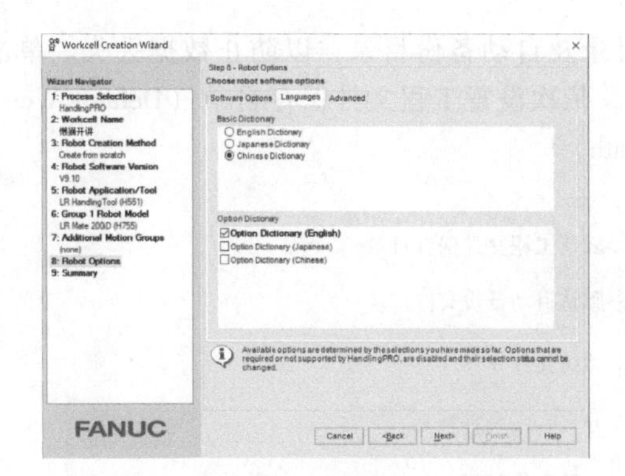

图 2-19　语言设置

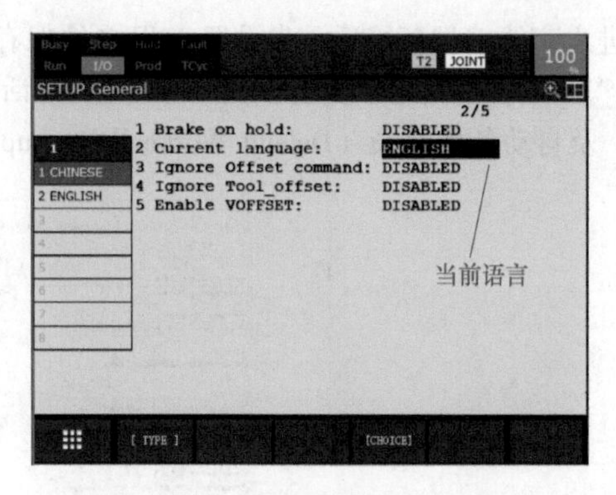

图 2-20　切换示教器显示语言

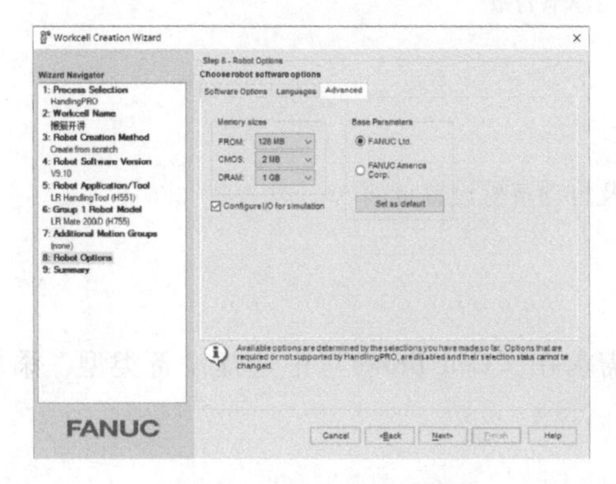

图 2-21　高级选项设置

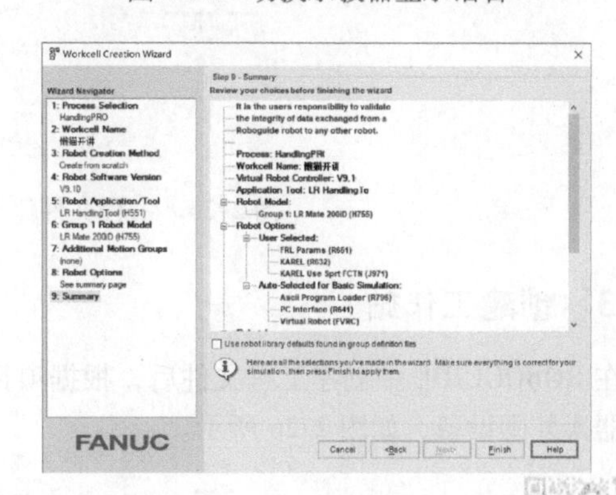

图 2-22　配置一览

设置完成后，软件系统开始初始化，并自动打开当前设置的工程文件。工业机器人所在空间称为 Workcell，即灰色区域所覆盖的 3D 空间，如图 2-23 所示。

图 2-23　离线软件工作区

单击菜单栏“View”→“Mouse Commands”显示图 2-24 所示鼠标控制命令一览页面，其中滚动鼠标中键实现鼠标符号所在位置视图缩放，按住鼠标中键移动画面，鼠标左键选择操作对象，鼠标右键以选中对象为中心切换观察角度。

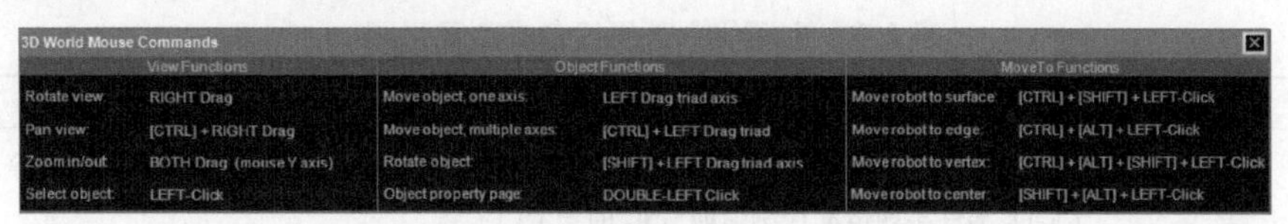

图 2-24　鼠标控制命令一览

进入离线编程环境后，先设置工程文件保存目录及自动备份目录，以防止数据丢失。单击菜单栏“Tools”→“Options”显示图 2-25 所示对话框，依次设置工程文件保存目录（Default Workcell Path）及自动备份目录（Default Workcell Backup Path）。

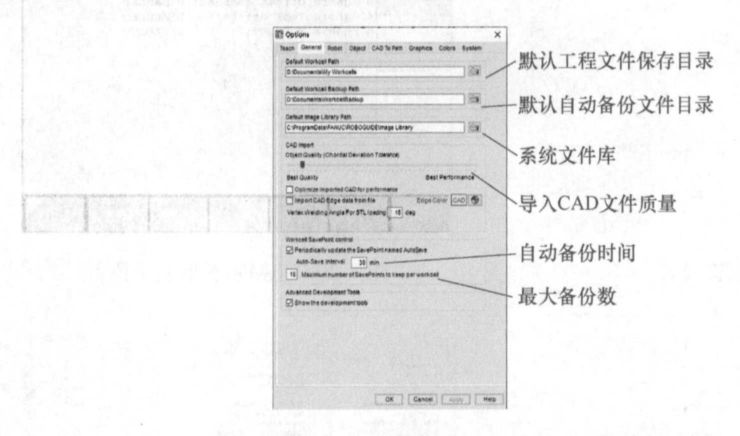

图 2-25　工程文件保存及自动备份设置页面

2.1.3　创建工作站

在 ROBOGUIDE 中创建工程文件后，根据项目需求在“Cell Brows”中选择设备类型，添加工业机器人外围设备，如图 2-26 所示。

工作站的创建

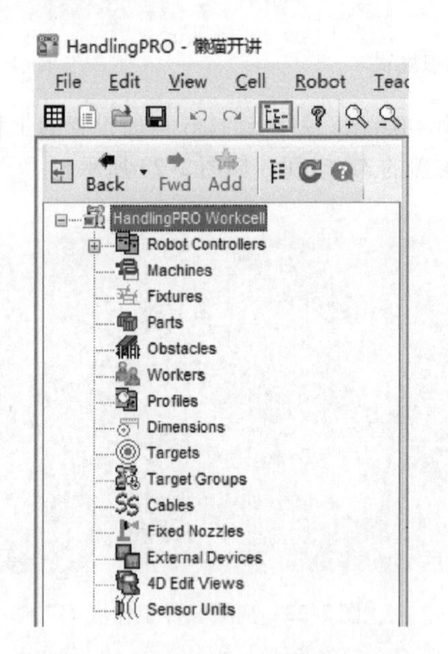

图 2-26　工业机器人外围设备一览

主要导入外围设备类型及说明见表 2-2。

表 2-2　主要导入外围设备类型及说明

序号	设备类型	说　明
1	Machines	可由机器人控制系统控制运动的设备，控制方式包含 I/O 控制和伺服控制等，通过添加 Link 部件实现运动控制，如 CNC 的安全门

（续）

序号	设备类型	说　明
2	Fixtures	通常为固定不动的周边设备，如机器人固定底座
3	Parts	机器人可直接移动的设备，不能独立存在，通常与 Fixture、Machines、Link 绑定使用，如搬运的物料
4	Obstacles	与 Fixture 属性基本一样，但不能附加 Part 使用，主要为围栏、控制柜等固定位置设备
5	Workers	模拟机器人操作员所站位置
6	Profiles	保存机器人运行时的相关信息，如运行轨迹等

可添加系统自带模型、简单三维模型以及第三方软件生成的 STL 或 IGS 格式模型，建议使用 IGS 格式显示模型颜色。

1. 导入实验台

因实验台仅需承载机器人和其他周边设备，在使用过程中不移动，所以导入 Obstacles 类型设备，具体过程如下：

1）添加 Obstacle 模型：单击工具栏“View”→“Cell Browser”，页面如图 2-27 所示，右键单击“Obstacles”后，选择“Add Obstacle”选择添加类型。

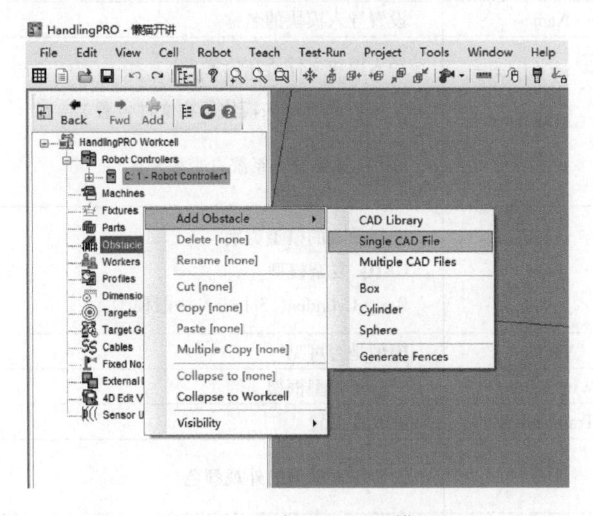

图 2-27　添加 Obstacle 模型

添加模型类型及说明见表 2-3。

表 2-3　添加模型类型及说明

模 型 来 源	类 型 名 称	说　明
ROBOGUIDE 库文件	CAD Library	离线编程软件自带模型库
	Box	立方体模型
	Cylinder	圆柱体模型
	Sphere	球体模型
	Generate Fences	常用栅栏
外部导入	Single CAD File	导入一个立体模型
	Multiple CAD Files	导入多个立体模型

本项目中选择“Single CAD File”导入IGS格式实训台，如图2-28所示，文件越大导入所需的时间越长。

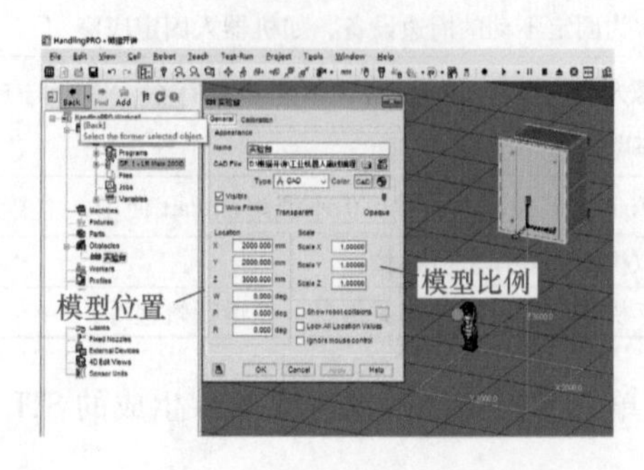

图2-28　将模型导入实训台

2）设置实训台位置： 导入实训台后，系统自动显示模型设置页面，“General”选项卡信息说明见表2-4。

表2-4　“General”选项卡信息

项　目	名　称	说　明
Appearance	Name	设置导入模块的名称
	CAD File	导入模块文件所在位置 选择导入模块所在文件位置 选择导入系统自带模型库
	Type	选择导入的模型类别 CAD：复杂模型 Box、Cylinder、Sphere：一般模型
	Visible	模型是否可见
	Wire Frame	只显示模型框架
	Transparent	透明度设置
		设置导入模型的外观颜色
	CAD	显示模型自定义颜色
Location	X、Y、Z	设置位置信息，也可直接使用鼠标拖动其位置
	W、P、R	姿态信息，分别围绕X、Y、Z的角度，可使用鼠标旋转
Scale	Scale X、Y、Z	X、Y、Z三个方向上的比例
其　他		
Show Robot Collisions		勾选后机器人与该模型发生干涉时以红色报警，建议确定位置后勾选
Lock All Location Values		勾选后，该模型位置、比例锁定，不能修改
Ignore Mouse Control		勾选后，将忽略鼠标对模型的控制

设置过程中可使用工具栏中角度选项按钮观察位置是否合理，可用鼠标拖动实训台上绿色坐标来调整位置。鼠标移动到坐标系附近显示为X、Y或Z符号时，可沿坐标系所指示方向移动该坐标系原点，改变实训台位置。在显示X、Y或Z符号的同时，按下键盘上的“Shift”键，移动鼠标将以所选轴旋转，可改变实训台姿态。

2. 导入运动轨迹模块

运动轨迹模块是机器人运动控制实验的操作对象，将其以 Fixture 类型导入：右键单击“Fixtures”→“Add Fixture”→“Single CAD File”→选择文件目录，如图 2-29 所示。

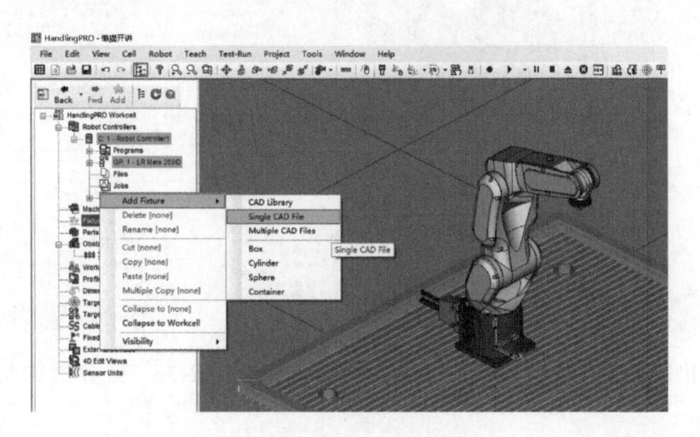

图 2-29　导入 Fixture 类型

导入 Fixture 类型后，可能会显示图 2-30 所示页面，根据计算机配置选择合适的质量显示，此处选择高质量显示（High Quality），单击“OK”按钮确定。CAD-To-PATH 功能须选择高质量导入。

按照图 2-31 设置模型位置参数。

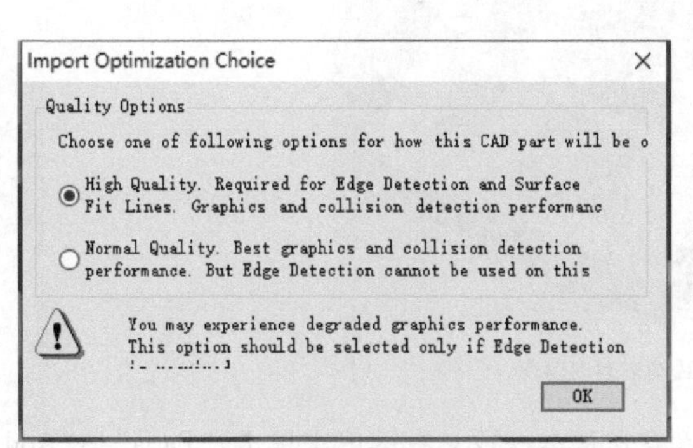

图 2-30　选择导入类型显示质量

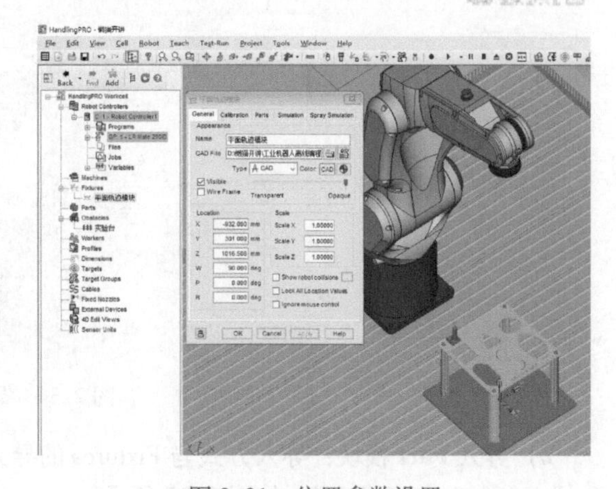

图 2-31　位置参数设置

相对于 Obstacle 类型，Fixture 类型增加了“Parts”“Simulation”“Spray Simulation”三个选项卡。

3. 导入工业机器人轨迹工具

在实际生产中，工业机器人通过安装不同的工具实现搬运、焊接等功能，其导入方式与 Fixture 导入方式相似，具体过程如下：

1）导入工具模型： ROBOGUIDE 中可在 Tooling 选项中各导入一个工具，当多个工具坐标系切换时，必须导入对应的工具类型。导入工具模型时，依次选择“Robot Controllers”→“C：1-Robot Controller1”→“GP：1-LR Mate 200iD”→“Tooling”→“UT：n”（n 为工具的序号），此处以 UT：1 为例，双击“UT：1（Eoat1）”，如图 2-32 所示。

2）设置工具参数： 选择如图 2-33 所示“General”选项卡，输入“Name”为“轨迹工具”，并设置工具物理参数（Physical Characteristics），该值将影响机器人运动优化的计算，该值不能大于工业机器人的负载。

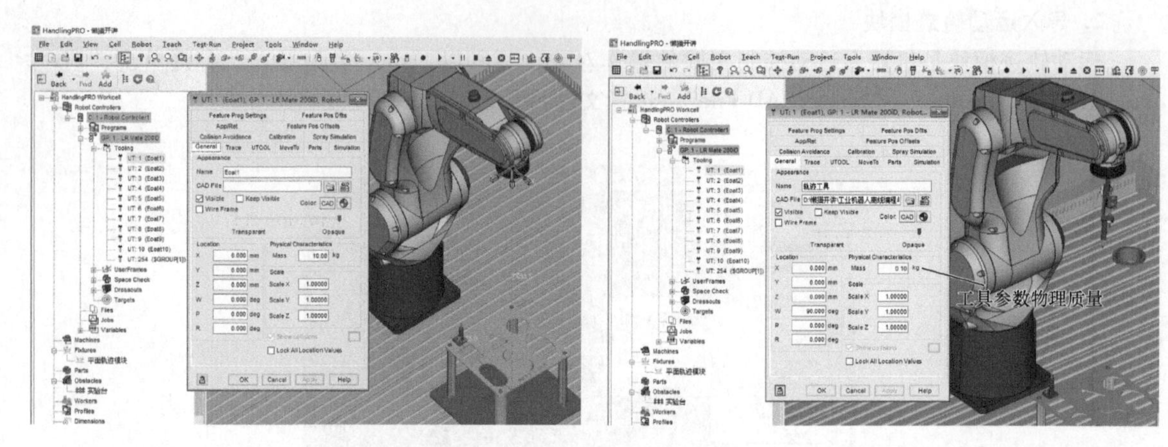

图 2-32　工业机器人工具模型导入　　　　图 2-33　工业机器人工具参数设置

4. 添加 Part 模块

Part 模块必须依附于 Fixture 等模块类型，并可在 Fixture 或 Link 之间通过 Pick 或 Drop 方式移动。

Part 模块的设置

（1）Part 模块的导入及设置

1）导入码垛模块： 以 Fixture 方式导入，码垛模块如图 2-34 所示。

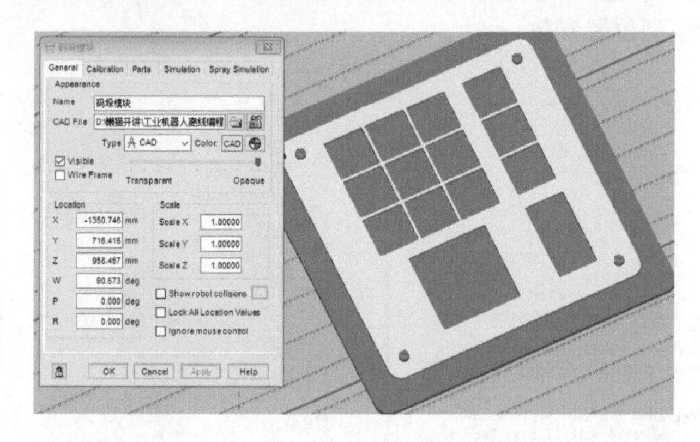

图 2-34　码垛模块

2）导入 Part 模块： 导入方式与 Fixtures 的导入方式基本一致，右键依次单击 “Parts”→“Add Part”→“Single CAD File”，如图 2-35 所示。

第一次导入 Parts 模块时会同时导入 PartRack，该部分对仿真过程无作用，右键单击 “Cell Browser”→“Parts”，取消 “Visible” 选项后该部分消失，如图 2-36 所示。

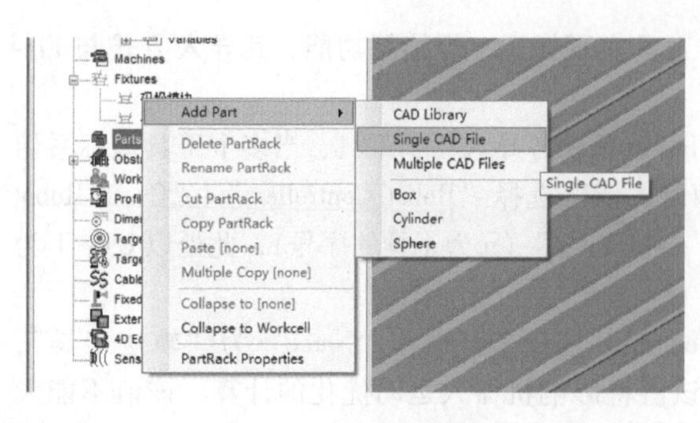

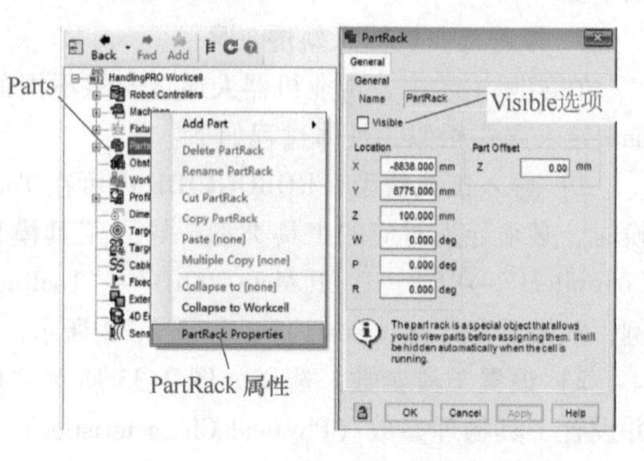

图 2-35　添加 Parts 模块　　　　图 2-36　PartRack 选项设置

3）设置 Part 模块参数：右键单击“Cell Browser”→“Parts”目录下具体的 Part 模块，选择“方形物料”→“Properties”进入参数设置页面，根据实际情况设置物理质量及大小比例，单击“OK”按钮完成设置，如图 2-37 所示。

4）设置 Part 位置信息：双击 Fixture 码垛模块，打开设置页面并选择“Parts”选项卡，如图 2-38 所示。勾选所需添加的 Part，此处以勾选方形物料为例，单击“Apply”按钮后再勾选“Part Offset”组合框中的“Edit Part Offset”选项，在文本框中输入位置值，或直接拖动绿色坐标系修改当前 Part 在码垛模块中的相对位置，确定后单击“OK”按钮完成设置。

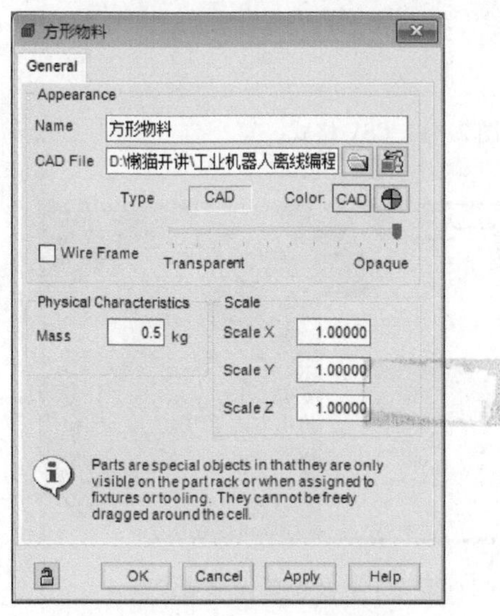

图 2-37　Parts 模块参数设置

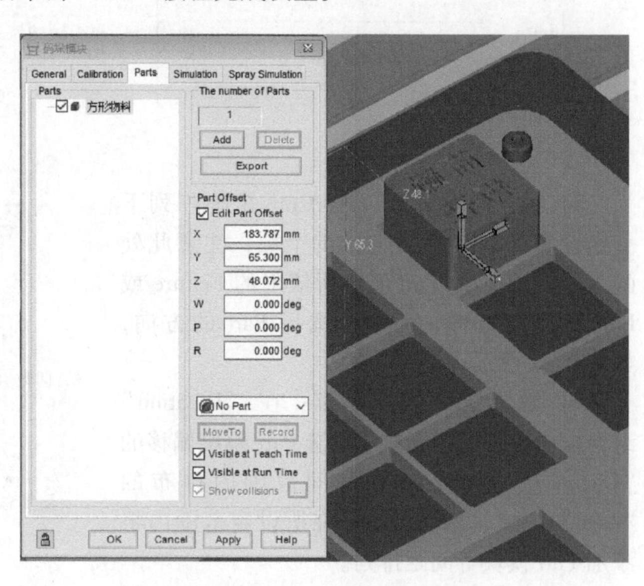

图 2-38　“Parts”选项卡设置

其他参数设置如下：

① The Number of Parts：设置阵列个数。

② Visible at Teach Time：示教时 Part 模块可见。

③ Visible at Run Time：仿真运行时 Part 模块可见，若该 Part 在仿真中是从其他地方搬运而来，须设置为不可见。

（2）Part 模块的阵列设置　当需要添加多个相同 Parts 时可使用阵列方式，设置方法如下：

1）设置阵列：参照图 2-39 在“Parts”选项卡中单击“The Number of Parts”组合框中“Add”按钮进入添加页面，若设置错误可按“Delete”按钮删除当前设置，“Export”按钮是将当前设置以 CSV 格式导出。

2）选择阵列导入方式：选择“Place Menu”组合框可设置 Array 矩阵阵列导入以及“Import Parts Offset Data”外部导入方式，后者适用于复杂排列的导入，如图 2-40 所示。

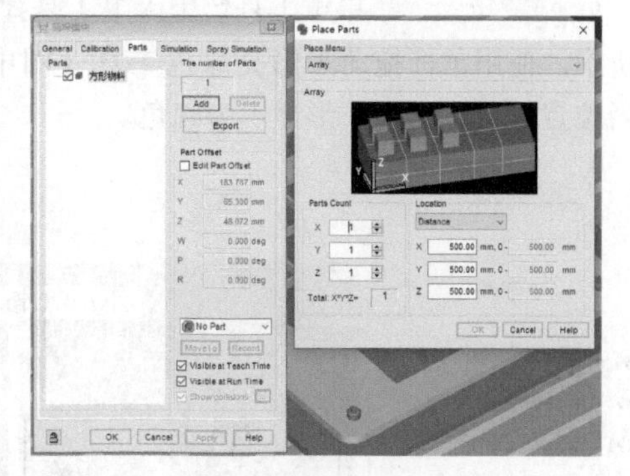

图 2-39　阵列设置

单击“Parts”选项卡中“Export”按钮获得 CSV 格式表格，使用 Excel 修改保存该表时不能更改其格式，格式如图 2-41 所示。

表格中的行代表除本体外额外添加的 Part 模块，每行数值依次代表相对于所选 Part 模块的 X、Y、Z 方向以及 W、P、R 方向的角度偏移量。此处以矩阵阵列为例。

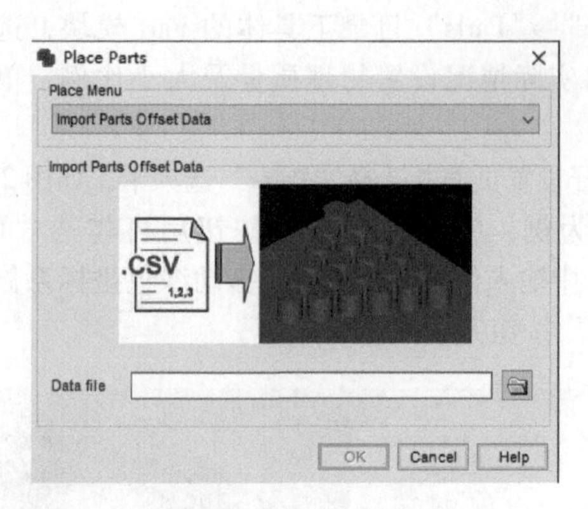

图 2-40　阵列导入方式

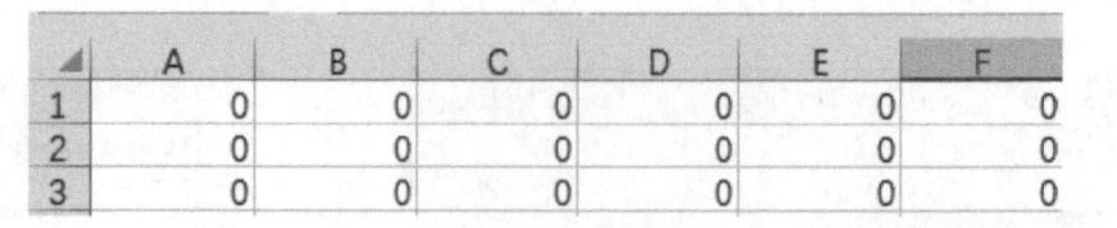

	A	B	C	D	E	F
1	0	0	0	0	0	0
2	0	0	0	0	0	0
3	0	0	0	0	0	0

图 2-41　CSV 格式一览

3）设置矩阵阵列：在 Array 矩阵阵列下分别设置 X、Y、Z 方向上的个数，注意此处的 X、Y、Z 是该 Part 模块所依附的 Fixture 或 Link 的坐标方向，而非所选择 Part 的方向，如图 2-42 所示。

4）设置矩阵排布距离：在“Location”组合框中，可选择相对于所选 Part 模块偏移的“Distance”方式，或在空间范围内排布的“Aear”方式，后者会自动在所设定范围内将添加 Part 模块等间距排列。

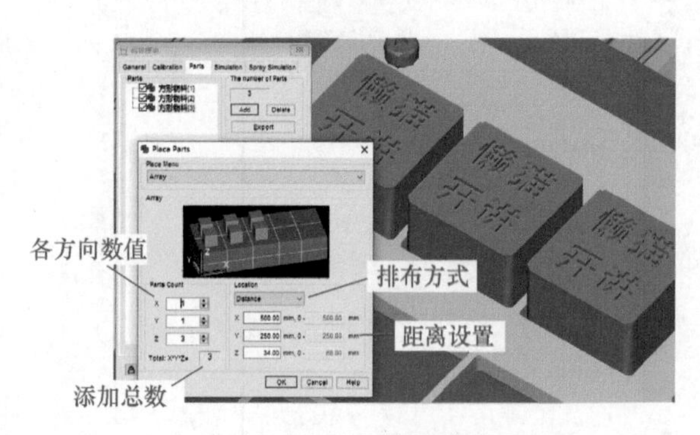

图 2-42　矩阵个数及位置偏移量设置

2.1.4　工业机器人的点动示教

1. 工业机器人运动范围

工业机器人的点动操作

工业机器人运动范围受限于内部结构和外围设备，如图 2-43 所示，将工业机器人法兰盘运动范围定义为 UTool Zero，法兰盘安装工具后能够达到的空间定义为 Current UTool，Invisible 表示范围不可见。单击 ROBOGUIDE 工具栏中的工作轨迹范围按钮，可显示所选工业机器人的运动有效范围。

单击工具栏中关节工具按钮可查看工业机器人的各轴运动范围，如图 2-44 所示。使用鼠标拖动 T 形亮绿色工具（图中用蓝色显示，软件内为绿色）改变指定轴角度位置，当位置不可达时则 T 形显示为红色。

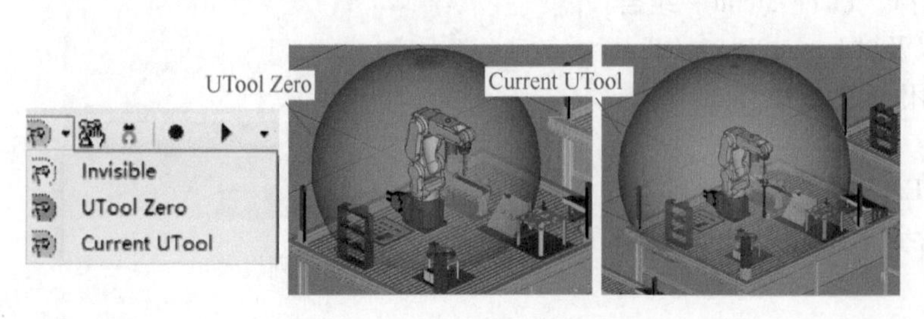

图 2-43　工业机器人运动范围

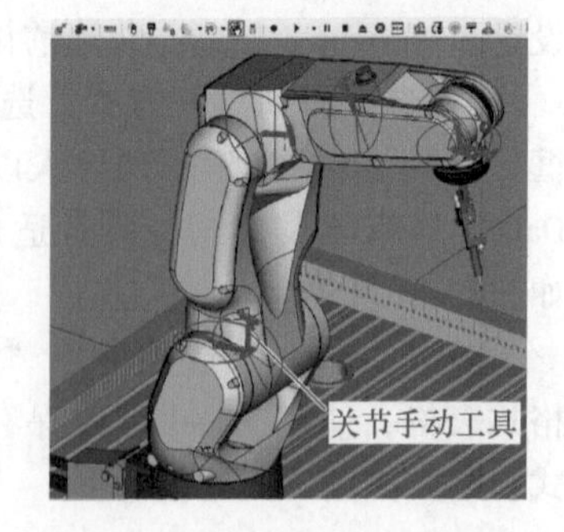

图 2-44　工业机器人关节运动范围

2. 示教器功能区

示教器应用在机器人点动控制、程序编辑及状态监控等环境，其功能区如图 2-45 所示。

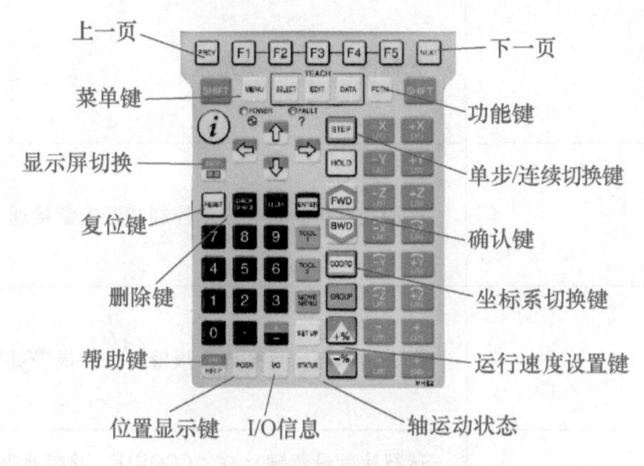

图 2-45　示教器功能区

与运动控制相关的示教器按键/指示灯功能见表 2-5。

表 2-5　与运动控制相关的示教器按键/指示灯功能

按键/指示灯	功　能
F1—F2—F3 F4—F5	功能键，选择画面最下一行的功能键菜单
POSN	位置显示键，显示当前工业机器人的位置信息，可显示关节、用户和世界三种坐标系
SHIFT	与其他键配合使用实现点动给进、位置数据示教、程序启动，示教器上深蓝色操作键必须与“SHIFT”键配合使用，两个“SHIFT”键功能相同
−X (J1)　+X (J1)　−X (J4)　+X (J4) −Y (J2)　+Y (J2)　−Y (J5)　+Y (J5) −Z (J3)　+Z (J3)　−Z (J6)　+Z (J6)	点动键，与“SHIFT”键同时按下时用于点动给进。在直角坐标系下，左边 6 键控制位置信息 X、Y、Z，右边 6 键控制姿态信息 W、P、R；在关节坐标系下，分别实现对轴的控制，即按键上小括号内的功能
COORD	坐标系切换键，用来切换坐标系。若同时按下“SHIFT”可直接输入数值选择坐标系序号
RESET	复位键，清除一般报警信息

（续）

按键/指示灯	功　　能
	光标键，用来移动光标
	电源指示灯，点亮表示控制装置电源接通
	报警指示灯，点亮表示报警，一般报警可按下“RESET”键解除报警
	运行速度设置键，按“COORD”键切换坐标系后速度依系统参数设置可能会发生变化，设置范围为1%～100%以及低速、微速，使用低速、微速时每按下该键机器人每次运动一步

如图2-46所示，示教器显示屏提供了机器人运行状态、报警信息及参数显示等内容，主要分为状态窗口、主窗口和功能键菜单三个部分。其中状态窗口显示信息如图2-47所示。

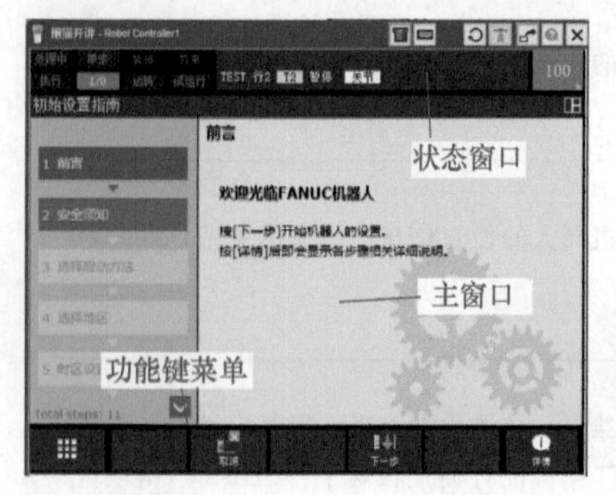

图2-46　示教器显示屏

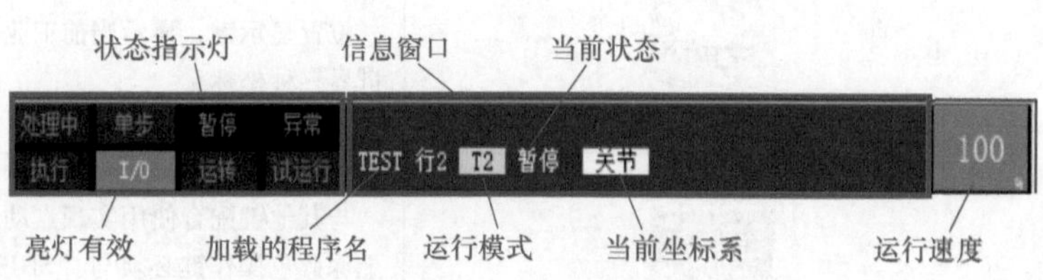

图2-47　状态窗口

状态窗口中，状态指示灯亮灯表示有效，熄灭表示无效，具体说明见表2-6。

表2-6　状态指示灯及说明

状态指示灯	说　明	状态指示灯	说　明
处理中	Mate控制柜处理信息中	执行	正在执行程序
单步	机器人程序单步执行	I/O	应用程序固有LED，常亮
暂停	机器人处于HOLD状态	运转	机器人自动运行中
异常	有故障发生	试运行	机器人为试运行状态

主窗口用于显示机器人的信息参数及程序等，最下方功能键菜单在不同页面下显示不同功能，在ROBOGUIDE中可直接用鼠标单击选择，在实体机器人中该功能键与示教器F1～F5键一一对应。

3. 奇异点

工业机器人在笛卡儿坐标系下，由于机器人内部位置算法，在某些位置会出现无穷多解的情况，导致工业机器人无法运行并报“MOTN-023在奇异点附近错误”，其典型状态就是J5轴接近0°以及J3轴在运动直线上，可通过切换为关节坐标系或改变工业机器人的姿态避开该点。在程序编辑中则可将动作指令修改为J命令，或使用附加动作指令（Wjnt）避开该点。

4. 位置设置

单击工具栏图标打开虚拟示教器，如图2-48所示，单击“POSN”选项卡打开工业机器人位置设置页面，选择坐标系后在位置参数文字框中输入位置值，单击“MoveTo”按钮或按下PC键盘上的“ENTER”键移动机器人到指定位置。

此外，还可采用手动定位进行工业机器人位置设置。如图2-49所示，单击工业机器人上绿色圆球激活坐标系原点，拖动坐标系改变工业机器人位置，若坐标原点由绿色变为红色，则表示当前位置不可达。

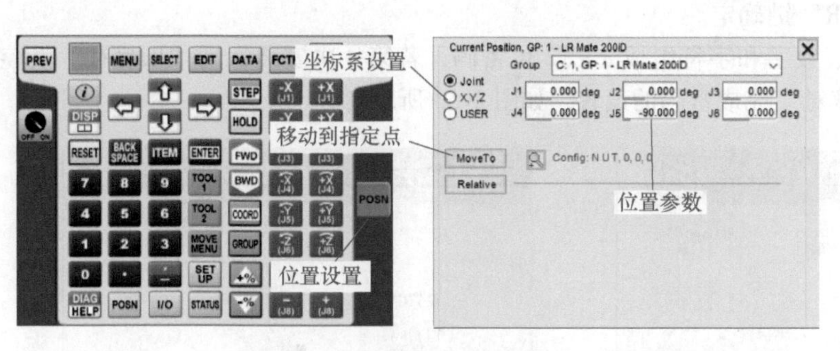

图2-48　工业机器人位置设置

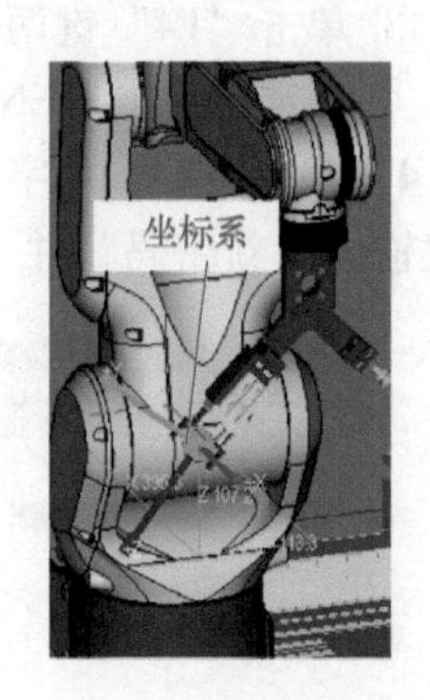

图2-49　工业机器人手动定位

5. 工业机器人负载设定

负载能力是工业机器人的核心指标之一，其设定值不得超过机器人的规定值，适当设定负载信息可提高动作性能以及与动力学相关的碰撞检测等功能，初次使用工业机器人时会在信息窗口显示叹号，提示未设定机器人负载，如图2-50所示。

依次单击“MENU”键→“0 下页”→“6 系统”→“6 动作”，在如图2-51所示动作性能设置页面下，单击“F5　选负载”输入负载编号完成负载设定，负载未设定提示信息消失。

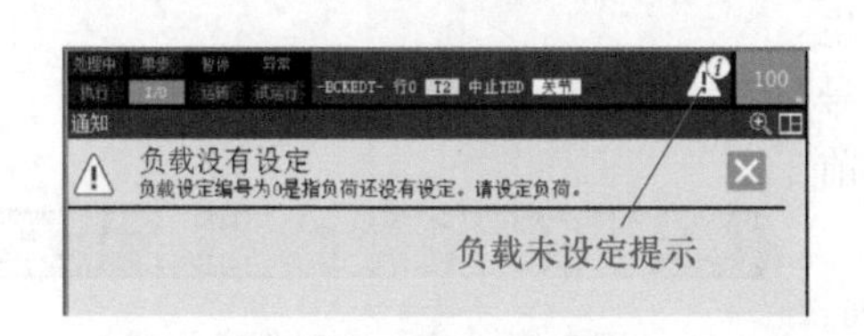

图2-50　负载未设定提示

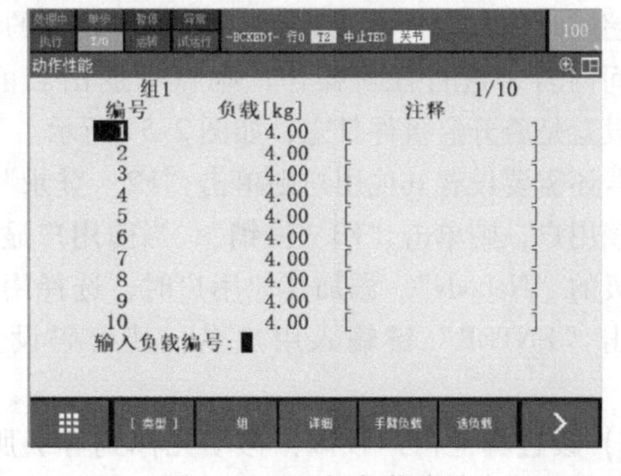

图2-51　选择负载编号

2.1.5　工业机器人密码设置

机器人密码的设定

工业机器人安全设置分为软件设置和硬件设置，软件设置主要是对操作权限的保护，硬件设置是对工业机器人运行安全的保护。

1. 设置密码保护

为保障工业机器人的正常运行，未经授权人员不得修改或调试程序，因此新购

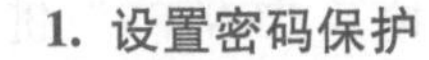

置工业机器人需先设置密码，设置方法如下：

1）进入设置页面：依次单击“MENU”键→“6 设置”→“0 下页”→“9 密码”，进入密码设置页面，若从未设置过密码则首先须设置安装权限密码，且安装用户只有一个，要牢记该密码。

2）添加用户：按下“F2 登录”→选择“序号 1”→按下“ENTER”键，添加安装用户，如图 2-52 所示。

3）输入用户名：按下“ENTER”键输入用户名，用户名不分大小写，以输入用户名 CAT 为例：

① 单击“F1”键 3 次，选择字母 C。

② 单击向右光标键 1 次，再次单击“F1”键选择字母 A。

③ 单击“F4”键两次，选择字母 T。

④ 确定后单击“ENTER”键确定。

4）设置密码：由字母、数字和字符组成 3～12 位密码，若第一次安装，则“旧密码”为空，依次输入“新密码”并“核对”完成密码的设置，如图 2-53 所示。

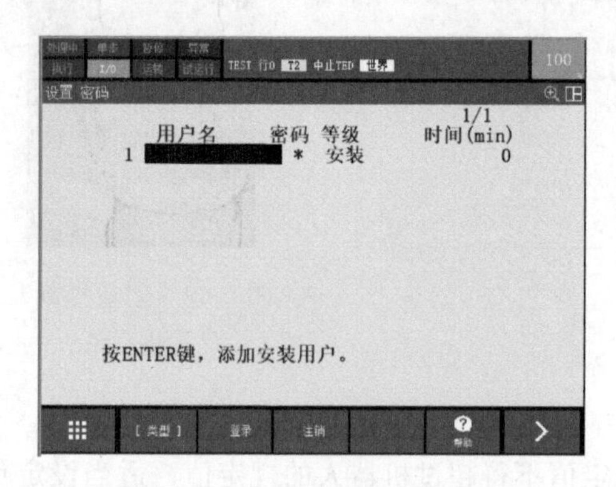

图 2-52 添加安装用户页面

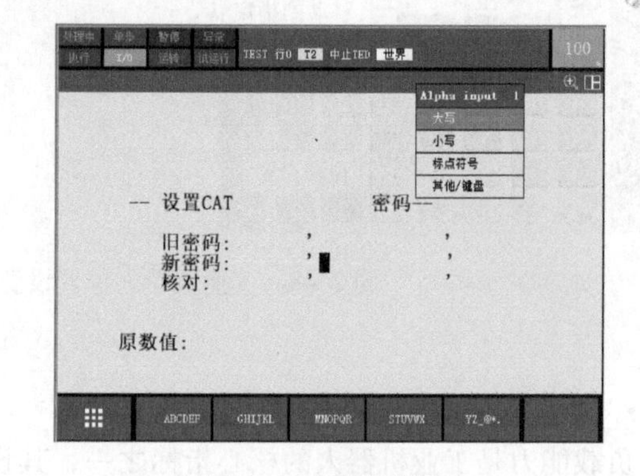

图 2-53 密码设置

密码设置完毕后，系统会自动提示是否登录，只有设置了安装权限密码并登录后，才能设置其他等级用户密码，此处单击“F4 是”。

5）设置超时保护：在登录用户页面后可设置默认用户超时时间和超时发生时间，即在所设置的用户超时时间内若未进行任何操作，则自动退出当前用户，也可设置是否开启事件日志，如图 2-54 所示。

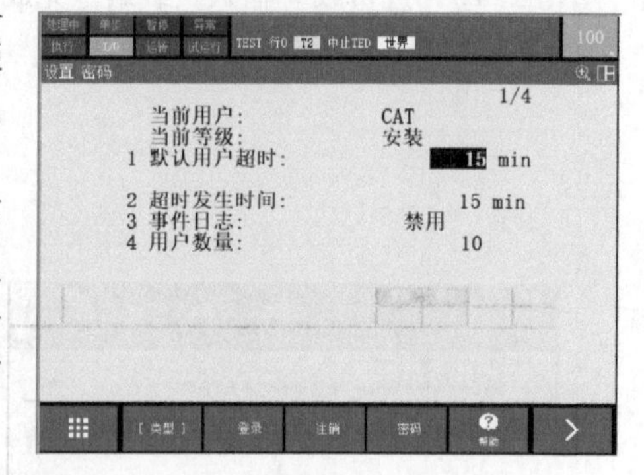

图 2-54 密码超时保护设置

若还需要设置其他用户则单击“F2 登录”，若不使用该用户，则单击“F3 注销”，当前用户显示为生产等级的“Nobody”。添加其他用户时，选择用户序号后单击“ENTER”键输入用户名，其密码设置如前所述。

6）设置其他用户权限：移动光标到等级所在列，单击“F4 选择”可设置当前用户的等级，其中只能设置一个无限制安装权限；示教权限仅可示教程序，无硬件配置修改权限；设置权限可设置 I/O 分配，但不能处理严重报警；等级是用户自定义权限。

2. 修改及删除密码

修改或删除密码时，须先登录安装权限用户，具体方法如下。

1）修改密码：将光标移动到所要修改用户密码处，即用户名后的横线处按下“ENTER”键即可修改当前用户密码，如图 2-55 所示。

2）删除用户：密码不能设置为空，只能与用户一起删除，将光标移动到所要删除的用户名下，按下“F2　清除”即可删除当前用户；若按下“F3　全清除”，则可将除安装权限外的用户全部清除。

3）删除安装权限用户：登录后显示为图2-56页面时，依次在示教器上单击“PREV”键→“NEXT”键→“F3　禁用”，即可解除安装密码。

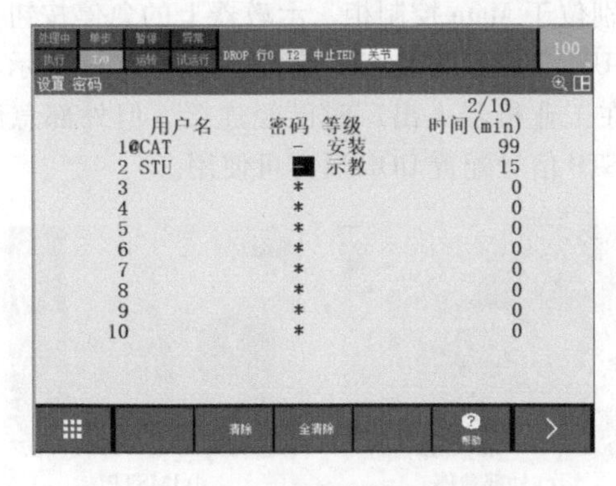

图2-55　密码修改及用户删除

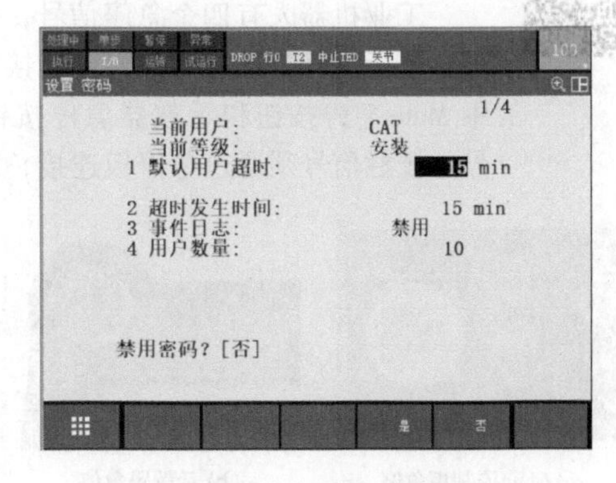

图2-56　解除安装密码

3. 设置USB自动登录

当密码不便公示时，可使用移动存储设备（USB，简称U盘）制作密钥代替密码登录，在Mate控制柜上插入U盘可实现权限用户自动登录，一个U盘只能作为一台设备的密钥，提前做好备份，具体方法如下：

1）设置系统变量：任意页面按下“MENU”键→“0 下页”→“6 系统”→“2 变量”，找到系统变量“$PASSWORD. PASSWORD_T”后按下“ENTER”键，选择“$ENB_PCMPWD”后，按下“F4　有效”，如图2-57所示。

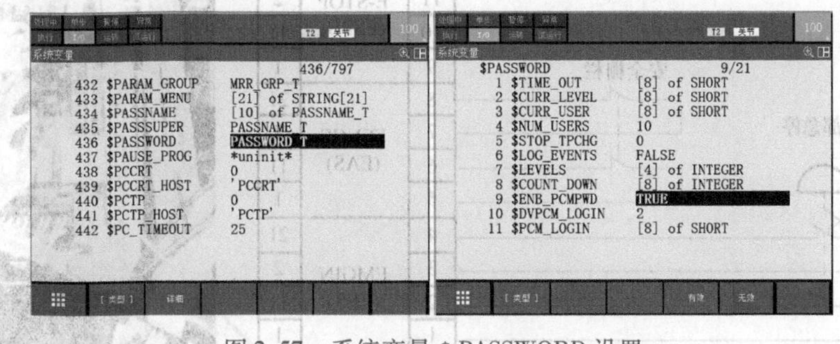

图2-57　系统变量$PASSWORD设置

2）制作USB登录密钥：登录须制作登录密钥的账户名，在设置密码页面按下“NEXT”键→“F4　USB”后，再将U盘插入Mate控制柜，按照系统提示即可完成USB登录密钥制作，制作过程中不会清除U盘中的文件，如图2-58所示。

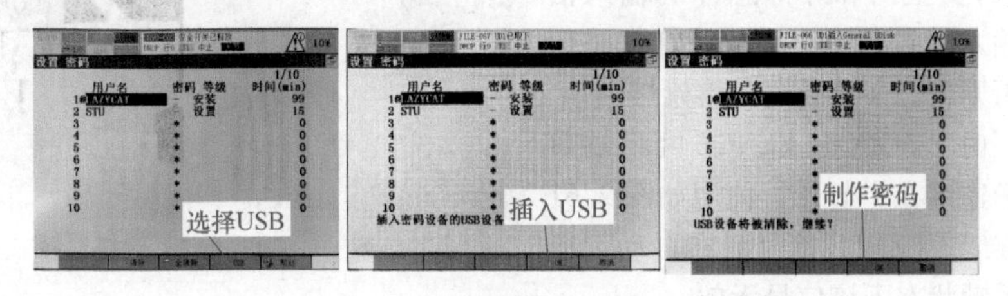

图2-58　USB登录密钥设置

2.1.6 工业机器人外部保护

当工业机器人处于自动运行状态时，严禁有作业员在工业机器人作业范围内，为防止意外须设置栅栏或光栅保护，并在作业员触手可及的地方设置急停按钮。

外部安全信号

1. 急停信号

工业机器人有四个急停信号，分别位于 Mate 控制柜、示教器上的急停按钮，以及急停板上的外部急停信号和连接在 UI［1］上的 IMSTP 信号，如图 2-59 所示。其中 Mate 急停按钮和示教器急停按钮在工业机器人出厂时已经连接，但外部急停信号、栅栏信号须通过急停板连接，IMSTP 信号配置 UOP 后方可使用。

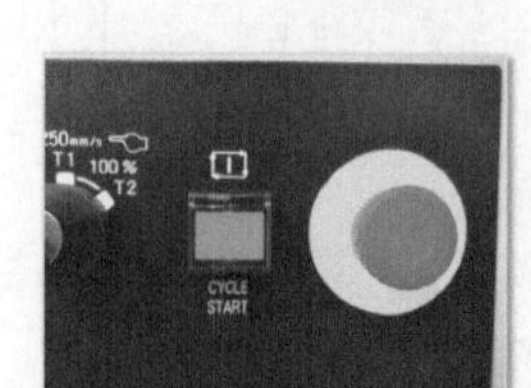

a) Mate控制柜急停

b) 示教器急停

c) 外部急停

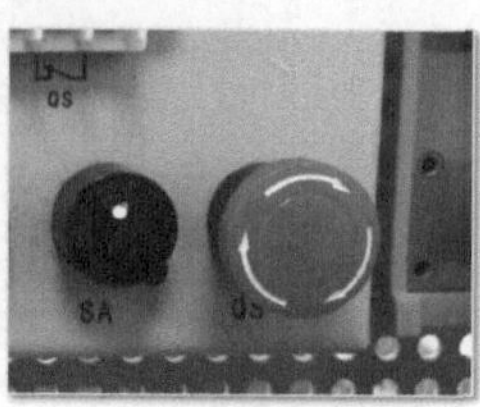

d) IMSTP

图 2-59　急停信号连接示意

2. 急停板连接

FANUC LR Mate 200iD 系列工业机器人的急停板位于 Mate 控制柜内，其电气连接端口为 TBOP20，如图 2-60 所示。

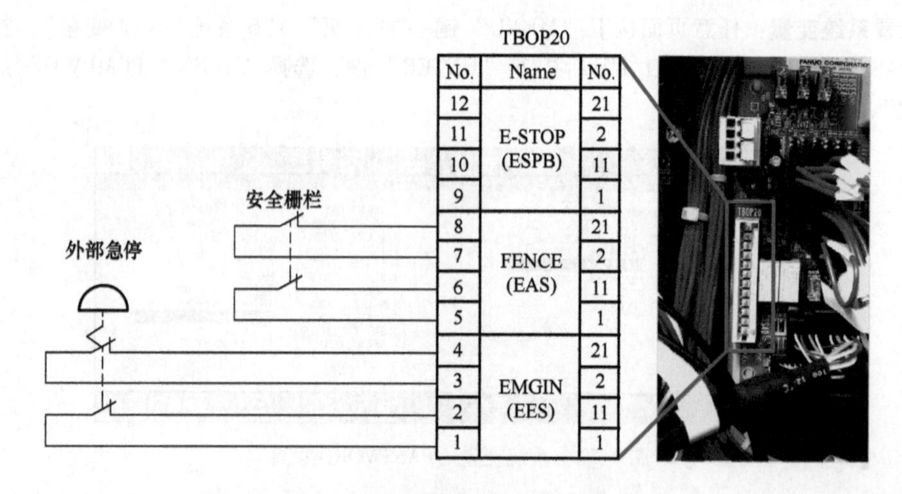

图 2-60　急停板电路连接示意图

其中，E-STOP 为急停输出信号，FENCE 和 EMGIN 分别为安全门和外部急停的输入信号，以上两组输入信号必须双路连接且每路信号不能混接，否则将会使熔断器的熔丝熔断。

机器人出厂时 EMGIN 和 FENCE 两组端口均通过短接端子连接在一起，须使用如图 2-61 所示工具更换连线。FENCE 信号只在自动运行状态下有效，手动状态下该信号无效。

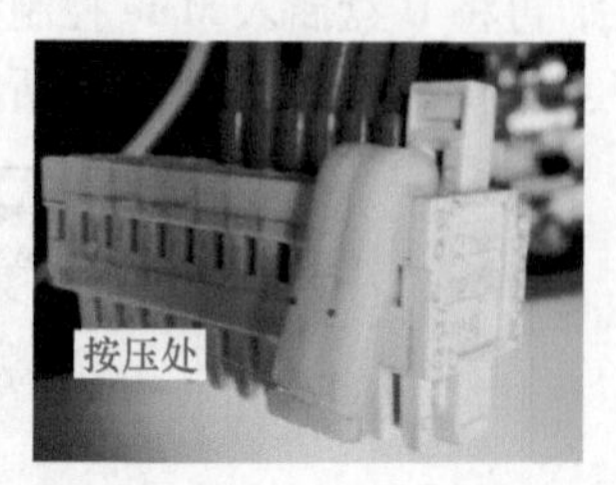

图 2-61　更换工具及更换方法

2.1.7　工业机器人系统运行速度设置

FANUC 工业机器人除 T2 模式可以实现硬限速外，还可通过修改＄SCR 系统变量的方式对所有程序整体限速。忽略程序最高速度设置，系统运行速度设置步骤如下：

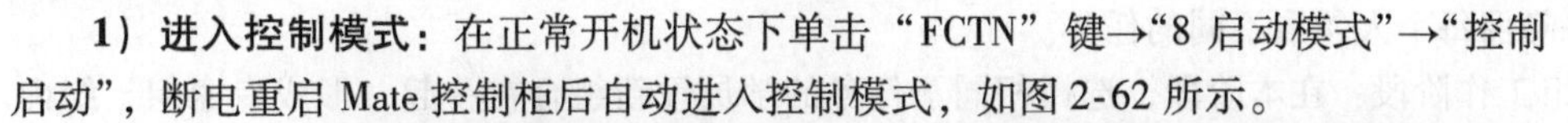

1）进入控制模式：在正常开机状态下单击“FCTN”键→“8 启动模式”→“控制启动”，断电重启 Mate 控制柜后自动进入控制模式，如图 2-62 所示。

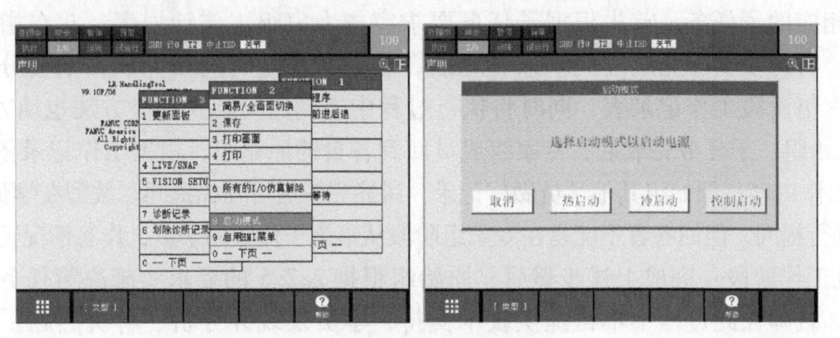

图 2-62　设置控制模式

2）设置系统变量：在控制模式下依次单击“MENU”键→“4 变量”→查找变量“＄SCR”→选择“SCR_T”→按下“ENTER”键进入系统变量详细设置页面，如图 2-63 所示。同时按下“SHIFT”键和方向键快速翻页，或按下“ITEM”键直接输入变量所在行号。

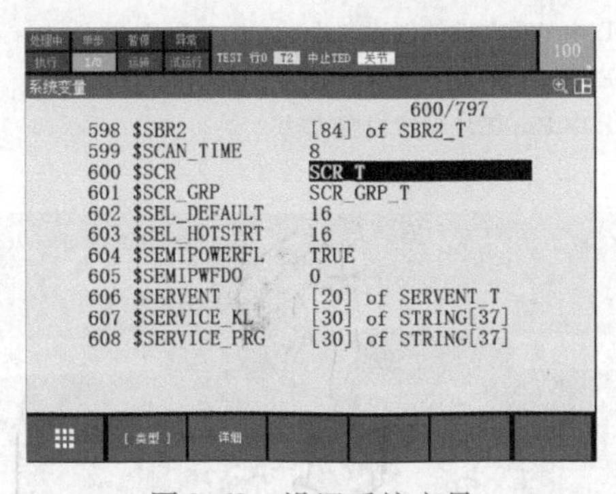

图 2-63　设置系统变量

参照表 2-7 将光标移动到所需设置的变量名称，按下“ENTER”键后输入设置数值，确定后单击“ENTER”键完成单个变量的设置。

表 2-7　系统变量＄SCR 说明

序号	变量名称	参数说明
1	＄SCR.＄COLDDOVRD	冷开机时最高速率倍率
2	＄SCR.＄COORFOVRD	手动进给时坐标系切换后的最高速率
3	＄SCR.＄TPENBLEOVRD	示教器有效切换时的最高速率
4	＄SCR.＄JOGOVLM	点动时最高速率
5	＄SCR.＄RUNOVLIM	程序执行时最高速度倍率
6	＄SCR.＄SFJOGOVLIM	安全栅栏开启时最高速度
7	＄SCR.＄SFRUNOVLIM	安全栅栏开启时执行程序最高速度

3）重启控制柜：完成所有变量设置后，重启 Mate 控制柜进入一般模式，设置生效。

2.2 计划与决策

本任务采用专家法组织教学，实施步骤如下：

1）组成原始组：4 位学员随机组成原始组，学员从 2.2.1 ~ 2.2.4 共 4 个子任务中任意选择 1 个子任务，并确保每个人领取不同的任务。

2）专家组工作阶段：在本阶段，选择相同子任务的学员重新组合在一起，形成专家组，组内协作共同完成相应的子任务。首先根据子任务要求完成专家组工作计划表，并在指定时间内按照计划执行任务，将每步实际完成时间填入计划表，若未在规定时间内完成，则要分析原因，将改进方法填入专家组阶段工作记录表，同时将执行过程中遇到的问题及解决方法也填入该表。

3）还原原始组：子任务完成后，专家组成员回到各自的原始组，根据工作记录依次讲述自己在专家组阶段的工作内容，原始组其他学员做好记录，讲述完毕后可互相提问。教师在学员讲述过程中可对原始组成员进行提问，但回答者不能是在专家组阶段从事该子任务的学员，作答情况记入小组成绩。

4）原始组工作阶段：完成上述步骤后，原始组根据 2.2.5 的要求实施决策任务，并完成原始组工作计划表。教师在此过程中不再提供技术支持，学员发现并分析、解决问题。在此过程中教师可随机进行专业交谈，确定小组成员清楚实施目的及方法，并记录在原始组工作记录表中。

2.2.1 子任务 1：创建离线工作站

任务要求	参照图 2-64 创建与实体工业机器人系统版本相同的工程文件，并根据导入设备特性选择合适的模型类型
任务目标	1）掌握 ROBOGUIDE 中工程文件的创建方法 2）掌握 ROBOGUIDE 中模型种类及其设置方法 3）掌握 ROBOGUIDE 中 Part 模块位置设置方法

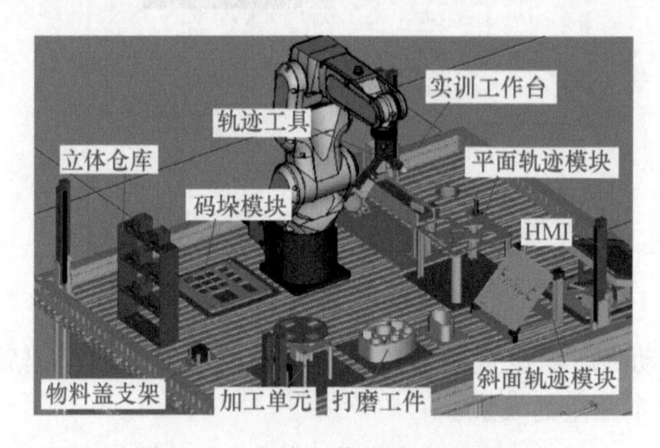

图 2-64 离线工作站布局示意图

1. 制订工作计划

专家组根据任务要求讨论制订工作计划，并完成表 2-8。

表 2-8 专家组工作计划表

专家组工作计划表						
原始组号		工作台位		制订日期		
序号	工作步骤	辅助准备	注意事项	工作时间/min		
				计划	实际	
1						

（续）

序号	工作步骤	辅助准备	注意事项	工作时间/min	
				计划	实际
2					
3					
4					
5					
工作时间小计					
全体专家组成员签字					

2. 任务实施

创建离线工程文件，导入实训工作台、平面轨迹模块、斜面轨迹模块、立体仓库（含物料盒）、码垛模块、轨迹工具等 IGS 模型，并设置各模块所属 Part 数量及位置。

3. 任务检查

验证工作计划及执行结果是否满足表 2-9 的要求，若满足则勾选“是”，反之勾选“否”，分析原因并记录在表 2-10 中。

表 2-9　专家组项目检查

序号	任务检查点	小组自我检查	
1	虚拟工业机器人系统版本号与实体工业机器人相同	○是	○否
2	外围设备模块所属类型选择合理	○是	○否
3	外围设备模块位置布局合理	○是	○否
4	平面轨迹模块、斜面轨迹模块及码垛模块在机器人工作范围内	○是	○否
5	勾选模块属性中“Lock All Location Values”选项	○是	○否
6	Part 斜面模块勾选并显示在斜面轨迹模块中	○是	○否
7	Part 工件模块堆叠在码垛模块上	○是	○否
8	轨迹工具正确安装在法兰盘上	○是	○否

表 2-10　专家组阶段工作记录表

专家组阶段工作记录表					
原始组号		专家组任务序号		记录人	
序号	问题现象描述		原因分析及处理方法		
1					
2					
3					
4					
5					

2.2.2 子任务 2：关节形式下的运动范围

任务要求	在关节形式下点动虚拟或实体工业机器人，确定每个轴的运动范围和运动方向，分析关节形式下工业机器人运动范围的影响因素
任务目标	1）掌握工业机器人开关机及急停的操作方法 2）掌握工业机器人点动示教及运行速度的调试方法 3）掌握工业机器人关节形式下的运动特点

1. 制订工作计划

专家组根据任务要求讨论制订工作计划，并完成表 2-11。

表 2-11 专家组工作计划表

专家组工作计划表						
原始组号		工作台位		制订日期		
序号	工作步骤	辅助准备	注意事项	工作时间/min		
				计划	实际	
1						
2						
3						
4						
5						
工作时间小计						
全体专家组成员签字						

2. 任务实施

当信息窗口显示“JOG-013 已到行程极限”时，表示对应轴运行到极限，将每个运动轴的上下限位值填入表 2-12，运动范围为上限位值减去下限位值。

表 2-12 关节形式下运动轴上下限位值

关节形式下运动轴上下限位值信息表							
原始组号		专家组任务序号			记录人		
	J1 轴	J2 轴	J3 轴	J4 轴	J5 轴	J6 轴	J2/J3 干涉角度
下限位值							
上限位值							
运动范围							—

3. 任务检查

验证工作计划及执行结果是否满足表 2-13 中的要求，若满足则勾选“是”，反之勾选“否”，分析原因并记录在表 2-14 中。

表 2-13　专家组项目检查

序号	任务检查点	小组自我检查	
1	操作符合安全规范	○是	○否
2	在关节形式下运动速度不超过30%	○是	○否
3	点动工业机器人过程中未发生任何碰撞	○是	○否
4	J1 轴运动范围与表 1-1 中 J1 轴运动范围 340.000°相同	○是	○否
5	J2 轴运动范围与表 1-1 中 J2 轴运动范围 230.000°相同	○是	○否
6	J3 轴运动范围与表 1-1 中 J3 轴运动范围 402.000°相同	○是	○否
7	J4 轴运动范围与表 1-1 中 J4 轴运动范围 380.000°相同	○是	○否
8	J5 轴运动范围与表 1-1 中 J5 轴运动范围 240.000°相同	○是	○否
9	J6 轴运动范围与表 1-1 中 J6 轴运动范围 720.000°相同	○是	○否
10	J2/J3 干涉角度为 J2 轴和 J3 轴的和	○是	○否
11	任务完成后关闭设备电源并整理现场	○是	○否

表 2-14　专家组阶段工作记录表

<table>
<tr><th colspan="6">专家组阶段工作记录表</th></tr>
<tr><td>原始组号</td><td></td><td>专家组任务序号</td><td></td><td>记录人</td><td></td></tr>
<tr><td>序号</td><td colspan="2">问题现象描述</td><td colspan="3">原因分析及处理方法</td></tr>
<tr><td>1</td><td colspan="2"></td><td colspan="3"></td></tr>
<tr><td>2</td><td colspan="2"></td><td colspan="3"></td></tr>
<tr><td>3</td><td colspan="2"></td><td colspan="3"></td></tr>
<tr><td>4</td><td colspan="2"></td><td colspan="3"></td></tr>
<tr><td>5</td><td colspan="2"></td><td colspan="3"></td></tr>
</table>

2.2.3　子任务3：正交形式下的运动范围

任务要求	点动虚拟或实体工业机器人，以世界坐标系为研究对象，分析在正交形式下工业机器人的运动特点，并确定其工作范围
任务目标	1）掌握工业机器人开关机及急停的操作方法 2）掌握工业机器人点动示教及运行速度的调试方法 3）掌握工业机器人正交形式下的运动特点

1. 制订工作计划

专家组根据任务要求讨论制订工作计划，并完成表2-15。

表 2-15 专家组工作计划表

专家组工作计划表					
原始组号		工作台位		制订日期	
序号	工作步骤	辅助准备	注意事项	工作时间/min	
				计划	实际
1					
2					
3					
4					
5					
工作时间小计					
全体专家组成员签字					

2. 任务实施

(1) 分析运动方向 单击“COORD”键直到信息窗口显示“世界”坐标系，依次单击示教器上的点动键，确定工业机器人的运动方向，并在图 2-65 中标注其运动方向，尤其是姿态的运动方向。

(2) 检测运动范围 在不发生碰撞的前提下，在世界坐标系下以适当的姿态点动工业机器人，直到窗口信息栏显示“MOTN-18 位置不可达”，判定为该方向及姿态下的极限位置。将该点的世界坐标系位置信息和对应的关节位置信息填入表 2-16 中。

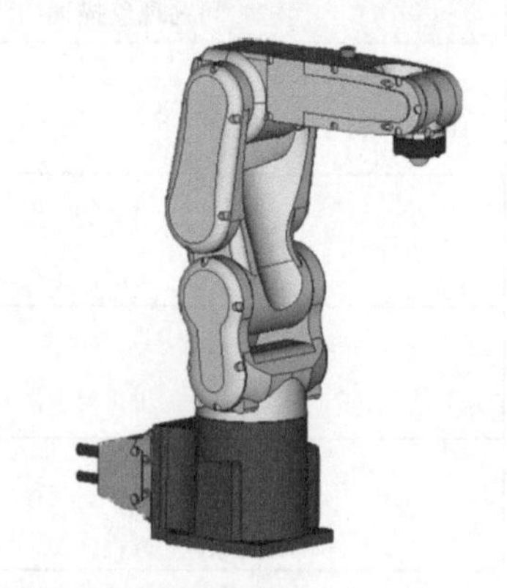

图 2-65 标注世界坐标系运动方向

表 2-16 世界坐标系运动范围位置信息

世界坐标系运动范围位置信息						
原始组号		专家组任务序号		记录人		
+X 极限位置	X	Y	Z	W	P	R
	J1 轴	J2 轴	J3 轴	J4 轴	J5 轴	J6 轴
-X 极限位置	X	Y	Z	W	P	R
	J1 轴	J2 轴	J3 轴	J4 轴	J5 轴	J6 轴

（续）

世界坐标系运动范围位置信息						
原始组号		专家组任务序号		记录人		
+Y 极限位置	X	Y	Z	W	P	R
	J1 轴	J2 轴	J3 轴	J4 轴	J5 轴	J6 轴
−Y 极限位置	X	Y	Z	W	P	R
	J1 轴	J2 轴	J3 轴	J4 轴	J5 轴	J6 轴
+Z 极限位置	X	Y	Z	W	P	R
	J1 轴	J2 轴	J3 轴	J4 轴	J5 轴	J6 轴
−Z 极限位置	X	Y	Z	W	P	R
	J1 轴	J2 轴	J3 轴	J4 轴	J5 轴	J6 轴

（3）分析奇异点　记录检测运动范围过程中奇异点位置信息并填入表 2-17，即信息窗口显示“MOTN-23”时的关节位置信息，若未产生该报警信息则不填写。

表 2-17　奇异点位置信息记录

奇异点位置信息记录						
原始组号		专家组任务序号		记录人		
序号	J1 轴	J2 轴	J3 轴	J4 轴	J5 轴	J6 轴
1						
2						
3						

若产生多次奇异点报警，则总结产生奇异点的典型特征，填入表 2-18。

表 2-18　奇异点典型特征分析

奇异点典型特征分析					
原始组号		专家组任务序号		记录人	
序号	典型特征描述				
1					
2					

3. 任务检查

验证工作计划及执行结果是否满足表 2-19 中的要求，若满足则勾选“是”，反之勾选“否”，分析原因并记录在表 2-20 中。

表 2-19　专家组项目检查

序号	任务检查点	小组自我检查	
1	操作符合安全规范	○是	○否
2	世界坐标系下运动速度不超过 30%	○是	○否
3	点动工业机器人过程中未发生任何碰撞	○是	○否
4	+X 方向为背离电缆动力线方向	○是	○否
5	+Y 方向与 X 方向水平垂直	○是	○否
6	+Z 方向垂直于机器人底座	○是	○否
7	无论工业机器人处于何姿态，X、Y、Z 轴方向不变	○是	○否
8	姿态调整时符合右手定则	○是	○否
9	改变姿态时始终以法兰盘为中心	○是	○否
10	处于奇异点位置时 J5 轴位置信息为 0°左右	○是	○否
11	任务完成后关闭设备电源并整理现场	○是	○否

表 2-20　专家组阶段工作记录表

<table>
<tr><th colspan="6">专家组阶段工作记录表</th></tr>
<tr><td>原始组号</td><td></td><td>专家组任务序号</td><td></td><td>记录人</td><td></td></tr>
<tr><td>序号</td><td colspan="2">问题现象描述</td><td colspan="3">原因分析及处理方法</td></tr>
<tr><td>1</td><td colspan="2"></td><td colspan="3"></td></tr>
<tr><td>2</td><td colspan="2"></td><td colspan="3"></td></tr>
<tr><td>3</td><td colspan="2"></td><td colspan="3"></td></tr>
<tr><td>4</td><td colspan="2"></td><td colspan="3"></td></tr>
<tr><td>5</td><td colspan="2"></td><td colspan="3"></td></tr>
</table>

2.2.4　子任务 4：工业机器人的安全设置

任务要求	安全操作工业机器人是生产环节的第一步，根据上海发那科公司培训部要求，培训期间点动操作机器人时最高速率为 30%，急停按钮设置在作业员触手可及的位置，有作业员在机器人工作范围内时，机器人不能自动运行，根据上述要求完成安全设置
任务目标	1）掌握工业机器人操作权限设置方法 2）掌握工业机器人急停信号板的连接方法 3）掌握工业机器人系统变量的设置方法

1. 制订工作计划

专家组根据任务要求讨论制订工作计划，并完成表 2-21。

表 2-21　专家组工作计划表

专家组工作计划表					
原始组号		工作台位		制订日期	
序号	工作步骤	辅助准备	注意事项	工作时间/min	
				计划	实际
1					
2					
3					
4					
5					
工作时间小计					
全体专家组成员签字					

2. 任务实施

（1）外部安全信号电气设计及连接　根据任务需求在图 2-66 中完成电气设计，并根据图样完成电气连接。

原始组号：________　专家组任务序号：________　记录人：________

TBOP20

No.	Name	No.
12	E-STOP（ESPB）	21
11		2
10		11
9		1
8	FENCE（EAS）	21
7		2
6		11
5		1
4	EMGIN（EES）	21
3		2
2		11
1		1

图 2-66　工业机器人外部安全信号电气设计图

（2）系统运行速度参数设置　合理设置系统运行速度参数，使工业机器人在 T1 模式及自动运行模式下速度倍率不超过 30%，从而保证在点动模式下操作工业机器人时，以较低的倍率运行，可增加对工业机器人的控制机会，并将设置值填入表 2-22。

表 2-22　系统运行速度参数设置

系统运行速度参数设置					
原始组号		专家组任务序号		记录人	

序号	参数名称	设置值
1		
2		
3		

（3）安全用户密码设置　添加具有设置权限的用户并制作 USB 登录密钥。

3. 任务检查

验证工作计划及执行结果是否满足表 2-23 中的要求，若满足则勾选“是”，反之勾选“否”，分析原因并记录在表 2-24 中。

表 2-23　专家组项目检查

序号	任务检查点	小组自我检查	
1	操作符合安全规范	○是	○否
2	通电前检查外部急停按钮采用双路连接且未混接	○是	○否
3	通电前检查外部 FENCE 采用双路连接且未混接	○是	○否
4	系统未显示“SRVO-213 SERVO 紧急停止电路板熔断”错误	○是	○否
5	按下外部急停按钮时系统显示“SRVO-007 外部紧急停止”	○是	○否
6	光栅无信号时机器人降速或者停止运行	○是	○否
7	系统未显示“SRVO-266 SERVO 防护栅栏 1 状态异常”	○是	○否
8	系统未显示“SRVO-267 SERVO 防护栅栏 2 状态异常”	○是	○否
9	Mate 柜插入 USB 密钥后可自动登录权限账户	○是	○否
10	Mate 柜拔除 USB 密钥后显示“Nobody 登录信息”	○是	○否
11	任务完成后关闭设备电源并整理现场	○是	○否

表 2-24　专家组阶段工作记录表

专家组阶段工作记录表					
原始组号		专家组任务序号		记录人	

序号	问题现象描述	原因分析及处理方法
1		
2		
3		
4		
5		

2.2.5　决策任务：不同形式下的运动特点

任务要求	点动虚拟或实体工业机器人，比较在不同形式下工业机器人的运动特点，并分析奇异点对工业机器人运动的影响
任务目标	1）掌握工业机器人运行安全操作规范 2）掌握工业机器人点动示教及运行速度的调试方法 3）掌握工业机器人正交形式和关节形式下的运动特点

1. 专家组任务交流

原始组小组成员介绍完各自在专家组阶段所完成的任务后，对比各自数据解答表2-25中的问题并记录。

表2-25　专业问题研讨一览

序号	问题及解答
1	创建工程文件时如何确定模型类型？Part类型模型的工作特点是什么？
2	关节形式下机器人的运动特点是什么？
3	正交形式下机器人的运动特点是什么？为何有奇异点？
4	工业机器人不同的安全设置分别针对哪些情况？

2. 制订工作计划

原始组根据任务要求讨论制订工作计划，并完成表2-26。

表2-26　原始组工作计划表

原始组工作计划表					
原始组号		工作台位		制订日期	
序号	工作步骤	辅助准备	注意事项	工作时间/min	
				计划	实际
1					
2					

（续）

序号	工作步骤	辅助准备	注意事项	工作时间/min	
				计划	实际
3					
4					
5					
工作时间总计					
全体原始组成员签字					

2.3 实施

1. 分析运动方向

按下“COORD”键切换不同的坐标系，点动工业机器人并将其运动方向标注在表 2-27 对应模式的图样上。点动非关节形式时，需先在关节形式下将工业机器人调整为表 2-27 中所示角度，即 J1 ~ J4 及 J6 轴为 0°；J5 轴为 -90°，然后切换其他坐标系后，只改变位置信息，不改变姿态。

表 2-27　工业机器人坐标系运动特点分析

<table>
<tr><th colspan="6">工业机器人坐标系运动特点分析</th></tr>
<tr><td>原始组号</td><td></td><td>工作台位</td><td></td><td>记录人</td><td></td></tr>
<tr><td colspan="3">关　节</td><td colspan="3">世　界</td></tr>
<tr><td colspan="3">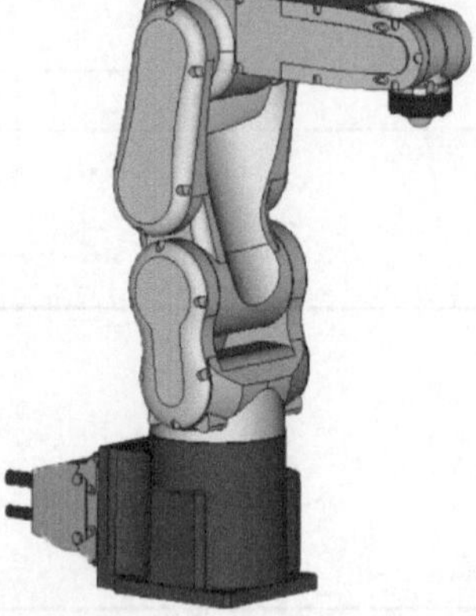</td><td colspan="3">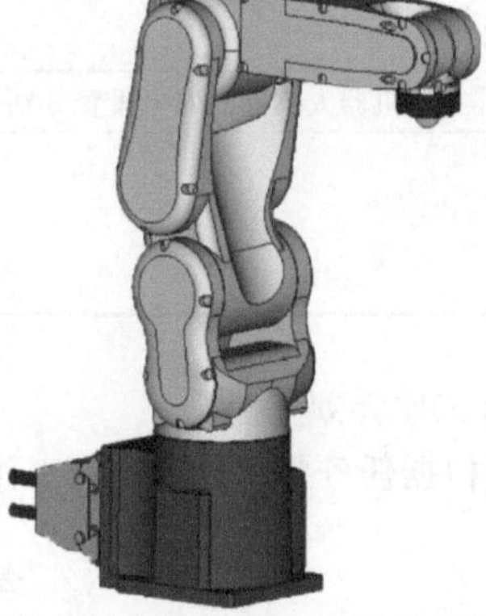</td></tr>
<tr><td colspan="2">工具</td><td colspan="2">用户</td><td colspan="2">手动</td></tr>
<tr><td colspan="2">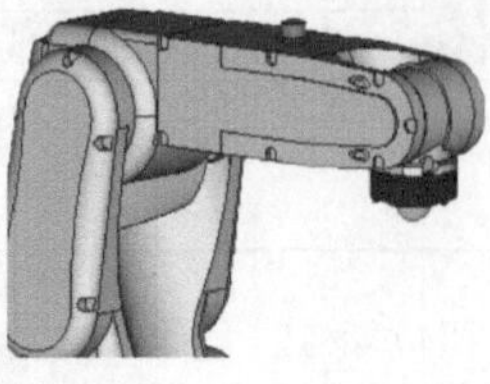</td><td colspan="2">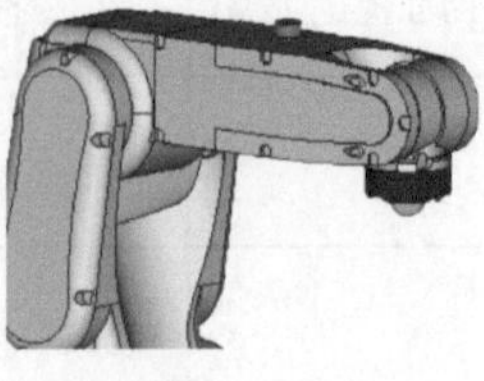</td><td colspan="2">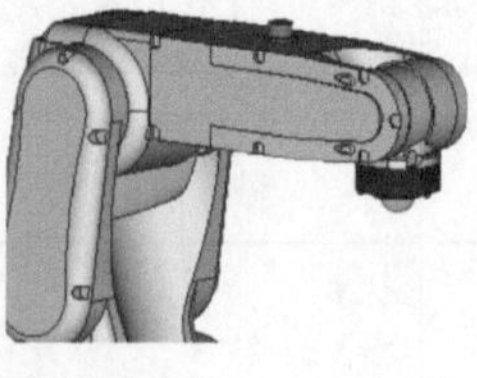</td></tr>
</table>

2. 分析姿态运动特点

切换到非关节坐标系，依次操作姿态控制按键，根据工业机器人实际运动方向，将姿态运动特点填入表2-28。

表2-28 工业机器人姿态运动特点分析统计

工业机器人姿态运动特点分析统计								
原始组号			工作台位			记录人		
世界坐标系			工具坐标系			用户坐标系		
-X (J4) +X (J4)	-Y (J5) +Y (J5)	-Z (J6) +Z (J6)	-X (J4) +X (J4)	-Y (J5) +Y (J5)	-Z (J6) +Z (J6)	-X (J4) +X (J4)	-Y (J5) +Y (J5)	-Z (J6) +Z (J6)

注：符合右手定则时填“1”，符合左手定则时填“0”。

3. 分析奇异点位置

按照表2-29中给定的部分轴数值，在关节坐标系下设置工业机器人的位置，然后在非关节坐标系下，用点动模式操作工业机器人动作，直到显示窗口提示“MOTN-023”报警信息，此时切换回关节坐标系，将当前各轴坐标值填入表2-29，将表格补充完整。根据表中第1～3行记录的数据结果，分析奇异点的位置特性。

表2-29 奇异点位置信息

奇异点位置信息						
原始组号		工作台位		记录人		
奇异点序号	J1轴	J2轴	J3轴	J4轴	J5轴	J6轴
1	0.000°	0.000°	0.000°	0.000°	0.000°	0.000°
2		45.000°				
3						180.000°

2.4 检查

验证工作计划及执行结果是否满足表2-30中的要求，若满足则勾选“是”，反之勾选“否”，分析原因并记录在表2-31中。

表2-30 决策任务项目检查

序号	任务检查点	小组自我检查	
1	操作符合安全规范	○是	○否
2	点动模式下运动速度不超过30%	○是	○否
3	点动工业机器人过程中未发生任何碰撞	○是	○否
4	关节形式下只能单轴运动	○是	○否
5	非关节形式下可多轴联动	○是	○否
6	世界坐标系、用户坐标系、工具坐标系的方向相同	○是	○否
7	工具坐标系的Z轴方向与世界坐标系的Z轴方向相反	○是	○否
8	非关节形式下改变姿态时工业机器人以法兰盘为中心旋转运动	○是	○否
9	非关节形式下所有姿态运动方向符合右手定则	○是	○否
10	只要J5轴为0°左右即发生MOTN-023报警	○是	○否
11	任务完成后关闭设备电源并整理现场	○是	○否

表 2-31　原始组工作记录表

原始组工作记录表					
原始组号		工作台位		记录人	
序号	问题现象描述		原因分析及处理方法		
1					
2					
3					
4					
5					

2.5 反馈

2.5.1 项目总结评价

1. 与其他小组展示分享项目成果，总结工作收获和问题的解决思路及方法，并根据其他学员的意见提出改进措施，其他小组在展示完毕后方可相互提问。

2. 完整描述本次任务的工作内容。

2.5.2 思考与提高

1. 工业机器人的运动范围受到哪些因素的影响？

2. 工业机器人为何需要不同的坐标系？

项目 3　工业机器人运动控制

工业机器人需在末端安装焊枪、机械手等工具方可实施作业。工业机器人坐标系的设定旨在建立工具和加工对象在空间中的联系，从而简化点动操作难度，且有利于现场设备维护。汽车生产企业常使用工业机器人焊接车辆框架，准确完成焊枪工具中心点的示教，可以避免出现焊偏及撞枪等问题。通过合理示教焊接顺序，可以保障焊枪在空间的过渡轨迹平滑、安全。

工作任务

任务描述	完成工业机器人工具坐标系和用户坐标系示教，分析不同坐标系对运动轨迹的影响，并根据项目要求选择不同的坐标系示教方式
任务目标	1）掌握工业机器人坐标系使用特点和示教方法 2）掌握工业机器人程序编辑方法 3）掌握工业机器人动作指令的工作特点和使用方法 4）掌握工业机器人常见报警处理方法

任务过程

3.1　信息

3.1.1　工业机器人坐标系

工业机器人的坐标系

FANUC 工业机器人坐标系分为关节坐标系（JOINT）和直角坐标系，直角坐标系又分为世界坐标系、工具坐标系和用户坐标系。

1. 关节坐标系

工业机器人关节坐标系是以各关节旋转轴为中心的坐标系，图 3-1 中工业机器人为关节坐标系下关节值都为 0°的状态。

在关节坐标系下机器人各轴可单独运动，对大范围运动且不要求 TCP 姿态时，可使用关节坐标系。

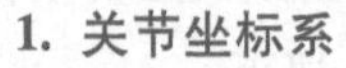

2. 直角坐标系

直角坐标系以空间中任意一点为原点，由三条互相垂直的 X 轴、Y 轴和 Z 轴组成，如图 3-2 所示。相对 X 轴、Y 轴、Z 轴的回转角分别为 W、P、R，称为姿态信息，仅改变姿态信息可实现直角坐标系基于原点的旋转。

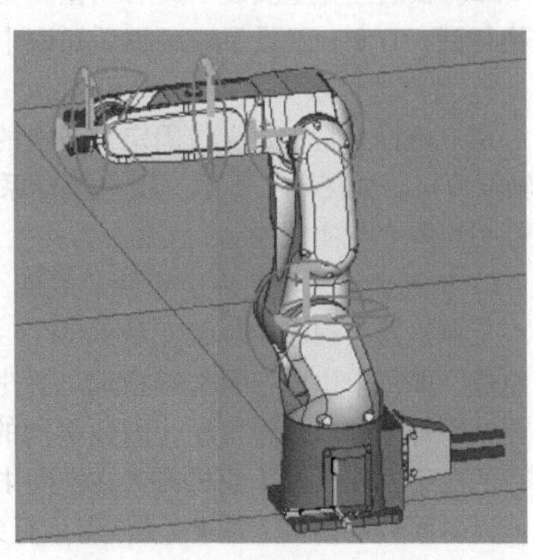

图 3-1　工业机器人关节坐标系

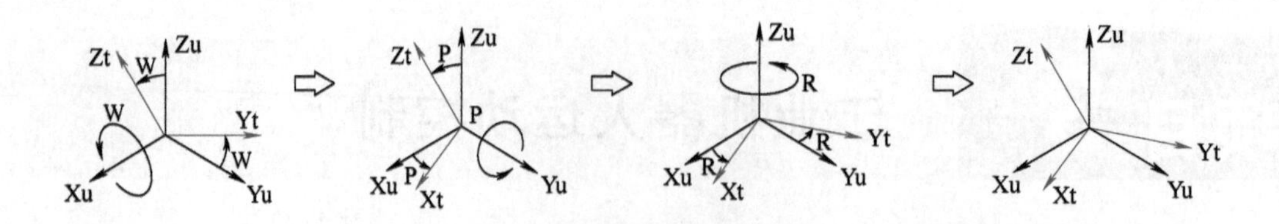

Xu、Yu、Zu—被固定在空间上的坐标系
Xt、Yt、Zt—被固定在工具上的坐标系

图 3-2 工业机器人直角坐标系

3. 世界坐标系

世界坐标系是被固定的坐标系，是工具坐标系和用户坐标系参考方向的基础，如图 3-3 所示，其特点如下：

1）坐标系原点位于 J1 轴旋转轴线与 J2 轴旋转轴线的交点处。

2）X 轴正向背离机器人底座安装电缆方向，Z 轴正向垂直底座朝上，Y 轴正方向指向电池仓。

4. 工具坐标系

工具坐标系是表示工具中心点（Tool Center Point，TCP）和工具姿态的直角坐标系，工具坐标系必须先定义后使用，未定义时为图 3-4 默认方向，法兰盘中心指向法兰盘定位孔方向，定义为 + X 方向，垂直法兰向外为 + Z 方向，最后根据右手法则判定 + Y 方向。

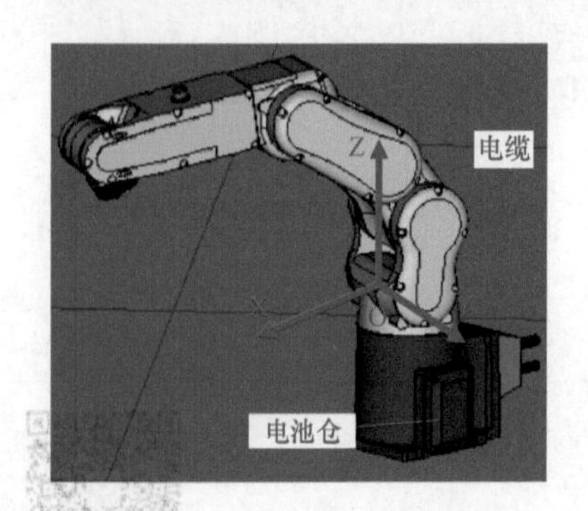

图 3-3 世界坐标系方向定义

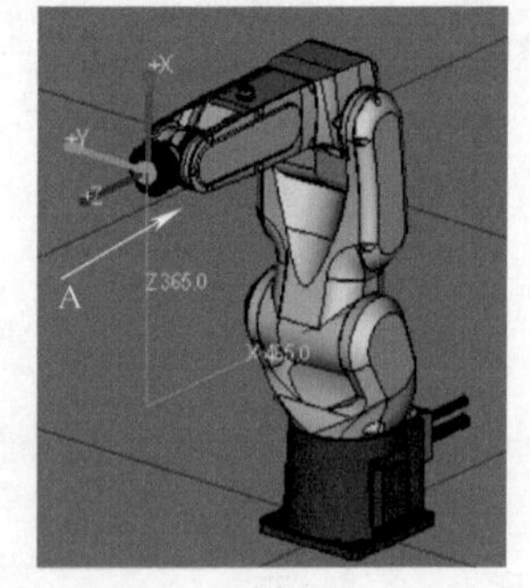

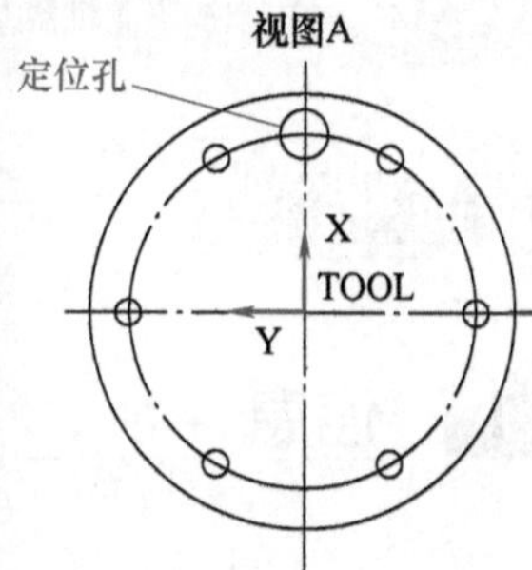

图 3-4 工具坐标系默认 TCP 方向

在工具坐标系下点动操作时，所有的操作都是基于 TCP 移动或者旋转，程序轨迹控制对象也为 TCP。在法兰盘上安装工具后须重新定义工具坐标系，新定义的工具坐标系由默认工具坐标系变换得到，TCP 一般设置在机械手抓取中心、焊枪前端、吸盘端部等，如图 3-5 所示。

5. 用户坐标系

用户坐标系是常定义在固定设备上的直角坐标系，可根据用户需要设定任意角度 X 轴、Y 轴、Z 轴及原点，如图 3-6 所示。用户坐标系 USER0 就是世界坐标系，其他用户坐标系都是基于世界坐标系矩阵变化实现的。

6. 工具坐标系与用户坐标系的关系

工业机器人程序中位置变量 P［i］由位置信息、姿态信息、工具坐标系序号和用户坐标系序号组成，即每个位置变量都需指定工具坐标系和用户坐标系，但工业机器人在运行程序时均会将其转换为每个轴的旋转角度，因此不同的坐标系对机器人本体运行无实际影响，示教不同坐标系的目的在于方便操作工业机器人在空间中以固定轨迹运行到指定位置。

以斜面轨迹模块上从 P［1］点运行到 P［2］点为例，比较在不同直角坐标系下的运动轨迹，其特点见表 3-1。

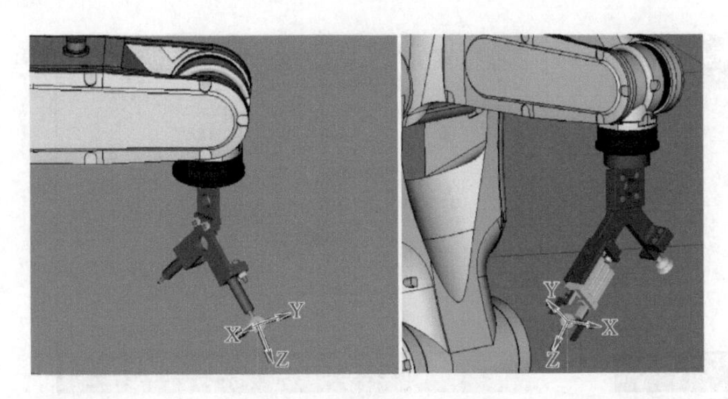

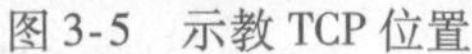

图3-5　示教TCP位置

图3-6　用户坐标系定义

表3-1　不同直角坐标系下运动轨迹特点

坐标系	世界坐标系	工具坐标系	用户坐标系
运动轨迹	P[1] P[2]	TCP的Z轴 P[1] P[2]	用户坐标系Z轴 P[1] P[2]

在世界坐标系下，受限于坐标轴不与斜面平行，为了在斜面上运动时不发生碰撞，只能从P［1］点先远离斜面再接近P［2］点。在工具坐标系下，若工具坐标系的任意轴垂直于斜面（表中以Z轴为例），则在其他任意两轴方向上运动时，均平行于该斜面，但运行过程中工具姿态不能发生变化。在用户坐标系下，则无论工具姿态发生什么变化，TCP都可在斜面上直线运动。

简而言之，工具坐标系定义的是工具的运动方向，用户坐标系定义的是运动空间范围。

3.1.2　工具坐标系示教

工具坐标系示教分为三点示教法、六点示教法和直接输入法，用户最多可设置10个工具坐标系。根据安装在法兰盘上的工具特点定义工具坐标系，如图3-7所示，同一个工具上包括气动机械手和吸盘两个部分，为方便操作须分别定义工具坐标系，即一个工具可对应多个工具坐标系。

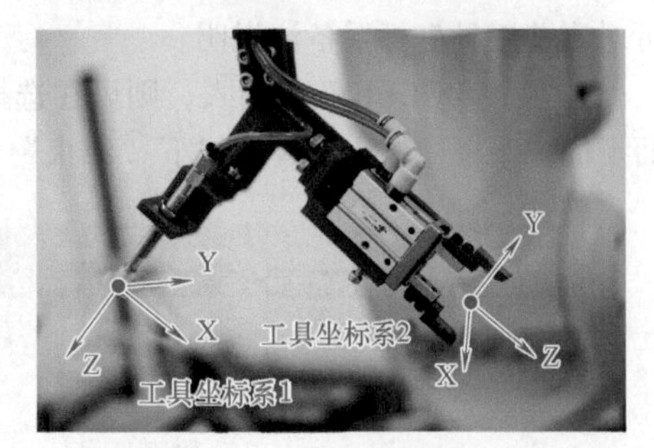

图3-7　工具坐标系定义

1. 三点示教法

三点示教法只改变TCP相对于法兰盘的位置，而不改变姿态，其设置步骤如下。

1）进入坐标系设置页面： 依次单击“MENU”键→“6 设置”→“5 坐标系”，进入坐标系设置页面，如图3-8所示。

工具坐标系三点示教

2）选择工具坐标系： 若进入上述页面时显示非工具坐标系设置页面，则依次单击“F3　坐标”→“1 工具坐标系”选择工具坐标系，如图3-9所示。

3）详细设置： 移动光标到所需要设置的工具坐标系序号处，单击“F2　详细”进入详细设置页面，如图3-10所示。

4）选择示教方法： 按下“F2　方法”→选择“1 三点法”→按下“ENTER”键确认，如图3-11所示。

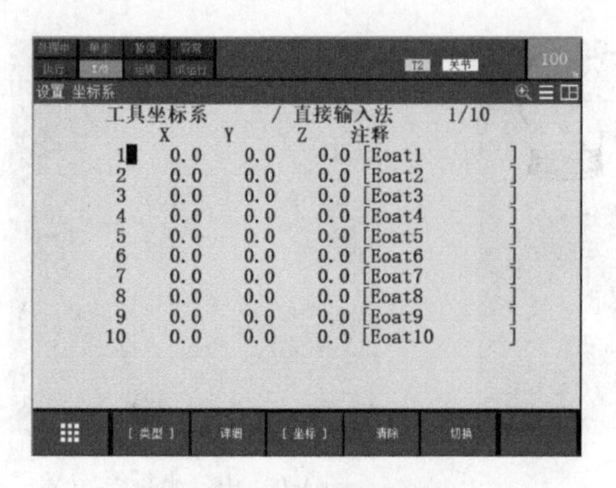

图 3-8　坐标系设置页面

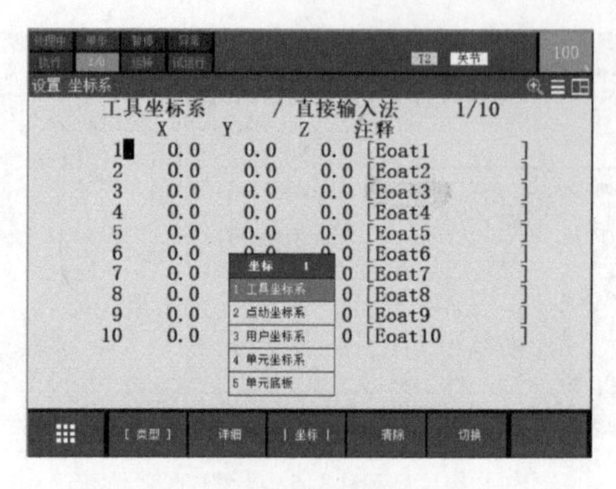

图 3-9　选择工具坐标系

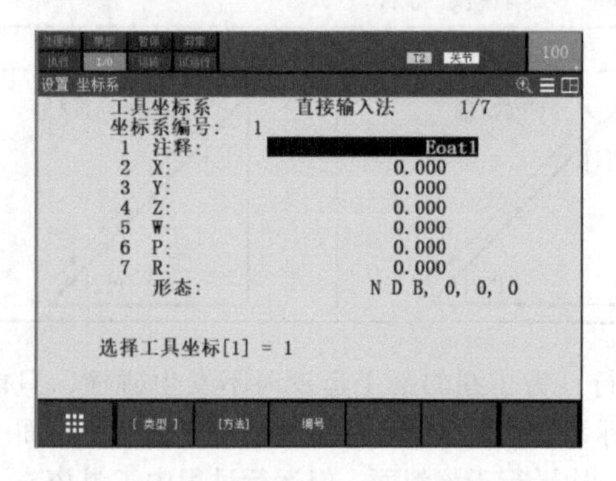

图 3-10　详细设置工具坐标系

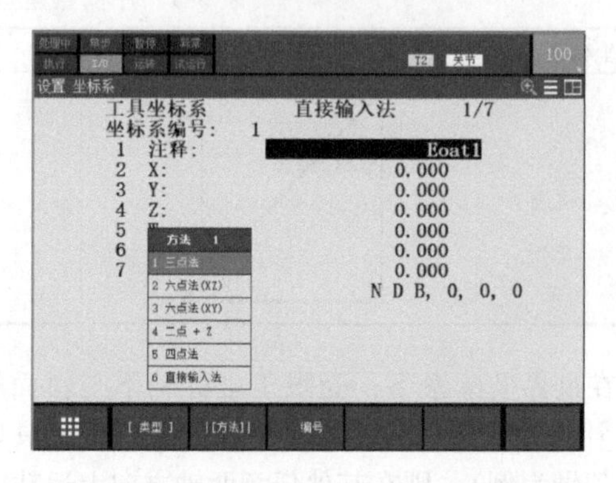

图 3-11　选择工具坐标系示教方法

5）**输入注释**：在图 3-12 所示页面下，将光标移动到“注释”所在行，按下“ENTER”键即可对当前工具坐标系备注说明。

若在 ROBOGUIDE 中输入，则可在选择“其他/键盘”后按下“F5　键盘”，在图 3-13 所示页面下的文字框中输入注释，按下“结束”按钮完成注释输入。

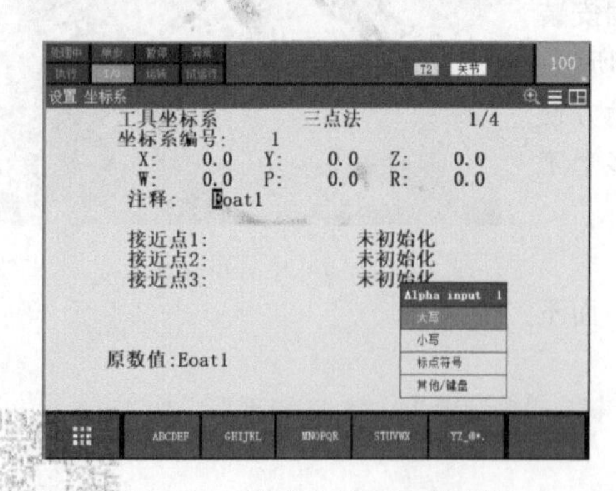

图 3-12　修改工具坐标系注释

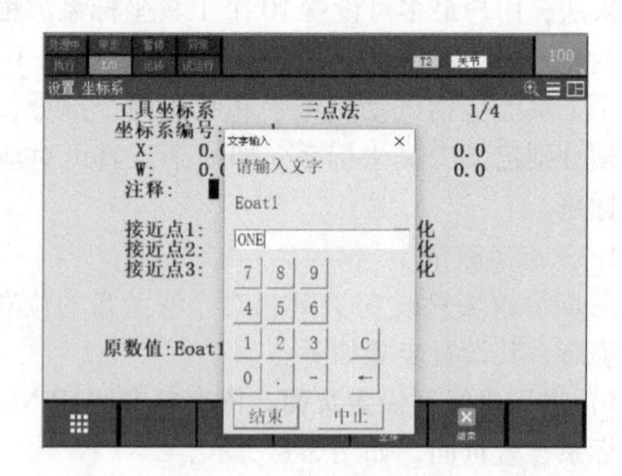

图 3-13　外部键盘输入

6）**示教接近点**：分别从三个角度接近同一个点，且尽可能让所有的轴均发生角度的变化，以提高示教的精度，如图 3-14 所示。

确定姿态后同时按下“SHIFT”键 +“F5　记录”即可完成接近点的位置记录，已示教的接近点由“未初始化”变为“已记录”，如图 3-15 所示。

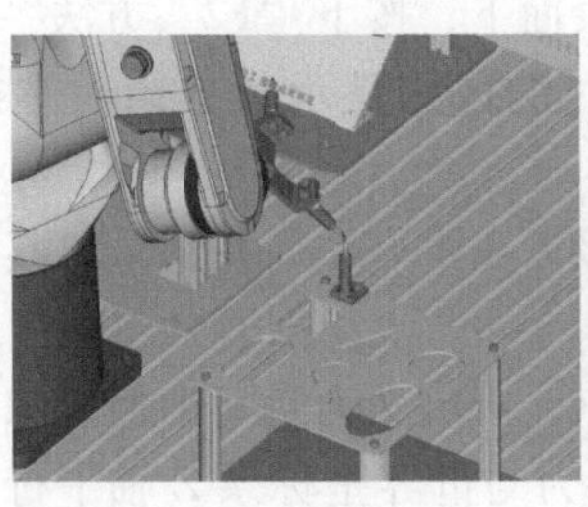

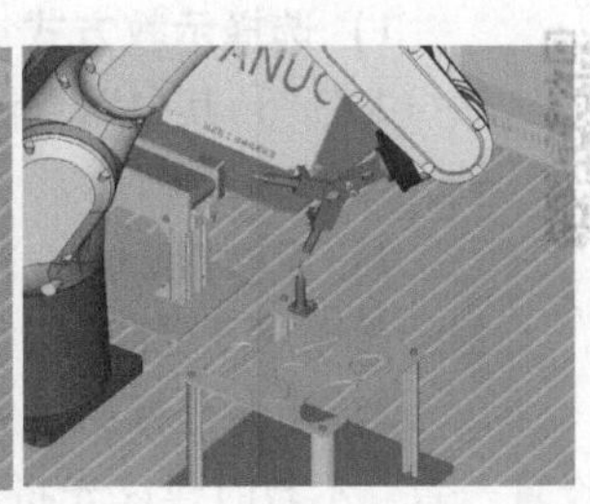

图 3-14　三点示教角度示意图

若中途须回到已示教的接近点，可同时按下“SHIFT”键＋“F4　移至”回到光标所选择的接近点。

按照上述方式依次示教接近点 2、3 后，系统会自动计算新的 TCP 位置，即完成工具坐标系的三点示教，如图 3-16 所示。其中 X、Y、Z 表示当前 TCP 中心相对于法兰盘中心的偏移量，而 W、P、R 的值为 0，即三点法只是平移了原始工具坐标系，并没有改变姿态。

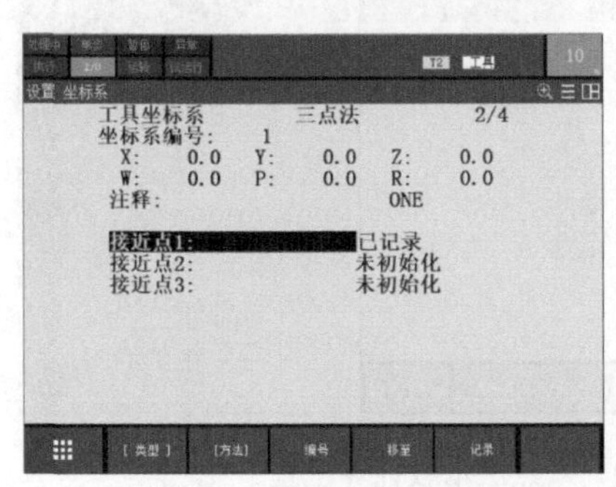

图 3-15　记录接近点

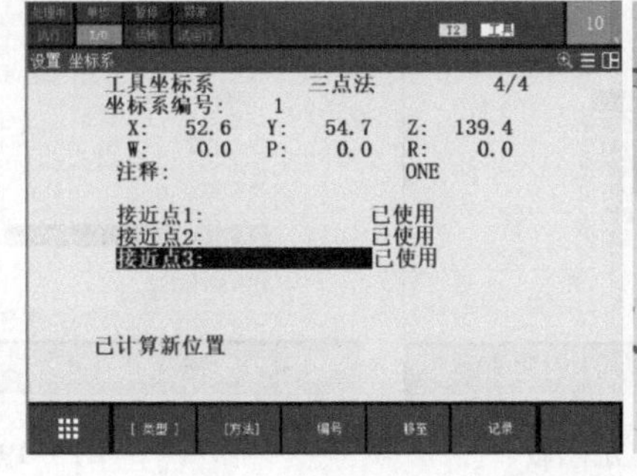

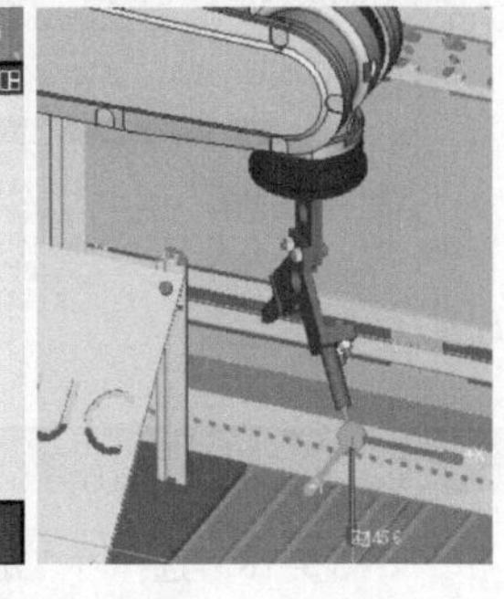

图 3-16　三点示教重新计算

7）切换激活坐标系：工具坐标系必须激活方可有效，按下“PREV”键返回坐标系一览页面后按下“F5　切换”，输入所需激活的工具坐标系序号并确认，屏幕中将显示被激活的工具坐标系号，如图 3-17a 所示。

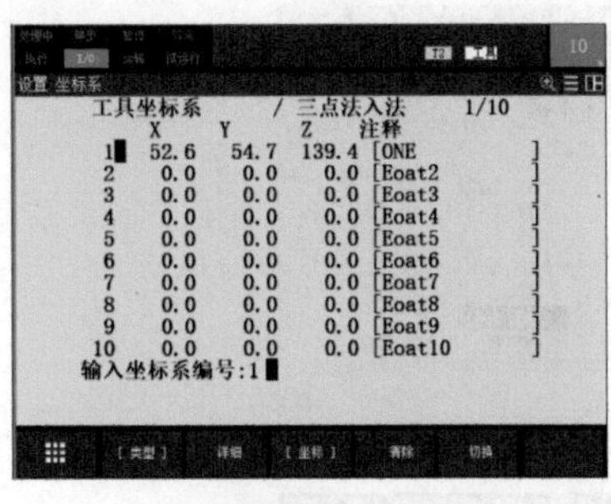

a) 手动切换工具坐标系

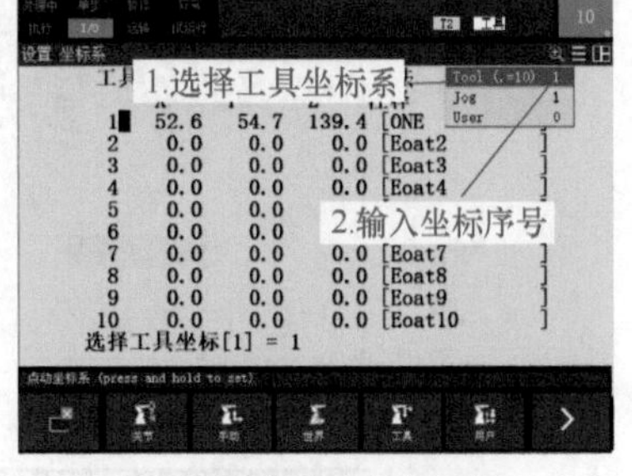

b) 快速切换工具坐标系

图 3-17　切换工具坐标系

在任意页面同时按下“SHIFT”键＋“COORD”键，方向键选择坐标系类型，再按下示教器上的数字键直接输入坐标系的序号，即可快速完成工具坐标系的切换，如图 3-17b 所示。

2. 六点示教法

六点示教法同时改变 TCP 相对于法兰盘的位置和姿态，适用于带有角度的工具，设置步骤如下。

工具坐标系
六点示教

1）**选择示教方式**：在工具坐标系详细设置页面下，按下“F2　方法”→“2 六点法（XZ）”，其中六点法（XZ）和六点法（XY）的区别是示教方向时选择不同的轴，如图 3-18 所示。

2）**示教接近点**：按照三点法方式分别示教接近点 1、2、3 并记录，其中接近点的示教顺序不受限制。

3）**示教坐标原点**：示教的是工具坐标系原点，可定义为空间中的任意一点，可与接近点设置一致。示教时建议先将工具 TCP 的 Z 轴方向调整为与世界坐标系 Z 轴平行，将工具尖端与固定点重合后记录为坐标原点。

4）**示教轴方向**：示教轴方向设置包括 X 轴和 Z 轴方向，Y 轴方向由系统自动计算得出。在世界坐标系下，点动机器人在 X 轴正方向上移动一段距离，再按下“SHIFT”键 +“F5　记录”完成 X 轴方向设定，移动距离越大其计算结果越精确。完成后再回到坐标原点，在 Z 轴正方向上移动并记录，从而完成整个坐标系的示教，如图 3-19 所示。

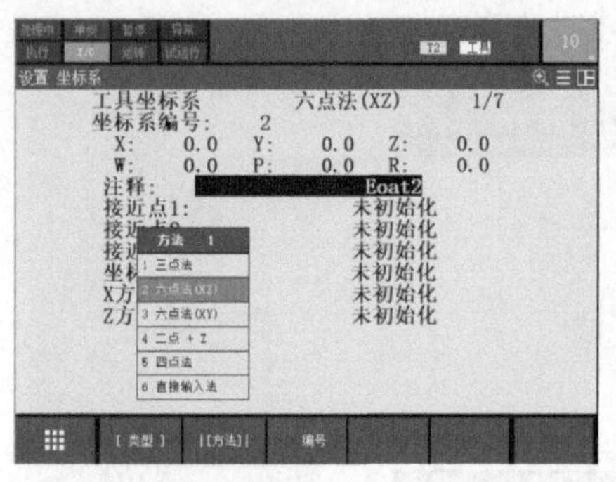

图 3-18　选择六点法示教

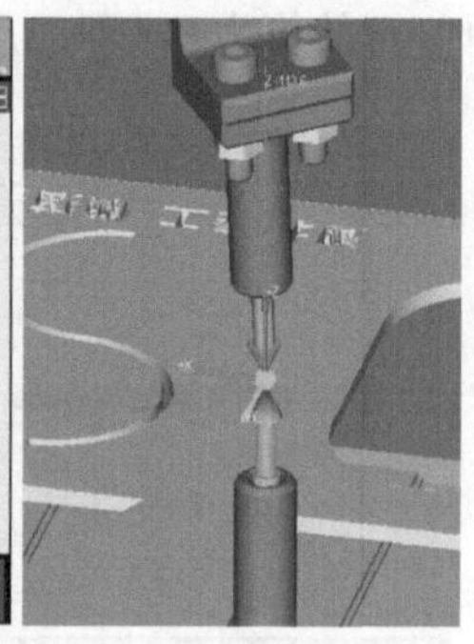

图 3-19　六点法示教计算位置

5）**切换激活坐标系**：与三点法一样，示教完毕的工具坐标系必须切换激活方可使用。

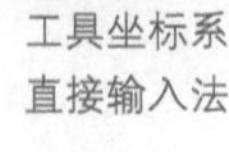

工具坐标系
直接输入法

3. 直接输入法

在工具坐标系详细设置页面选择“6 直接输入法”，如图 3-20 所示，依次输入位置及姿态参数完成坐标系示教。

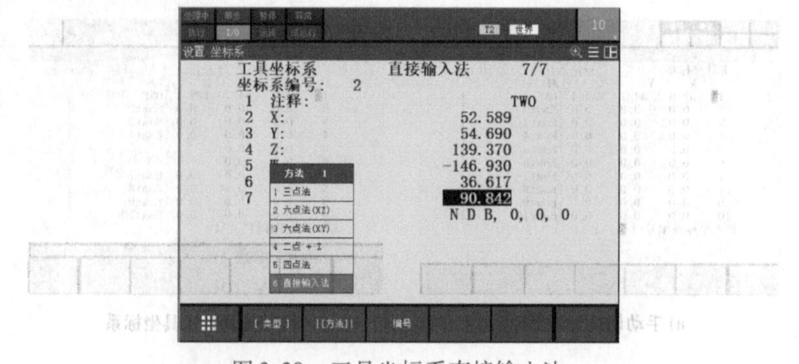

图 3-20　工具坐标系直接输入法

用户坐标系
的示教

3.1.3　用户坐标系示教

用户坐标系示教分为三点法、四点法和直接输入法。

1. 三点法

三点法设置步骤如下。

1）进入用户坐标系设置页面：依次单击“MENU”键→“6 设置”→“5 坐标系”→“F3 坐标”→“3 用户坐标系”，进入用户坐标系设置页面，如图3-21所示。

2）选择三点法示教：选择用户坐标系序号后，依次单击“F2 详细”→“F2 方法”→“1 三点法”，如图3-22所示。

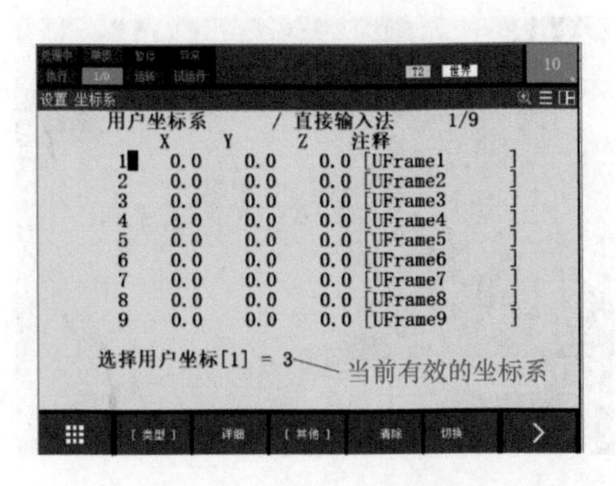

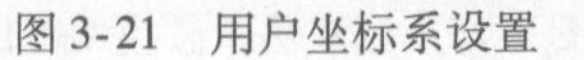
图3-21 用户坐标系设置

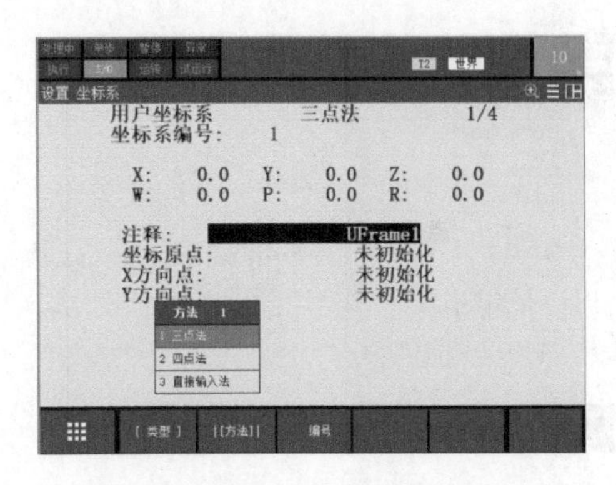

图3-22 选择用户坐标系设置方法

3）示教坐标原点及坐标轴：以斜面轨迹模块为例设置用户坐标系，设置步骤如图3-23所示。

图3-23 用户坐标系三点法示教步骤

① 光标选择“坐标原点”后，点动工业机器人使TCP移动到斜面轨迹模块上的坐标原点，同时按下“SHIFT”键+“F5 记录”记录当前位置信息，在示教过程中均须使用同一个TCP，其姿态不影响示教过程。

② 点动工业机器人使TCP沿着斜面轨迹模块上的X轴移动，距离越大示教精度越高，确定位置后选择“X方向点”记录当前位置信息。

③ 将光标移动到“坐标原点”所在行，按下“SHIFT”键+“F4 移至”，使TCP回到坐标原点，注意移动过程中轨迹不可控，若还有其他Y轴参照物也可不执行本步骤。

④ 再将光标移动到“Y方向点”所在行，点动工业机器人沿着斜面轨迹模块上的Y轴移动，确定位置后记录当前位置信息，完成用户坐标系的设置。

ROBOGUIDE中可同时按PC键盘上的“CTRL”+“SHIFT”键，系统自动将当前TCP移动到鼠标所指目标表面，加快示教速度。

4）切换激活坐标信息：与工具坐标系一样，依次单击“PREV”键→“F5 切换”后输入用户坐标系序号方可使用该用户坐标系，也可同时按下“SHIFT”+“COORD”键快速切换坐标系。

2. 四点法

在用户坐标系设置页面下，单击“F2 方法”→“2 四点法”进入四点法设置页面，如图3-24所示。四点法相对于三点法增加了“X轴原点”设置选项，该点功能等同于三点法中的坐标原点，用于确定 X 轴和 Y 轴的方向，若“X 轴原点”与“坐标原点”设置值相同则等同于三点法。

四点法用于快速定义多个相同姿态的用户平面，或者重新示教用户平面所在位置。如图 3-25 所示，若在使用过程中斜面轨迹模块在 Y 轴方向上发生了平移，使用四点法重新设置目标点为坐标原点，则新的用户坐标可从原点所在位置移至目标位置。

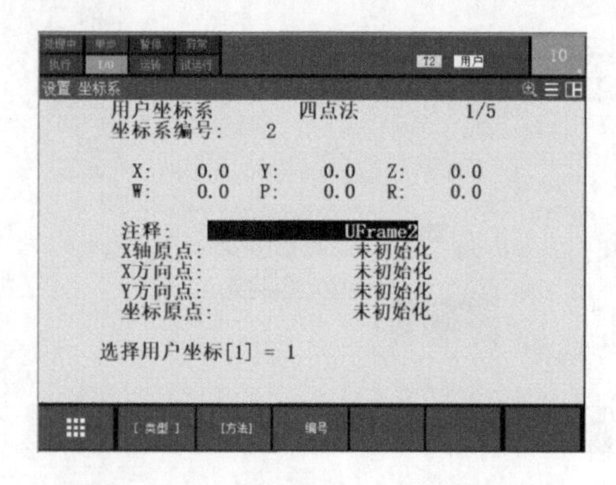

图 3-24 四点法用户坐标系设置

图 3-25 四点法示教应用范例

3. 直接输入法

在用户坐标系设置页面下，单击“F2 方法”→“3 直接输入法”进入直接输入法设置页面，如图 3-26 所示。依次选择参数项并输入数值，完成所有参数输入后即可建立新的用户坐标系。

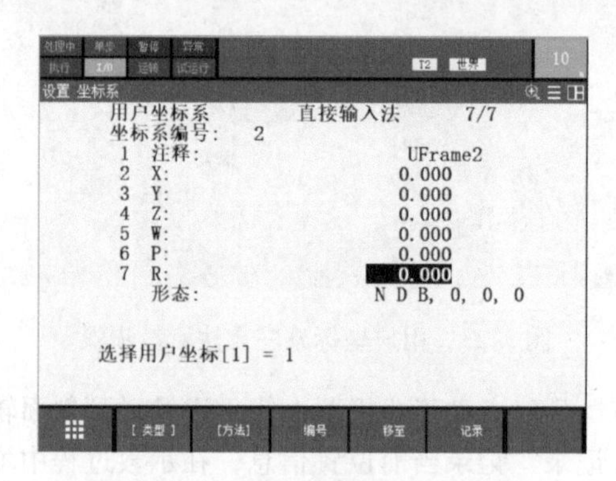

图 3-26 用户坐标系直接输入法

3.1.4 ROBOGUIDE 中坐标系的设置

ROBOGUIDE
坐标系设置

在 ROBOGUIDE 中可输入坐标系参数或拖拉坐标系实现坐标系的快速设置，单击工具栏中 按钮可显示坐标系快速切换工具。

1. 工具坐标系设置

如图 3-27 所示，在 ROBOGUIDE 中设置工具坐标系步骤如下：

1）双击工业机器人“Tooling”选项，打开工具坐标系属性设置页面。

2）勾选“UTOOL”选项卡中“Edit UTOOL”选项激活绿色球形 TCP，调整该绿色坐标位置和姿态位于工具尖端。

3）确认无误后，单击“Use Current Triad Location”按钮将当前 TCP 的位置值保存到工具坐标系参数输入框中，单击“OK”按钮或“Apply”按钮保存。

4）或直接在工具坐标系参数输入框中输入参数，完成工具坐标系设置。

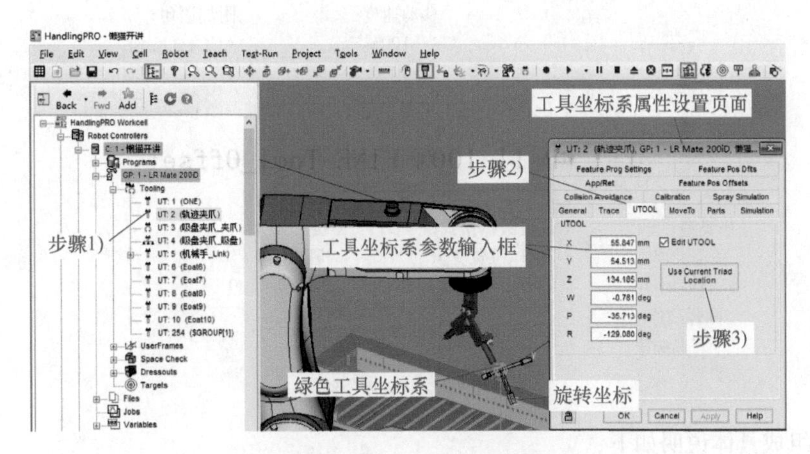

图3-27　ROBOGUIDE中工具坐标系的设置

2. 用户坐标系设置

与工具坐标系设置方式相似，在如图3-28所示页面，依次执行以下步骤。

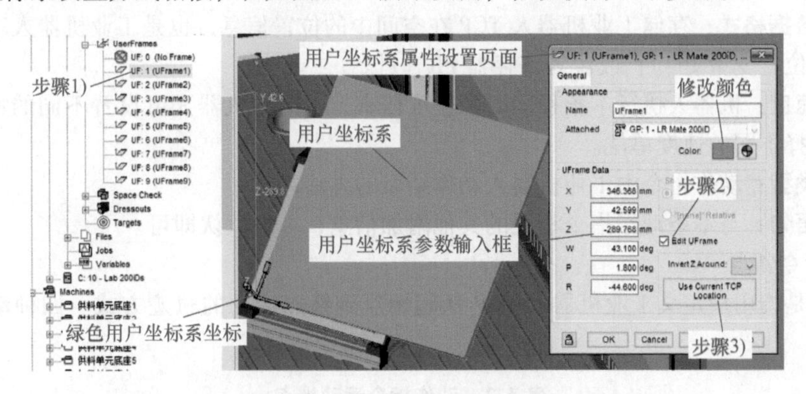

图3-28　ROBOGUIDE中用户坐标系的设置

1）双击工业机器人“UserFrames”选项，打开用户坐标系属性设置页面，其中“Appearance”组合框中“Name”为当前用户坐标系注释，“Attached”为当前用户坐标系所属的工业机器人。

2）在“General”选项卡中勾选“Edit UFrame”选项，系统会显示用户坐标系，与工具坐标系设置方式一样，利用鼠标拖动绿色坐标系，将用户坐标系移动到指定位置，确认无误后单击“OK”按钮或“Apply”按钮保存。

3）若已示教TCP位置，则可将工具TCP移到所要设置的用户坐标系原点，调整合适的姿态后，单击“Use Current TCP Location”按钮，将当前TCP位置保存到用户坐标系参数输入框，完成用户坐标系参数设置。也可直接在用户坐标系参数输入框中输入参数，完成用户坐标系设置。

3.1.5　工业机器人动作指令

运动类型

工业机器人基于内部算法控制工业机器人各运动轴，配合安装在工业机器人法兰盘上的工装夹具，实现直线、弧线等轨迹控制以满足工艺要求，FANUC工业机器人将所有的轨迹分解为以关节动作（J）、直线动作（L）、圆弧动作（C）和C圆弧动作（A）实现的有序组合。

1. 动作指令组成

动作指令是指工业机器人系统内部的存在形式和交互方式，指令组成如图3-29所示。

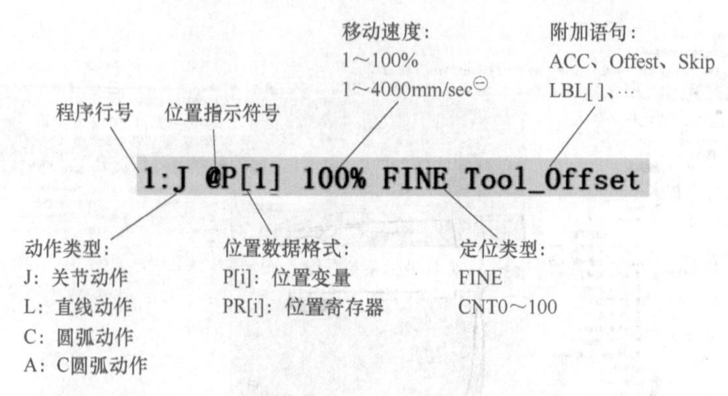

图 3-29　动作指令组成

动作指令组成具体说明如下：

1）**程序行号**：标注当前指令所在行号。

2）**动作类型**：起始点到目标点的运动轨迹类型。

3）**位置指示符号**：出现@ 符号时表示工业机器人 TCP 在当前位置点，否则不显示。

4）**位置数据格式**：存储工业机器人 TCP 在空间中的位置信息，也是工业机器人动作的目标位置，可设置为位置变量 P［i］或位置寄存器 PR［i］。

5）**移动速度**：机器人执行本条程序时的速度倍率，不同的机器人可设置不同的速度，不同的动作类型可选择不同的速度单位。

6）**定位类型**：动作指令中工业机器人动作结束的方法。

7）**附加语句**：与本条动作指令相关的其他附加信息，一般默认即可。

2. 动作指令特点

动作指令是指用户定义工业机器人 TCP 从起始点到终点运动的轨迹方式。四种动作指令运动特点见表 3-2。

表 3-2　动作指令运动特点

动作指令	关节动作（J）	直线动作（L）	圆弧动作（C）	C 圆弧动作（A）
运动轨迹	P[1] P[2]	P[1] P[2]	P[1] P[2] P[3]	P[1] P[2] P[3] P[4]

（1）关节动作指令　关节动作指令（以下简称 J 指令）是指工业机器人以最短时间从起始点 P［1］以任意轨迹运动到目标点 P［2］，其运动轨迹和姿态不受控制，但在程序不修改的前提下，每次运动该指令时的轨迹一致，指令使用范例见表 3-3。

表 3-3　关节动作指令使用范例

行号	代　码	说　明
1	J P[1]100% FINE	工业机器人 TCP 从当前位置运动到目标点 P［1］，系统以全速方式运行，但不控制工业机器人轨迹和姿态
2	J P[2]1.0sec FINE	工业机器人 TCP 从 P［1］点运行到 P［2］点。运行时间固定为 1s（sec 或 msec）表示以固定时间执行动作指令，适用于对时间精度要求较高的场合，但某些情况下无效

⊖ 本书中 sec 指国际单位 s，为了和示教器里的设置保持一致，本书中的 sec 均不改为 s。

（2）直线动作指令　直线动作指令（以下简称L指令）是指工业机器人以直线方式从起始点P［1］运动到目标点P［2］，运动过程中TCP姿态保持不变。L指令具备旋转特性，即保持位置不变的情况下仅改变姿态，其使用范例见表3-4。

表3-4　直线动作指令使用范例

行号	代　码	说　明
1	L P[1]400mm/sec FINE	工业机器人TCP从当前位置以400mm/sec速度直线运行到目标点P［1］，期间TCP的姿态不发生变化
2	L P[2]5.0sec FINE	工业机器人TCP从P［1］位置直线运行到目标点P［2］，且运行时间为5s。 速度控制运行方式可选择“mm/sec”“cm/min”“inch/min”“deg/sec”四种单位；固定时间运行方式可选择“sec”“msec”两种单位

（3）圆弧动作指令　圆弧动作指令（以下简称C指令）即Circular指令，系统以三点确定一个圆弧的方式计算圆弧半径和角度，其中P［1］为圆弧起始点，P［2］为圆弧上的经过点，P［3］为圆弧终点。在运行过程中TCP姿态保持不变，且最大只能绘制半圆弧，其使用范例见表3-5。

表3-5　圆弧动作指令使用范例

行号	代　码	说　明
1	J P[1]40% FINE	工业机器人TCP从当前位置以40%速度运行到目标点P［1］，即圆弧动作的起始点
2	C P[2] P[3]400mm/sec FINE	工业机器人TCP从起始点P［1］开始，途经经过点P［2］以圆弧方式达到目标点P［3］，期间运行速度为400mm/sec。 速度控制运行方式可选择“mm/sec”“cm/min”“inch/min”“deg/sec”四种单位
3	C P[4] P[1]5.0sec FINE	工业机器人TCP以P［3］为起始点，途经经过点P［4］，以圆弧方式达到目标点P［1］，与上述指令共同绘制出完整的圆形，该指令运行时间为5s。 固定运行时间可选择“sec”“msec”两种单位

（4）C圆弧动作指令　C圆弧动作指令（以下简称A指令）即Circle Arc指令，以连续三个A指令确定一个圆弧，运行过程中TCP姿态保持不变，其使用范例见表3-6。

表3-6　C圆弧动作指令使用范例

行号	代　码	说　明
1	J P[1]100% FINE	工业机器人TCP从当前位置以全速运行到目标点P［1］，即圆弧动作的起始点
2	A P[2]400mm/sec FINE	工业机器人TCP以400mm/sec速度从P［1］点直线运行到圆弧的起始点P［2］，可选择“mm/sec”“cm/min”“inch/min”和“deg/sec”四种运行速度单位
3	A P[3]1.0sec FINE	工业机器人TCP从P［2］点以弧线方式运行到经过点P［3］，固定运行时间为1s
4	A P[4]1.0sec FINE	工业机器人TCP从经过点P［3］以弧线方式运行到目标点P［4］。固定运行时间可选择“sec”“msec”两种单位

3. 定位类型

定位类型分为 FINE 和 CNT 两种方式，其中 FINE 不改变当前动作指令的原始轨迹并停留在目标点，CNT0～100 中的数值是接近目标点的距离，数值越大距离目标点越远，如图 3-30 所示。

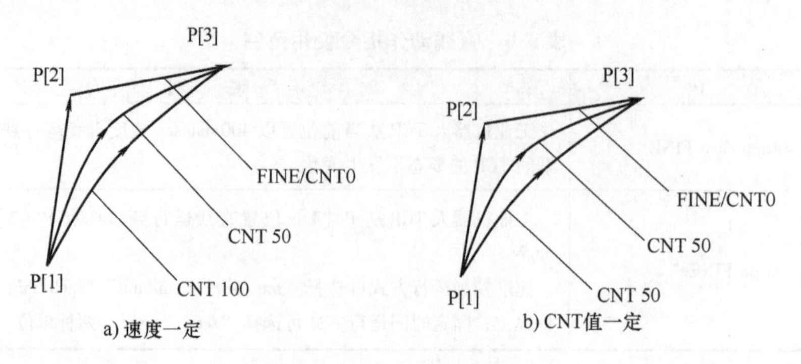

图 3-30　CNT 数值影响示意图

当 CNT 数值为 0 且速度较低时，动作指令实际轨迹与原始轨迹相同，即 FINE = CNT0。在接近距离参数一定条件下，动作指令运行速度越快，运行时距离目标点的距离越远。

4. 位置数据格式

位置数据格式分为位置变量 P［i］和位置寄存器 PR［i］，其中 P［i］在程序运行过程中不能改变，而 PR［i］在运行过程中可由赋值语句修改其值。位置数据分为关节形式和正交形式两种，其特点如下。

（1）关节形式　P［i］或 PR［i］中存储用户坐标系序号、工具坐标系序号和各轴角度位置值，如图 3-31 所示。

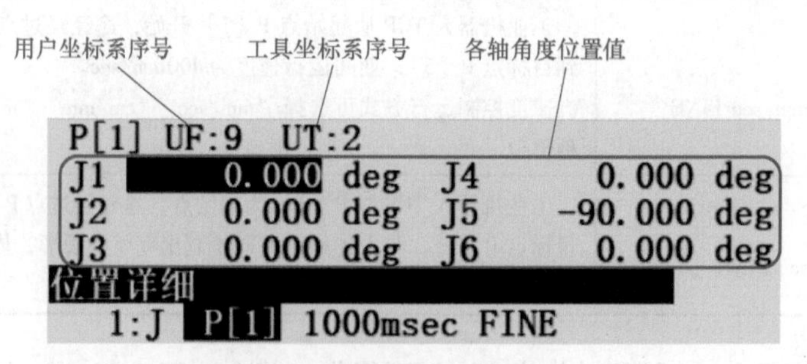

图 3-31　关节形式位置信息

若存在附加轴，则还会显示 E1、E2 等外部轴信息。

（2）正交形式　正交形式下 P［i］或 PR［i］存储用户坐标系序号、工具坐标系序号和直角坐标系值，其中 X、Y、Z 为 TCP 位置资料，W、P、R 为 TCP 姿态资料，如图 3-32 所示。

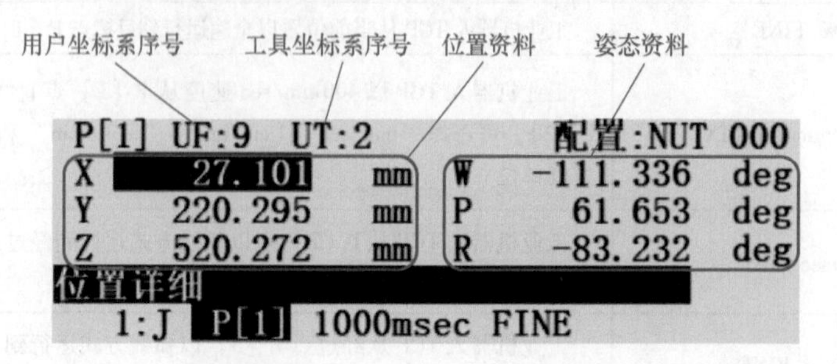

图 3-32　正交形式位置信息

3.1.6　工业机器人程序示教

本节以输入表 3-7 所示范例为例讲解程序输入方法。

表 3-7　程序输入范例

行号	代　　码	说　　明
1	J P[1]100% FINE	工业机器人回安全点 P [1]。通常将关节坐标位置值（0°，0°，0°，0°，-90°，0°）作为常见安全点之一，安全点为不与外围设备发生干涉的位置点，可设置多个安全点以保证工业机器人的运行安全
2	C P[2] P[3]400mm/sec FINE	以 P [1] 为起始点，P [2] 为经过点、P [3] 为目标点绘制圆弧形

1. 创建 TP 程序

创建 TP 程序步骤如下。

1）进入程序选择页面： 打开 TP 示教器有效性开关，在任意页面按下“SELECT”键进入程序选择页面，如图 3-33 所示。

2）创建程序： 按下“F2　创建”进入创建 TP 程序页面，如图 3-34 所示。按 TP 示教器上的“⇧”或“⇩”键移动光标选择程序命名方式，在“单词”选项下按功能键（F1 ~ F5）输入预定义程序名，或者选择“大写”“小写”及“其他/键盘”选项输入自定义程序名。

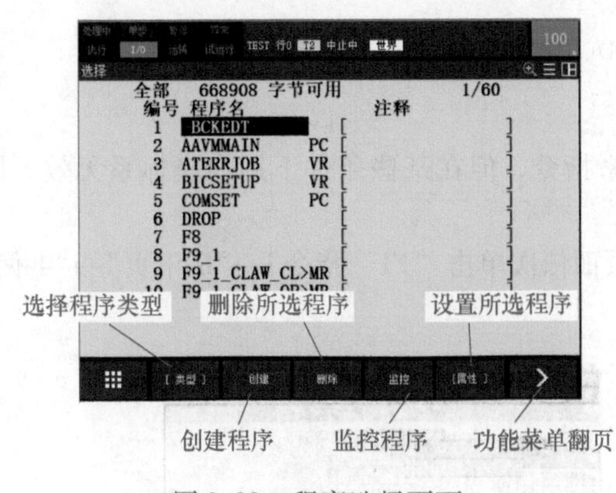

图 3-33　程序选择页面

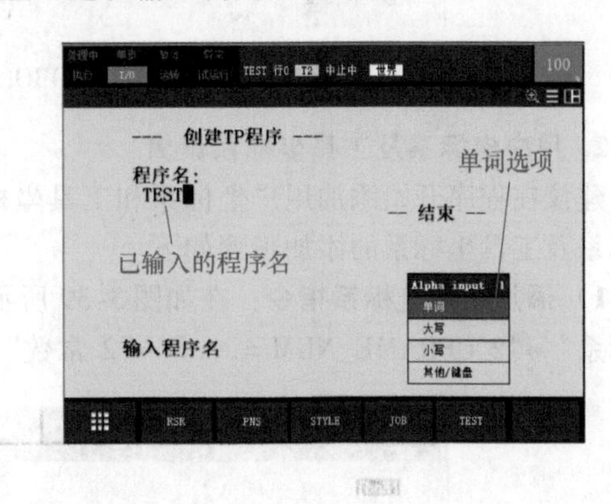

图 3-34　创建 TP 程序页面

程序全部输入完毕后，按下“ENTER”键完成程序名命名，当遇到输入错误时，只需移动光标至对应位置直接修改即可。

3）编辑程序： 在如图 3-35 所示页面按下“F3　编辑”进入程序编辑页面。

4）选择程序输入方式： 程序编辑页面如图 3-36 所示，默认为图标输入模式，若退出该模式可依次单击“NEXT”键→“F5　编辑”→“F4　退出图标”，如图 3-37 所示。在其他页面时，单击“EDIT”键可快速返回当前正在编辑的程序，此处以图标模式为例。

5）ROBOGUIDE 中创建程序： 右键单击所需添加 TP 程序工业机器人的 Programs 文件夹，选择“Add TP Program”选项添加 TP 程序，在弹出对话框中输入在 TP 示教器中显示的程序名后，按“确定”按钮完成输入，系统自动打开 TP 示教器以编辑该程序，如图 3-38 所示。

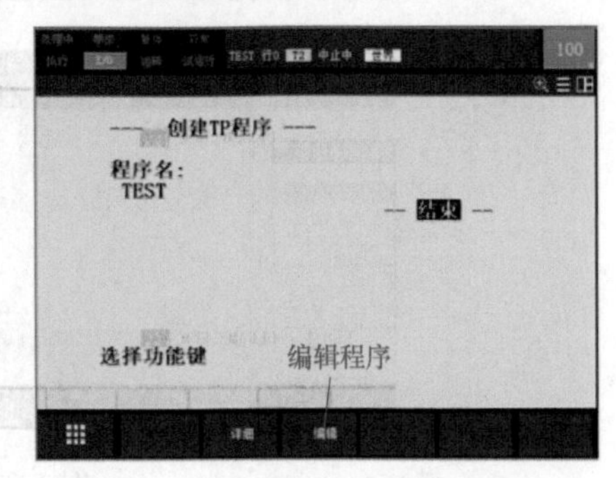

图 3-35　选择“F3　编辑”功能

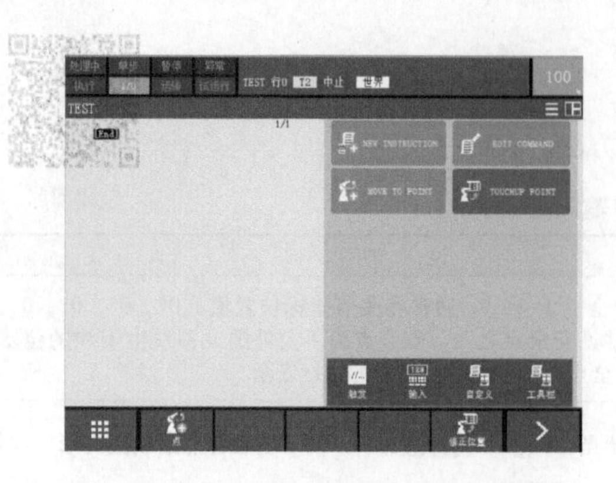

图 3-36　图标输入模式程序编辑页面

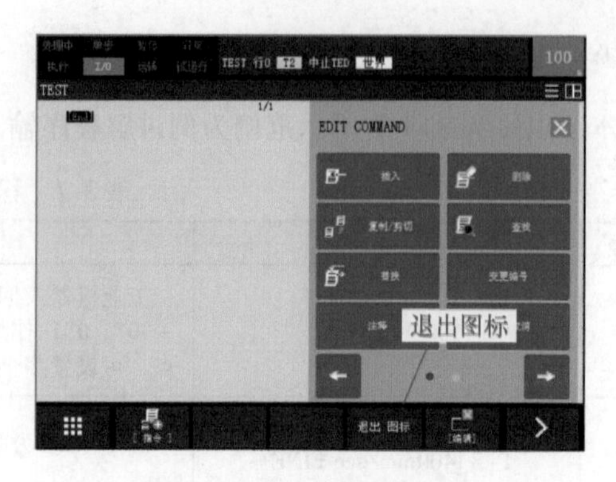

图 3-37　退出图标输入模式

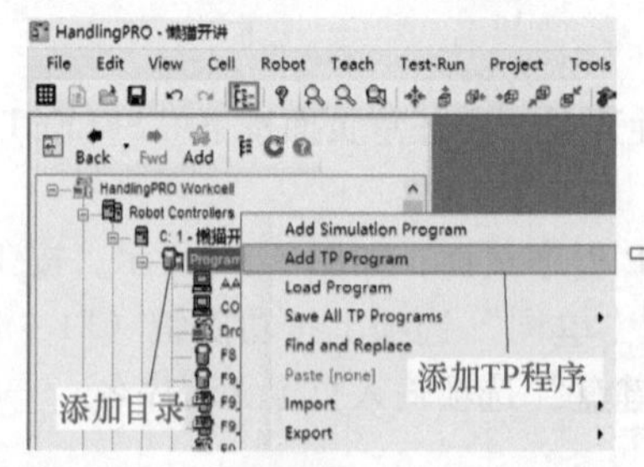

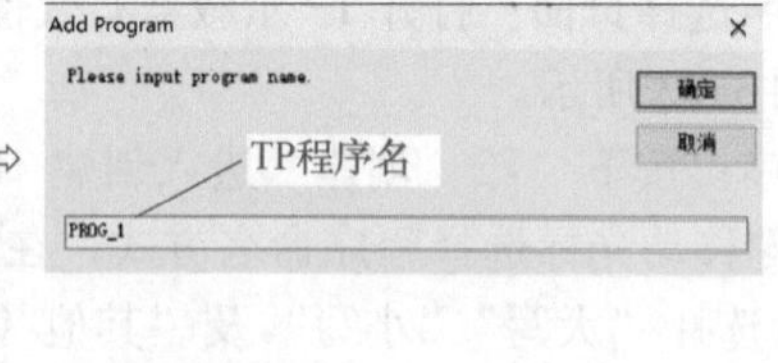

图 3-38　ROBOGUIDE 中添加 TP 程序

2. 用户坐标系及工具坐标系设置

建议在程序开始添加用户坐标系和工具坐标系指令，但在某些条件下用户坐标系无效。用户坐标系及工具坐标系的添加步骤如下。

1）添加用户坐标系指令：在如图 3-39 所示页面依次单击“F1　指令”→“8 下页”→“4 偏移/坐标系”→“2 UFRAME_NUM = . . . ”→“2 常数”。

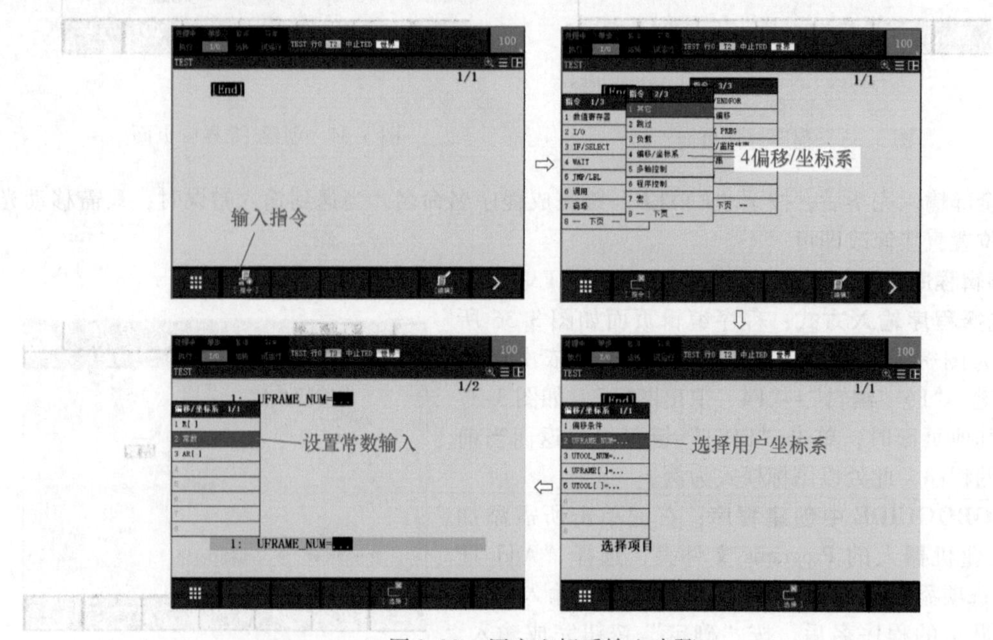

图 3-39　用户坐标系输入步骤

在图3-40页面下将光标移至“Constant”常数下，按下数字键输入已示教的用户坐标系序号，或按下“F5　列表”选择用户坐标系序号，完成用户坐标系序号选择，若输入“0”则选择世界坐标系。

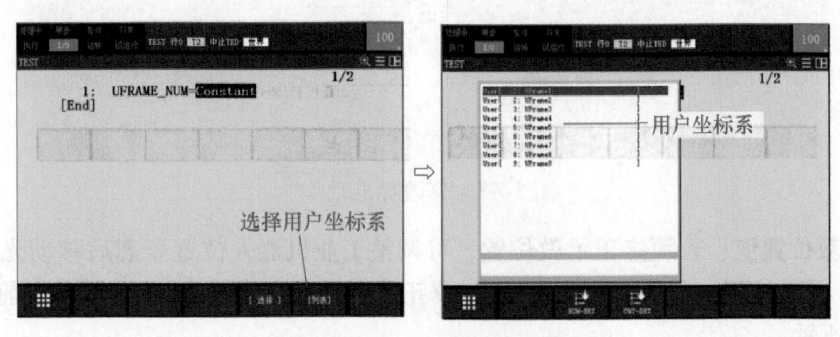

图3-40　用户坐标系序号选择

2）添加工具坐标系指令： 参照上述方式，在设置时选择“UTOOL_NUM =...”工具坐标系并输入序号，完成工具坐标系设置如图3-41所示。

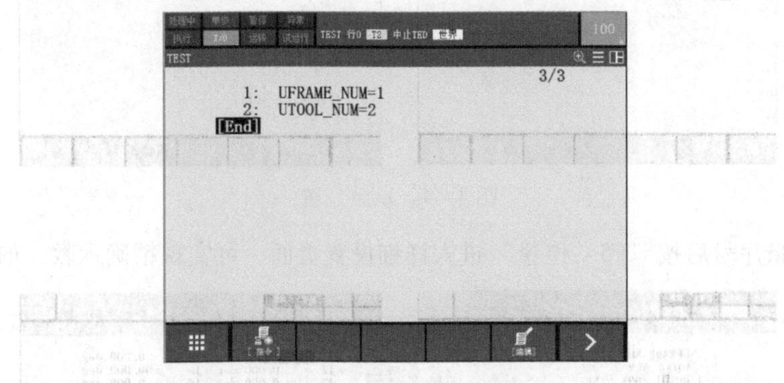

图3-41　工具坐标系设置

3. 输入动作指令及示教

1）选择动作指令： 切换功能菜单，在如图3-42所示页面按下“F1　点”，在标准动作窗口下移动光标选择动作指令，或按下数字按键选择动作指令，此处选择“1 J P［］100% FINE”。添加动作指令时，系统会同时将工业机器人当前位置姿态信息存储在位置变量中，无须手动示教，所以建议先将机器人移动到指定位置，再添加动作指令。

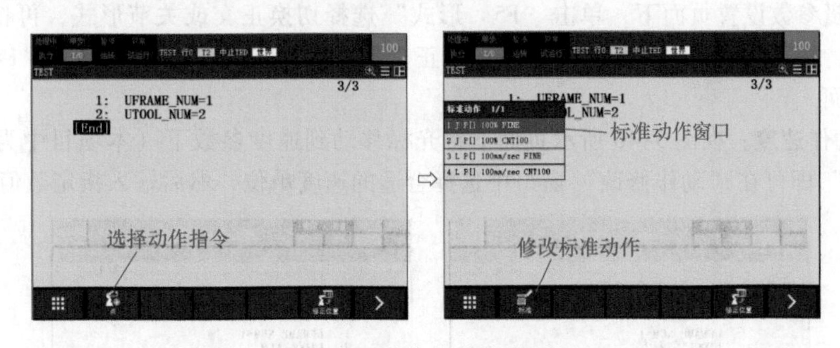

图3-42　动作指令输入页面

标准动作窗口显示的是系统默认标准动作，若须修改可再次按下“F1　标准”，进入如图3-43所示页面。移动光标到所需修改的参数下后按下“F4　选择”，即可修改动作指令，修改完毕后按“F5　完成”完成默认标准动作修改。

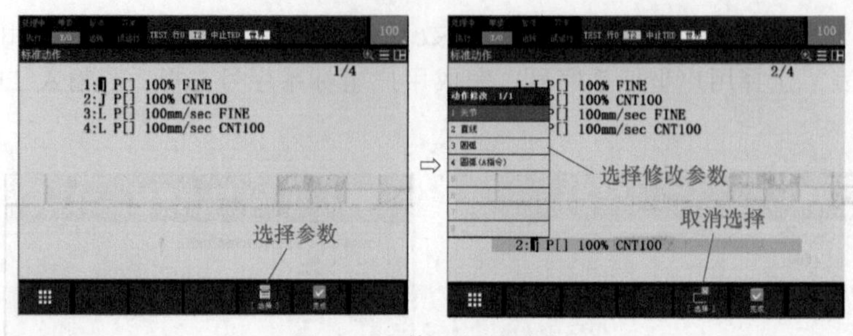

图 3-43　修改标准动作

2）修正示教位置值：若须修正示教位置，可调整工业机器人位置姿态后移动光标到动作指令所在程序行号，同时按下“SHIFT”键+“F5　修正位置”即可保存工业机器人当前位置于 P［i］中，如图 3-44 所示。

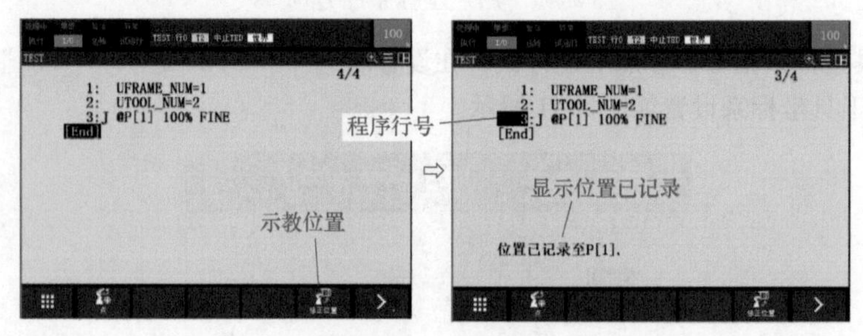

图 3-44　示教位置

选择位置变量序号后按“F5　位置”进入详细设置页面，可实现精确示教，如图 3-45 所示。

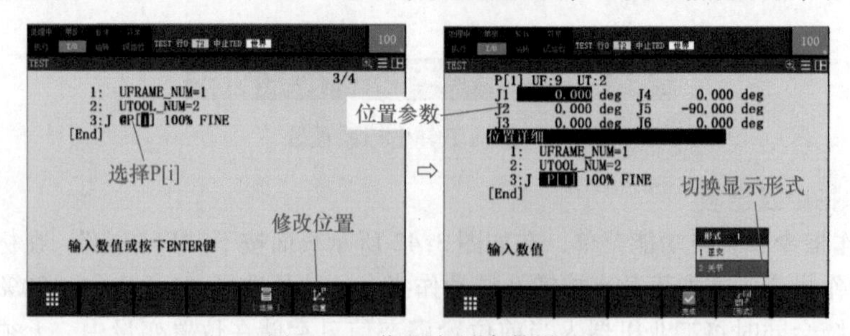

图 3-45　位置变量参数设置

在位置变量参数设置页面下，单击“F5　形式”选择切换正交或关节形式，再将光标移至所需调整参数下，按下数字键输入参数。也可选择正交形式输入参数，完成后单击“F4　完成”返回程序输入页面。

3）设置动作速度：在图 3-46 所示页面下将光标移动到速度参数下（本项目中为 100%），按下“F4　选择”即可在“动作修改”窗口中选择合适的速度单位，然后输入指定数值。

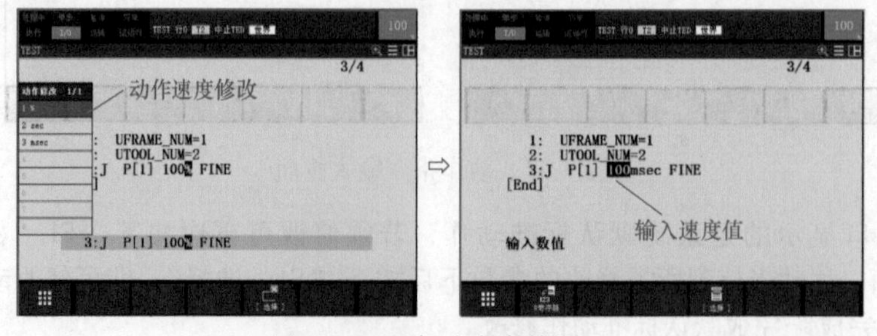

图 3-46　运行速度参数设置

在 ROBOGUIDE 中使用鼠标选择“速度”选项后可直接输入速度值。

4）设置定位类型：在图 3-47 所示页面下将光标移动到定位类型参数下，单击“F4　选择” FINE 或 CNT 类型，若选择 CNT 类型则还须输入参数数值。

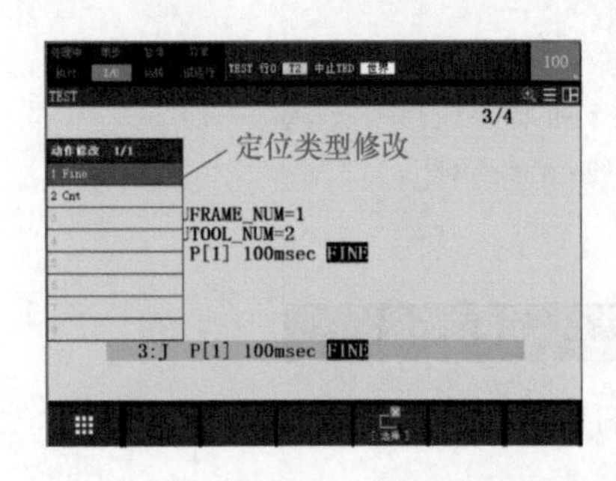

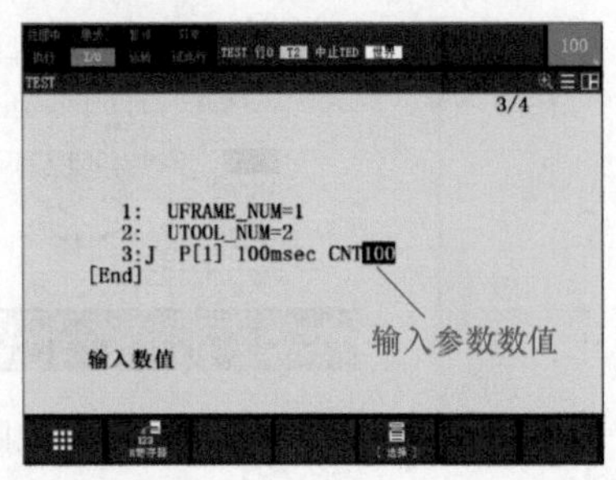

图 3-47　定位类型参数设置

5）添加动作指令：采用步骤 1 的方法继续添加动作指令，若新增加的指令类型与上条指令相同，可同时按下“SHIFT”键 +“F1　点”输入相同动作指令。若标准指令中没有所需要的指令，则如图 3-48 所示，输入任意指令后将光标移至动作指令，按下“F4　选择”修改动作指令，此处以圆弧动作指令为例。

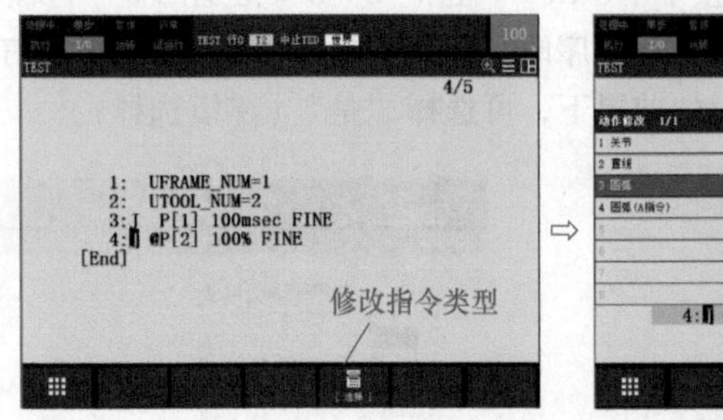

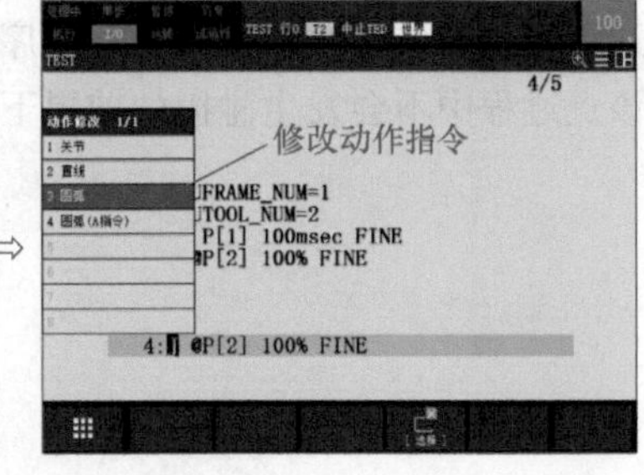

图 3-48　修改动作指令类型

修改为 C 指令后，系统会自动将原指令已示教的位置信息赋值到当前指令，也可重新示教，但注意在 C 指令中此处的 P［2］点为经过点，如图 3-49 所示。将光标移动到下一行，在 P［...］中输入位置变量序号，按下“ENTER”键完成输入，若再次按下“ENTER”键则可对当前位置变量标注注解，有利于程序管理。此处输入“OBJECT”作为目标点注释为例。

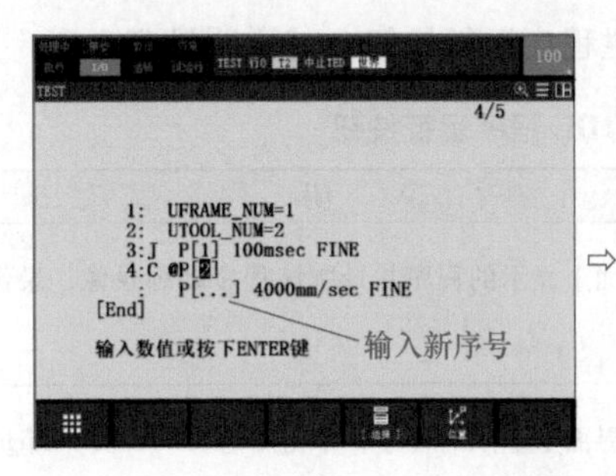

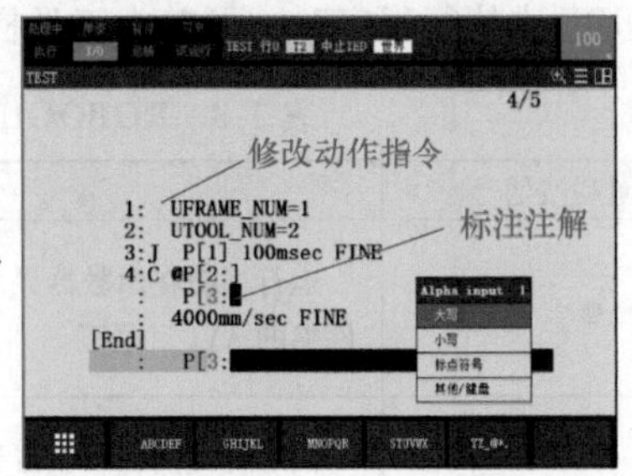

图 3-49　圆弧指令示教

最后将光标移到图 3-50 所在位置，同时按下“SHIFT”键 +“F3　修正位置”完成当前点的位置示教。

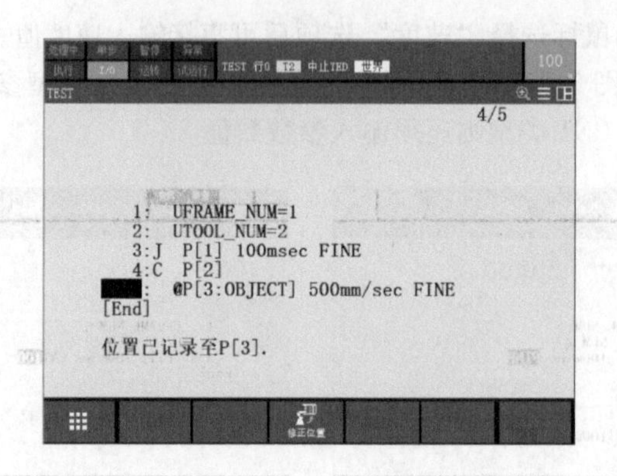

图 3-50 示教圆弧终点位置值

4. 执行程序

在 T1/T2 模式下，将光标移动到程序第一行，按下“STEP”键切换连续运行或单步运行，如图 3-51 所示。

在连续运行模式下，同时按下“SHIFT”键 +“FWD”键，系统将自动从当前行向下依次执行，直到程序执行完毕。若为单步运行模式，则每次只运行一行程序，在程序运行过程中，“SHIFT”键或安全开关松开，程序暂停运行。同时按下“SHIFT”键 +“BWD”键退回上一行程序。

在执行程序过程中，若手动改变程序执行顺序时，系统会提示如图 3-52 所示信息，在确保工业机器人运行到该点过程中不会发生碰撞的前提下，可选择“是”（谨慎选择）。

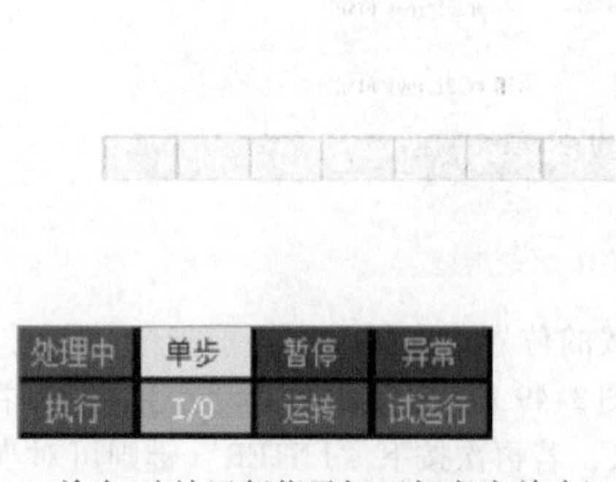

图 3-51 单步/连续运行指示灯（灯亮为单步）

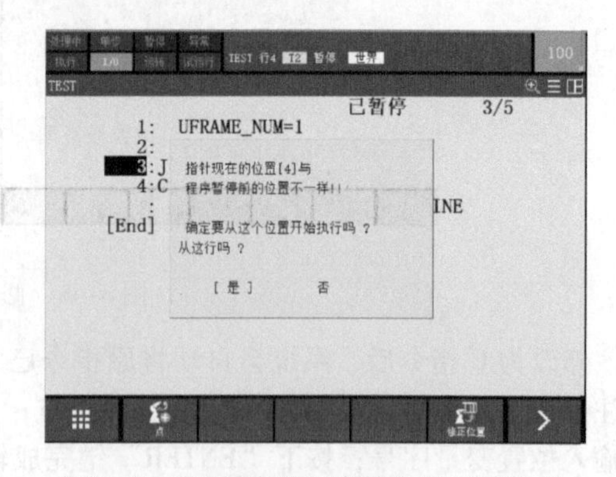

图 3-52 运行步骤与当前位置不符提示

在 ROBOGUIDE 中执行程序时，可单击工具栏程序运行按钮，其说明见表 3-8。

表 3-8 ROBOGUIDE 程序运行按钮

序号	工具栏按钮	说明
1		运行当前在示教器界面上显示的程序并录制该程序动画录像，录像保存在工程文件夹的 AVI 目录下
2		仅运行当前在示教器界面上显示的程序，单击▼选择“Run Configuration”打开设置选项，如图 3-53 所示
3		暂停当前正在运行的程序

（续）

序号	工具栏按钮	说　明
4	■	中止当前正在运行的程序
5	⏏	复位当前示教器上的报警故障，等效于示教器上的“RESET”键
6	⊗	立即停止按钮，等同于 IMSTP 信号
7	▶II■	运行“Run Panel”设置页面，如图 3-54 所示

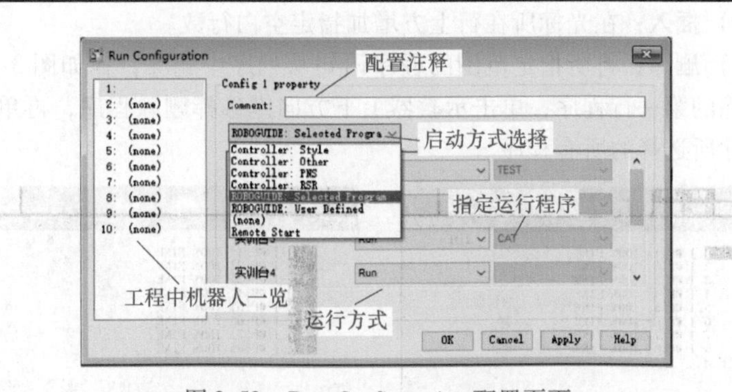

图 3-53　Run Configuration 配置页面

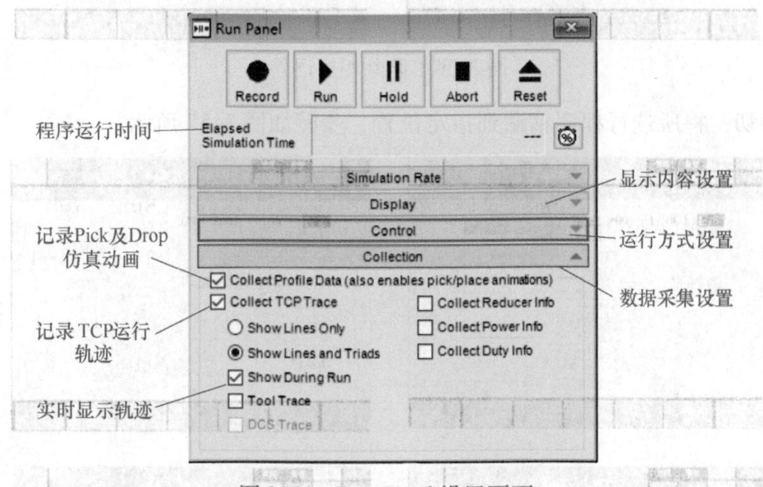

图 3-54　Run Panel 设置页面

在 Run Configuration 配置页面中，从工程机器人一览中选择所设置的机器人序号，启动方式分为远程控制启动（Controller）、指定程序启动（ROBOGUIDE：Selected Program）、自定义启动（ROBOGUIDE：User Defined）、远程启动（Remote Start）及不选择（none）。运行方式为程序运行（Run）和忽略执行（Bypass）两种，若选择 Run 方式则须在指定程序中选择所需执行的程序。

在 ROBOGUIDE 工具栏中依次单击“Tools”→“Options”打开选项设置页面，并选择“Graphics”选项卡，如图 3-55 所示，可设置动画录制参数。

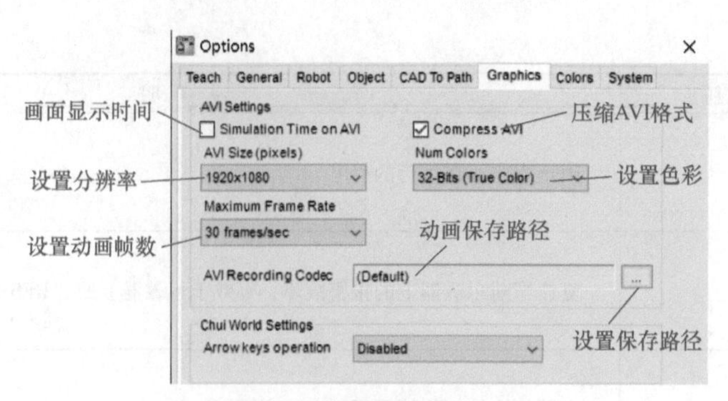

图 3-55　动画录制参数设置

3.1.7　工业机器人程序编辑

程序创建后单击“F5　编辑”修改当前程序，具体说明如下。

程序的编辑

1）插入：在光标所在行上方增加指定空白行数。

2）删除：将所指定范围的程序语句从程序中删除，在如图 3-56 所示页面下选择删除的第一行程序，单击示教器上下方向键选择删除程序，再单击“F4　是”即可删除所选择的所有程序。

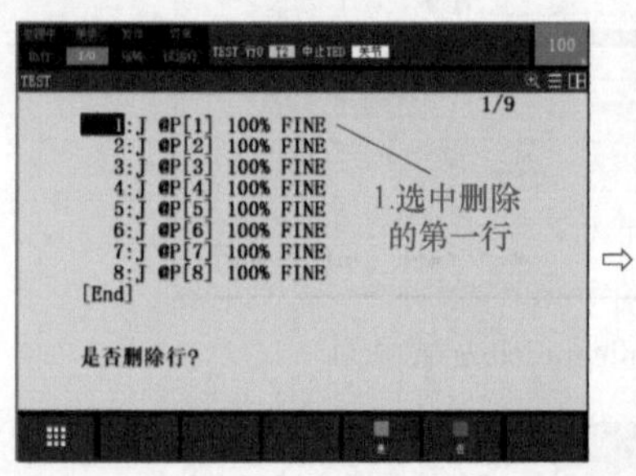

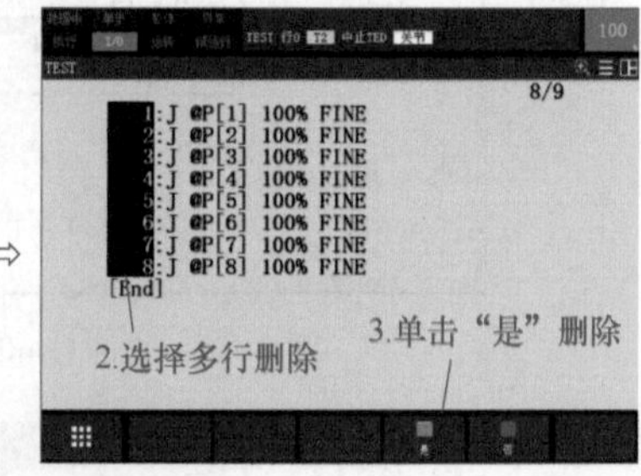

图 3-56　删除程序语句

3）复制/剪切：将所选行程序粘贴到指定位置，步骤如图 3-57 所示。

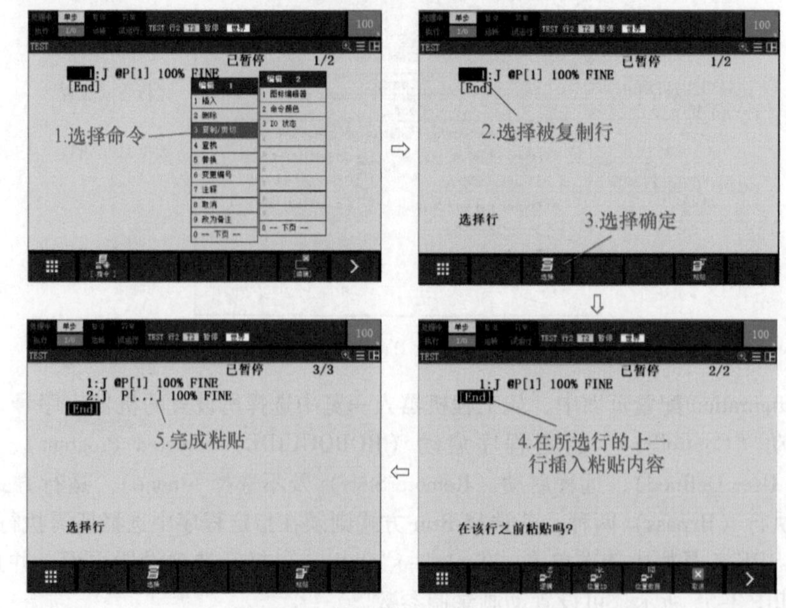

图 3-57　复制/剪切功能应用步骤

其中，“逻辑”粘贴只粘贴逻辑控制指令，粘贴后位置变量序号未定义；“位置 ID”粘贴复制所选行程序的全部信息；“位置数据”粘贴包含逻辑和位置信息，但位置变量序号自动改变。

4）查找：查找当前程序中指定的元素。

5）替换：在当前行查找指定元素后再替换。

6）变更编号：将当前程序中所有的位置变量序号以出现的顺序升序标注，不影响 P［i］中保存的位置值及调用关系。

7）注释：切换程序中的变量注释为显示/隐藏。

8）取消：取消上一步操作，再次单击则返回上一步操作。

9）改为备注：将光标所在行修改为备注，执行程序时忽略该行程序，如图 3-58 所示。

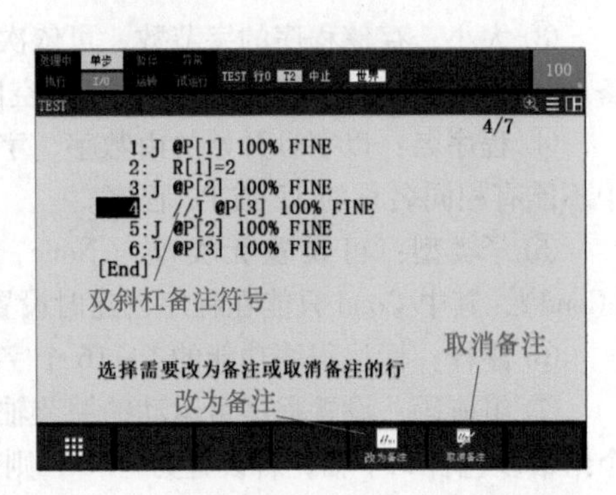

图 3-58 改为备注

10）图标编辑器：进入图标编辑器页面，触摸屏示教器可直接触摸图标编辑程序。

11）指令颜色：使 I/O 等指令以彩色状态显示。

12）I/O 状态：在指令中显示 I/O 实时状态。

3.1.8 工业机器人程序管理

程序的管理

1. 程序的详细设置

1）进入程序详细设置页：新建程序并完成程序名输入后单击“F2 详细”，或在程序一览页面下单击“NEXT”键→“F2 详细”进入程序详细设置页面，如图 3-59 所示。

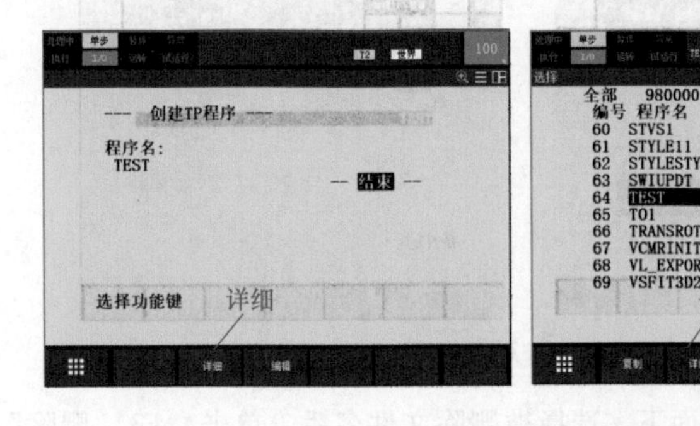

图 3-59 进入程序详细设置页面

2）详细参数设置：在程序详细设置页面设置当前程序的类型、控制对象等，完成参数设置后单击“F1 结束”，如图 3-60 所示。

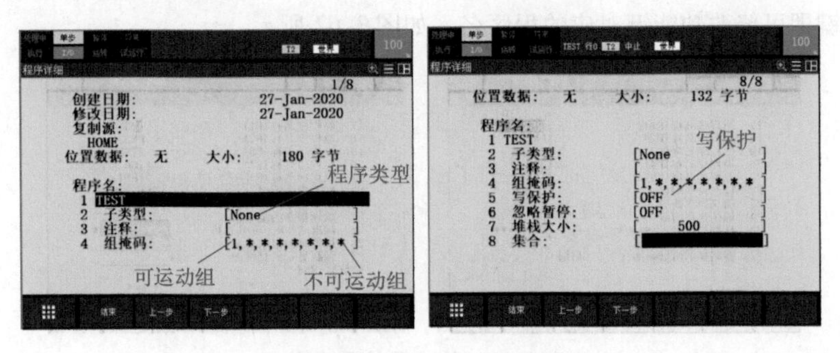

图 3-60 程序详细参数设置

各参数设置说明如下：

① 创建日期、修改日期：由系统自动创建，不可修改。

② 复制源：若程序为复制则显示所复制的源程序名，否则不显示。图上显示为 HOME，说明该程序复制于 HOME 程序。

③ 大小：存储程序的字节数，可依次单击“MENU”键→“7 文件”→“2 文件存储器”查看设备 FROM 盘（FR:）可用于存储程序的空间大小。

④ 程序名：以字母开始的由数字、字母和下横线所组成的 8 位程序文件名，在同一控制系统中不能有相同名称的 TP 或 PC 程序。

⑤ 子类型：可设置无类型（None，默认选项）、集合（Collection）、宏（Macro）及条件（Cond），其中 Cond 只能在程序创建时设置且不能包含动作组。

⑥ 注释：标注程序功能的 1~16 个字符，只能选择字母、数字、下横线、@ 和星号（*）。

⑦ 组掩码：设置程序可运动的关节轴，机器人控制系统控制的 56 个轴最多可分为 8 个组，每个组最多包含 9 个轴，若设置为“*”则表示该组关节不可运动，“1”表示可运动。

⑧ 写保护：设置为“ON”时程序不可修改；设置为“OFF”时程序可修改。

⑨ 忽略暂停：设置为“ON”时不因低于 SERVO 级别的报警、急停中断程序运行；设置为“OFF”时暂停有效。

⑩ 堆栈大小：设置程序可使用的存储容量，默认为 500B。

2. 程序的复制与删除

（1）程序的复制　单击“SELECT”键后选择被复制程序名，再依次单击“NEXT”键→“F1 复制”，在程序复制页面修改程序名后单击“ENTER”键，单击“F4 是”确定复制程序，如图 3-61 所示。

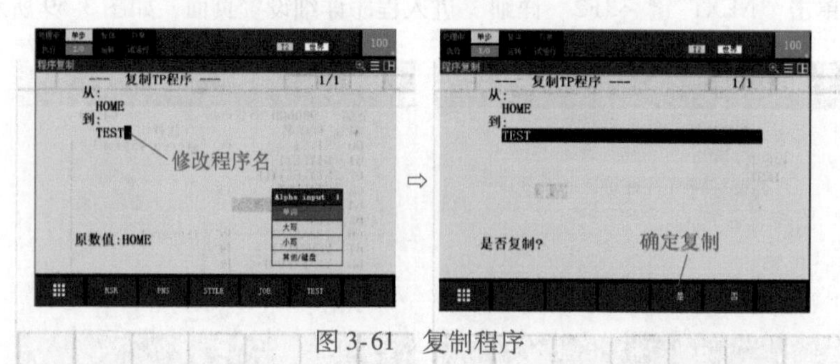

图 3-61　复制程序

（2）程序的删除　在程序一览界面下，选择被删除文件名后，单击“F3 删除”→“F4 是”删除程序。

3. 修改默认程序名

依次单击“MENU”键→“0 下页”→“6 系统”→“5 配置”，选择所需修改的原程序名称后，单击“ENTER”键即可修改功能键对应的程序名，如图 3-62 所示。

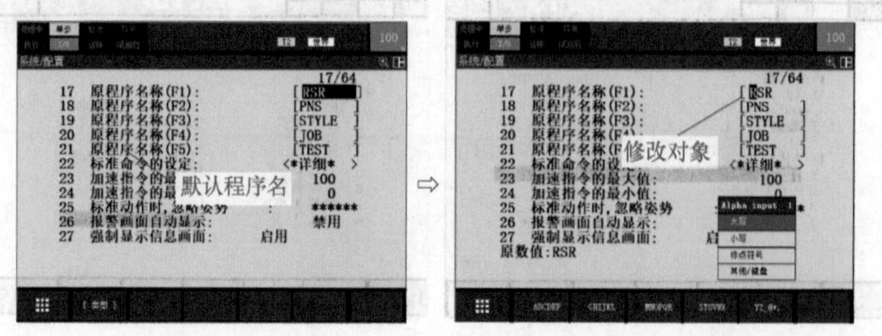

图 3-62　修改默认程序名

3.1.9 工业机器人程序状态

1. 程序运行状态

程序的运行状态分为暂停、运行中、中止中，见表3-9。

表3-9 程序运行状态

状 态	说 明
处理中 单步 暂停 异常 执行 I/O 运转 试运行 TEST 行4 T2 暂停 暂停状态	程序执行完一条指令，还未执行下一条指令
处理中 单步 暂停 异常 执行 I/O 运转 试运行 TEST 行5 T2 运行中 程序运行中	程序正在执行一条指令，处理中状态灯亮
处理中 单步 暂停 异常 执行 I/O 运转 试运行 TEST 行0 T2 中止中 程序中止中	程序已运行完全部程序

2. 程序中断的产生

操作人员停止运行程序和程序运行中遇到报警均会产生中断。

（1）人为中断程序　人为中断程序方式见表3-10。

表3-10 人为中断程序方式

中断方式	中断状态	中断方式	中断状态
1）按TP上的紧急停止按钮 2）按控制面板上的紧急停止按钮 3）释放“DEADMAN”开关 4）外部紧急停止信号输入 5）系统紧急停止（IMSTP）信号输入 6）按TP上的“HOLD”键 7）系统暂停（HOLD）信号输入	暂停状态	1）执行ABORT语句 2）按TP上的“FCTN”键，选择“1 中止程序” 3）输入系统终止Cycle stop信号	中止中状态

（2）报警引起的程序中断　程序运行或操作不正确时会产生报警，并使机器人停止执行任务，以确保安全。TP示教器信息一览窗口上仅显示一条报警信息，依次单击“MENU”键→“4 报警”→“1 报警日志”进入“报警：发生”页面，在该页面查看当前有效报警信息，如图3-63所示。在“报警：发生”页面下，可单击“F4　履历”进入“报警：履历”页面查看系统最近发生的100条报警记录，在该页面下可根据需要单击“F3　有效”返回“报警：发生”页面，或单击“F4　清除”删除最后一条报警记录信息。

对于一般报警可按TP示教器上的“RESET”键清除报警，无法清除的报警需查阅B-83284CM-1/04操作说明书（报警代码列表），按照指引清除相关报警。

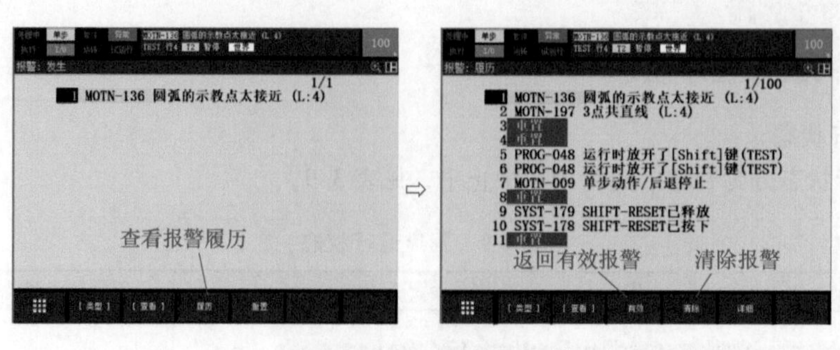

图 3-63　报警信息显示

3.1.10　用户报警

用户报警

系统报警是对工业机器人本体的基本保护，但无法检测工业机器人本体外设备，因此须使用用户报警以保障工业机器人运行安全，不同报警级别其作用不同，见表 3-11。

表 3-11　报警级别及其作用

严重级别	报 警 类 型	作　用	报 警 级 别
低 ↓ 高	WARN 报警	显示简单的报警，不影响运行	0
	PAUSE 暂停	机器人暂停或是停止运行	6
	STOP 停止		
	SERVO 伺服	级别最高的报警，机器人停止运行	11
	ABORT 强制结束		
	SYSTEM 报警		

1. 用户报警的设置

可设置 10 个用户报警，与系统报警一样，用户报警可设置不同级别，设置方法如下。

1）进入系统设置：依次单击 “MENU” 键→“0 下页”→“6 系统”→“2 变量”。

2）设置系统变量：选择系统变量 $ UALRM_SEV 进入用户报警级别设置，如图 3-64 所示。

3）设置用户报警级别：光标选择用户报警序号，根据需要输入 0、6、11 三个级别报警，如图 3-65 所示。

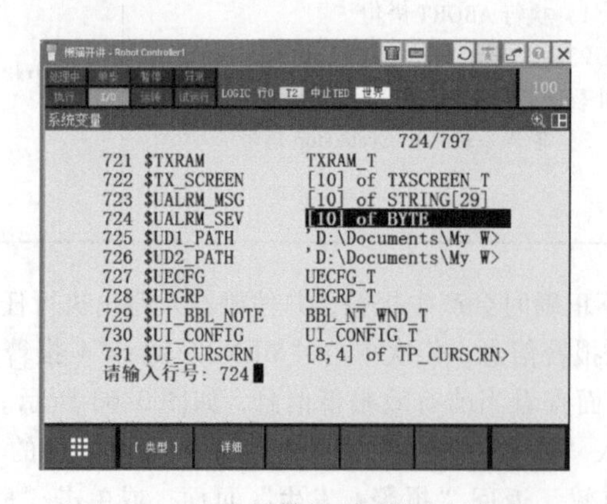

图 3-64　用户报警级别系统变量名称

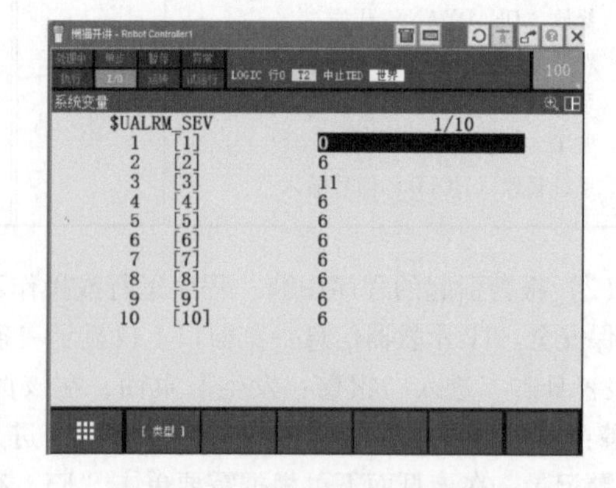

图 3-65　用户报警级别变量设置

4）进入用户报警显示内容设置页面：依次单击 “MENU” 键→“6 设置”→“9 用户报警”，进入用户报警显示内容设置。

5）输入报警信息：选择用户报警序号后按“ENTER”键即可输入用户自定义信息，即报警信息，如图3-66所示。

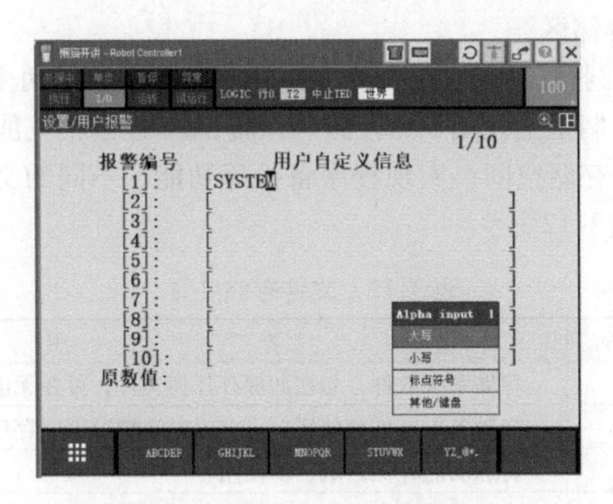

图3-66　用户自定义信息设置

2. 用户报警的应用

在TP程序中调用用户报警，步骤如下：

1）添加指令：在TP程序编辑页面，依次单击“F1　指令”→“8 下页”→“1 其它”→“2 UALM [ ]”，如图3-67所示。

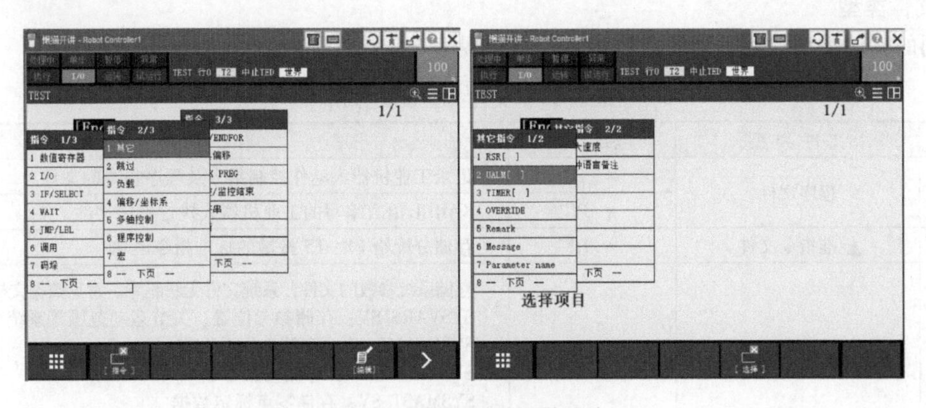

图3-67　添加用户报警指令

2）运行用户报警：在TP程序中输入所需设置的用户报警序号，当程序运行到用户报警时，根据定义的用户报警级别产生报警，实现对机器人系统的保护，如图3-68所示。

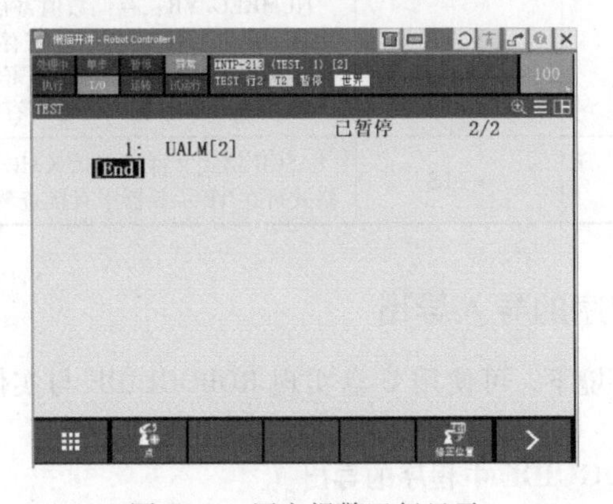

图3-68　用户报警运行显示

3.1.11 文件存储管理

程序备份

1. 文件存储区

FANUC 工业机器人系统分为内部存储和外部存储两个部分，扩展外部存储时可在 R－30iB 控制柜上使用 MC 存储卡，而 Mate 控制柜只能在 USB 接口上插入 USB 存储设备以扩展存储空间，实现程序备份等功能。不同的文件类型存储在不同的存储装置中，见表 3-12。

表 3-12 文件存储装置

序号	名　称	作　用
1	FROM 盘（FR:）	存储系统软件，勿在此保存任何文件，可在无电池情况下保存信息
2	备份（FRA:）	自动备份文件存储区，可在无电池情况下保存信息
3	RAM 盘（RD:）	特殊功能存储区域，勿使用
4	存储设备（MD:）	内部存储设备，用于存储 TP 及 KAREL 程序，保存用户程序、变量以及诊断数据
5	控制台（CONS:）	维修专用设备存储区
6	USB 盘（UD1:）	连接在 Mate 控制柜上的外部 USB 存储设备
7	TP 上的 USB（UT1:）	连接在示教器上的外部 USB 存储设备
8	FTP（C1: －C8:）	FTP 服务器文件读写存储区，只有当设置了 FTP 客户机后才显示

2. 文件类型

不同的文件类型保存不同的数据内容，具体见表 3-13。

表 3-13 文件类型及其作用

序号	文件类型	后缀名	作　用
1	程序文件	*.TP	记录工业机器人动作控制指令及程序指令的文件
		*.PC	KAREL 语言编写的工业机器人执行程序文件
2	标准指令文件	*.DF	存储分配给 F1～F5 按键的标准指令语句
3	系统文件	*.SV	存储系统参数的文件，系统文件无法删除。常见数据文档如下： SYSVARS.SV：存储参考位置、关节运动范围等系统变量 SYSFRAME.SV：存储坐标系设定 SYSSERVO.SV：存储伺服参数 SYSMAST.SV：存储零点标定数据 SYSMACRO.SV：存储宏指令
4	I/O 数据文件	*.IO	存储 I/O 分配的数据文件
5	数据文件	*.VR	存储各种寄存器的数据文件。常见数据文件如下： NUMREG.VR：存储数值寄存器的数据 POSREG.VR：存储位置寄存器的数据 STRREG.VR：存储字符串寄存器的数据 PALREG.VR：存储码垛寄存器的数据
6	ASCII 文件	*.LS	ASCII 格式文件，包括 KAREL 列表和错误日志文件，该文件格式可在 TP 示教器中直接查看

程序的导入与导出

3.1.12 程序的导入导出

无网络环境下，可使用 U 盘实现 ROBOGUIDE 与实体机器人之间的程序管理，步骤如下。

1. ROBOGUIDE 中程序的导出

右键单击“Cell Browser”中需导出的程序文件名，单击“Export”→“To Loadset”选项打开文件导出页面，如图3-69所示。

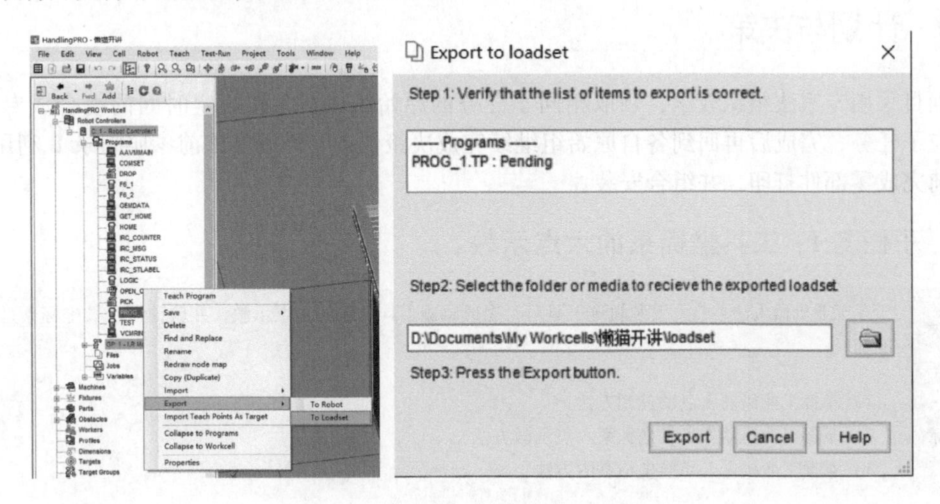

图3-69 导出文件

单击 按钮选择导出文件路径后，再单击“Export”按钮即可导出程序，若导出成功则显示“Exported”，按下“Done”按钮关闭页面，再将导出的程序复制到FAT32格式的U盘。

2. 导入到实体机器人

1）插入移动介质：将U盘插入Mate控制柜USB接口后，TP示教器显示“FILE-066 UD1插入General UDisk”表示识别出该U盘，如图3-70所示。

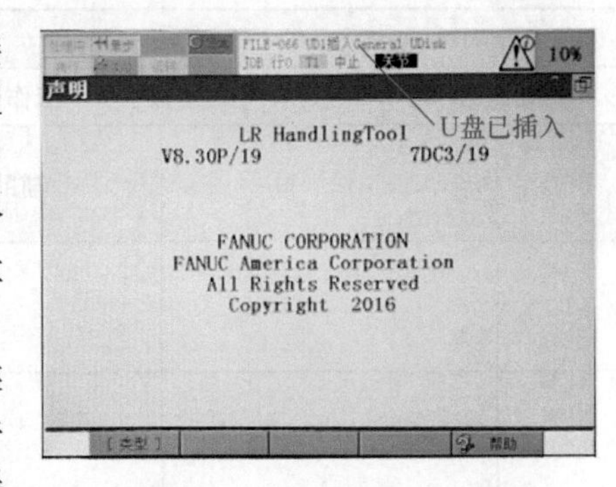

图3-70 移动介质插入显示

2）切换设备：依次单击“MENU”键→“7 文件”→“1 文件”→“F5 工具”→“1 切换设备”→选择“6 USB盘(UD1:)”切换至U盘目录下，如图3-71所示。

3）导入程序：在上述页面下选择所要导入的文件类型，然后选择所要导入的文件名，按下“F3 加载”并选择“F4 是”或“覆盖”即可将程序导入到实体机器人中，如图3-72所示。

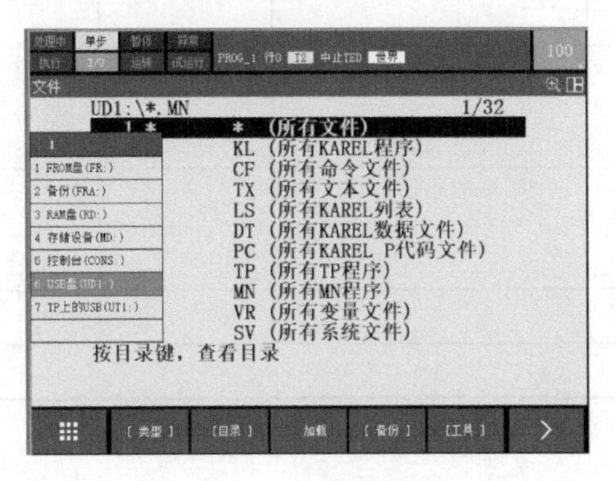

图3-71 切换至U盘

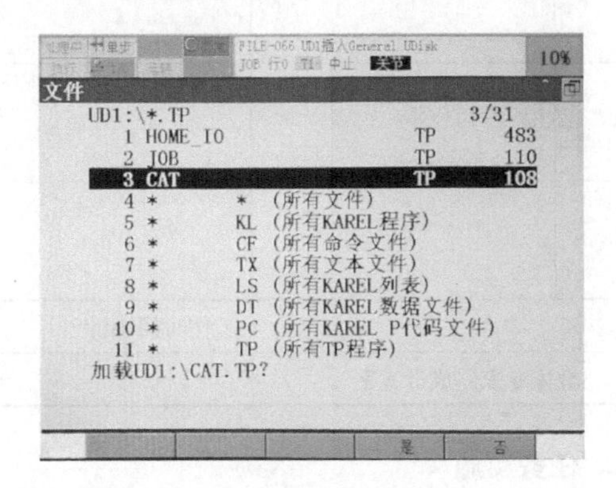

图3-72 导入程序

3.2 计划与决策

本项目采用专家法组织教学，领取相同子任务的原始组成员，在规定时间内组合成专家组并完成对应子任务，完成后再回到各自原始组继续完成决策任务。计划实施前参照附录 B 利用 3D 打印机提前完成零部件打印，并组合安装。

3.2.1 子任务 1：工具坐标系的六点示教

任务要求	在工业机器人法兰盘上安装轨迹工具后，完成轨迹工具尖端的六点示教，并验证该工具坐标系是否示教准确
任务目标	1）掌握工业机器人点动控制方法 2）掌握工业机器人工具坐标系六点示教方法 3）掌握工业机器人切换坐标系的方法

1. 制订工作计划

专家组根据任务要求讨论制订工作计划，并完成表 3-14。

表 3-14 专家组工作计划表

<table>
<tr><th colspan="6">专家组工作计划表</th></tr>
<tr><td colspan="2">原始组号</td><td>工作台位</td><td></td><td colspan="2">制订日期</td></tr>
<tr><td rowspan="2">序号</td><td rowspan="2">工作步骤</td><td rowspan="2">辅助准备</td><td rowspan="2">注意事项</td><td colspan="2">工作时间/min</td></tr>
<tr><td>计划</td><td>实际</td></tr>
<tr><td>1</td><td></td><td></td><td></td><td></td><td></td></tr>
<tr><td>2</td><td></td><td></td><td></td><td></td><td></td></tr>
<tr><td>3</td><td></td><td></td><td></td><td></td><td></td></tr>
<tr><td>4</td><td></td><td></td><td></td><td></td><td></td></tr>
<tr><td>5</td><td></td><td></td><td></td><td></td><td></td></tr>
<tr><td colspan="4">工作时间小计</td><td></td><td></td></tr>
<tr><td colspan="2">全体专家组成员签字</td><td colspan="4"></td></tr>
</table>

2. 任务实施

（1）安装轨迹工具　在法兰盘上安装轨迹工具。

（2）工具坐标系示教　完成表 3-15 所示图片中两个点的工具坐标系六点示教，并将示教参数填入表中空格处。

表 3-15　工具坐标系示教参数

<table>
<tr><th colspan="6">工具坐标系示教参数</th></tr>
<tr><td>原始组号</td><td></td><td>专家组任务序号</td><td></td><td>记录人</td><td></td></tr>
<tr><td colspan="2">示教点位置示意图</td><td colspan="2">工具坐标系 1</td><td colspan="2">工具坐标系 2</td></tr>
<tr><td colspan="2" rowspan="7"></td><td>坐标系编号</td><td></td><td>坐标系编号</td><td></td></tr>
<tr><td>X 值/mm</td><td></td><td>X 值/mm</td><td></td></tr>
<tr><td>Y 值/mm</td><td></td><td>Y 值/mm</td><td></td></tr>
<tr><td>Z 值/mm</td><td></td><td>Z 值/mm</td><td></td></tr>
<tr><td>W 值/(°)</td><td></td><td>W 值/(°)</td><td></td></tr>
<tr><td>P 值/(°)</td><td></td><td>P 值/(°)</td><td></td></tr>
<tr><td>R 值/(°)</td><td></td><td>R 值/(°)</td><td></td></tr>
</table>

3. 任务检查

验证工作计划及执行结果是否满足表 3-16 中的要求，若满足则勾选“是”，反之勾选“否”，分析原因并记录在表 3-17 中。

表 3-16　专家组项目检查

序号	任务检查点	小组自我检查	
1	开启设备前检测电气安全并佩戴安全帽	○是	○否
2	工业机器人处于 T1 模式且点动速度不超过 30%	○是	○否
3	安装轨迹工具后无松动	○是	○否
4	记录位置值时轨迹工具尖端与辅助固定点尖端重合	○是	○否
5	示教完毕后切换有效工具坐标系	○是	○否
6	示教机器人沿着 X 轴方向运动，其他位置信息不发生变化	○是	○否
7	仅改变 TCP 姿态时，位置值不发生变化	○是	○否
8	完成实验后工业机器人回到安全点并整理现场	○是	○否

表 3-17　专家组阶段工作记录表

<table>
<tr><th colspan="6">专家组阶段工作记录表</th></tr>
<tr><td>原始组号</td><td></td><td>专家组任务序号</td><td></td><td>记录人</td><td></td></tr>
<tr><td>序号</td><td colspan="2">问题现象描述</td><td colspan="3">原因分析及处理方法</td></tr>
<tr><td>1</td><td colspan="2"></td><td colspan="3"></td></tr>
<tr><td>2</td><td colspan="2"></td><td colspan="3"></td></tr>
<tr><td>3</td><td colspan="2"></td><td colspan="3"></td></tr>
<tr><td>4</td><td colspan="2"></td><td colspan="3"></td></tr>
<tr><td>5</td><td colspan="2"></td><td colspan="3"></td></tr>
</table>

3.2.2 子任务2：动作指令的应用

任务要求	在不设置用户坐标系和工具坐标系的条件下，安装轨迹工具后在平面轨迹模块上绘制方形和S形
任务目标	1）掌握工业机器人程序编辑的基本方法 2）掌握工业机器人手动执行程序的方法

1. 制订工作计划

专家组根据任务要求讨论制订工作计划，并完成表3-18。

表3-18 专家组工作计划表

专家组工作计划表					
原始组号		工作台位		制订日期	
序号	工作步骤	辅助准备	注意事项	工作时间/min	
				计划	实际
1					
2					
3					
4					
5					
工作时间小计					
全体专家组成员签字					

2. 任务实施

（1）安装轨迹工具 在法兰盘上安装轨迹工具。

（2）程序输入及示教 参考图3-73中方形和S形的位置填写位置变量序号，并预先考虑工业机器人的运行轨迹，将程序写入表3-19，再将该程序输入实体工业机器人并示教，并比较与原程序的区别。

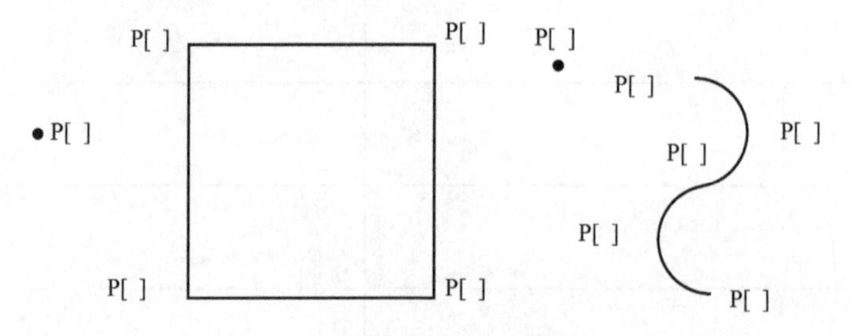

图3-73 方形及S形轨迹示教点

表 3-19 TP 程序设计

轨迹程序设计					
原始组号		专家组任务序号		记录人	
行号	代码		行号	代码	
1			11		
2			12		
3			13		
4			14		
5			15		
6			16		
7			17		
8			18		
9			19		
10			20		

（3）程序运行　完成程序输入及示教后，以低速在单步模式下试运行，若未发生碰撞，才可切换为连续运行，并完成轨迹绘制及任务检查。

3. 任务检查

验证工作计划及执行结果是否满足表3-20中的要求，若满足则勾选“是”，反之勾选“否”，分析原因并记录在表3-21中。

表 3-20 专家组项目检查

序号	任务检查点	小组自我检查	
1	开启设备前检测电气安全并佩戴安全帽	○是	○否
2	工业机器人处于T1模式且点动速度不超过30%	○是	○否
3	安装轨迹工具后无松动	○是	○否
4	工业机器人起动及结束均在安全点	○是	○否
5	程序中有可修改为J指令的动作指令	○是	○否
6	工业机器人运行过程中运行平稳	○是	○否
7	工业机器人运行过程中未发生碰撞	○是	○否
8	绘制到两个轨迹形状之间时轨迹工具尖端未离开平面	○是	○否
9	完成实验后工业机器人回到安全点并整理现场	○是	○否

表 3-21 专家组阶段工作记录表

专家组阶段工作记录表					
原始组号		专家组任务序号		记录人	
序号	问题现象描述		原因分析及处理方法		
1					
2					
3					
4					
5					

3.2.3 子任务3：用户坐标系与工具坐标系示教

任务要求	在法兰盘上安装轨迹工具，并用三点法分别示教工具坐标系和用户坐标系，设计验证用户坐标系和工具坐标系示教是否正确的检查方案
任务目标	1）掌握工业机器人程序编辑的基本方法 2）掌握工业机器人手动执行程序的方法

1. 制订工作计划

专家组根据任务要求讨论制订工作计划，并完成表3-22。

表3-22 专家组工作计划表

专家组工作计划表					
原始组号		工作台位		制订日期	
序号	工作步骤	辅助准备	注意事项	工作时间/min	
				计划	实际
1					
2					
3					
4					
5					
工作时间小计					
全体专家组成员签字					

2. 任务实施

（1）安装轨迹工具　在法兰盘上安装轨迹工具。

（2）坐标系示教　参照表3-23完成工具坐标系三点示教及斜面轨迹模块用户坐标系三点示教，并将示教参数填入表中空格处。

表3-23 工具坐标系和用户坐标系示教参数

工具坐标系和用户坐标系示教参数				
原始组号		专家组任务序号	记录人	
示教点位置示意图	工具坐标系		用户坐标系	
	坐标系编号		坐标系编号	
	X值/mm		X值/mm	
	Y值/mm		Y值/mm	
	Z值/mm		Z值/mm	
	W值/(°)		W值/(°)	
	P值/(°)		P值/(°)	
	R值/(°)		R值/(°)	

（3）坐标系示教验证　设计工具坐标系和用户坐标系示教的检查方案，并按照检查方案验证是否示教合格，将检查方案及结果填入表3-24。

表3-24　坐标系示教检查方案及检查结果

坐标系示教检查方案及检查结果					
原始组号		专家组任务序号		记录人	
坐标系	检查方案				检查结果
工具坐标系					○合格 ○不合格
用户坐标系					○合格 ○不合格

3. 任务检查

验证工作计划及执行结果是否满足表3-25中的要求，若满足则勾选“是”，反之勾选“否”，分析原因并记录在表3-26中。

表3-25　专家组项目检查

序号	任务检查点	小组自我检查	
1	开启设备前检查电气安全并佩戴安全帽	○是	○否
2	工业机器人处于T1模式且点动速度不超过30%	○是	○否
3	安装轨迹工具后无松动	○是	○否
4	三点法示教工具坐标系时三个接近点以大角度接近同一个点	○是	○否
5	在对应工具坐标下仅点动姿态时位置值不发生变化	○是	○否
6	三点法示教用户坐标系示教X轴、Y轴方向次序无影响	○是	○否
7	示教用户坐标系过程中改变工具姿态后用户坐标系参数值不变	○是	○否
8	在对应用户坐标系下点动Z轴时TCP垂直于斜面运动	○是	○否
9	在对应用户坐标系下点动X轴或Y轴时TCP平行于斜面运动	○是	○否
10	完成实验后工业机器人回到安全点并整理现场	○是	○否

表3-26　专家组阶段工作记录表

专家组阶段工作记录表					
原始组号		专家组任务序号		记录人	
序号	问题现象描述		原因分析及处理方法		
1					
2					
3					
4					
5					

3.2.4 子任务4：ROBOGUIDE中的坐标系示教

任务要求	在ROBOGUIDE中使用“属性”选项卡设置工具坐标系和用户坐标系，研究J指令轨迹运行特点，并比较定位类型CNT参数对程序的影响
任务目标	1）掌握ROBOGUIDE中快速设置坐标系的方法 2）掌握工业机器人程序编辑的基本方法 3）掌握J指令的使用特点 4）掌握FINE与CNT定位类型的区别

1. 制订工作计划

专家组根据任务要求讨论制订工作计划，并完成表3-27。

表3-27 专家组工作计划表

专家组工作计划表					
原始组号		工作台位		制订日期	
序号	工作步骤	辅助准备	注意事项	工作时间/min	
				计划	实际
1					
2					
3					
4					
5					
工作时间小计					
全体专家组成员签字					

2. 任务实施

（1）添加轨迹工具及平面轨迹模块、斜面轨迹模块　从在线课程资料库中下载轨迹工具、平面轨迹模块、斜面轨迹模块等必要的IGS文件添加到工程文件，在工业机器人工作范围内合理调整其位置。

（2）设置工具坐标系及用户坐标系　在ROBOGUIDE中设置工具坐标系和用户坐标系，并在表3-28的图片中标注其方向，将参数值填入表3-28。

（3）绘制三角形　在TP示教器上输入程序，实现在平面轨迹模块上绘制三角形，注意只能使用J指令实现，将位置变量序号及程序填入表3-29。

（4）定位类型比较　更改表3-29中动作指令的定位类型及参数，录制程序运行动画。

表 3-28　工具坐标系及用户坐标系设置

工具坐标系及用户坐标系设置							
原始组号			专家组任务序号		记录人		
工具坐标系示教				用户坐标系示教			
工具坐标系序号：				用户坐标系序号：			
参数	单位：mm	参数	单位：(°)	参数	单位：mm	参数	单位：(°)
X 值		W 值		X 值		W 值	
Y 值		P 值		Y 值		P 值	
Z 值		R 值		Z 值		R 值	

表 3-29　平面三角形图形绘制程序

平面三角形图形绘制程序		
原始组号	专家组任务序号	记录人
平面轨迹模块	序号	程　序
	1	
	2	
	3	
	4	
	5	
	6	
	7	
	8	
	9	

3. 任务检查

验证工作计划及执行结果是否满足表 3-30 中的要求，若满足则勾选“是”，反之勾选“否”，分析原因并记录在表 3-31 中。

表 3-30　专家组项目检查

序号	任务检查点	小组自我检查	
1	ROBOGUIDE 工程中平面轨迹模块、斜面轨迹模块等摆放合理	○是	○否
2	轨迹工具 TCP 位于工具尖端且 Z 轴与尖端重合	○是	○否
3	用户坐标系 Z 轴垂直于斜面轨迹	○是	○否
4	X 轴、Y 轴方向与斜面轨迹上标注方向相同	○是	○否
5	按下工具栏 ▶ 键后 TCP 可运行到三角形各顶点	○是	○否
6	使用 J 指令运行的轨迹为非线性	○是	○否
7	设置运行速度为 10%、CNT0 时可运行到三角形各顶点	○是	○否

（续）

序号	任务检查点	小组自我检查	
8	设置运行速度为 10%、CNT100 时无法运行到三角形各顶点	○是	○否
9	设置运行速度为 100%、CNT0 时可运行到三角形各顶点	○是	○否
10	设置运行速度为 100%、CNT100 时运行轨迹无法达到三角形平面	○是	○否

表 3-31　专家组阶段工作记录表

专家组阶段工作记录表					
原始组号		专家组任务序号		记录人	
序号	问题现象描述		原因分析及处理方法		
1					
2					
3					
4					
5					

3.2.5　决策任务：分析坐标系在程序中的作用

任务要求	“数字化双胞胎”技术模拟对象在现实环境中的行为，虚拟仿真产品制造过程乃至整个工厂，从而提高制造企业产品研发、制造的生产效率。在 ROBOGUIDE 中创建的程序受外围设备安装精度的影响，将其导入到实体工业机器人中后，工具坐标系、用户坐标系及保存在位置变量中的参数均会发生偏移，同时已安装设备在使用过程中也有可能产生位置偏移，因此需要研究用户坐标系和工具坐标系对程序的影响，以提高虚拟到实体的转化效率，降低日常维护的工作量 在原始组总结交流专家组阶段的工作任务后，在 ROBOGUIDE 中完成斜面轨迹绘制程序并导入到实体机器人中，验证工具坐标系和用户坐标系的作用，并在程序运行关键点添加用户提示信息 注意：本任务带有一定危险性，在实体机器人中必须慢速运行
任务目标	1）掌握工业机器人运行安全操作规范 2）掌握工业机器人在工具坐标系及用户坐标系下的程序设计及调试 3）掌握工业机器人工具坐标系及用户坐标系的示教方法

1. 专家组任务交流

原始组小组成员介绍完各自在专家组阶段所完成的任务后，对比各自数据解答表 3-32 中的问题并记录。

表 3-32　专业问题研讨记录

序号	问题及解答
1	工具坐标系的作用是什么？如何检查是否示教精确？

（续）

序号	问题及解答
2	用户坐标系的作用是什么？如何检查是否示教精确？
3	工具坐标系和用户坐标相互之间是何关系？
4	工具坐标系的三点示教及六点示教分别适用于哪些情况？
5	用户坐标系三点示教及四点示教分别适用于哪些情况？
6	为何专家组阶段对相同轨迹工具示教参数值不同？用户坐标系参数值也不相同？
7	J指令、L指令、C指令和A指令的运行特点是什么？

2. 制订工作计划

原始组根据任务要求讨论制订工作计划，并填写表3-33。

表3-33　原始组工作计划表

原始组工作计划表					
原始组号		工作台位		制订日期	
序号	工作步骤	辅助准备	注意事项	工作时间/min	
				计划	实际
1					
2					
3					
4					

（续）

序号	工作步骤	辅助准备	注意事项	工作时间/min	
				计划	实际
5					
6					
工作时间总计					
全体原始组成员签字					

3.3 实施

1. 安装轨迹工具及斜面轨迹模块

在工业机器人法兰盘上安装轨迹工具，并在工具 TCP 的运动范围内安装固定斜面轨迹模块。

2. 工具坐标系及用户坐标系的示教

使用直接输入法完成工具坐标系示教，三点法示教用户坐标系后，检查示教结果是否正确，并将参数值填入表 3-35 的初始工具坐标系参数和表 3-36 的初始用户坐标系参数中。注意：虚拟及实体机器人同时示教相同序号的坐标系。

3. 斜面轨迹程序设计及调试

在 ROBOGUIDE 中完成斜面轨迹模块上“FANUC”字母轨迹程序的设计及调试，并将字母“U”的轨迹程序填入表 3-34，要求同时使用 A 指令和 C 指令。

表 3-34　斜面轨迹程序设计

斜面轨迹程序设计					
原始组号		工作台位		记录人	

字母“U”及位置示教点	行号	代　　码
	1	
	2	
	3	
	4	
	5	
	6	
	7	
	8	
	9	
	10	
	11	
	12	
	13	
	14	
	15	
	16	

4. 程序导入导出及调试

将程序从ROBOGUIDE复制到实体机器人中，思考运行该程序可能会出现的问题，并做好相应的解决方案。在实体机器人中运行上述程序时，先单步调试运行以防止错误导致设备损坏，单步运行无误后切换为连续运行模式运行程序，确定程序无误。

5. 工具坐标系参数设置及调试

在完成斜面轨迹绘制程序的基础上，重新示教所调用的工具坐标系，总结归纳参数对程序的影响，并填入表3-35。注意：在验证过程中，小范围调整参数或在仿真中测试。

表3-35　工具坐标系参数设置

工具坐标系参数设置					
原始组号		工作台位		记录人	
初始工具坐标系参数					
X值/mm	Y值/mm	Z值/mm	W值/(°)	P值/mm	R值/(°)
参数调整测试					
调整参数	TCP变化		程序影响		
减少X值					
增加Y值					
增加Z值					
增加W值					
增加P值					
增加R值					

6. 用户坐标系参数设置及调试

按照表3-36中的方式调整用户坐标系或斜面轨迹模块位置，总结归纳用户坐标系对程序的作用。

表3-36　用户坐标系参数设置

用户坐标系参数设置					
原始组号		工作台位		记录人	
初始用户坐标系参数					
X值/mm	Y值/mm	Z值/mm	W值/(°)	P值/mm	R值/(°)
参数调整测试					
调整参数	用户坐标系变化		程序影响		
减少X值					
增加Y值					
增加Z值					
增加W值					
增加P值					
增加R值					

3.4　检查

验证工作计划及执行结果是否满足表3-37中的要求，若满足则勾选“是”，反之勾选“否”，分析原因并记录在表3-38中。

表 3-37　决策任务项目检查

序号	任务检查点	小组自我检查	
1	操作符合安全规范且未发生碰撞	○是	○否
2	工具坐标系示教后可绕同一点旋转点动控制	○是	○否
3	用户坐标系示教后可沿斜面标注方向同向运行点动控制	○是	○否
4	ROBOGUIDE 中虚拟机器人与实体机器人的系统版本号相同	○是	○否
5	用于程序复制的 U 盘为 FAT16/32 格式	○是	○否
6	离线程序可正常导入实体工业机器人中	○是	○否
7	程序所调用的工具坐标系和用户坐标系已示教	○是	○否
8	初次运行程序时为单步调试	○是	○否
9	程序运行开始及程序运行结束工业机器人均回到安全点	○是	○否
10	程序可完整绘制“FANUC”字母且未与斜面发生碰撞	○是	○否
11	程序运行过程中未在字母间连笔绘制	○是	○否
12	工具坐标系中 X、Y、Z 值影响程序中位置点的轨迹	○是	○否
13	工具坐标系中 W、P、R 值影响程序运行时工具的姿态	○是	○否
14	用户坐标系中的参数值决定程序所运行的空间	○是	○否
15	完成实验后工业机器人回到安全点并整理现场	○是	○否
16	任务完成后关闭设备电源并整理现场	○是	○否

表 3-38　原始组决策阶段工作记录表

决策阶段工作记录表					
原始组号		工作台位		记录人	
序号	问题现象描述		原因分析及处理方法		
1					
2					
3					
4					
5					
6					

3.5 反馈

3.5.1 项目总结评价

1. 与其他小组展示分享项目成果，总结工作收获和问题的解决思路及方法，并根据其他学员的意见提出改进措施，其他小组在展示完毕后方可相互提问。

2. 完整描述本次任务的工作内容。

3.5.2　思考与提高

1. 在实际应用中如何保障所示教的工具坐标系或用户坐标系不会发生偏移？发生偏移后该如何处理？

2. 查询工业机器人操作手册或网络资料，除重新示教坐标系外，对程序运行中出现的偏移还有哪些消除方法？

项目 4　工业机器人工件打磨

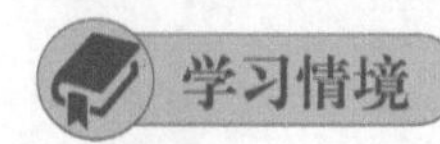

学习情境

随着人工智能技术的快速发展，各行业“机器换人”的步伐将进一步加快，传统手工业在改革发展中对机器人的重复运动精度也提出了更高要求。在卫浴五金、汽车零部件、家具制造等领域现已广泛应用工业机器人代替传统人工做如表面打磨、去毛刺等工作。现需针对工厂打磨生产线进行工艺改造，使用寄存器指令、循环指令及位置补偿等操作指令，优化工业机器人打磨工艺。

工作任务

任务描述	承接异形曲面打磨项目改造任务，根据厂家工艺要求利用寄存器指令和流程控制指令实现对工业机器人的精确控制，在 ROBOGUIDE 软件中生成轨迹程序以达到工艺要求，同时根据现场需求管理程序及备份，保障生产正常运行
任务目标	1）掌握 FANUC 工业机器人 EE 接口及机器人 RO [i]/RI [i] 控制方法 2）掌握工业机器人数值寄存器指令和位置寄存器指令的使用方法 3）掌握工业机器人跳转指令及偏移指令的使用方法 4）掌握工业机器人程序管理及备份方法 5）掌握 ROBOGUIDE 中的 CAD-To-Path 功能

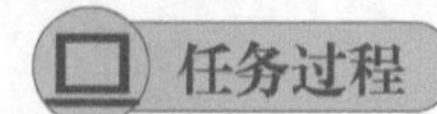

任务过程

4.1　信息

工业机器人 I/O 概述

4.1.1　工业机器人 I/O 概述

I/O（Input/Output）是工业机器人与外围设备通信时的电信号。FANUC 工业机器人 I/O 分为通用 I/O 和专用 I/O 两种类别，通用 I/O 须分配逻辑地址后使用；专用 I/O 功能固定，且机器人 I/O 和 SOP 不能分配逻辑地址，具体见表 4-1。

表 4-1　FANUC 工业机器人 I/O 一览

I/O 类别	中文名称	符号名	说　　明
通用 I/O	数字 I/O	DI [i]/DO [i]	数字输入/输出，有 ON 和 OFF 两种状态
	模拟 I/O	AI [i]/AO [i]	模拟电压值输入/输出，非机器人标配 I/O
	组 I/O	GI [i]/GO [i]	并行交换数字信号，将 2 ~ 16 个数字信号作为整体定义，用于与外围设备信号通信
专用 I/O	机器人 I/O	RI [i]/RO [i]	机器人 I/O 可控制机器人内部电磁阀，并与外围设备通信
	操作面板（SOP）I/O	SI [i]/SO [i]	TP 示教器或 Mate 控制柜数字控制信号，用于内部状态控制，不提供对外接口
	外围设备（UOP）I/O	UI [i]/UO [i]	工业机器人功能专用信号，其功能虽固定，但可逻辑分配绑定的物理地址

以表 4-1 中 RI［i］/RO［i］为例说明 I/O 的控制方式。工业机器人 I/O 分为手动控制和程序控制两种方式，以下分别进行说明。

1. 手动控制方式

手动控制方式用于系统调试，可检测 I/O 与外围设备连接状态，手动控制操作步骤如下：

1）进入手动控制页面：任意页面依次单击“I/O”键→“F1　类型”选择控制 I/O 类型，本项目选择“6 机器人”，如图 4-1 所示。

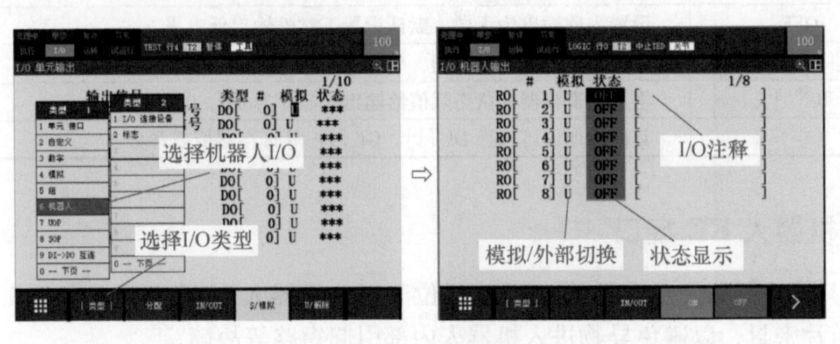

图 4-1　手动控制页面

2）输入/输出页面切换：在上述页面单击“F3　IN/OUT”切换输入/输出页面，RO［i］默认为 ON 时对外输出高电平，RI［i］高电平状态下为 ON。

3）模拟控制切换：移动光标到模拟列，按下“F4　模拟”可将对应 I/O 设置为模拟状态（S 字母），按下“F5　解除”可解除该设置。当设置为模拟状态时，该端口仅用于调试程序状态，与外部设备无关。如 RO［1］设置为 S 模拟状态，设置 RO［1］为 ON 时只影响程序中的 RO［1］状态，实际输出不变化。

4）输出状态设置：选择状态显示后单击“F4　ON”可设置对应 RO［i］为 ON，单击“F5　OFF”可设置对应 RO［i］为 OFF。

2. 程序控制方式

程序控制方式是指在 TP 或 KAREL 程序中改变 I/O 状态。控制 RO［］端口程序的输入步骤如图 4-2 所示。

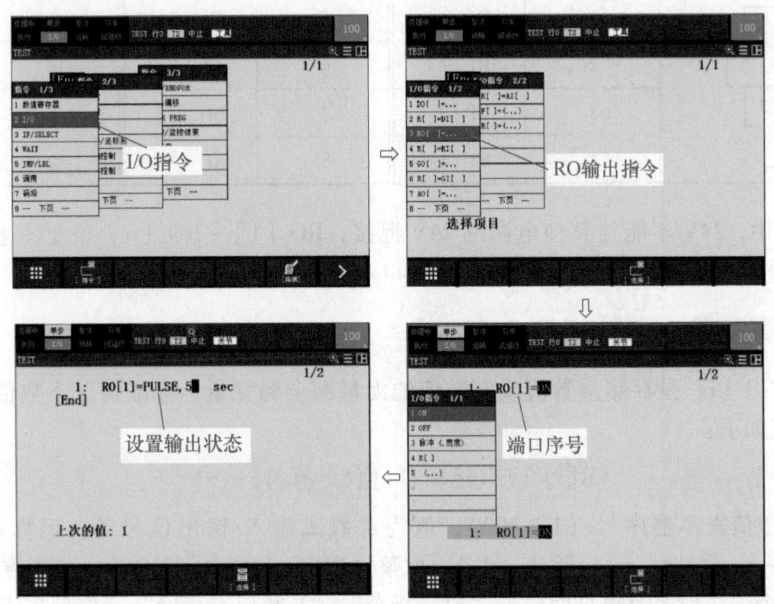

图 4-2　程序输入步骤

1）选择 I/O 命令：在程序编辑页面单击“F1　指令”→“2 I/O”→选择对应的输出指令，以 RO 为例，选择“3 RO [ ] = . . . ”→输入 RO 端口序号。

2）设置输出状态：可设置五种输出状态中的一种，见表 4-2。

表 4-2　输出状态设置

序号	I/O 指令	说　明
1	ON	设置当前输出为有效，默认设置下对外输出高电平
2	OFF	设置当前输出为无效，默认设置下对外输出低电平
3	脉冲（，宽度）	设置输出为有效的时间，单位为 s
4	R [ ]	将数值寄存器的状态赋值给输出，非 0 为 ON，0 为 OFF
5	（…）	其他指令，可选择 DI [i]、GI [i] 等寄存器值或常数

4.1.2　工业机器人 EE 接口

EE 接口及其连接器如图 4-3 所示，EE 接口位于工业机器人 J4 臂上方，在未使用时需要使用金属套或塑料盖片密封，以避免异物进入机器人内部引起短路等故障。

图 4-3　EE 接口及其连接器

FANUC LR Mate 200iD 系列工业机器人为 12PIN 接口，包含 RI、RO 以及电源，见表 4-3。

表 4-3　EE 接口布局及功能表

PIN 布局	序号	功能	序号	功能	序号	功能
8 9 1 7 12 10 2 6 11 3 5 4	1	RI [1]	5	RI [5]	9	24V
	2	RI [2]	6	RI [6]	10	24V
	3	RI [3]	7	RO [7]	11	0V
	4	RI [4]	8	RO [8]	12	0V

在 EE 接口中，24V 不能与其他电源的 24V 混接，RO [1] ~ RO [6] 位于工业机器人内部，用于控制机械手臂内部的电磁阀，不提供对外接口。

4.1.3　数值寄存器

数值寄存器 R [i] 是存储整数值或实数值的无量纲全局变量，标准情况下数值寄存器共 200 个，其赋值方式如下：

R[i] = 值(运算符)值(运算符)……

其中，i 为数值寄存器序号（1 ~ 200），值为常数或输入/输出信号等；运算符可选择加法（+）、减法（-）、乘法（*）、除法（\）、取整（DIV）和取余（MOD）。使用方法如下：

1）输入命令：在程序编辑页面单击“F1　指令”→“1 数值寄存器”后根据需要选择所需运算

类别，此处以赋值语句为例，选择“1 ... = ... ”→“1 R［］”，在［］中输入被赋值数值寄存器序号，如图 4-4 所示。

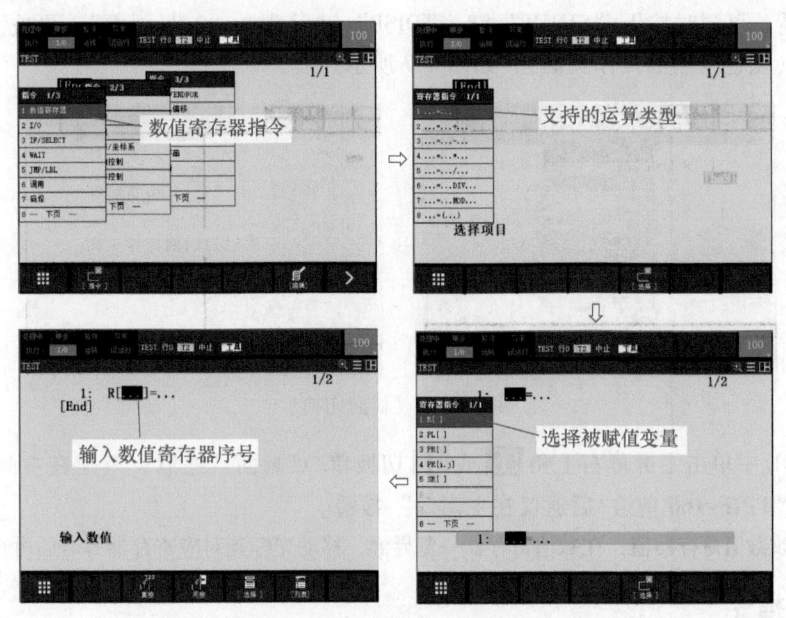

图 4-4　输入数值寄存器序号

2）数值赋值：移动光标到等于符号后，系统自动显示可赋值选项，此处选择“2 常数”，选择完毕后使用示教器数字键输入整数或实数，如图 4-5 所示。

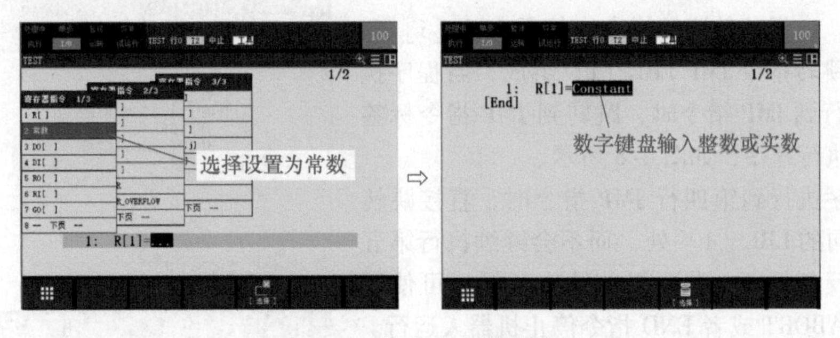

图 4-5　数值寄存器赋值

若还须在赋值语句后添加运算符和参与运算元素，可将光标移动到行末尾，单击“F4　选择”添加运算符，如图 4-6 所示。

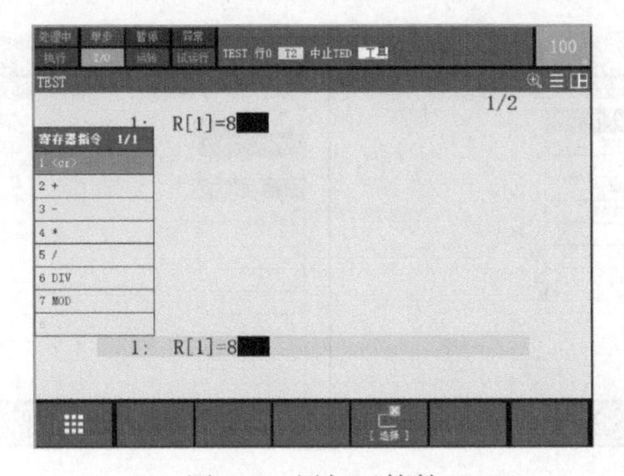

图 4-6　添加运算符

3）程序运行及数值寄存器值查看：输入常数后执行该赋值语句，数值寄存器值被修改，单击“DATA”键→“F1 类型”→“1 数值寄存器”查看所有数值寄存器值。

为方便查看，可同时按下“SHIFT”键+“DISP”键后选择“2 双画面”，再按下“DISP”键切换操作页面（黑色为当前操作页面），如图4-7所示。

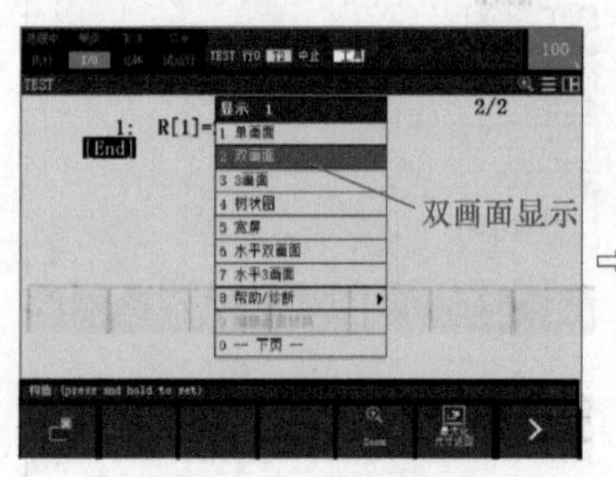

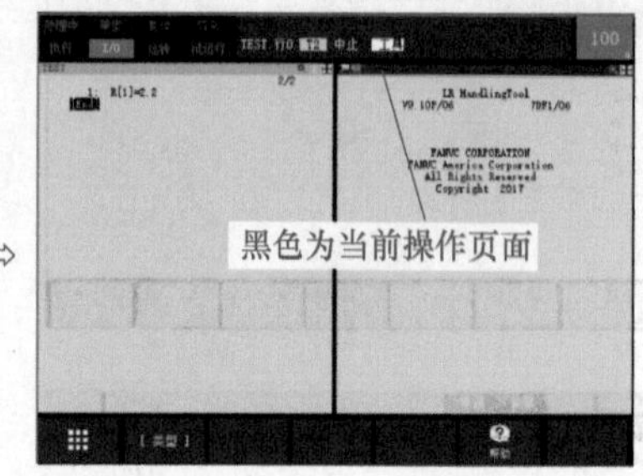

图4-7 双画面切换

ROBOGUIDE 中单击主屏幕右上角 或 切换单/双画面。**注意：只能在主画面执行程序，否则系统显示“TPIF-166 前进/后退仅在主窗口”报警。**

4）手动修改数值寄存器值：在数值寄存器一览界面，移动光标到对应寄存器等号后可直接输入数值。

4.1.4 跳转指令

无条件转移指令

跳转指令（JMP 指令）可在同一程序内改变程序执行顺序，分为无条件跳转指令和有条件跳转指令。

1. 无条件跳转指令

无条件跳转指令由标签 LBL［i］和跳转指令 JMP LBL［i］组成，当程序执行到 JMP 指令时，跳转到 JMP 指令标签所指定的位置执行程序，如图4-8所示。

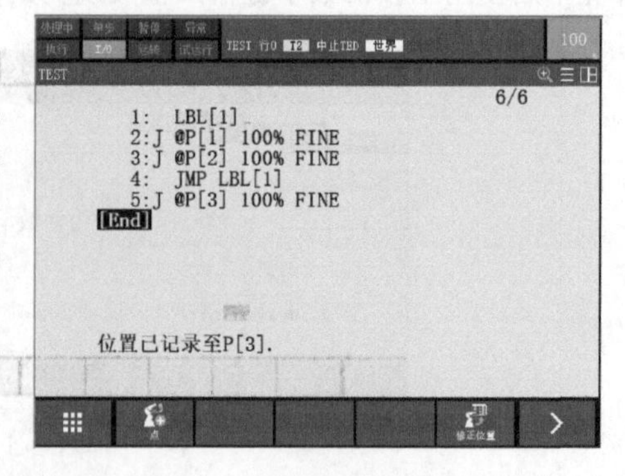

图4-8 无条件跳转指令

当程序顺序执行到第四行 JMP 指令时，直接跳转到该指令所指向的 LBL［1］处，而不会继续执行第五行程序，如此反复循环。若要提前结束死循环可使用强制结束指令 ABORT 或者 END 指令停止机器人运行。

无条件跳转指令的输入步骤如下：

1）输入标签：进入程序编辑页面，依次单击“F1 指令”→“5 JMP/LBL”→“2 LBL［］”，如图4-9所示。

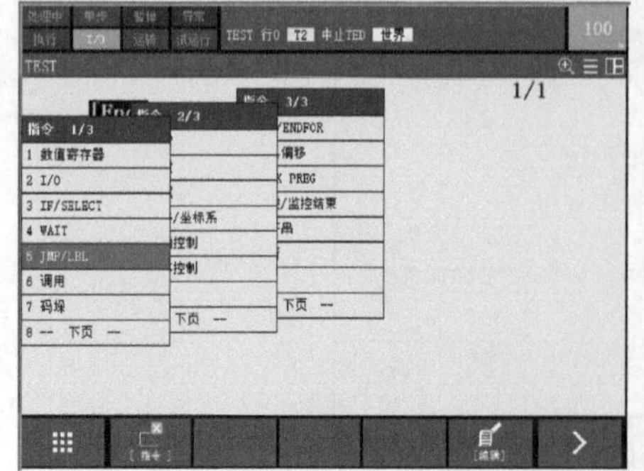
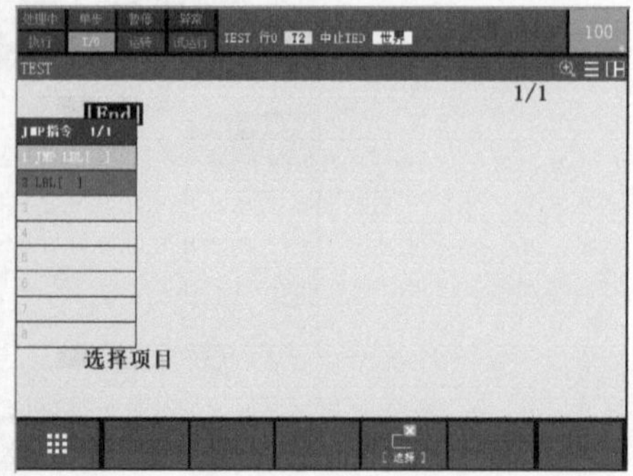

图4-9 输入标签

2）输入标签序号：将光标移动到LBL的中括号内，此处可按下“F2”键直接输入数值，或单击“F3”键以数值寄存器中的值间接设置，如图4-10所示，可实现更为灵活的程序跳转，但须注意标签值的最大数值为32767。

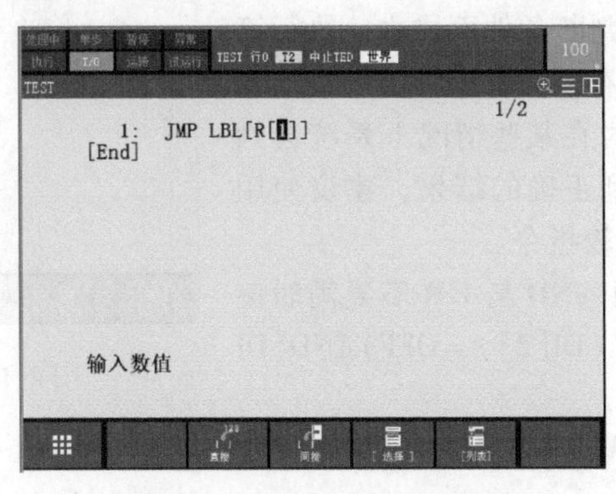

图4-10　输入标签序号设置

3）输入跳转指令：与输入标签方式类似，在程序编辑页面依次单击“F1　指令”→“5 JMP/LBL”→“1 JMP LBL［］”，再输入所需跳转的标签序号即可。

2. 有条件跳转指令

无条件跳转指令可实现无限次循环，与之对应的有条件跳转指令可实现有限次数循环，在跳转指令前加入条件判断（IF指令），当满足IF判断条件时执行该跳转指令。

条件转移指令

IF条件比较指令根据寄存器值执行不同的命令语句，该命令组成如下：

IF(寄存器)(比较指令)(值)(处理)

其中，寄存器可以是数据寄存器、I/O端口中的一种，参与比较的值必须与寄存器的状态值类型相同。IF条件比较指令支持复合逻辑中的恒等于（=）、不等于（<>）、小于（<）、小于或等于（<=）、大于（>）、大于或等于（>=）关系运算符运算，当满足比较条件后可选择执行对应的程序。以判断输入信号跳转为例，该命令的使用方法如下。

1）输入IF语句：进入程序编辑页面，依次单击“F1　指令”→“3 IF/SELECT”→“7 IF（…）”→“2 DI［］”。

2）输入判断条件：光标移动到小括号内，按下“F1　插入”，选择“复合逻辑”中的“3 =”，再选择“ON”实现当数字输入DI［1］为“ON”时满足判断条件，如图4-11所示。

3）输入跳转指令：光标移动到小括号后，选择“1 JMP LBL［］”后输入所需跳转的标签序号，如图4-12所示。注意：将表达式用小括号圈起来。

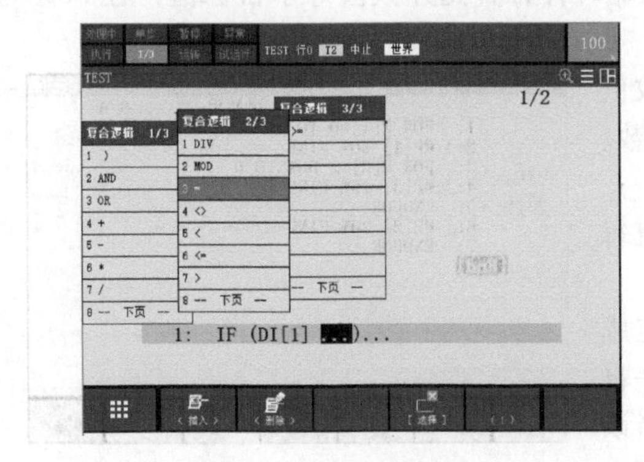

图4-11　复合逻辑输入

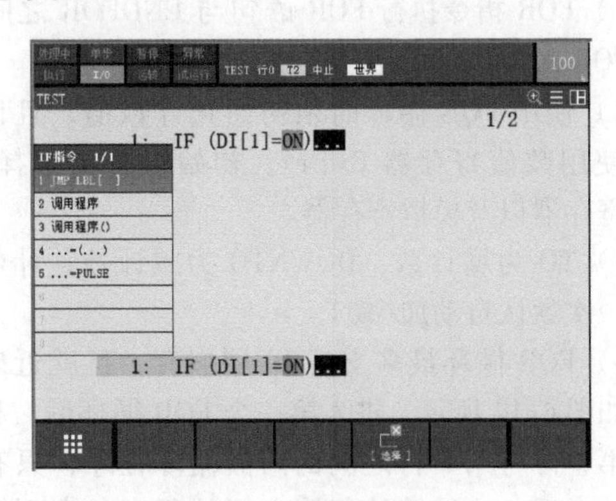

图4-12　添加跳转指令

有条件跳转指令程序如图 4-13 所示。当程序运行到第 4 行时，若当前 DI［1］输入信号为“ON”，则判断条件成立，程序跳转到第 1 行继续执行；若当前 DI［1］输入信号为“OFF”，则判断条件不成立，执行第 4 行程序后结束。若将数据寄存器中存储的值与数值相比较，使用等于符号（=）时在某些情况下系统会判断为赋值语句，导致无法得到正确的结果，建议使用小于（<）、大于（>）等比较指令。

注意：当多个条件组合时 AND 与 OR 不要同时使用，如 IF（（DI［1］= ON）OR（DI［2］）= OFF）AND（DI［3］= ON））不推荐使用。

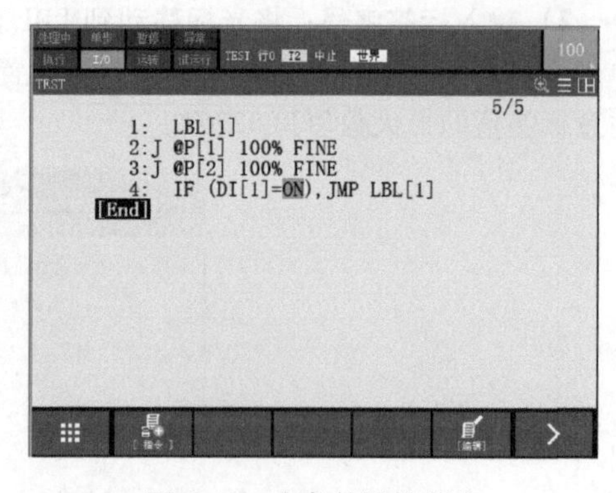

图 4-13　有条件跳转指令

常见 IF 指令判断结构见表 4-4。

表 4-4　常见 IF 指令判断结构

序号	IF 指令判断结构	说　明

1	IF（…）THEN
	//判断体
	ENDIF
		当小括号内表达式执行结果为真时，执行判断体中的内容，否则不执行

2	IF（…）THEN
	//判断体 1
	ELSE
	//判断体 2
	ENDIF
		当小括号内表达式执行结果为真时，执行判断体 1 中的内容，否则执行判断体 2 中的内容

4.1.5　循环控制指令

工件的循环搬运

循环控制指令（FOR 指令）通常用于有限次循环控制，该命令组成如下：

```
                          TO
FOR（计数值）=（初始值）            （目标值）
                        DOWNTO
……//循环体
ENDFOR
```

具体说明如下：

1）FOR 指令执行 FOR 语句与 ENDFOR 之间的循环体，直到计数值等于目标值，且 FOR 与 ENDFOR 必须成对使用，缺一不可。

2）使用 FOR 循环时须初始化计数值，且计数值只能使用数值寄存器 R［i］，初始值则可选择常数、数值寄存器以及模拟寄存器。

3）TO 为增计数，DOWNTO 为减计数，计数值每循环一次默认自动加/减 1。

4）FOR 循环最多支持 10 层嵌套，且就近确定成组。如图 4-14 所示，进入第一个 FOR 循环后，程序将执行第 3 行与第 5 行之间的内嵌循环程序，只有当该循环结束后，才继续执行第 6 行的程序，直到第一个

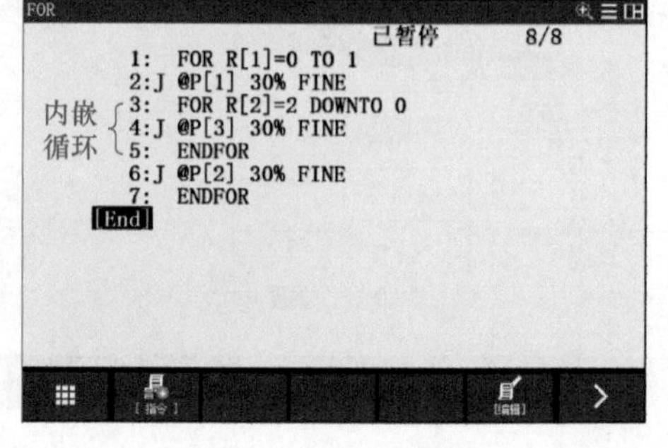

图 4-14　FOR 循环嵌套

循环语句执行完毕。

5）循环体内不建议使用 JMP 指令，若使用 JMP 指令跳出循环一定要注意其程序运行结果。

FOR 指令使用步骤如下：

1）添加 FOR 指令：在程序编辑页面下，依次单击“F1　指令”→“0 下页”→“0 下页”→“1 FOR/ENDFOR”→“1 FOR”。

2）输入循环计数值和初始值：将光标移至数值寄存器 R 的中括号内，通过数字键盘输入数据寄存器的序号后按下“ENTER”键确认，再在等于（=）后输入初始值。

3）选择计数方式：将光标移至 TO，若修改为 DOWNTO，则单击“F4　选择”更换，如图 4-15 所示。

4）输入目标值：将光标移至 TO/DOWNTO 后选择输入目标值，此处可选择常数、R［］以及 AR［］，如图 4-16 所示。

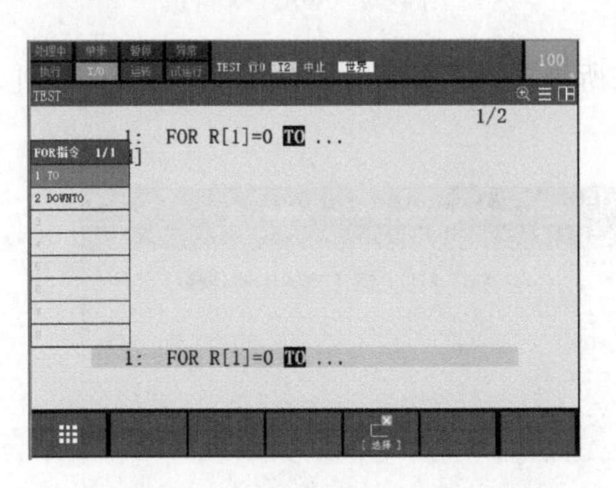

图 4-15　循环计数方式选择

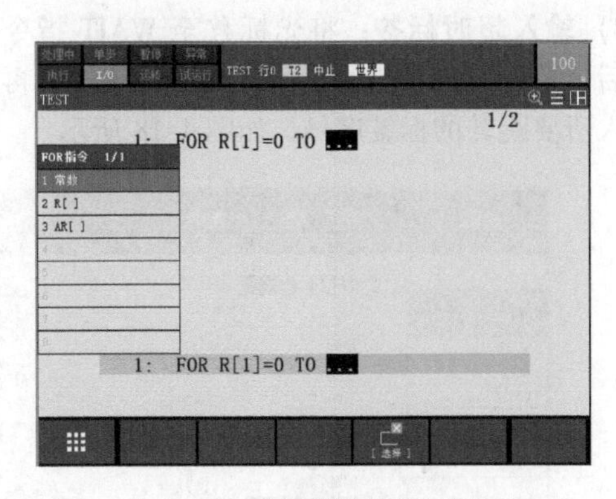

图 4-16　循环体目标值设置

5）输入循环体：将光标移至下一行，完成循环体的输入。

6）结束循环：依次单击“F1　指令”→“0 下页”→“0 下页”→“1 FOR/ENDFOR”→“1 ENDFOR”。

4.1.6　WAIT 指令

工业机器人有时间等待和条件等待两种方式，当运行条件不满足时工业机器人持续等待，直到条件满足或超时报警。

1. 时间等待

时间等待支持数值或数值寄存器 R［i］两种方式，该方式可实现指定时间的延时，使用范例见表 4-5。

表 4-5　WAIT 指令时间等待使用范例

序号	代　码	说　明
1	WAIT 1(sec)	延时等待 1s 后进入下一行程序
2	WAIT R[1]	延时等待数值寄存器 R［1］中数值时间长度

2. 条件等待

条件等待方式是 WAIT 运行条件不满足时，一直等待或做超时处理。具体说明如下：

1）WAIT 条件等待支持关系运算符运算。

2）WAIT 条件等待支持 R［i］、DO［i］等共 15 种类型的条件运算。

3）默认为无限期超时，设置为超时后若规定时间内条件未满足，则程序跳转到标签指定位置继续运行。

其设置方法如下：

1）输入 WAIT 指令：在 TP 程序编辑页面下，依次单击“F1　指令”→“4 WAIT”→“2 WAIT …=…”→“5 RI［］”，根据实际被控制的 I/O 输入寄存器序号，本项目以输入 RI［1］＝ON 为例，在 RI［］中括号中输入序号 1 后，出现如图 4-17 所示页面，选择等待指令，此处选择［2 ON］为例。

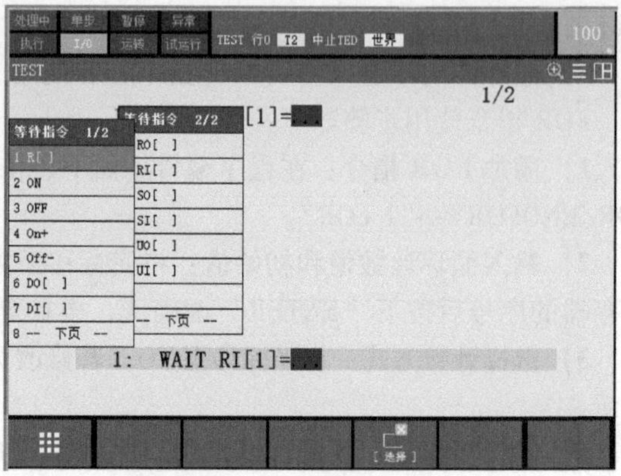

其中，On＋为上升沿检测命令；Off－为下降沿检测命令。

图 4-17　WAIT 等待指令

2）输入超时标签：将光标移至 WAIT 指令的最后，单击“F4　选择”→“2 超时标签”，再在所添加的等待超时指令 TIMEOUT，LBL［...］中输入所要跳转的标签序号，如图 4-18 所示。

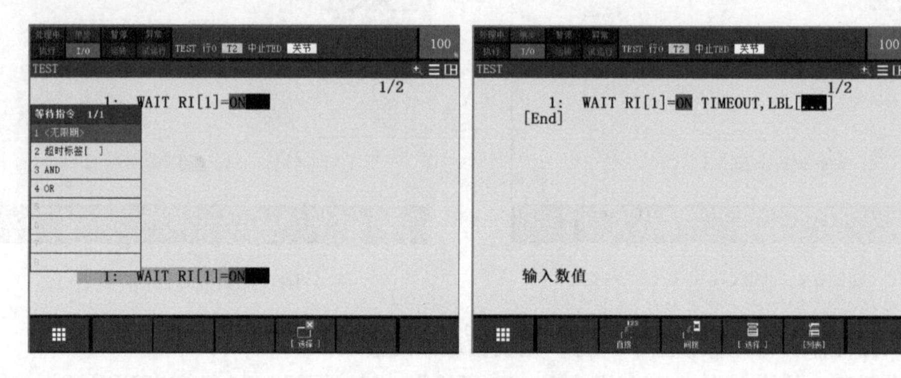

图 4-18　输入超时标签

其中，TIMEOUT 默认时间为 30s，以 10ms 的倍数修改系统参数 $WAITTMOUT，实现默认超时时间的修改。

3）复合条件判断：当须输入复合判断条件时，须在输入 WAIT 指令后选择“8 WAIT（…）”以添加小括号，再依次输入复合条件。

WAIT 指令条件等待使用范例见表 4-6。

表 4-6　WAIT 指令条件等待使用范例

序号	代　码	说　明
1	WAIT RI[2]=ON	RI［2］未收到高电平信号时一直等待
2	$WAITTMOUT=200	修改系统默认超时等待时间
3	WAIT RI[1]=OFF TIMEOUT,LBL[1]	等待 RI［1］为低电平信号，若超时则跳转到 LBL［1］标签
4	WAIT((RI[3]=ON)AND(RI[4]=ON))	等待 RI［3］和 RI［4］同时收到高电平信号
5	END	程序结束符号，若未发生超时程序到此结束
6	LBL[1]	超时处理标签
7	RO[7]=ON	设置 RO 为高电平
8	END	超时处理程序结束符号

4.1.7　位置寄存器

位置寄存器 PR［i］是存储位置资料的全局变量，可直接输入或赋值运算，其赋值方式如下：

位置寄存器指令

PR[i] = 值(运算符)值(运算符)……

其中，i 为位置寄存器序号（1～100）；值为关节形式或正交形式的位置信息，且只支持加减运算。

PR［i］进行加减运算时，PR［i］中每个变量相加减，以 PR［2］= P［1］+ PR［1］为例，P［1］值为正交形式值（300，300，300，300，300，300），PR［1］值为正交形式值（50，50，50，50，50，50），则 PR［2］值为（350，350，350，350，350，350）。**注意：同形式存储变量才可参与运算。**

位置寄存器 PR［i］赋值方式和要素指令如下。

1. 手动赋值

1）打开位置寄存器一览页面：在示教器上依次单击“DATA”键→“F1　类型”→“2 位置寄存器”进入位置寄存器一览页面，如图 4-19 所示。其中，值显示为 R 表示该寄存器记录数据；若值表示为星号（＊），则表示该寄存器未记录数值或者记录不完整，不得在程序中作为目标位置。

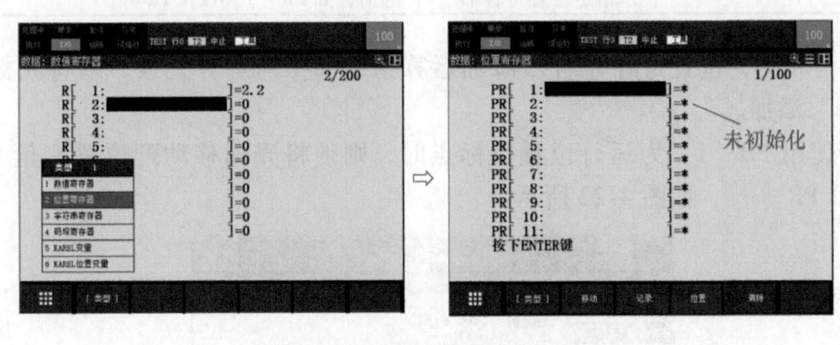

图 4-19　位置寄存器一览页面

2）示教赋值：在上述页面同时按下“SHIFT”键 +“F3　记录”，将工业机器人当前位置值保存在光标指定 PR［i］中，也可同时按下“SHIFT”键 +“F2　移动”将工业机器人运动到所保存的位置值。若无需 PR［i］的位置值时，可同时按下“SHIFT”键 +“F5　清除”清除设置值。

3）直接输入赋值：选择 PR［i］序号后单击“F4 位置”可手动输入 PR［i］每项参数值，如图 4-20 所示。

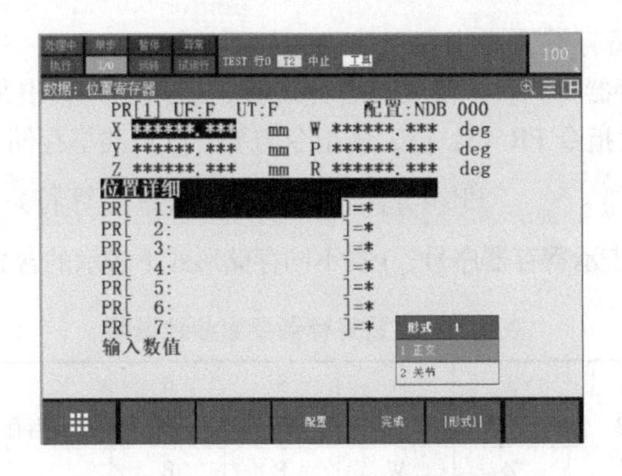

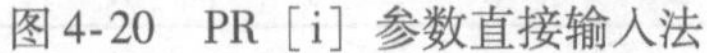
图 4-20　PR［i］参数直接输入法

PR［i］参数设置方式与设置 P［i］的方式一致，需要注意其表现形式的选择。

2. 程序运算赋值

1）输入指令：在图 4-4 所示页面下，选择被赋值变量时选择 PR［ ］寄存器，并输入寄存器序号。

2）数值赋值：如图 4-21 所示，将光标移动到等号后选择赋值类型，PR［i］支持 6 种变量或常量参与运算，在 FANUC 工业机器人系统中只显示支持的程序语法，以避免程序运行出错，具体说明见表 4-7。

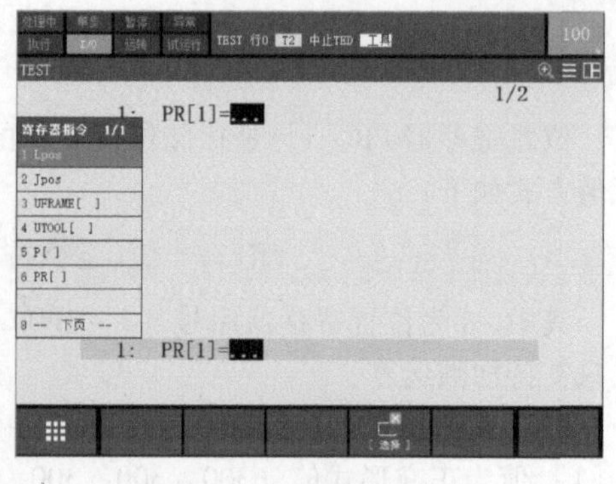

图 4-21　位置寄存器赋值

表 4-7　位置寄存器参与运算元素一览

序号	寄存器指令	说　明
1	Lpos	当前工业机器人的正交形式位置值，如 PR［1］= LPOS
2	Jpos	当前工业机器人的关节形式位置值，如 PR［1］= JPOS
3	UFRAME[ ]	用户坐标系［i］的值，如 PR［1］= UFRAME［1］
4	UTOOL[ ]	工具坐标系［i］的值，如 PR［1］= UTOOL［1］
5	P[ ]	指定位置变量［i］的值，如 PR［1］= P［1］
6	PR[ ]	指定位置寄存器［i］的值，如 PR［1］= PR［2］

与数值寄存器相同，位置寄存器若须添加运算指令和参与运算元素，须将光标移动到行尾，单击“F4　选择”添加。

在程序中若使用 PR［i］为运行位置目标点时，则须将光标移动到位置变量 P［i］后单击“F4　选择”→“2 PR［ ］”，如图 4-22 所示。

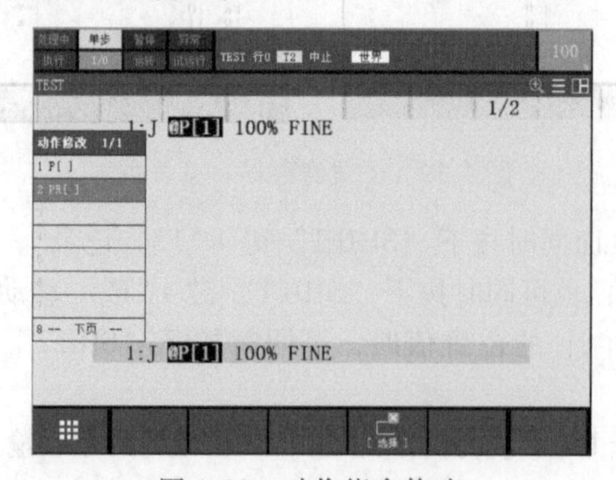

图 4-22　动作指令修改

3. 位置寄存器要素指令

位置寄存器
要素指令

位置寄存器 PR［i］仅支持整体运算，当只运算其中某一个元素时，则须使用位置寄存器要素指令 PR［i, j］，该指令与 PR［i］共享存储空间，运算赋值方式如下：

PR[i,j] = 值(运算符)值(运算符)……

其中，i 表示寄存器序号；j 在不同存储形式下表示的含义不同，具体说明见表 4-8。

表 4-8　位置寄存器要素参数说明

数值 j	1	2	3	4	5	6	n
关节坐标系	J1	J2	J3	J4	J5	J6	当存在外部轴时数值类推，如 Jn
直角坐标系	X	Y	Z	W	P	R	—

因位置寄存器要素指令 PR［i，j］表示的是位置寄存器中的单个要素，其赋值方式与数值寄存器类似，使用范例见表4-9。

表4-9　位置寄存器及位置寄存器要素指令使用范例

序号	代　码	说　明
1	PR[1]=JPOS	将PR［1］设置为关节形式存储位置值，或在位置寄存器中提前设置存储形式，确定存储形式后才能计算
2	PR[1]=PR[1]-PR[1]	将PR［1］所有位置值设置为0
3	PR[1,5]=(-90)	将PR［1］中J5轴设置为-90°
4	J PR[1]100% FINE	J指令运行到PR［1］指定点，即安全点
5	J P[1]100% FINE	运行到目标点P［1］
6	PR[2]=LPOS	将PR［2］设置为正交形式存储位置值
7	PR[2,1]=200	设置PR［2］中的X轴值为200mm
8	L PR[2]1.0sec FINE	L指令运行到PR［2］指定点，注意不要发生碰撞
9	PR[2]=P[1]	将位置变量P［1］赋值给位置寄存器PR［2］
10	PR[2,3]=PR[2,3]-100	计算PR［2］中的Z轴值
11	L PR[2]100mm/sec FINE	L指令运行到PR［2］指定点，已运行程序中使用的位置寄存器若位置值不再使用，可重复使用该PR［］
12	END	程序结束

4.1.8　目标位置补偿指令

仿真的优化

当现场编程对象与程序示教位置有规律性偏差时，可使用目标位置补偿指令调整偏移以符合程序设计需求。目标位置补偿指令分为位置补偿指令和工具补偿指令两类。

1. 位置补偿指令

位置补偿是补偿P［i］或PR［i］中存储的位置参数，但并不改变其本身所存储的数值。位置补偿指令与位置补偿条件指令所实现的功能均是基于原有点的偏移，偏移量由位置寄存器PR［i］决定。根据偏移指令有效性范围，位置补偿指令有全局性位置补偿和局部性位置补偿两种表现形式。

（1）全局性位置补偿　全局性位置补偿指令格式如下：

```
OFFSET CONDITION PR[i]
```

其中，OFFSET为偏移指令；CONDITION PR［i］为偏移条件；PR［i］必须先定义后使用。全局性位置补偿指令只对包含有控制动作指令Offset的动作语句有效，且直到程序运行结束或执行下一条位置补偿指令前一直有效，使用范例见表4-10。

表4-10　全局性位置补偿指令使用范例

序号	代　码	说　明
1	OFFSET CONDITION PR[1]	调用位置补偿指令，设置偏移量为PR［1］
2	J P[1]100%　FINE	无Offset指令，运行该行程序位置不发生偏移
3	L P[2]1.0sec FINE Offset	有Offset指令，运行该行程序目标位置偏移至P［2］+PR［1］

（2）局部性位置补偿　局部性位置补偿指令无须先使用CONDITION指令，直接在动作指令后添加Offset及偏移条件即可，见表4-11。

表 4-11 局部性位置补偿指令使用范例

序号	代 码	说 明
1	J P[1]100% FINE	无 Offset 指令，运行该行程序位置不发生偏移
2	L P[2]1.0sec FINE Offset,PR[1]	有 Offset 指令，运行该行程序目标位置偏移至 P [2] + PR [1]

（3）添加位置补偿指令

1）添加位置补偿指令：在程序编辑页面依次单击 “F1 指令”→“8 下页”→“4 偏移/坐标系”→“1 偏移条件”→“1 PR [ ]”，在位置寄存器中输入序号，如图 4-23 所示。

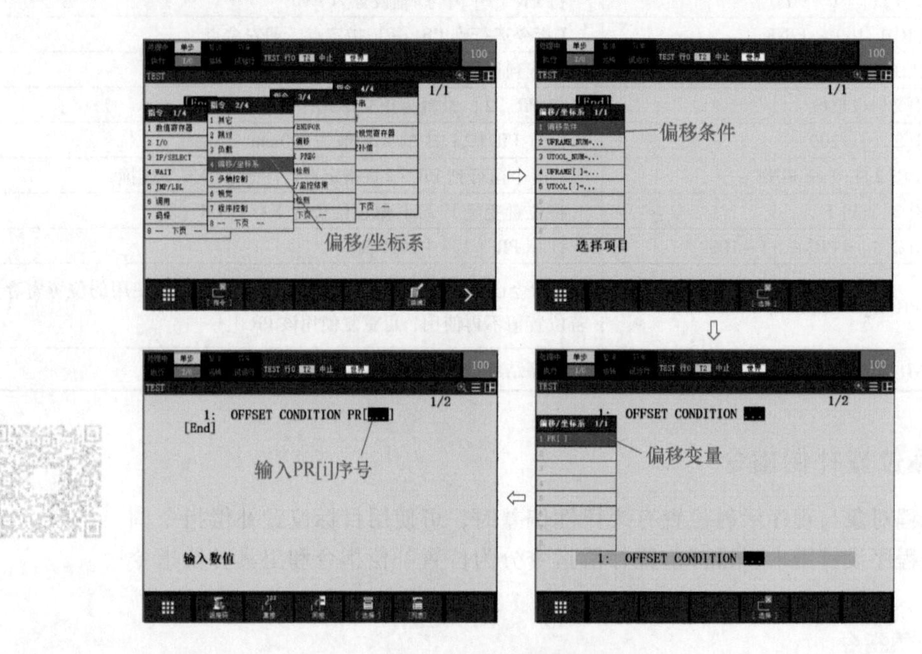

图 4-23 添加位置补偿指令

2）设置有效动作指令：在程序编辑页面输入动作指令后，将光标移动到程序末尾并单击 “F4 选择”→“5 偏移/坐标系” 添加 Offset 指令，如图 4-24 所示。

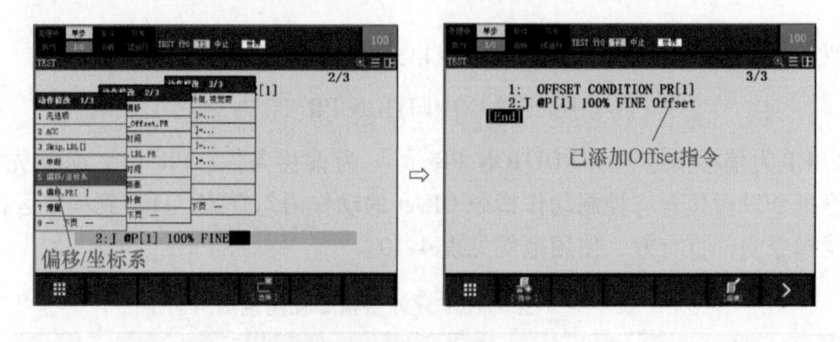

图 4-24 添加 Offset 指令

3）局部性位置补偿指令添加：在程序编辑页面输入动作指令后，将光标移动到程序末尾并按下 “F4 选择”→“6 偏移，PR [ ]” 添加局部性位置补偿指令，实现全局性补偿下的局部补偿调整，如图 4-25 所示。当设置局部补偿后，全局指令对该行运动指令的位置补偿无效，仅执行局部补偿。

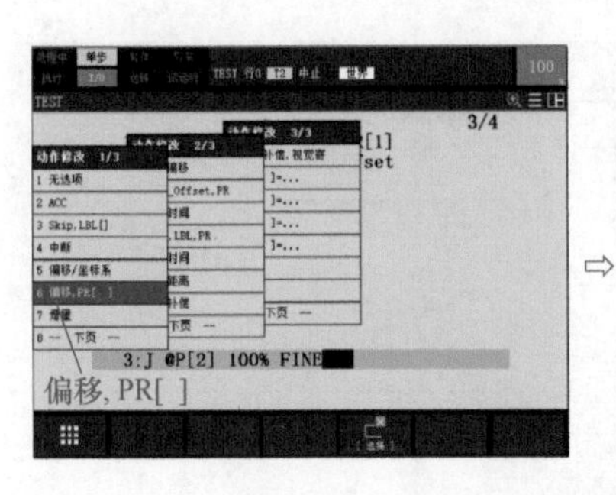

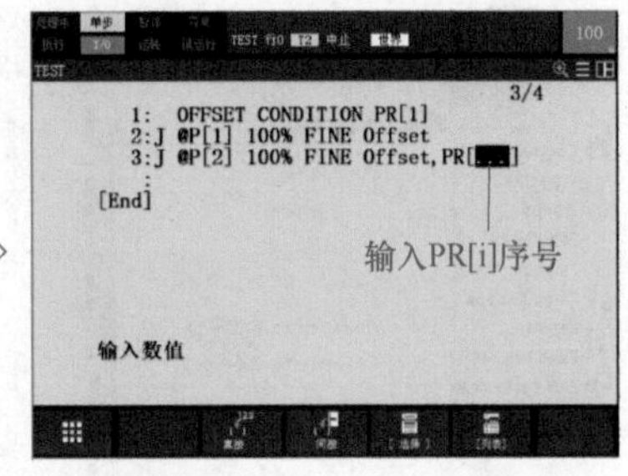

图 4-25　添加局部性位置补偿指令

2. 工具补偿指令

工具补偿指令可实现对目标点位置的偏移补偿，添加方式参考位置补偿指令添加方式，输入指令时选择“工具偏移”或“Tool_Offset，PR”。其操作对象是工业机器人 TCP，类似于重新示教工具坐标系，其运行有效范围及要求与位置补偿指令相似，使用范例见表 4-12。

表 4-12　工具补偿指令使用范例

序号	代　码	说　明
1	J P[1]100%　FINE	运行到指定位置，以下程序目标位置变量一致，但其实际目标位置会发生变化
2	TOOL_OFFSET CONDITION PR[1]	全局性有效工具补偿指令，设置偏移量为 PR［1］
3	J P[1]10% FINE Tool_Offset	有工具补偿指令，运行该程序后目标位置为 TCP 值 + PR［1］
4	J P[1]10% FINE	无工具补偿指令，运行该程序后目标位置无变化
5	J P[1]10% FINE Tool_Offset，PR[2]	局部性工具补偿指令，运行该程序后目标位置为 TCP 值 + PR［2］
6	J P[1]10% FINE Tool_Offset	有工具补偿指令，运行该程序后目标位置为 TCP 值 + PR［1］，局部性工具补偿指令不影响全局性工具补偿指令有效范围

4.1.9　CAD-To-Path

对复杂造型工件可使用 CAD-To-Path 功能自动生成轨迹，加快程序示教速度。CAD-To-Path 功能只能生成 Part 模块轨迹路径。受工件装配精度影响，离线工程文件中外围设备的位置与实际位置存在偏差，使用该功能时须将离线工程文件中的用户坐标系在实际环境中重新示教，以减少误差。本项目以斜面轨迹模块中字母绘制为例创建运动轨迹，操作方式如下。

CAD-To-Path

1. 设置仿真中用户坐标系

为方便在实体中示教用户坐标系，建议所创建的用户坐标系原点选择具有 90°弯角的直线构造，本项目中选取字母 F 的右上角为用户坐标系原点，如图 4-26 所示。

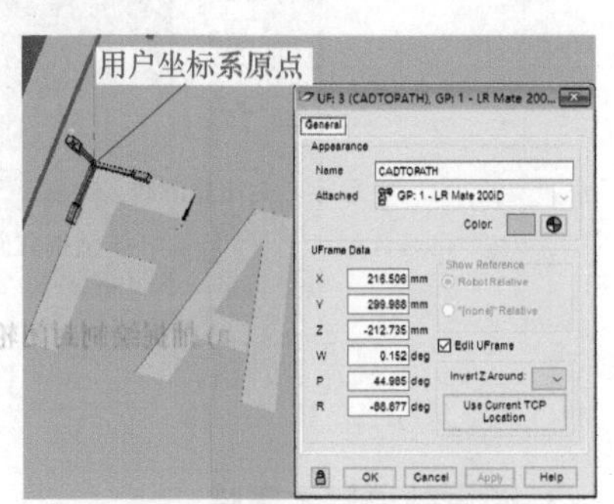

图 4-26　用户坐标系原点设置

2. 绘制轨迹路径

右键单击 Part 模块下“Features”并选择“Draw Features”打开 CAD-To-Path 页面，如图 4-27 所示。

单击 CAD-To-Path 页面中的“Draw”、“Edit”和“View”可依次开关轨迹面板、编辑轨迹面板和设置轨迹关键点分布距离、工具姿态面板，根据示教目标是线性还是表面，可选择“Lines”（线性轨迹）或“Projections”（表面轨迹），如图 4-28 所示。

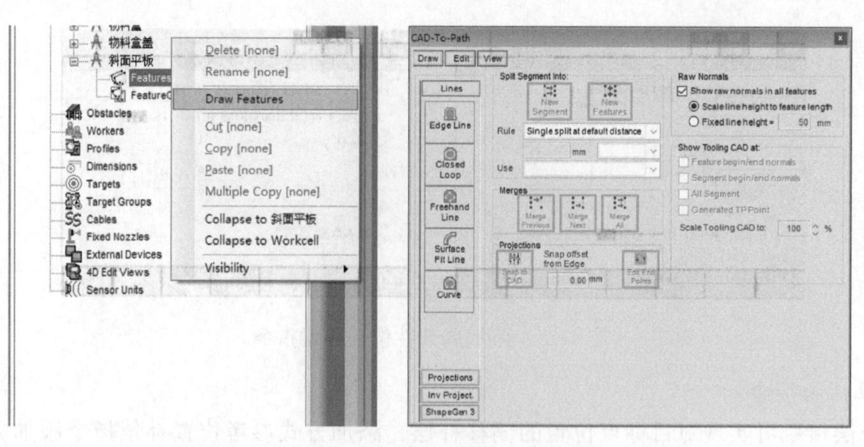

图 4-27　打开 CAD-To-Path 页面

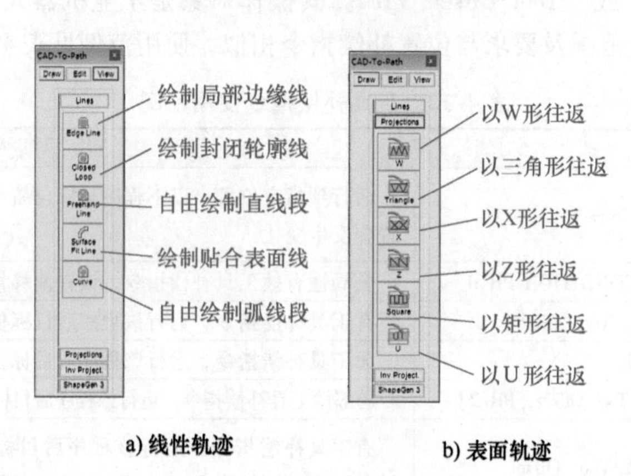

a) 线性轨迹　　b) 表面轨迹

图 4-28　轨迹绘制功能页面

以绘制字母 F 为例，该字母为封闭切割出的图形，因此选择“Closed Loop”绘制方式，同时注意捕捉方向所在平面位置，长细线围绕的为轨迹预览，然后在封闭轮廓线段上选择绘制方向，确定后双击完成封闭轨迹的选择，如图 4-29 所示。

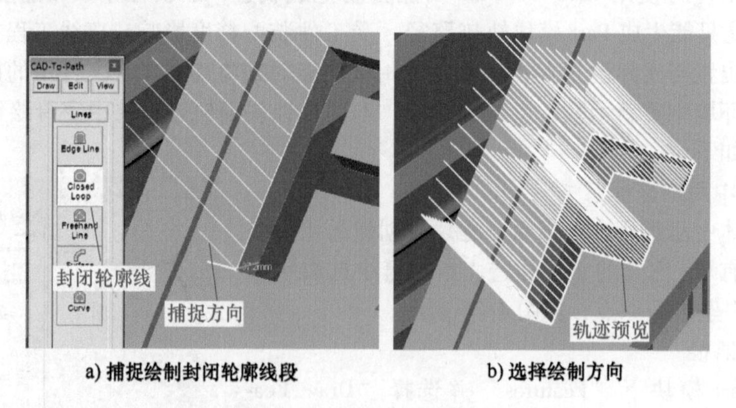

a) 捕捉绘制封闭轮廓线段　　b) 选择绘制方向

图 4-29　捕捉封闭轨迹面

3. 设置轨迹基本属性

如图 4-30 所示，轨迹创建完毕后系统会在 Parts 模块下的 Features 目录中添加特征，同一个“Feature”下可包含多个“Segment”，即多段“Segment”轨迹程序可组合成一个完整的“Feature”轨迹程序。

同时系统将自动显示 Feature 属性设置，或在工具栏中单击 按键打开属性设置，如图 4-31 所示。在该属性页面下，可首先设置自动生成的 TP 程序名和对应的工具坐标系及用户坐标系，但须先设置动作指令参数才可单击自动生成 TP 程序。

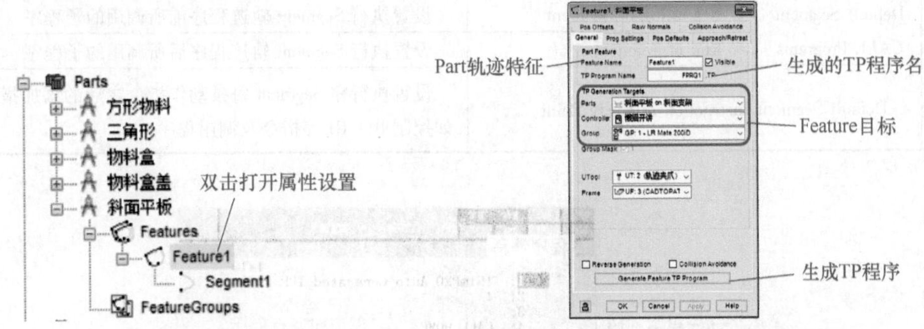

图 4-30　轨迹特征结构　　　　图 4-31　轨迹程序属性设置

4. 设置动作指令参数

选择 “Prog Settings” 选项卡设置动作指令参数，如图 4-32 所示，相关参数及说明见表 4-13。根据工艺要求完成设置后单击 “Apply” 按钮，将创建如图 4-33 所示程序。

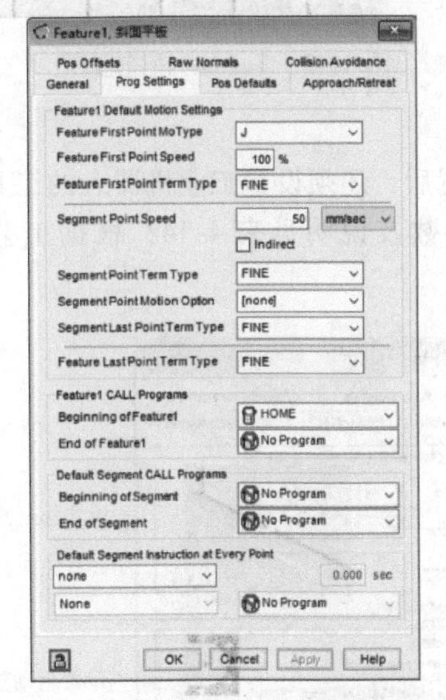

图 4-32　程序动作指令参数设置

表 4-13　程序动作指令参数及说明

序号	组 合 框	项　　目	说　　明
1	Feature 1 Default Motion Settings	Feature First Point Mo/Type	设置 Feature 轨迹程序第一点的动作指令
2		Feature First Point Speed	设置 Feature 轨迹程序第一点的运动速度
3		Feature First Point Term Type	设置 Feature 轨迹程序第一点的定位类型
4		Segment Point Speed	设置 Segment 程序整体运行速度
5		Indirect	若勾选则速度保存在 R［i］中
6		Segment Point Term Type	设置 Segment 轨迹程序动作指令定位类型
7		Segment Point Motion Option	设置偏移量
8		Segment Last Point Term Type	设置 Segment 轨迹最后一点的动作指令
9		Feature Last Point Term Type	设置程序 Feature 轨迹最后一点的定位类型

（续）

序号	组 合 框	项 目	说 明
10	Feature 1 CALL Program	Beginning of Feature 1	设置 Feature 轨迹程序第一行调用的子程序
11		End of Feature 1	设置 Feature 轨迹程序最后一行调用的子程序
12	Default Segment CALL Programs	Beginning of Segment	设置执行 Segment 轨迹程序前所调用的子程序
13		End of Segment	设置执行 Segment 轨迹程序后所调用的子程序
14	Default Segment Instruction at Every Point		设置执行完 Segment 每条动作指令之后的添加指令程序，如控制 RO/RI 等指令及调用程序

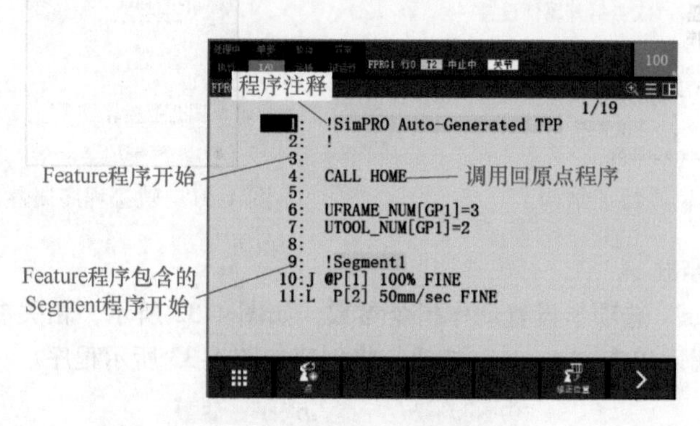

图 4-33　Feature 轨迹程序

5. 设置工具姿态信息

完成工业机器人运行轨迹设置后，还须设置工业机器人的工具姿态信息，选择“Pos Defaults”选项卡，如图 4-34 所示，相关参数及说明见表 4-14，根据工艺要求完成设置后单击“Apply”按钮。

图 4-34　工具姿态选项卡

表4-14　工具姿态选项卡相关参数及说明

序号	组合框	项目	说明
1	Tool Frame Axis < = >Feature Axis Assignments	Normal to surface	设置第一点相对于表面的姿态
2		Along the segment	设置第一点的运动方向
3		Across the segment	根据上述两项自动生成
4		Show the Tool Preview	勾选后可观察工具相对于绘制对象的姿态，建议调试时勾选
5	Orientation Handing	Fixed tool spin，keep normal	勾选后在运动中工具姿态不变
6		Change tool spin along path，keep normal	勾选后在运动中工具根据轨迹改变姿态
7		No orientation changes，disregard normal	勾选后工具姿态由第一个位置确定，运动过程中姿态不变
8	Feature 1 Position Config	Config	配置工业机器人的手臂姿态信息，一般不修改该配置
9	TP Point Generation Control	Standard Generation & Filtering	设置提取特征时的角度判断信息
10		Fixed Distance Along the Feature	设置每个特征点的间隔距离

6. 设置接近点和逃离点

当工业机器人从安全点或工作点运动到Feature轨迹程序中第一个位置，或离开该程序最后一个位置时，若中间存在干涉物体时则须添加接近点或逃离点，以避开干涉物体。如图4-35所示，该功能只能在轨迹中各添加一个接近点或逃离点，当轨迹较为复杂时建议调用子程序以避开干涉物体，本项目中不使用该配置。

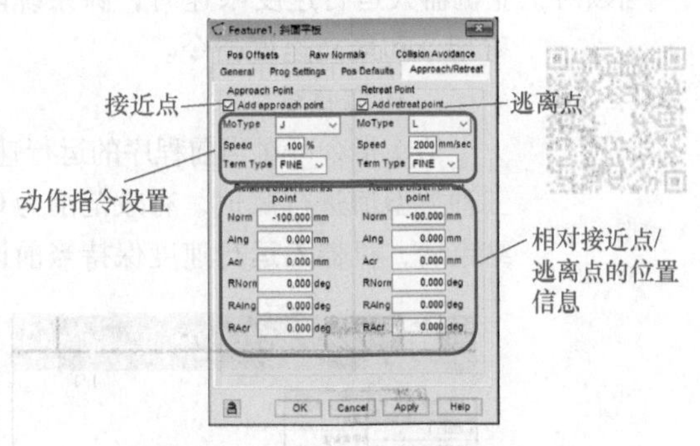

图4-35　接近点或逃离点设置

7. 程序示教

完成上述设置后，单击“General”选项卡中的“Generate Feature TP Program”按钮自动创建运动轨迹程序，运行无误后可将该程序下载到实体工业机器人中，并重新示教用户坐标系即可完成程序示教。在主程序中调用多个Feature生成的轨迹程序，即可实现连续绘制。

8. 程序调用

当绘制对象较为复杂时，需要创建多个Feature TP程序，此时就需要使用程序调用指令CALL实现程序组合使用，其语法格式如下：

CALL 程序名

其中，程序名为被调用的程序，也称为子程序；相对应地，使用CALL指令的程序则称为主程序。当程序执行CALL指令时，进入该子程序并从程序的第一行开始执行，执行完毕后返回主程序。

CALL指令使用步骤如图4-36所示。在程序编辑页面下，依次单击“F1　指令”→“6 调用”→“1 调用程序”，在程序选择窗口选择所要调用的指令，若未发现所要调用的程序，可根据所调用程序的类型在 F1 ~ F3 中选择对应的程序类型后再选择程序。

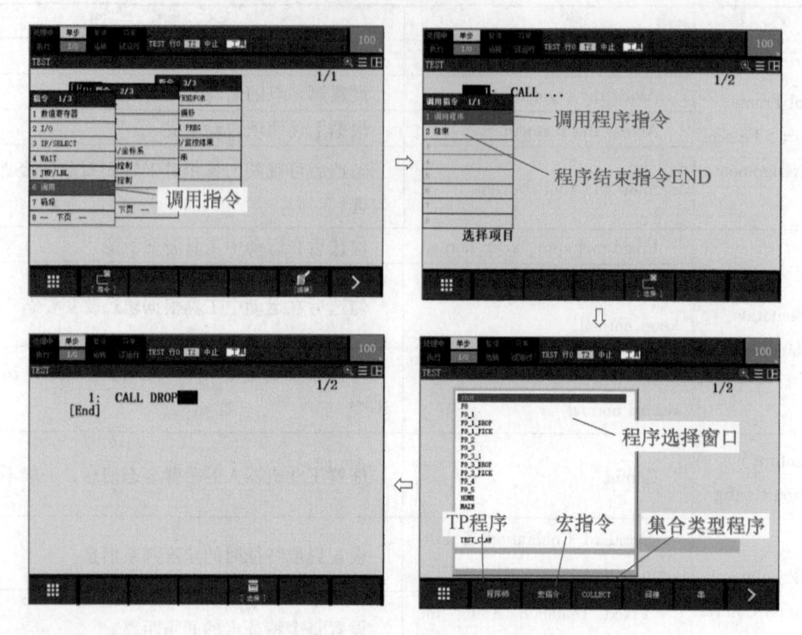

图 4-36 CALL 指令使用步骤

4.1.10 运行速度控制指令

当须对工业机器人运行速度限速时，除系统限速、运动指令限速外，还可对程序整体使用倍率指令和最高速度指令。

系统运行速度的设定

1. 倍率指令

倍率指令可对当前程序的运行速度进行整体控制，可使用 R［］、常数和 AR［］三种类型值进行赋值，有效范围为 0 ~ 100，指令添加方式如图 4-37 所示。程序运行结束后，机器人运行速度保持当前设定值不变。

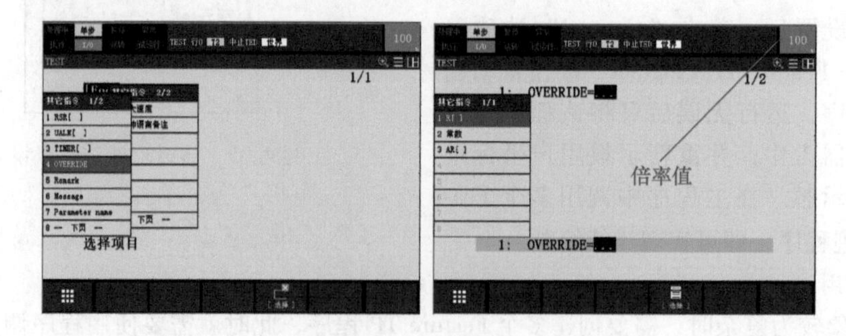

图 4-37 添加倍率指令

2. 最高速度指令

最高速度指令可分别设置关节最高运行速度和直线最高运行速度，当设置速度超过该设定值时以设定值运行，指令添加方式如图 4-38 所示。

（1）关节最高速度指令　命令格式：

JOINT_MAX_SPEED[i]=(值)

其中，i 为轴号；值可为常数或数值寄存器 R［i］，单位为（°）/s。

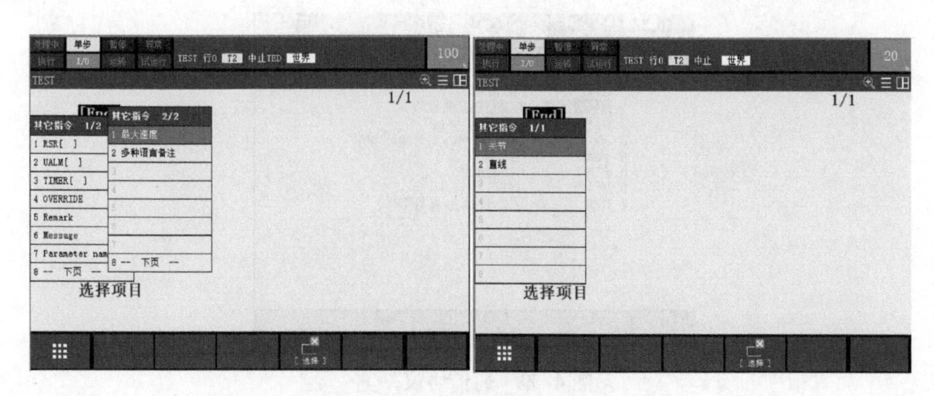

图 4-38　添加最高速度指令

（2）直线最高速度指令　命令格式：

LINEAR_MAX_SPEED = (值)

其中，值可为常数或数值寄存器 R［i］，单位为 mm/s。

使用上述指令后，当前速度将限速，程序运行结束后运行速度恢复到标准值，其有效范围受 CALL 指令影响。设置最高速度程序使用范例见表 4-15 和表 4-16。

表 4-15　主程序设置最高速度程序使用范例

序号	指　令	说　明
1	JOINT_MAX_SPEED[1] = 20	主程序中设置 J1 轴最高速度值为 20
2	J P[1]100% FINE	工业机器人 J1 轴最高速度被限制为 20°/s
3	CALL TEST	调用无任何最高限速指令的子程序
4	J P[2]100% FINE	返回主程序后限速无效，机器人以动作指令设定值运行

表 4-16　子程序设置最高速度程序使用范例

序号	指　令		说　明
1	主程序	J P[1]100% FINE	工业机器人全速运行
2		CALL TEST	调用子程序
3		L P[2]100% FINE	因子程序中有直线限速，返回后该指令以 20mm/s 速度运行
4		J P[1]100% FINE	全速运行，直线限速不影响关节指令，反之，关节限速也不影响直线限速指令
1	子程序	LINEAR_MAX_SPEED = 20	设置最高直线速度为 20mm/s
2		J P[1]100% FINE	全速运行
3		L P[2]4000mm/sec FINE	工业机器人最高直线速度被限制为 20mm/s

4.1.11　基于以太网的程序管理

根据工业机器人功能配置的不同，Mate 控制柜主板上有 1 ~ 2 个 RJ45 以太网接口用于以太网通信，须设置工业机器人 Mate 控制柜 IP 地址与计算机在同一个网段内。

工业机器人以太网通信的配置方法如下：

1）**进入主机通信设置**：任意页面下单击 “MENU” 键→“6 设置”→“0 下页”→“8 主机通信”。

2）**选择通信协议**：如图 4-39 所示为通信协议一览页面，在不同配置下其显示的支持协议不同。常见通信协议及说明见表 4-17。

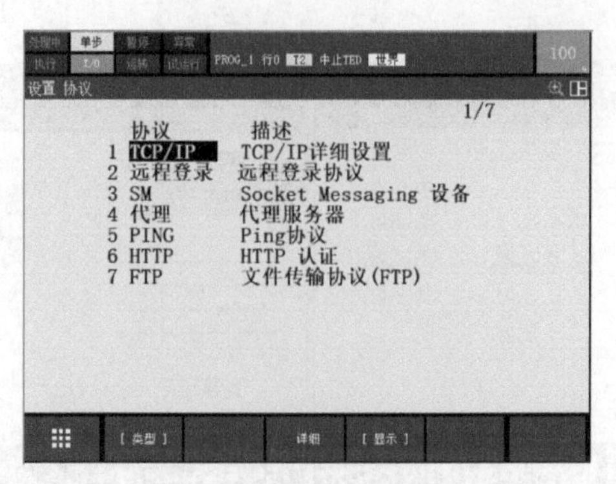

图 4-39 通信协议一览

表 4-17 通信协议及说明

序号	协议名称	功能说明
1	TCP/IP	设置机器人名称、IP 及 MAC 地址等内容
2	远程登录	设置 TELNET 服务器参数
3	SM	配置 Socket Message 参数，该配置不可修改
4	代理	配置代理服务器参数，可通过 iPendant 访问网络
5	PING	用于检测网络是否可通信
6	HTTP	设置 WEB Server 参数以访问工业机器人文件存储区
7	FTP	用于配置 FTP 客户端参数

3）**设置 TCP/IP 地址**：选择通信协议页面的“1 TCP/IP”，进入 TCP/IP 详细设置页面，如图 4-40 所示。

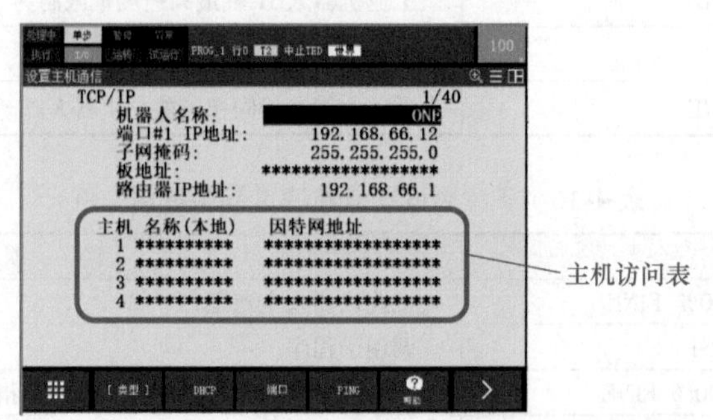

图 4-40 TCP/IP 详细设置页面

TCP/IP 详细设置页面说明见表 4-18。

表 4-18 TCP/IP 详细设置页面说明

序号	名 称	说 明
1	机器人名称	工业机器人控制柜的名称，名称只能由字母、数字和下横线（_）组成，并且首字母必须为字母，不能以_结束
2	端口#1 IP 地址	以太网接口 IPv4 地址，单击“F3 端口”切换端口配置，其中 CD38A 为端口 1，CD38B 为端口 2，若支持视觉系统的 CD38C 则为端口 3
3	子网掩码	用于屏蔽 IP 地址的部分区域以区别网络标识和主机标识
4	板地址	当前以太网接口 MAC 地址，不可修改
5	路由器 IP 地址	设置默认网关，若无网关可设置为空
6	主机	主机访问表的输入序号
	名称（本地）	主机名称
	因特网地址	主机名称对应的 IP 地址

其中，机器人名称、路由器 IP 地址以及主机、名称（本地）、因特网地址在接口间共享。本项目设置如图 4-40 所示，当网络中未使用 DNS 时，则须将主机、名称（本地）及其对应的 IP 地址写入主机访问表中。

4）设置 FTP 登录用户名：系统默认启动两个 FTP 服务器，若仅执行 FTP 服务器应用，则可不做任何设置直接进入第五步。修改默认设置方式如下：在设置通信协议页面（见图 4-39）下依次单击“F4 显示”→“3 服务器”，进入设置服务器页面，如图 4-41 所示。

此处可设置 FTP 或 SM 协议的服务器标签共 8 个，按下“F3 详细”或向右按键均可进入光标所在行序号标签的详细设置页面，如图 4-42 所示。

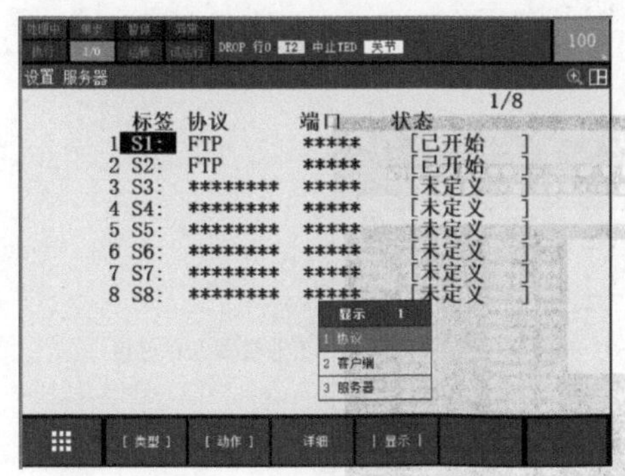

图 4-41 设置服务器页面

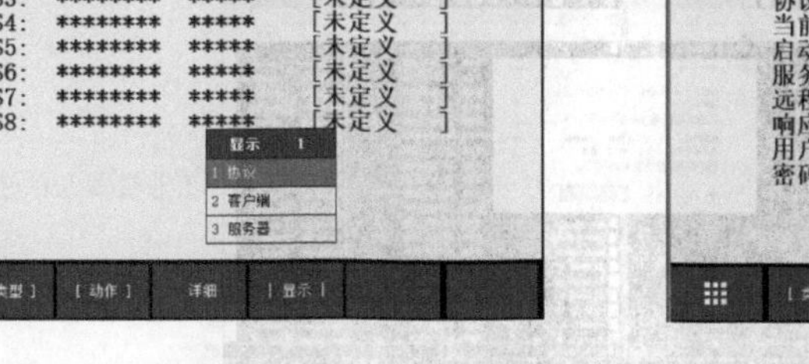

图 4-42 标签详细设置页面

标签设置内容说明见表 4-19。

表 4-19 标签设置内容说明

序号	名 称	说 明
1	标记	指定服务器的标签序号，有效范围为 S1 ~ S8
2	注释	最大 16 个字母，用于标注设备的应用目的
3	协议	设定当前标签的协议，可选择 FTP 或 SM。默认端口号为 21，若协议为 SM，则须设置端口（PORT）号
4	当前状态	显示当前标签服务器的工作状态，切换协议类型时，须单击“F2 动作”→“2 未定义”才能切换协议
5	启动状态	设置 Mate 控制柜上电后状态，可设置为以下三种状态： 1）未定义：当前设备未定义 2）定义：当前设备已定义 3）开始：当前设备定义并上电后自动运行，默认为该模式
6	服务器 IP/主机名称	FTP Server 模式下无效
7	远程路径/共享：	FTP Server 模式下无效
8	响应超时	设置连接超时时间： 1）设置为 0 时，该功能无效 2）设置为非 0 时，当连接超过设定值时，若无通信则关闭该连接，默认值为 15min
9	用户名	FTP Server 模式下无效
10	密码	FTP Server 模式下无效

5）**登录 FTP 服务器**：本项目选择 WinSCP 作为 FTP 工具，FTP 参数设置如图 4-43 所示。

若设置了机器人密码，则登录时须选择权限为机器人权限用户名和密码，否则程序无法下载到实体机器人中。若要设置工业机器人下载权限，则须设置工业机器人的服务器访问控制（FSAC）功能，但该功能在设置机器人密码下无效。

登录 FTP 服务器成功后，默认打开实体工业机器人 MD：文件存储区，将本地文件直接拖到存储区，即可实现程序的下载，如图 4-44 所示。

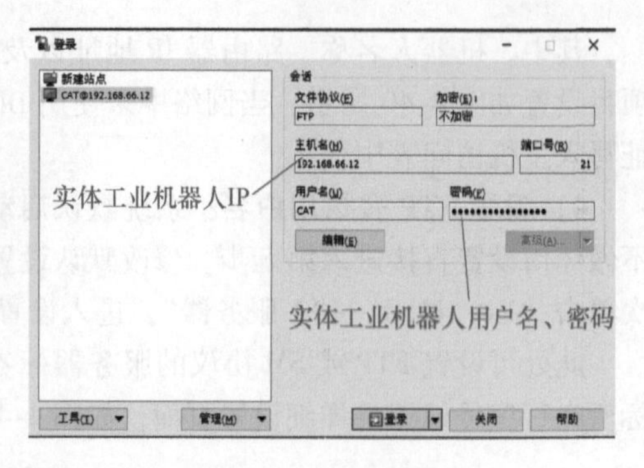

图 4-43　FTP 参数设置

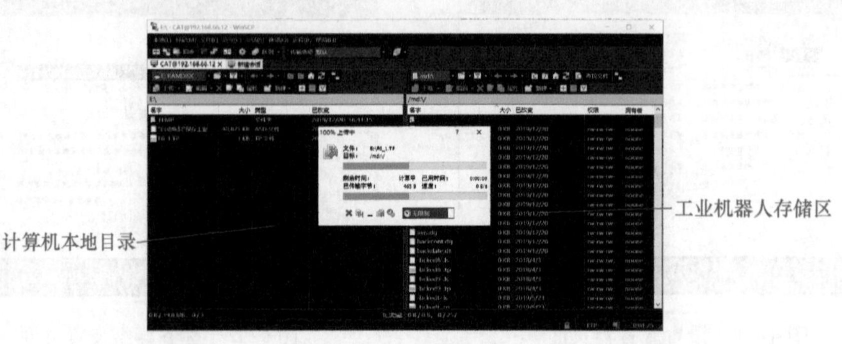

图 4-44　程序下载

4.1.12　Simulation 功能

在 ROBOGUIDE 中使用 Simulation 功能不仅可监控工业机器人的运行状态，还可实现程序的上传下载，其使用步骤如下：

Simulation 功能

1）**打开 Simulation 功能**：在 ROBOGUIDE 软件中的工具栏依次单击“TOOL”→“Simulator”打开该功能，如图 4-45 所示。

2）**控制器网络参数设置**：按下“Setup”按钮进入控制器网络参数设置页面，该页面显示工程文件中所有的工业机器人控制器，如图 4-46 所示。

选择所要配置的工业机器人控制器，按下“Setting…”进入详细设置，默认情况下系统间隔（Interval）100ms 与所选机器人网络交互，未设置网络参数时，控制器的状态显示“Disable”，设置参数后则显示“Disconnect”。控制器详细设置页面如图 4-47 所示。

在控制器详细设置页面中选择连接类型为“Actual Robot”，并设置为“Enabled”后，在“Host Name”中填入实体机器人的 IP 地址，按下“OK”按钮完成单台工业机器人的配置。若同一个工程文件中有多台工业机器人，则可在该页面下设置其他工业机器人参数后，单击图 4-46 中“Close”按钮完成所有工业机器人的设置。

3）**监控实体机器人状态**：完成上述设置后，在图 4-45 所示页面下按下“Sim. Start”按钮，若配置无误，则状态指示灯变为绿色，将实体工业机器人的运行状态显示在 ROBOGUIDE 中，如图 4-48 所示。

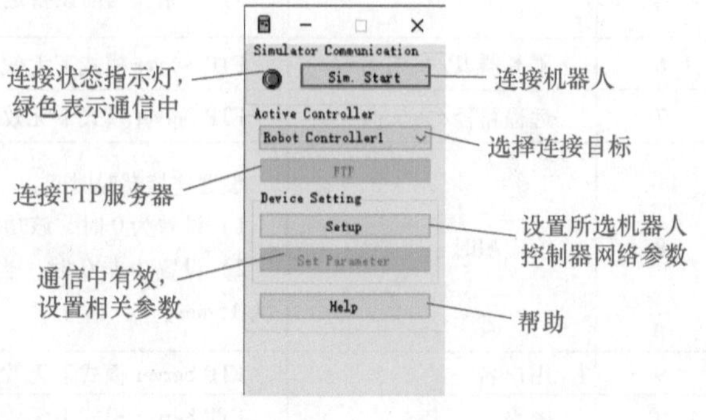

图 4-45　Simulator 页面

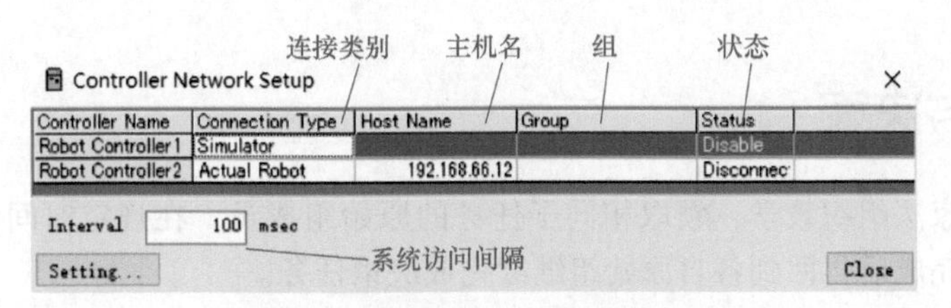

图4-46　控制器网络参数设置页面

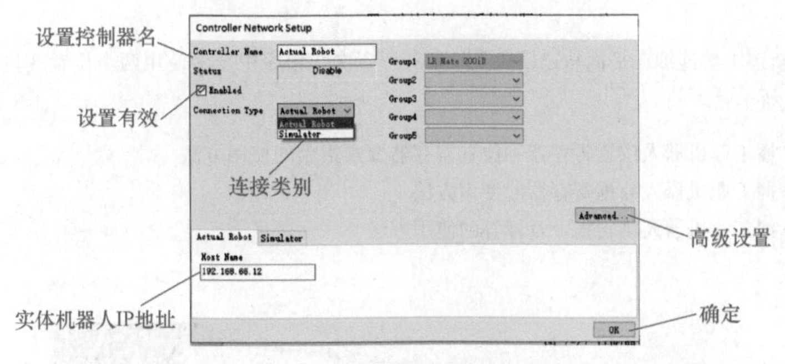

图4-47　控制器详细设置页面

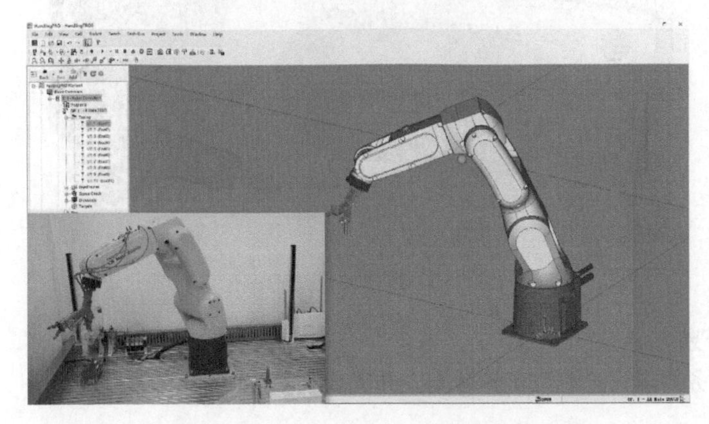

图4-48　实体机器人运动状态监控

4）**FTP程序文件管理**：状态指示灯为绿色后，可在图4-45页面的“Active Controller”下拉列表中选择文件管理的控制器，然后单击“FTP”按钮进入FTP文件管理页面，如图4-49所示。

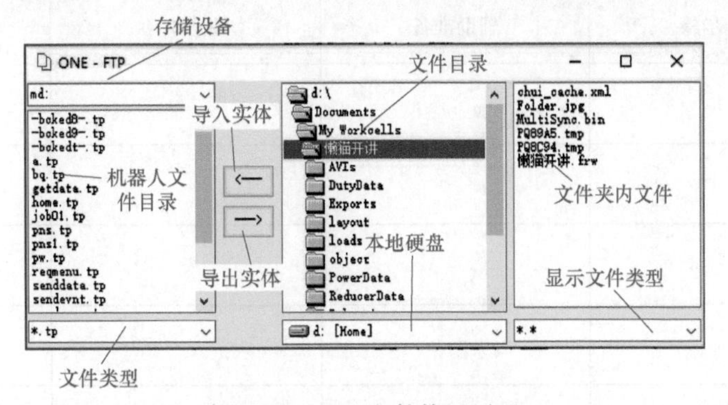

图4-49　FTP文件管理页面

首先将ROBOGUIDE中的程序文件导入到本地硬盘，然后按下导入实体按键，即可将本地的工业机器人程序导入到实体工业机器人中，反之可将实体机器人导入到PC本地硬盘中，实现程序的备份。

4.2 计划与决策

本项目采用专家法组织教学，领取相同子任务的原始组成员，在规定时间内组合成专家组并完成对应子任务，完成后再回到各自原始组继续完成决策任务。

4.2.1 子任务1：绘制规则图形

任务要求	使用轨迹工具连续在平面轨迹模块上绘制环形3次，程序中至多使用两个位置变量P［i］，图形尺寸如图4-50所示
任务目标	1）掌握工业机器人位置寄存器和位置寄存器要素指令的使用方法 2）掌握工业机器人数据寄存器的使用方法 3）掌握工业机器人跳转指令及标签的使用方法

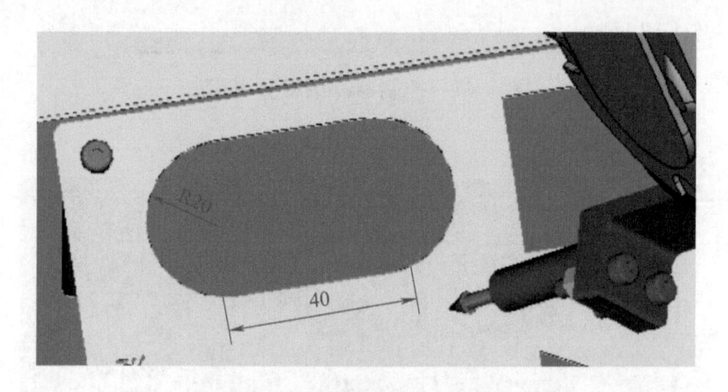

图4-50 轨迹模块环形图形

1. 制订工作计划

专家组根据任务要求讨论制订工作计划，并完成表4-20。

表4-20 专家组工作计划表

专家组工作计划表					
原始组号		工作台位		制订日期	
序号	工作步骤	辅助准备	注意事项	工作时间/min	
				计划	实际
1					
2					
3					
4					
5					
工作时间小计					
全体专家组成员签字					

2. 任务实施

（1）示教用户坐标系　在平面轨迹模块上示教用户坐标系，用户坐标系的 X 轴与环形中的直线平行。

（2）程序设计及编写　根据任务要求完成环形轨迹绘制程序，并将 TP 程序填入表 4-21。

表 4-21　TP 程序

轨迹程序设计及示教					
原始组号		专家组任务序号		记录人	

行号	代　　码	行号	代　　码
1		16	
2		17	
3		18	
4		19	
5		20	
6		21	
7		22	
8		23	
9		24	
10		25	
11		26	
12		27	
13		28	
14		29	
15		30	

（3）程序示教及调试　将程序通过示教器输入系统中，并先单步调试运行以防止计算错误导致设备损坏，单步运行无误后切换为连续运行模式运行程序，确定程序无误。

3. 任务检查

验证工作计划及执行结果是否满足表 4-22 中的要求，若满足则勾选“是”，反之勾选“否”，分析原因并记录在表 4-23 中。

表 4-22　专家组项目检查

序号	任务检查点	小组自我检查	
1	开启设备前检查电气安全并佩戴安全帽	○是	○否
2	工业机器人处于 T1 模式且点动速度不超过 30%	○是	○否
3	在用户坐标系下点动 X 轴或 Y 轴方向使其轨迹与环形中直线重合	○是	○否
4	初次运行程序时为单步调试	○是	○否
5	轨迹工具可沿环形图形连续绘制 3 次	○是	○否
6	轨迹工具姿态对程序运行轨迹无影响	○是	○否
7	完成实验后工业机器人回到安全点并整理现场	○是	○否

表 4-23　专家组阶段工作记录表

专家组阶段工作记录表					
原始组号		专家组任务序号		记录人	
序号	问题现象描述		原因分析及处理方法		
1					
2					
3					
4					
5					

4.2.2　子任务 2：多图形绘制

任务要求	以平面轨迹模块上的四边形为基础，利用位置补偿指令和工具补偿指令分别绘制四边形，总结分析位置补偿指令和工具补偿指令的应用条件
任务目标	1）掌握工业机器人位置补偿指令的使用方法 2）掌握工业机器人工具补偿指令的使用方法

1. 制订工作计划

专家组根据任务要求讨论制订工作计划，并完成表 4-24。

表 4-24　专家组工作计划表

专家组工作计划表					
原始组号		工作台位		制订日期	
序号	工作步骤	辅助准备	注意事项	工作时间/min	
				计划	实际
1					
2					
3					
4					
5					
工作时间小计					
全体专家组成员签字					

2. 任务实施

（1）示教工具坐标系　使用直接输入法完成工具坐标系示教，确保工具坐标系 Z 轴与轨迹工具尖端处轴线重合。

（2）示教用户坐标系　在平面轨迹模块上示教用户坐标系，用户坐标系中 XY 平面与平面轨迹模块平行。

（3）程序设计及编写　根据任务要求设计轨迹运行程序并填入表 4-25。

表 4-25　TP 程序

轨迹程序设计及示教					
原始组号		专家组任务序号		记录人	

行号	代　码	行号	代　码
1		13	
2		14	
3		15	
4		16	
5		17	
6		18	
7		19	
8		20	
9		21	
10		22	
11		23	
12		24	

位置寄存器	X 值	Y 值	Z 值	W 值	P 值	R 值

（4）程序示教及调试　先单步调试运行以防止计算错误导致设备损坏，单步运行无误后切换为连续运行模式运行程序，确定程序无误。

3. 任务检查

验证工作计划及执行结果是否满足表 4-26 中的要求，若满足则勾选“是”，反之勾选“否”，分析原因并记录在表 4-27 中。

表 4-26　专家组项目检查

序号	任务检查点	小组自我检查	
1	开启设备前检查电气安全并佩戴安全帽	○是	○否
2	工业机器人处于 T1 模式且点动速度不超过 30%	○是	○否
3	工具坐标系下 Z 轴与轨迹工具尖端同轴	○是	○否
4	在用户坐标系下点动 X 或 Y 轴方向使其轨迹平面与轨迹模块标注重合	○是	○否
5	初次运行程序时为单步调试	○是	○否
6	绘制基础四边形时，轨迹工具尖端垂直于平面轨迹模块	○是	○否
7	使用位置补偿指令绘制四边形轨迹与基础四边形平行偏移	○是	○否
8	使用工具补偿指令绘制四边形轨迹与基础四边形平行偏移	○是	○否
9	完成实验后工业机器人回到安全点并整理现场	○是	○否

表 4-27　专家组阶段工作记录表

专家组阶段工作记录表					
原始组号		专家组任务序号		记录人	
序号	问题现象描述		原因分析及处理方法		
1					
2					
3					
4					
5					

4.2.3　子任务 3：离线编程与调试

任务要求	在 ROBOGUIDE 中设计连续 3 次绘制平面轨迹模块中三角形的程序，示教后将该程序导入到实体工业机器人中，使实体机器人绘制相同图形 注意：本任务带有一定危险性，在实体机器人中一定慢速运行！
任务目标	1）掌握工业机器人 FOR 指令的使用方法 2）掌握工业机器人数据寄存器的使用方法 3）掌握基于以太网网络的程序管理方法

1. 制订工作计划

专家组根据任务要求讨论制订工作计划，并完成表 4-28。

表 4-28　专家组工作计划表

专家组工作计划表					
原始组号		工作台位		制订日期	
序号	工作步骤	辅助准备	注意事项	工作时间/min	
				计划	实际
1					
2					
3					
4					
5					
工作时间小计					
全体专家组成员签字					

2. 任务实施

(1) 示教工具坐标系和用户坐标系　使用直接输入法完成工具坐标系和用户坐标系示教。

(2) 程序设计及编写　根据任务要求设计轨迹运行程序并填入表4-29。

表4-29　TP程序

轨迹程序设计及示教			
原始组号		专家组任务序号		记录人	
行号	代　码	行号	代　码
1		9	
2		10	
3		11	
4		12	
5		13	
6		14	
7		15	
8		16	

(3) 程序导出及导入　将程序通过FTP方式传送到实体机器人中，并思考运行该程序时可能会出现的问题，做好相应解决方案。

(4) 程序示教及调试　在实体机器人中运行上述程序时，先单步调试无误后再切换为连续运行模式运行程序，期间考虑需要重新示教哪些坐标系或位置点。

3. 任务检查

验证工作计划及执行结果是否满足表4-30中的要求，若满足则勾选“是”，反之勾选“否”，分析原因并记录在表4-31中。

表4-30　专家组项目检查

序号	任务检查点	小组自我检查	
1	在ROBOGUIDE中虚拟机器人与实体机器人的系统版本号相同	○是	○否
2	在ROBOGUIDE中示教了工具坐标系和用户坐标系	○是	○否
3	程序可实现3次循环绘制	○是	○否
4	计算机可与工业机器人PING通	○是	○否
5	FTP密码设置为工业机器人登录密码	○是	○否
6	离线程序可正常下载到实体工业机器人中	○是	○否
7	工业机器人处于T1模式且点动速度不超过5%	○是	○否
8	初次运行程序时为单步调试	○是	○否
9	重新示教程序中所调用的工具坐标系后程序可正常运行	○是	○否
10	重新示教程序中所调用的用户坐标系后程序可正常运行	○是	○否
11	重新示教程序中的位置变量后程序可正常运行	○是	○否
12	完成实验后工业机器人回到安全点并整理现场	○是	○否

表 4-31　专家组阶段工作记录表

专家组阶段工作记录表					
原始组号		专家组任务序号		记录人	
序号	问题现象描述		原因分析及处理方法		
1					
2					
3					
4					
5					

4.2.4　子任务 4：异形轨迹程序示教

任务要求	在 ROBOGUIDE 中利用 CAD-To-Path 功能生成绘制斜面轨迹上字母轮廓程序
任务目标	1）掌握 ROBOGUIDE 中 CAD-To-Path 功能的使用方法 2）掌握工业机器人程序调用指令 CALL 指令的使用方法

1. 制订工作计划

专家组根据任务要求讨论制订工作计划，并完成表 4-32。

表 4-32　专家组工作计划表

专家组工作计划表					
原始组号		工作台位		制订日期	
序号	工作步骤	辅助准备	注意事项	工作时间/min	
				计划	实际
1					
2					
3					
4					
5					
工作时间小计					
全体专家组成员签字					

2. 任务实施

（1）示教工具坐标系和用户坐标系　使用直接输入法完成工具坐标系和用户坐标系示教，注意用户坐标系原点的选取。

（2）创建 Part 模块 Feature　根据任务要求创建 Feature，并将相关参数填入表 4-33。

表 4-33　Feature 属性设置

<table>
<tr><th colspan="6">专家组参数设置一览</th></tr>
<tr><td>原始组号</td><td></td><td>专家组任务序号</td><td></td><td>记录人</td><td></td></tr>
<tr><td colspan="2">工具坐标系序号</td><td></td><td colspan="2">用户坐标系序号</td><td></td></tr>
<tr><td rowspan="3">Feature
第一点设置</td><td>动作指令</td><td></td><td rowspan="3">Segment
整体设置</td><td>运行速度</td><td></td></tr>
<tr><td>运行速度</td><td></td><td>附加动作</td><td></td></tr>
<tr><td>定位类型</td><td></td><td>定位类型</td><td></td></tr>
<tr><td colspan="2">Feature 最后定位类型</td><td></td><td colspan="2">Segment 最后定位类型</td><td></td></tr>
</table>

（3）程序设计及编写　根据任务要求设计轨迹运行程序，调试完毕后填入表 4-34，只须写出主函数即可。

表 4-34　TP 程序

<table>
<tr><th colspan="6">轨迹程序设计及示教</th></tr>
<tr><td>原始组号</td><td></td><td>专家组任务序号</td><td></td><td>记录人</td><td></td></tr>
<tr><td>行号</td><td colspan="2">代　码</td><td>行号</td><td colspan="2">代　码</td></tr>
<tr><td>1</td><td colspan="2"></td><td>9</td><td colspan="2"></td></tr>
<tr><td>2</td><td colspan="2"></td><td>10</td><td colspan="2"></td></tr>
<tr><td>3</td><td colspan="2"></td><td>11</td><td colspan="2"></td></tr>
<tr><td>4</td><td colspan="2"></td><td>12</td><td colspan="2"></td></tr>
<tr><td>5</td><td colspan="2"></td><td>13</td><td colspan="2"></td></tr>
<tr><td>6</td><td colspan="2"></td><td>14</td><td colspan="2"></td></tr>
<tr><td>7</td><td colspan="2"></td><td>15</td><td colspan="2"></td></tr>
<tr><td>8</td><td colspan="2"></td><td>16</td><td colspan="2"></td></tr>
</table>

3. 任务检查

验证工作计划及执行结果是否满足表 4-35 中的要求，若满足则勾选“是”，反之勾选“否”，分析原因并记录在表 4-36 中。

表 4-35　专家组项目检查

<table>
<tr><th>序号</th><th>任务检查点</th><th colspan="2">小组自我检查</th></tr>
<tr><td>1</td><td>斜面轨迹模块以 Part 方式添加</td><td>○是</td><td>○否</td></tr>
<tr><td>2</td><td>工具坐标系下 Z 轴与轨迹工具尖端同轴</td><td>○是</td><td>○否</td></tr>
<tr><td>3</td><td>用户坐标系原点位于字母轮廓轨迹起始点</td><td>○是</td><td>○否</td></tr>
<tr><td>4</td><td>用户坐标系 X 轴与字母轮廓中某横竖线方向重合</td><td>○是</td><td>○否</td></tr>
<tr><td>5</td><td>Segment 中定位类型设置为 FINE</td><td>○是</td><td>○否</td></tr>
<tr><td>6</td><td>不同 Feature 程序之间添加过渡点以避免连笔绘制</td><td>○是</td><td>○否</td></tr>
<tr><td>7</td><td>主程序可完整绘制字母轮廓</td><td>○是</td><td>○否</td></tr>
<tr><td>8</td><td>程序运行过程中轨迹工具未与外围设备发生碰撞</td><td>○是</td><td>○否</td></tr>
<tr><td>9</td><td>程序运行完毕后，工业机器人回到安全点并整理现场</td><td>○是</td><td>○否</td></tr>
</table>

表 4-36 专家组阶段工作记录表

<table>
<tr><th colspan="6">专家组阶段工作记录表</th></tr>
<tr><td>原始组号</td><td></td><td>专家组任务序号</td><td></td><td>记录人</td><td></td></tr>
<tr><td>序号</td><td colspan="2">问题现象描述</td><td colspan="3">原因分析及处理方法</td></tr>
<tr><td>1</td><td colspan="2"></td><td colspan="3"></td></tr>
<tr><td>2</td><td colspan="2"></td><td colspan="3"></td></tr>
<tr><td>3</td><td colspan="2"></td><td colspan="3"></td></tr>
<tr><td>4</td><td colspan="2"></td><td colspan="3"></td></tr>
<tr><td>5</td><td colspan="2"></td><td colspan="3"></td></tr>
</table>

4.2.5 决策任务：平面打磨工艺设计

任务要求	在工业产品加工过程中，使用工业机器人完成去毛刺、打磨、抛光工艺可提高生产效率，并有效提高精度合格率。如图 4-51 所示，以不规则工件顶端平面为打磨对象，设计工艺方案，在 ROBOGUIDE 中创建打磨运动程序后，将程序导入到实体工业机器人中并对样品打磨测试，要求固定打磨工件后，系统自动运行打磨程序两次后停止
任务目标	1）掌握工业机器人位置寄存器的应用场景 2）掌握工业机器人位置补偿指令的使用方法 3）掌握机器人 I/O 及 EE 接口的使用方法 4）掌握循环控制的实现方法 5）掌握 ROBOGUIDE 离线编程方法及程序管理方法

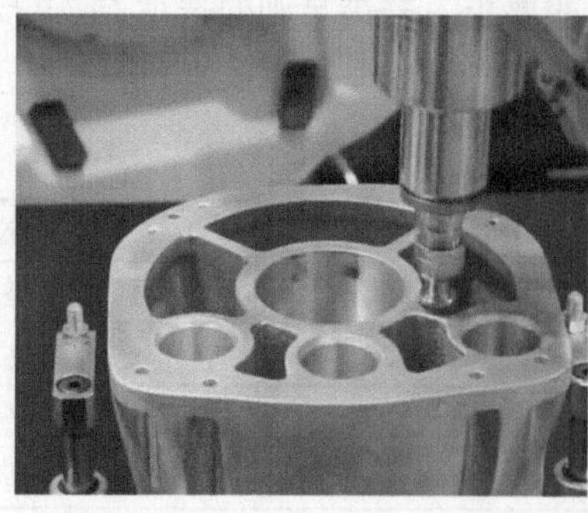

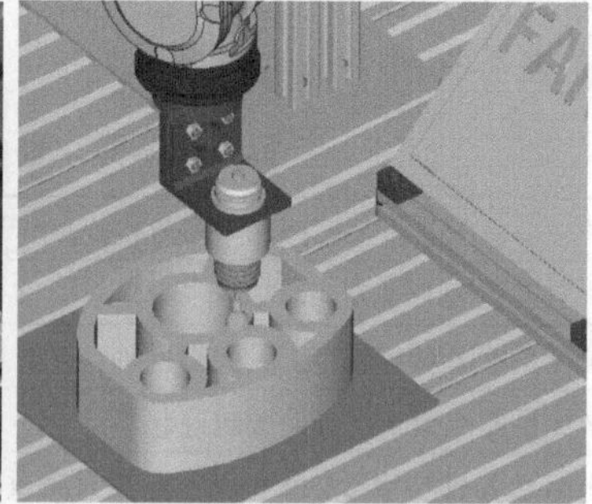

图 4-51 不规则打磨对象

1. 专家组任务交流

原始组小组成员介绍完各自在专家组阶段所完成的任务后，解答表 4-37 中的问题并记录。

表 4-37　专业问题研讨一览

序号	问题及解答
1	位置寄存器与位置寄存器要素指令是什么关系？分别应用在哪些环境下？
2	实现程序 FTP 下载时有哪些注意事项？
3	工业机器人 I/O 有哪些类型？如何控制？
4	FOR 指令和 JMP 指令有什么联系与区别？

2. 制订工作计划

原始组根据任务要求讨论制订工作计划，并填写表 4-38。

表 4-38　原始组工作计划表

原始组工作计划表					
原始组号		工作台位		制订日期	
序号	工作步骤	辅助准备	注意事项	工作时间/min	
				计划	实际
1					
2					
3					
4					
5					
6					
工作时间小计					
全体原始组成员签字					

4.3 实施

1. ROBOGUIDE 工程环境设置

在工业机器人法兰盘上安装打磨工具和打磨工件，并选择合适的点示教工具坐标系和用户坐标系，将相关数据填入表 4-39。

表 4-39　坐标系示教参数一览

坐标系示教参数设置一览					
原始组号		工作台位		记录人	
工具坐标系序号			用户坐标系序号		
工具坐标系示教参数					
X 值/mm	Y 值/mm	Z 值/mm	W 值/(°)	P 值/(°)	R 值/（°）
用户坐标系示教参数					
X 值/mm	Y 值/mm	Z 值/mm	W 值/(°)	P 值/(°)	R 值/（°）

2. 实体设备安装与调试

1）在实体工业机器人法兰盘上安装打磨工具，并固定打磨工件。

2）连接打磨工具控制信号与实体工业机器人 EE 接口的____接口。

3）连接打磨工件位置检测传感器与实体工业机器人 EE 接口的____接口。

3. 创建 Feature 程序

根据打磨工件平面外形创建轨迹运动程序，并将相关参数填入表 4-40。

表 4-40　Feature 属性设置

Feature 属性设置一览					
原始组号		工作台位		记录人	
工具坐标系序号			用户坐标系序号		
Feature 第一点设置	动作指令		Segment 整体设置	运行速度	
	运行速度			附加动作	
	定位类型			定位类型	
Feature 最后定位类型			Segment 最后定位类型		

根据工艺控制要求编写 TP 程序，并填入表 4-41。

表 4-41　TP 程序

轨迹程序设计及示教					
原始组号		工作台位		记录人	
行号	代　码		行号	代　码	
1			9		
2			10		
3			11		
4			12		
5			13		
6			14		
7			15		
8			16		

4. 程序导入及监控

1）配置 Simulation 功能及实体工业机器人 IP 地址，将相关的离线 TP 程序全部下载到实体工业机器人中。

2）根据实体工业机器人坐标系参数值调整 ROBOGUIDE 中的相关参数。

3）开启 Simulation 功能实时查看工业机器人运行状态。

5. 程序调试

1）使用直接输入法完成工具坐标系和用户坐标系示教，根据实际情况调整参数。

2）以不高于____运行速度单步调试程序，并使用____指令调试程序位置。

3）单步调试完毕后，以不高于____运行速度连续运行，直到打磨轨迹符合工艺要求。

4.4 检查

验证工作计划及执行结果是否满足表 4-42 中的要求，若满足则勾选“是”，反之勾选“否”，分析原因并记录在表 4-43 中。

表 4-42　决策任务项目检查

序号	任务检查点	小组自我检查	
1	打磨工件 IGS 文件以 Part 模块类型导入工程文件	○是	○否
2	在 ROBOGUIDE 中设置打磨工具物理重量信息	○是	○否
3	完成工具坐标系和用户坐标系示教	○是	○否
4	所有 Feature 程序调用相同的工具坐标系和用户坐标系	○是	○否
5	全部 Feature 程序一起覆盖打磨工件表面所有轮廓	○是	○否
6	所有 Feature 程序中包含位置补偿指令	○是	○否
7	在不同 Feature 程序之间添加过渡点	○是	○否
8	实体工业机器人与计算机 PING 通	○是	○否
9	下载主程序和所有 Feature 程序到实体工业机器人	○是	○否
10	打磨工具安装不松动	○是	○否
11	打磨工具连接 24V 电源供电，机器人 RO 可控制其启动/停止	○是	○否
12	打磨工件固定不松动	○是	○否
13	传感器可将检测信号发送到机器人 RI 并正确显示	○是	○否
14	运行程序前设置所使用的位置寄存器 PR [i]	○是	○否
15	低速单步调试实体工业机器人程序	○是	○否
16	无须位置补偿的动作指令参数设置为 0 或删除	○是	○否
17	程序连续运行可完成表面打磨	○是	○否
18	程序运行完毕后，工业机器人回到安全点并关闭打磨工具运行	○是	○否
19	任务完成后关闭设备电源并整理现场	○是	○否

表 4-43　原始组工作记录表

原始组工作记录表					
原始组号		工作台位		记录人	
序号	问题现象描述		原因分析及处理方法		
1					
2					
3					

（续）

序号	问题现象描述	原因分析及处理方法
4		
5		
6		

4.5 反馈

4.5.1 项目总结评价

1. 与其他小组展示分享项目成果，总结工作收获和问题的解决思路及方法，并根据其他学员的意见提出改进措施，其他小组在展示完毕后方可相互提问。

2. 完整描述本次任务的工作内容。

4.5.2 思考与提高

1. 打磨工件表面时是否可以使用 Projections 方式？其优缺点是什么？

2. 设计并示教如图 4-52 所示图形的轨迹程序。

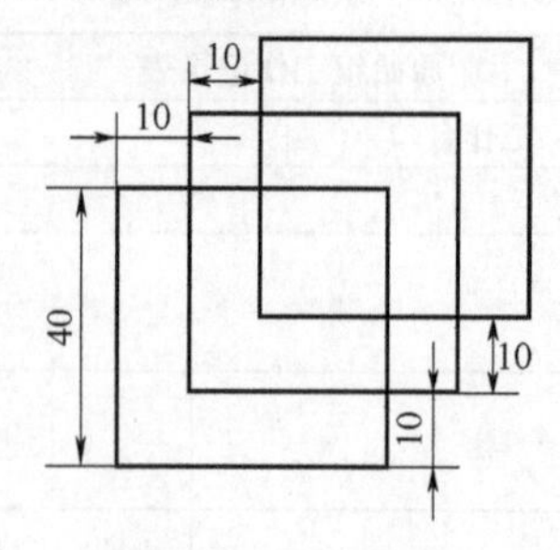

图 4-52　绘制轨迹

项目 5 工业机器人零部件组装

学习情境

随着社会生产力的不断发展和人口红利的逐渐消失，生产企业迫切需要降本增效。工业机器人较人工更具生产优势，已被广泛应用于机床上下料、自动装配流水线、码垛搬运等生产场景。对于重件组装搬运，一些国家规定超过人工搬运最大限度的重件必须由机器人来完成。作为自动化工程师，根据生产企业需求完成工业机器人组装站位调试，实现工业机器人与外围设备协同工作是最重要的核心技能。

工作任务

任务描述	FANUC LR Mate 200iD 系列工业机器人的重复定位精度高达 0.02mm，满足绝大多数零部件的装配要求。在 ROBOGUIDE 中设计并测试零部件组装站位系统配置及程序，确认方案可行后配置工业机器人外围设备接口实现工业机器人独立运行，控制供料单元、加工设备及立体仓库等模块协同工作，最终完成产品组装
任务目标	1）掌握 FANUC 工业机器人外围 I/O 配置方法 2）掌握 FANUC 工业机器人气动回路的控制方法 3）掌握 ROBOGUIDE 中模块仿真及仿真程序的使用方法 4）掌握 ROBOGUIDE 中 Link 运动控制方法 5）掌握宏指令功能的使用方法 6）掌握工业机器人后台逻辑控制使用方法

任务过程

5.1 信息

5.1.1 工业机器人气路控制

FANUC LR Mate 200iD 系列工业机器人根据不同子型号，J4 手臂上所集成的气动电磁阀也不相同，图 5-1 为 FANUC LR Mate 200iD 系列工业机器人的 J4 手臂集成气路接口，其中 AIR1 为用户空气直连接口，其与工业机器人基座上的 AIR1 直连，通常用于连接真空回路，而 1A/1B、2A/2B、3A/3B 为 3 组两位五通阀，其气源由工业机器人基座上的 AIR2 供气。

工业机器人内部集成电磁阀由机器人 RO 控制，控制对应表见表 5-1。其中同一组的电磁阀只能有一个为 ON，即形成互斥关系。

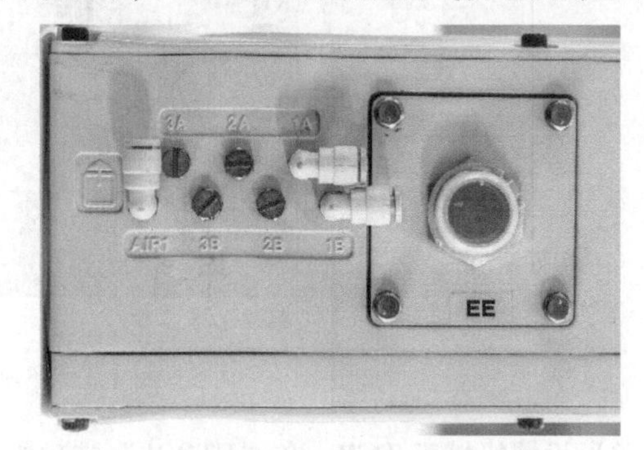

图 5-1 FANUC LR Mate 200iD 系列工业机器人 J4 手臂集成气路接口

表 5-1　FANUC LR Mate 200iD 系列工业机器人内部电磁阀控制对应表

序号	电磁阀组序号	电磁阀标号	对应 I/O	说　明
1	1	1A	RO［1］	两者互斥
2		1B	RO［2］	
3	2	2A	RO［3］	两者互斥
4		2B	RO［4］	
5	3	3A	RO［5］	两者互斥
6		3B	RO［6］	

5.1.2　机械手仿真设置

机械手仿真

本项目以系统自带的机械手为例，设置步骤如下：

1）添加默认机械手：双击“UT：2（机械手）”工具选项，选择“General”选项卡，将当前“Name”设置为机械手，并添加系统自带的机械手（grippers）库，受制于物料的尺寸，此处选择“36005f-200-3”，如图 5-2 所示。

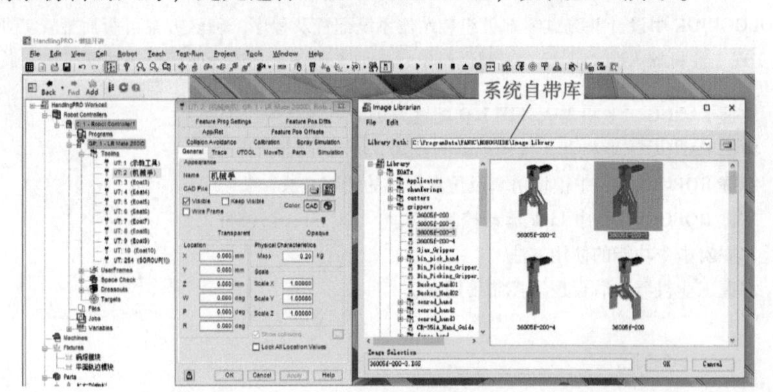

图 5-2　添加默认机械手

2）设置机械手参数：根据机器人大小调整机械手比例和位置，如图 5-3 所示，确定无误后勾选“Lock All Location Values”防止修改。

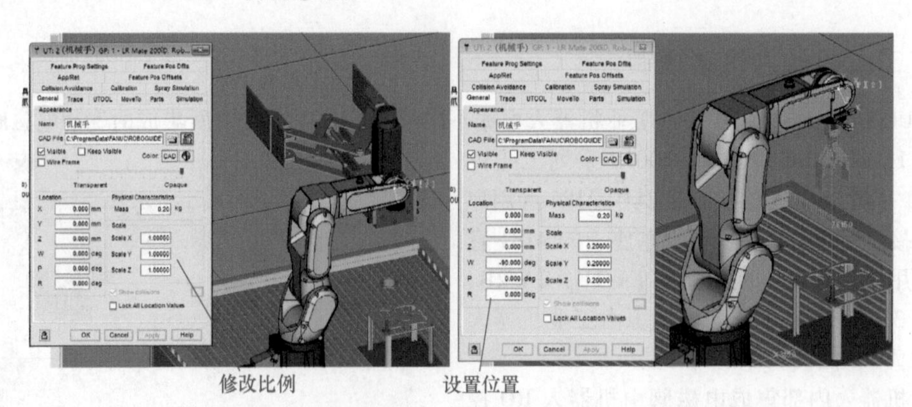

图 5-3　参数设置前后对比

3）设置机械手 TCP：在“UTOOL”选项中设置工具坐标系的参数值。

4）设置机械手 Part：设置机械手搬运对象 Part 模块，选择“Parts”选项卡，勾选方形物料后单击“Apply”按钮，按照图 5-4 所示参数设置机械手上的 Part 坐标系位置，确认无误后单击“Apply”按钮完成设置。

设置“Part Offset”时注意 Part 坐标系与被抓取 Part 坐标系在方向上一致，否则在单击“MoveTo”按钮时机器人会出现较大幅度变化导致位置不可达。

5）设置机械手仿真动画：实现机械手抓取和放置时需要使用两个 IGS 文件，选择“Simulation”选项卡，如图 5-5 所示。选项卡中各选项功能说明见表 5-2。

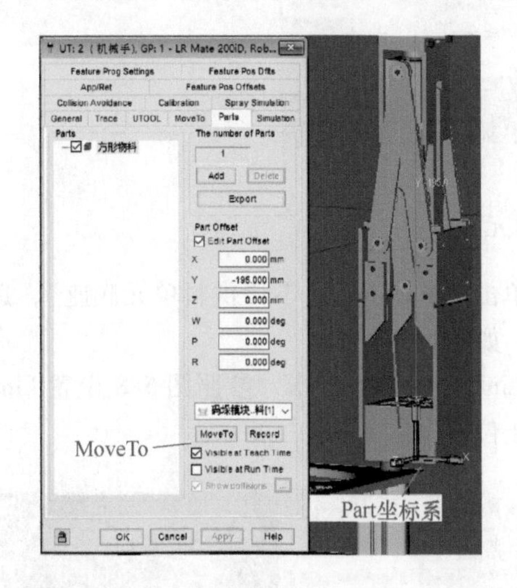

图 5-4　机械手默认状态下 Part 坐标系设置

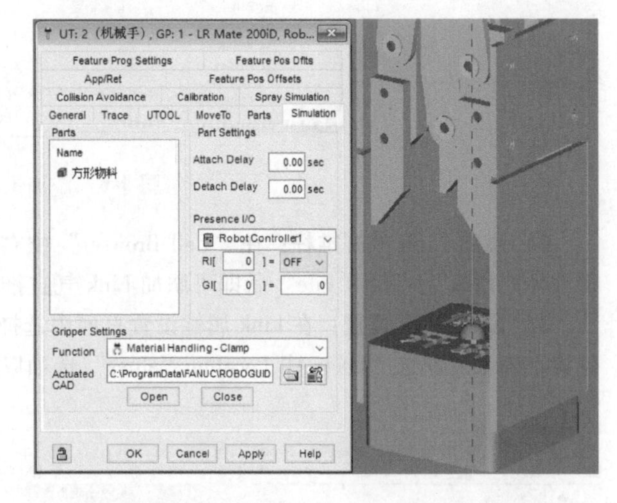

图 5-5　“Simulation”选项卡机械手状态设置

表 5-2　“Simulation”选项卡各选项功能说明

功能模块	参数名称	功 能 说 明
Parts	Name	显示该工具绑定的 Part 名称
Part Settings	Attach Delay	机械手为 Close 状态时抓取工件的延时时间
	Detach Delay	机械手为 Open 状态时放置工件的延时时间
	Presence I/O	设置为 Close 状态时机器人的 I/O 状态，类似于在机械手安装传感器，默认情况下为 OFF
Gripper Settings	Function	Static Tool：静态工具 Material Handing- Clamp：搬运-夹紧 Material Handing- Vacuum：搬运-吸盘 Bin Picking：散堆
	Actuated CAD	Close 状态下呈现的工具模型
	Open	手动选择机械手打开状态
	Close	手动选择机械手关闭状态

本项目中选择“Function”为“Material Handing- Clamp”，“Actuated CAD”选择系统自带库中的“36005f-200-4”，按下“Open”按钮或“Close”按钮可检查机械手打开和抓取的状态，若 Part 设置正确，当机械手为 Close 状态时显示被抓取的工件物料。

5.1.3　供料单元仿真设置

使用 Machine 模块模拟供料单元中推料气缸推出方形物料，按下工具栏中 ● 或 ▶ 按钮运行推料程序并动画展示，设置步骤如下。

供料单元
仿真设置

1）添加供料单元：与添加 Fixture 模块相似，在“Cell Browser”中右键选择“Machines”添加，如图 5-6 所示，并在工业机器人工作范围内调整其位置。

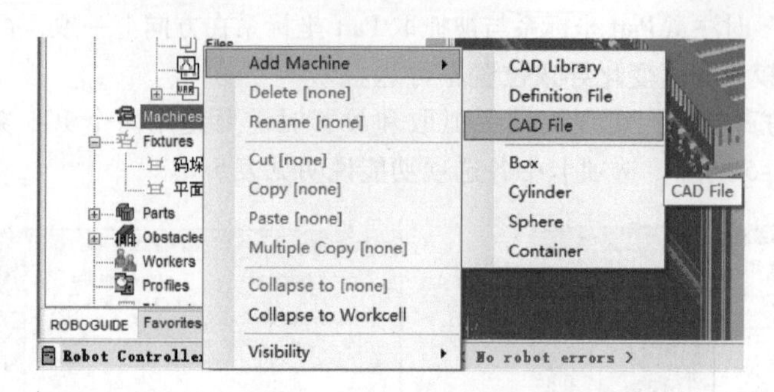

图 5-6　添加供料单元

2）添加 Link 气缸推杆：在“Cell Browser”中右键单击“Machines”下“供料单元底座”，选择“Add Link”→“CAD File”后即可添加 Link 气缸推杆，如图 5-7 所示。

3）设置 Link 位置：在 Link 属性设置页面中选择“Link CAD”选项卡，参照图 5-8 设置 Link 位置，确认后勾选“Lock All Location Values”选项以防止位置发生变化。

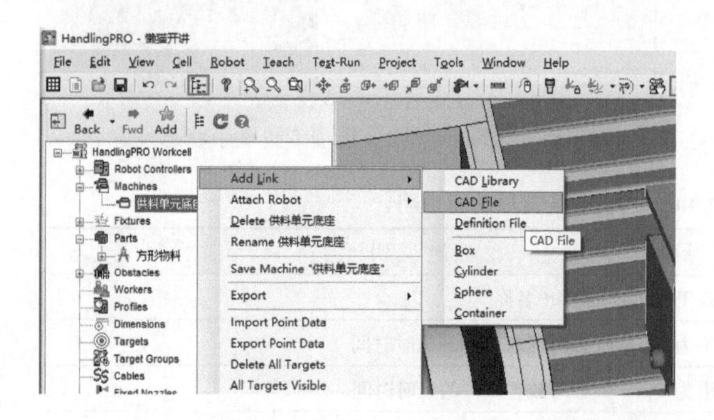

图 5-7　添加 Link 气缸推杆　　　　图 5-8　Link 位置设置

4）设置 Link 运动方向：选择“General”选项卡，如图 5-9 所示。选项卡参数设置见表 5-3。

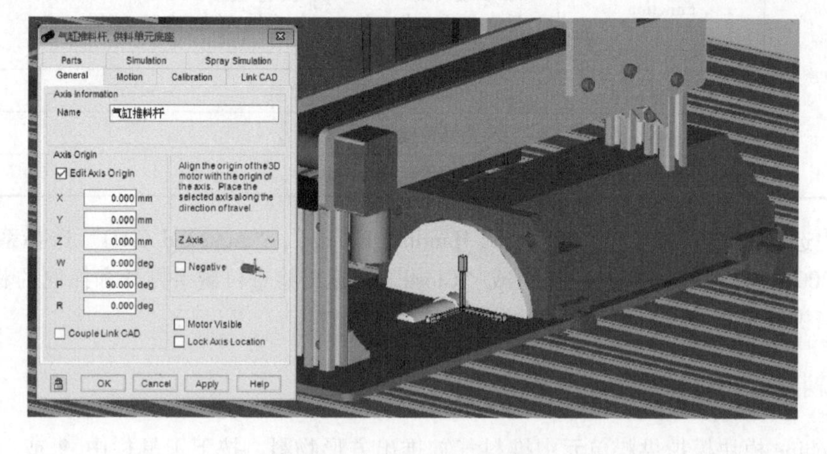

图 5-9　设置 Link 运动方向

表 5-3　“General”选项卡参数设置

组合框	选项	说明
Axis Information	Name	设置 Link 名称
Axis Origin （设置电动机轴方向）	☑ Edit Axis Origin	勾选该选项后方能设置电动机位置参数
	X 0.000 mm Y 0.000 mm Z 0.000 mm W 0.000 deg P 90.000 deg R 0.000 deg	设置旋转电动机的位置信息，可手动输入，或通过鼠标调整电动机位置
	☐ Couple Link CAD	勾选该选项后将 Link 在 Link CAD 下的位置与当前电动机位置相绑定，调整该位置时 Link 模块的位置也同时改变，一般不勾选
Align the origin of the 3D motor with the origin of the axis. Place the selected axis along the direction of travel. Z Axis ☐ Negative		设置 Link 的移动方向： 1）当设置为线性运动时，Link 将根据所选择的轴方向运动，与电动机所在位置无关 2）当设置为圆周运动时，Link 将以选定轴做圆周运动，电动机位置须与 Link 保持一致 3）勾选“Negative”可改变旋转或移动方向
☐ Motor Visible		电动机可见，通常不勾选该项使电动机不可见
☐ Lock Axis Location		锁定电动机位置，位置确认无误后勾选该选项

本项目以直线运动为例，将 Z 轴正方向设置为与气缸推料杆伸出方向相同。

5）设置 Link 运动方式：在“Motion”选项卡中设置 Link 运动方式及控制 I/O。如图 5-10 所示，本项目使用 DO［1］控制供料单元中的两位五通单电控电磁阀实现气缸运动，同时将气缸的位置通过 DI［1］和 DI［2］发送到工业机器人控制器，以模拟气缸上的磁性传感器。具体参数设置说明见表 5-4。

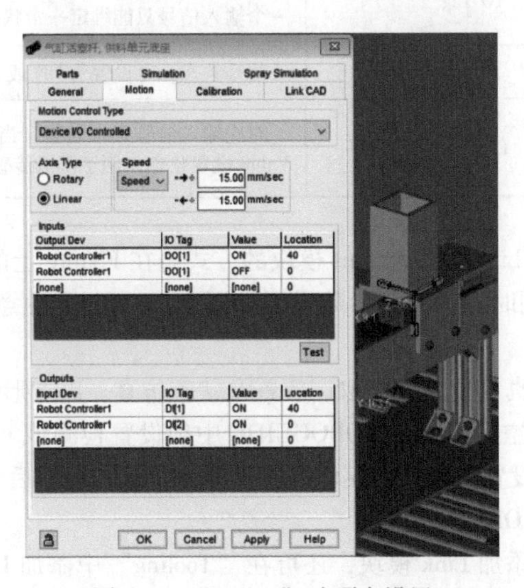

图 5-10　“Motion”选项卡设置

表 5-4 “Motion”选项卡参数设置说明

组合框	选　项	说　明
Motion Control Type	Servo Motor Controlled	设置为附加轴伺服控制方式
	Device I/O Controlled	设置为机器人 I/O 控制方式
	External Servo Motion	设置为外部伺服控制方式
	External I/O Motion	设置为外部 I/O 控制方式
Axis Type	○ Rotary	设置为旋转运动方式
	○ Linear	设置为线性运动方式
Speed	Speed 15.00 mm/sec 15.00 mm/sec	设置 Link 线性运行速度
	Time 2.667 sec 2.667 sec	设置 Link 移动指定距离的时间
Inputs	Output Dev	控制信号输出的工业机器人控制器
	IO Tag	输出信号标签，可设置为 DO [i] /AO [i] /RO [i]
	Value	信号状态，可设置为 ON 或 OFF
	Location	对应输出信号的 Link 位置值
	Test	检测不同信号状态下 Link 位置，测试前须单击“Location”位置值，否则测试无效
Outputs	Input Dev	选择接收信号的工业机器人控制器
	IO Tag	输入信号标签，可设置为 DI [i] /AI [i] /RI [i] 等，同一个输入信号只能绑定一个状态位置
	Value	信号状态，可设置为 ON 或 OFF
	Location	对应输入信号 Link 位置，当 Link 在指定位置时，输入信号为 Value 设置状态，用于模拟传感器检测 Link 位置

6）**添加 Part 模块**：在 Link 上添加 Part 模块的方式与在 Fixture 上的添加方式相同，在 Link 上添加的 Part 模块将与 Link 同时运动，其参数设置如图 5-11 所示。注意 Link 与 Part 的相对位置以确保显示出推料效果。

7）**设置 Part 动画**：仿真设置分为抓取、放置及状态仿真。以方形物料推料动画为例，实体设备中会首先判断料仓是否为空，因此在 ROBOGUIDE 中须设置检测该 Part 是否存在，选择“Simulation”选项卡后按图 5-12 设置参数，该模块只能被抓取，且被抓取后隔 6s 自动生成新的 Part，当该 Part 存在时 DI [3] 输出 ON。

不仅“Machines”中可添加 Link 模块，还可在“Tooling”中添加 Link 模拟气动机械手开关动作，如图 5-13 所示。

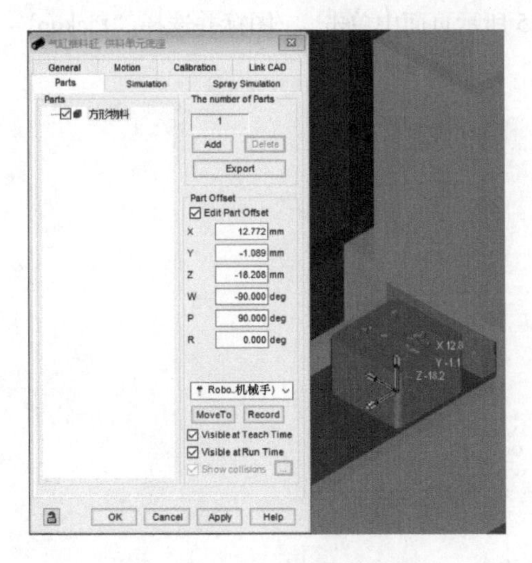

图 5-11　Link 上添加 Part 模块

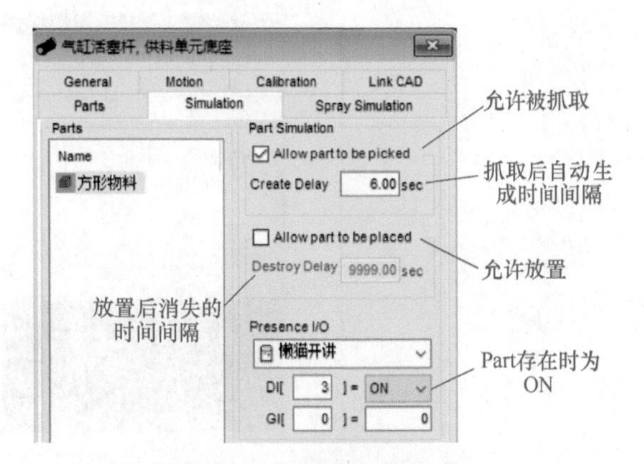

图 5-12　气缸推料杆仿真设置

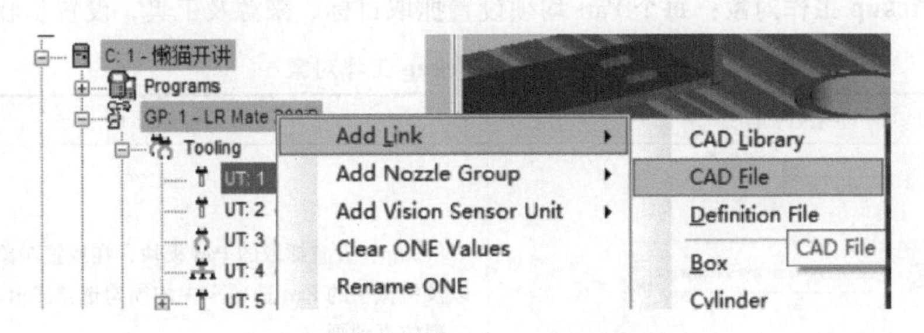

图 5-13　Tooling 中添加 Link

5.1.4　离线仿真动画程序编程

ROBOGUIDE 中物料离线仿真动画分为抓取和放置两部分，只能在离线编程软件中运行。

1. 抓取仿真程序设置

1）添加仿真程序： 右键单击“Programs”，选择“Add Simulation Program”，如图 5-14 所示。

供料单元的设置

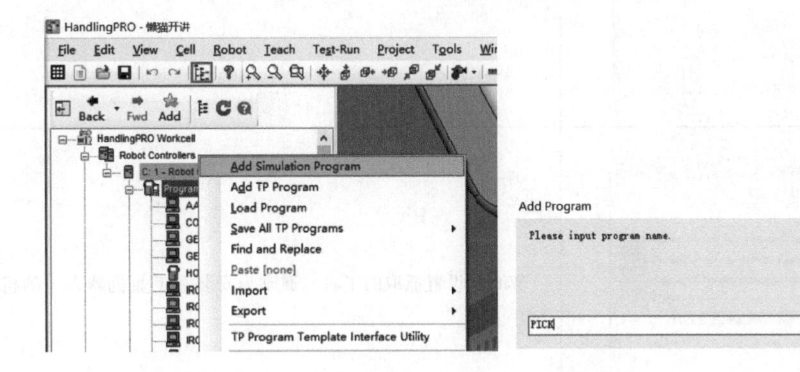

图 5-14　添加 Simulation Program

2）设定仿真程序： 输入仿真程序名为“PICK”，单击“确定”按钮确认。

3）添加仿真程序指令：以添加抓取指令为例，在图 5-15 所示页面中单击 图标并选择“Pickup”指令。

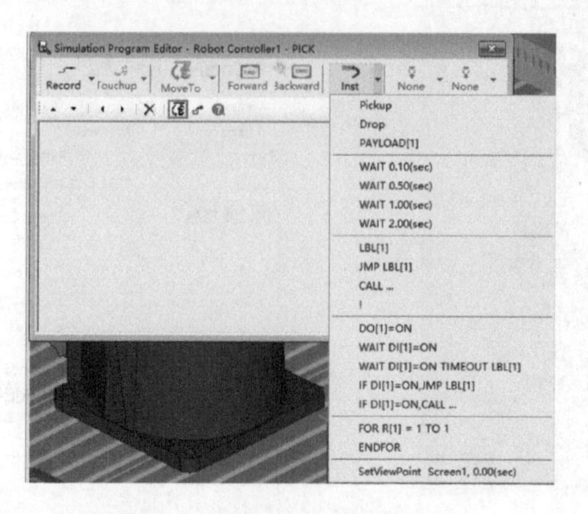

图 5-15　添加仿真程序指令

4）设置 Pickup 工作对象：每个 Part 均须设置抓取目标、来源及工具，设置步骤见表 5-5。

表 5-5　设置 Pickup 工作对象

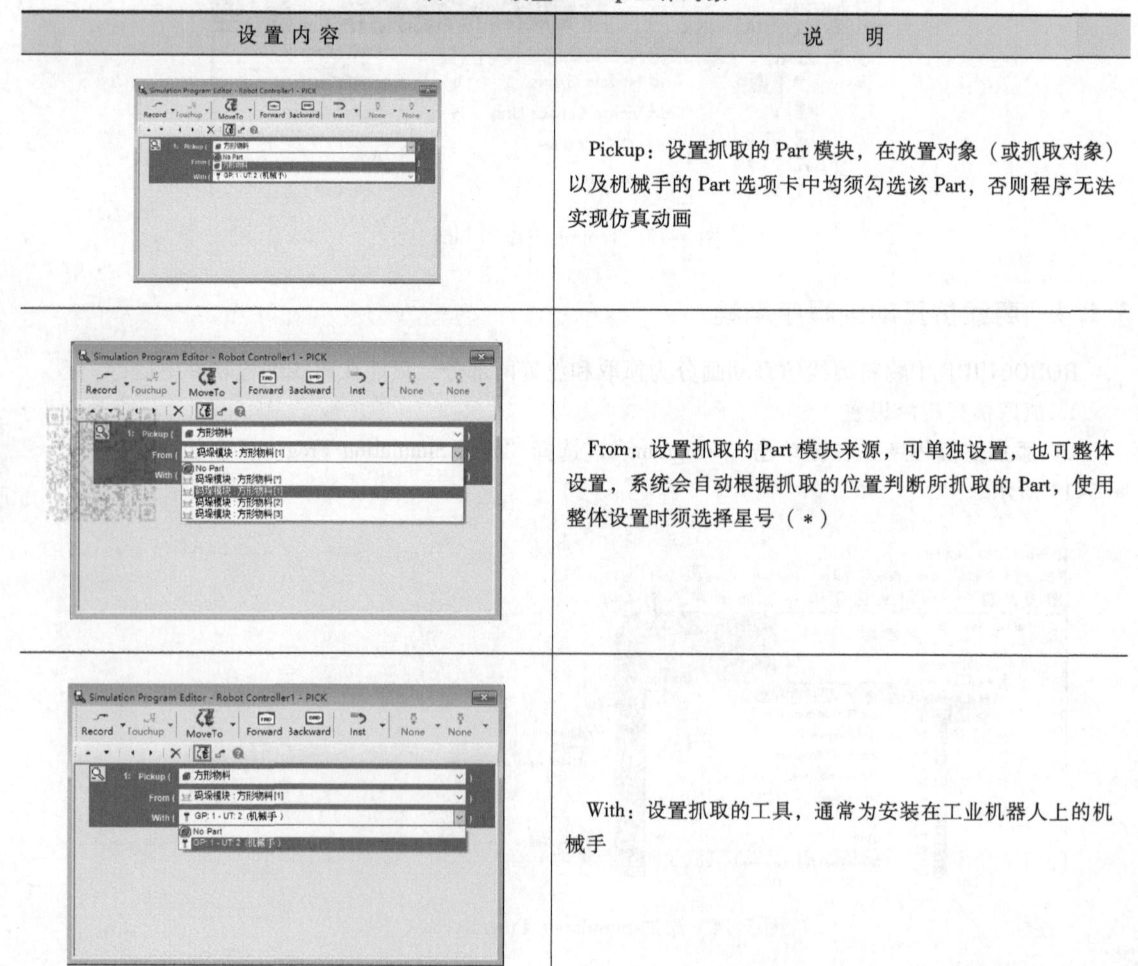

设置内容	说　明
	Pickup：设置抓取的 Part 模块，在放置对象（或抓取对象）以及机械手的 Part 选项卡中均须勾选该 Part，否则程序无法实现仿真动画
	From：设置抓取的 Part 模块来源，可单独设置，也可整体设置，系统会自动根据抓取的位置判断所抓取的 Part，使用整体设置时须选择星号（*）
	With：设置抓取的工具，通常为安装在工业机器人上的机械手

使用TP示教器打开该仿真程序，所有的程序行均以感叹号开始，该程序在实体机器人中无法运行。

2. 放置仿真程序设置

1）添加仿真程序：放置仿真程序添加方式与抓取仿真程序添加方式基本相同，将其命名为“DROP”。

2）添加仿真程序指令：在仿真程序页面中单击 图标选择“Drop”指令。

3）设置Drop工作对象：每个Part均须设置放置目标、来源及工具，设置步骤见表5-6。

表5-6　设置Drop工作对象

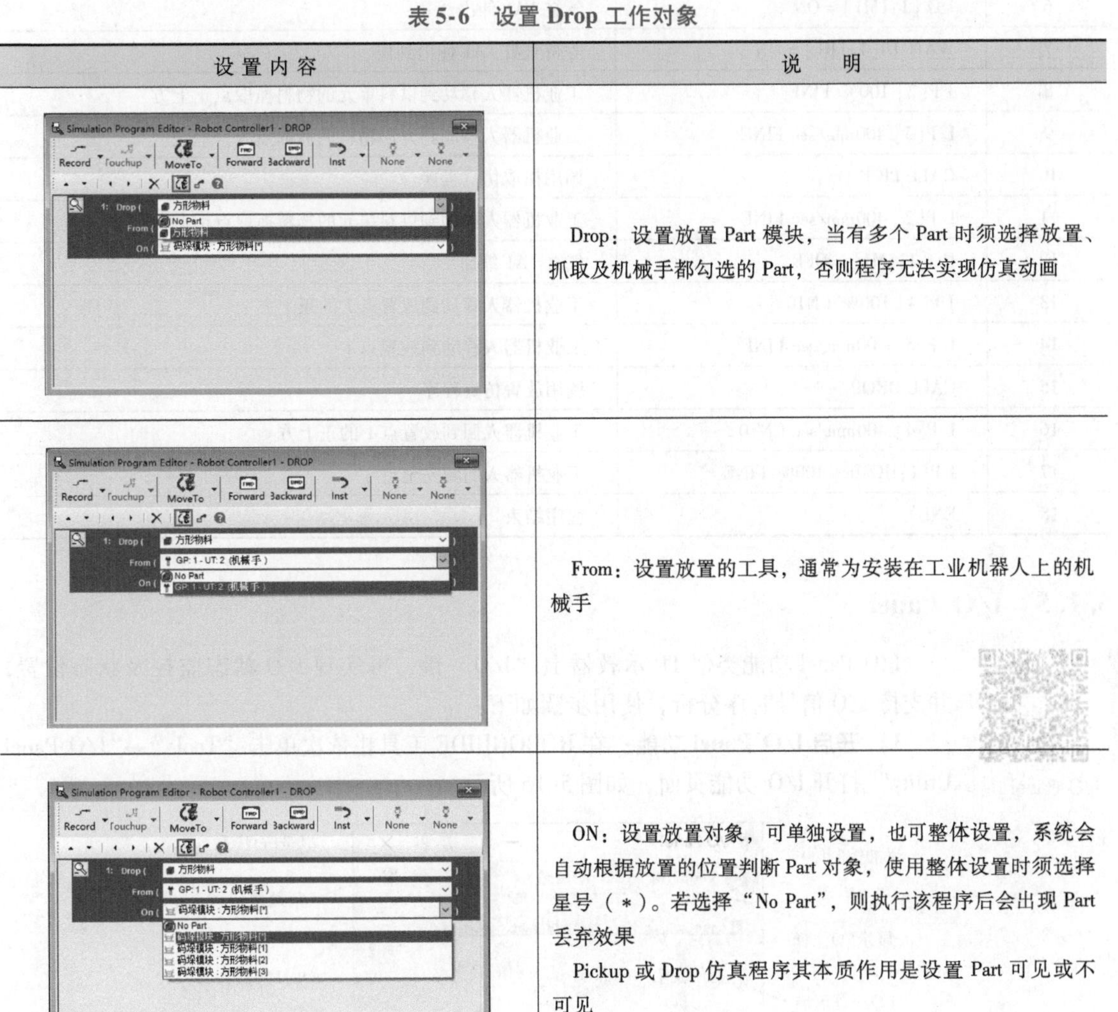

设置内容	说　明
	Drop：设置放置Part模块，当有多个Part时须选择放置、抓取及机械手都勾选的Part，否则程序无法实现仿真动画
	From：设置放置的工具，通常为安装在工业机器人上的机械手
	ON：设置放置对象，可单独设置，也可整体设置，系统会自动根据放置的位置判断Part对象，使用整体设置时须选择星号（*）。若选择“No Part”，则执行该程序后会出现Part丢弃效果 Pickup或Drop仿真程序其本质作用是设置Part可见或不可见

3. 离线仿真程序编程

在TP程序中调用离线仿真程序，单击工具栏中的 ▶ 图标可显示动画效果，并根据仿真中Part或者Link的状态改变I/O信号。如果通过示教器操作程序单步或连续运行，系统将无法展现仿真动画过程，可能导致程序无法运行。若须同时搬运多个Part模块，可在仿真程序中为每个Part模块添加Pickup或Drop仿真程序。

以抓取单个Part模块为例，程序及说明见表5-7。

表 5-7 工业机器人搬运离线仿真程序编程范例

序号	程 序 行	说 明
1	UFRAM_NUM = 1	调用用户坐标系 1
2	UTOOL_NUM = 2	调用工具坐标系 2
3	J P[1:HOME] 100% FINE	工业机器人回到安全点
4	DO[1:1M1] = OFF	气缸 1A1 缩回
5	WAIT DI[3:DIS] = ON	等待 ROBOGUIDE 中方形物料出现
6	DO [1:1M1] = ON	气缸 1A1 伸出
7	WAIT DI[1:1B1] = ON	等待气缸 1A1 伸出到位
8	J P[2] 100% FINE	工业机器人移动到供料单元的物料抓取点正上方
9	L P[3] 400mm/sec FINE	工业机器人移动到方形物料的抓取点
10	CALL PICK	调用抓取仿真程序
11	L P[2] 400mm/sec FINE	工业机器人移动到供料单元的物料抓取点正上方
12	DO[1:1M1] = OFF	气缸 1A1 缩回
13	J P[4] 100% CNT0	工业机器人移动到放置点 1 的正上方
14	L P[5] 400mm/sec FINE	工业机器人移动到放置点 1
15	CALL DROP	调用放置仿真程序
16	L P[4] 400mm/sec CNT0	工业机器人回到放置点 1 的正上方
17	J P[1:HOME] 100% FINE	工业机器人回到安全点
18	END	程序结束

5.1.5 I/O Panel

I/O Panel 功能

I/O Panel 功能类似 TP 示教器上“I/O”键，可实现 I/O 状态监控及状态设置，并支持 I/O 信号时序分析，使用步骤如下：

1）开启 I/O Panel 功能：在 ROBOGUIDE 工具栏依次单击“Tools”→“I/O Panel Utility”打开 I/O 功能页面，如图 5-16 所示。

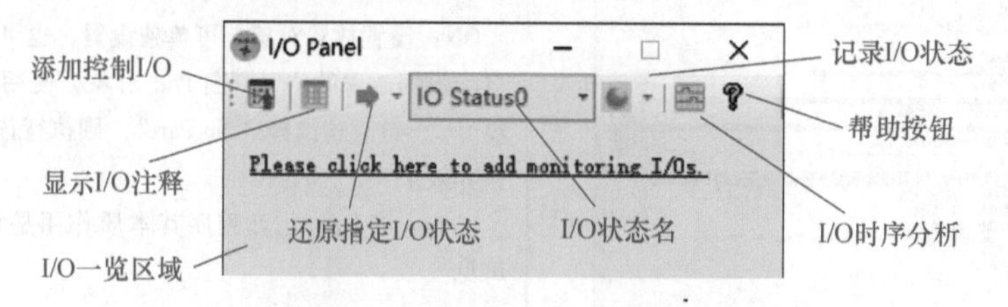

图 5-16 I/O Panel 功能页面

2）添加控制及监控信号：单击按钮打开 I/O Panel Setup 页面，功能如图 5-17 所示。

可添加单个 I/O，也可从指定程序中自动导入程序中所使用的全部 I/O，具体如下。

① 添加单个 I/O：在“Add I/O Signals”组合框中选择“Controller”控制器，再选择 I/O Signals 信号类型（Name）、信号起始地址（Number）及长度（Length），当长度不为 1 时会自动以数值增方式添加同类型型号，确定后单击“Add”按钮完成添加。

② 添加时序监控：在 I/O 一览区中勾选被监控 I/O 的“Chart”选项框，否则无法进行时序分析。

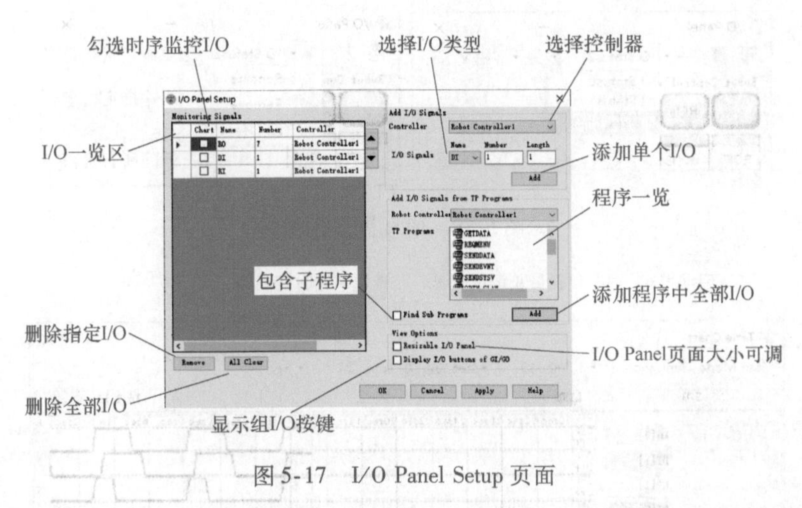

图 5-17　I/O Panel Setup 页面

③ 添加多个 I/O：当 I/O 点数较多时，在“Add I/O Signals from TP Programs”组合框中依次选择“Robot Controller”机器人控制器、“TP Programs”程序，可直接导入程序中所使用的全部 I/O，若勾选“Find Sub Programs”选项框可添加子程序中的 I/O，单击“Add”按钮完成添加。

④ 其他设置：“View Options”组合框中的“Resizable I/O Panel”用于设置 I/O Panel 页面大小可调；“Display I/O buttons of GI/GO”用于设置显示组 I/O 按键。

⑤ 全部设置完毕后，按下“OK”按钮或“Apply”按钮完成当前页面设置。

3）信号状态监控：如图 5-18 所示，I/O Panel 上会显示所添加的 I/O，其按钮功能说明见表 5-8。

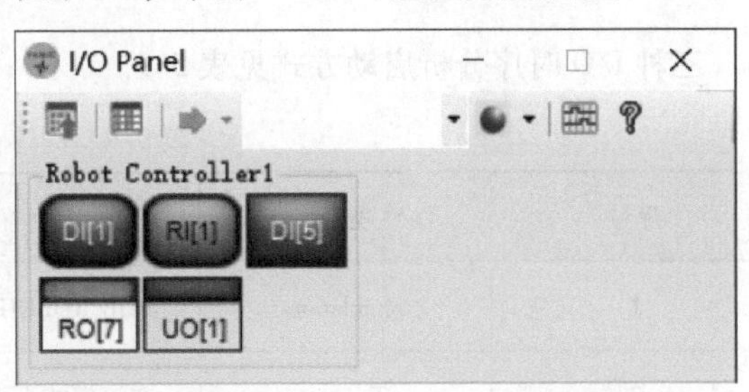

图 5-18　I/O Panel 显示添加 I/O

表 5-8　I/O Panel 按钮功能说明

序号	项目	说　明
1	DI[1]	输入信号为 OFF，该信号与外部设备连接，其状态由 Machine 中的 Link 或外围设备确定，不可修改
2	RI[1]	输入信号为 ON，其余同上
3	DI[5]	输入信号为 OFF，但该信号未与外围设备连接，可手动设置其状态
4	RO[7]	输出信号为 ON，单击该按钮状态取反
5	UO[1]	输出信号为 OFF，单击该按钮状态取反

4）信号状态快速恢复：调试过程中，单击按钮保存当前所有信号状态；单击按钮选择已保存状态，可恢复指定信号状态；单击按钮，则可对已保存状态进行重命名或删除等操作，如图 5-19 所示。

5）信号时序分析：单击按钮可分析虚拟工业机器人 I/O 时序，如图 5-20 所示。

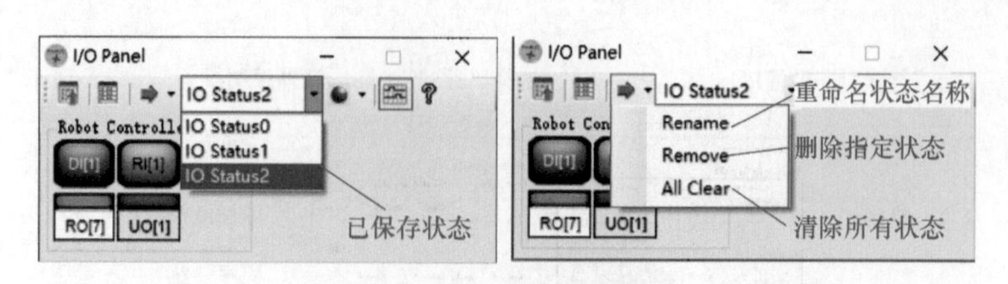

图 5-19　信号状态更改

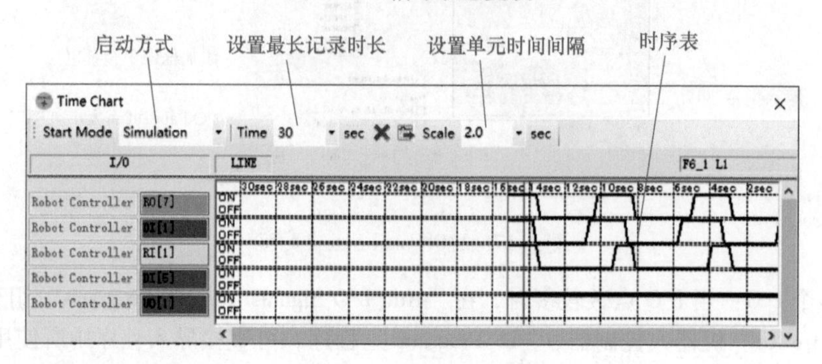

图 5-20　I/O 时序分析图

三种 I/O 时序分析启动方式见表 5-9。

表 5-9　时序分析启动方式

序号	项目	说　明
1	Simulation	单击 ROBOGUIDE 工具栏中 ● ▶ 按钮自动开启 I/O 状态监控分析
2	Trigger	在该模式下设置触发信号，按下 Start 按钮后才开始监控
3	Manual	在该模式下单击 Start 按钮开始及时时序分析

5.1.6 宏指令的应用

在使用机器人 RO 控制内部电磁阀的过程中，需要同时切换两个 RO 的状态。对于此类需要反复运行的程序指令，可使用宏指令将所有的程序指令集合在一起一并执行。

宏指令的应用

宏指令的特点如下：

1）将多条指令作为一个指令运行，所以不可单步调试。

2）最多支持 150 条指令。

3）不支持超过 36 个字母的指令命名。

4）可通过程序调用、示教器手动操作、示教器用户键及 DI/RI/UI 信号指定调用。

以创建 OPEN_CLAW 气动机械手打开宏程序为例，设置步骤如下：

1）创建 TP 程序： 创建如图 5-21 所示气动机械手打开程序，气动机械手关闭程序与之相似，仅 RO［1］和 RO［2］状态与图示相反。

2）设置 TP 程序为宏程序： 单击“SELECT”键后将光标移到“OPEN_CLAW”程序下，依次单击“NEXT”键→“F2　详细”→“2 子类型”→“F4　选择”→“3 Macro”，即将程序设置为宏程序，如图 5-22 所示。

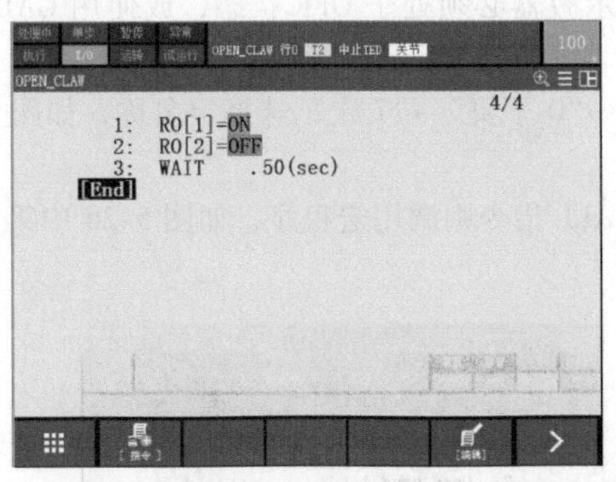

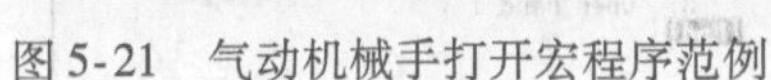
图5-21　气动机械手打开宏程序范例

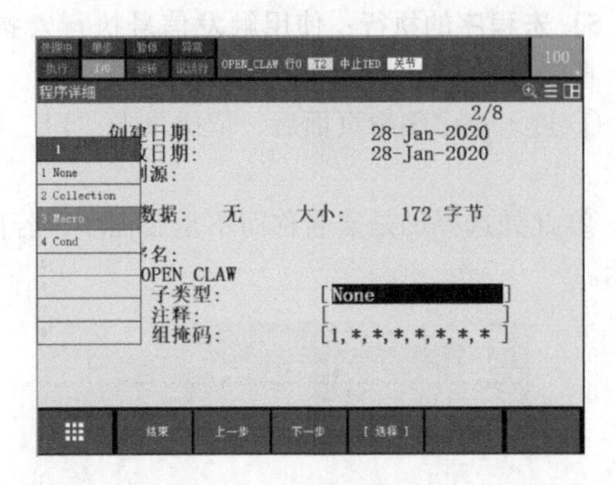

图5-22　宏程序设置

3）设置组掩码：若宏程序中不包含动作指令，可设置组掩码无效。在上述页面下选择“4 组掩码”，将所有参数设置为星号（＊），即可设置动作无效。

4）宏指令运行设定：

① 进入设置页面：依次单击“MENU”键→“6 设置”→“5 宏”进入设置页面。

② 设置宏指令名称：光标移动到指令名称列，按下“ENTER”键修改，此处采用默认名称，如图5-23所示。

③ 绑定宏程序：光标移动到程序列，单击“F4　选择”宏程序。

④ 选择宏程序触发方式：将光标移动到分配列，按下“F4　选择”，如图5-24所示。

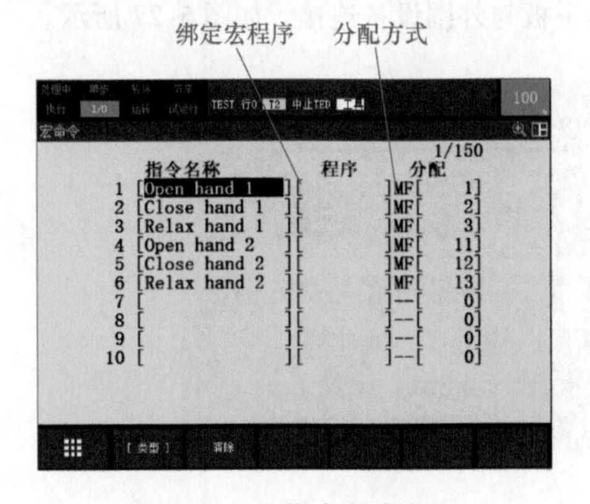

图5-23　宏指令名称设置

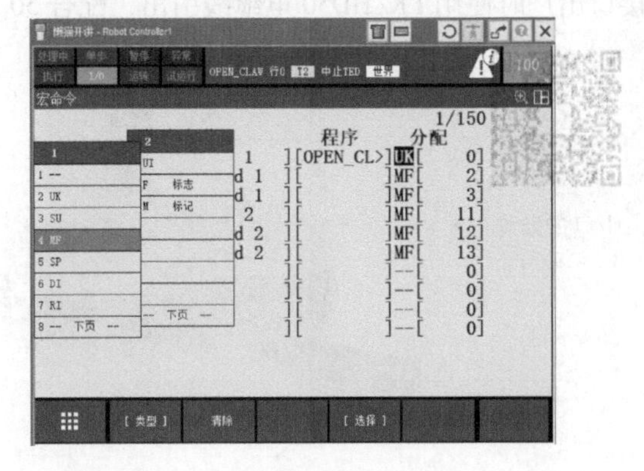

图5-24　宏程序触发方式设置

根据实际情况选择宏程序触发方式，具体含义见表5-10。

表5-10　宏程序触发方式

名称	触发信号	名称	触发信号
—	仅程序调用	SP	暂无法使用
UK	用户键（无法分配动作程序）	DI	数字输入信号
SU	SHIFT +用户键	RI	机器人输入信号
MF	MANUCAL FCTN 手动操作	UI	外部 UI 信号

宏程序触发方式设置页面中，“分配”指所分配的序号，如当 OPEN_CLAW 分配给 SU［1］，同时按下“SHITF”+“TOOL1”两个按键时，可自动执行该宏程序，若分配给 UK 则按键原有功能无法使用。

5）宏程序的执行：使用触发信号执行宏指令时示教器必须处于 OFF 状态，或使用 CALL 指令、直接调用方式执行，过程如下：

① 进入程序编辑页面后，依次单击 “F1　指令”→“0 下页”→“7 宏” 选择宏名称，如图 5-25 所示。

② 此处选择的是宏名称而不是宏程序，若使用 CALL 指令则调用宏程序，如图 5-26 中第 2 行所示。

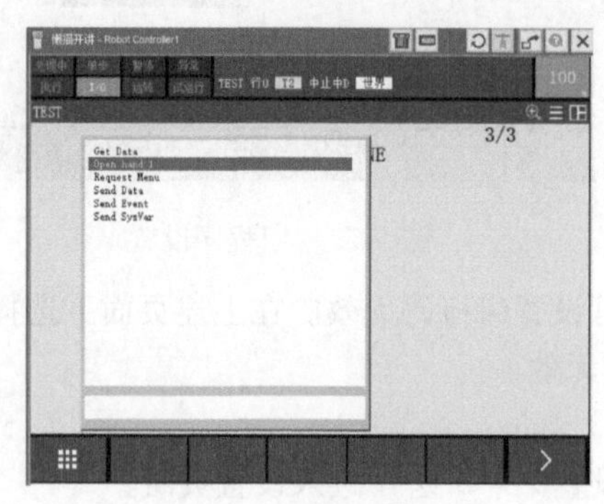

图 5-25　选择宏名称

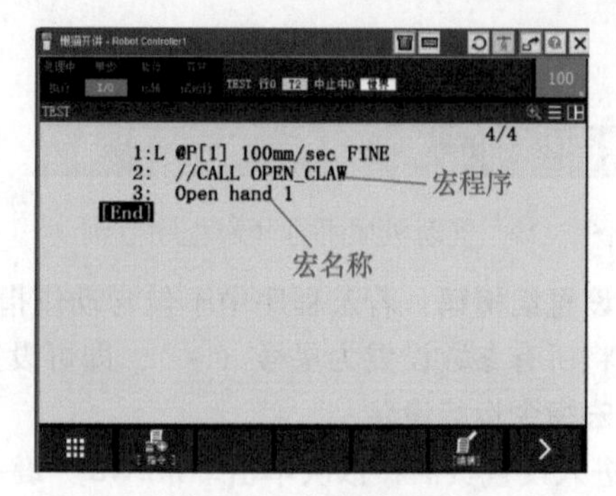

图 5-26　执行宏程序

5.1.7　外围设备接口

主板上 CRMA15 和 CRAM16 两个外围设备接口是工业机器人与外围设备通信的 I/O 接口，该接口出厂时使用 FK/HD50 电缆线引出，配合 50 芯端子板与外围设备连接，如图 5-27 所示。

I/O 的配置

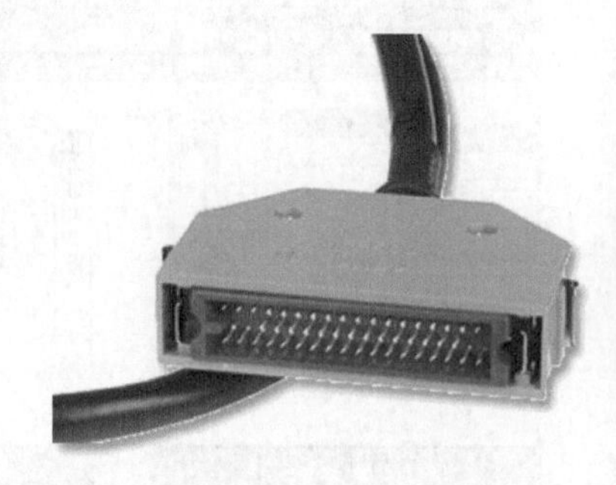

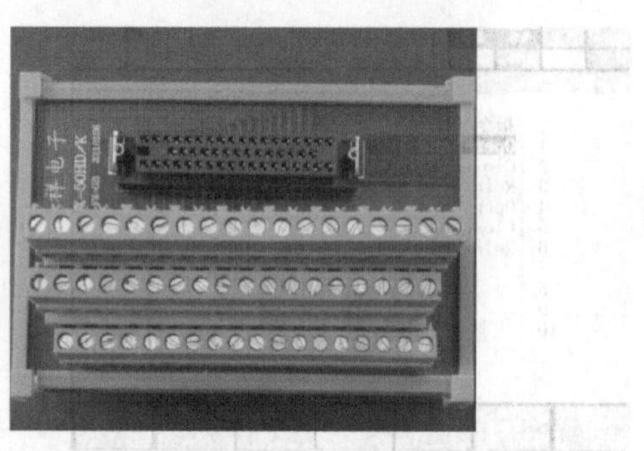

图 5-27　FK/HD50 电缆线及 50 芯端子板

CRAM15 和 CRAM16 上的输入/输出端口功能可自动分配，在应用时可根据实际物理地址连接设备进行配置，其物理地址定义见表 5-11。

外围设备端口分为输入信号（in）、输出信号（out）和电源三部分。其中，24F 端口是工业机器人内部 +24V 电源输出，当有外部电源时可不使用，若与外部 24V 电源并联则易造成 SDI 熔断器熔断（SRVO-220 报警）。0V 端口接电源负极，SDICOM 端口是 SDI 的公用切换信号端口，每一个端口分别控制不同的组别，具体如下：

1）**SDICOM1**：切换 DI101 ~ DI108 的公用。

2）**SDICOM2**：切换 DI109 ~ DI120 的公用。

3）**SDICOM3**：切换 XHOLD、RESET、START、ENBL、PNS1 ~ PNS4 的公用。

例如，当 DI101 ~ DI108 需要设置为高电平有效时，则 SDICOM 端口接 0V。

DOSRC 端口需连接外部 +24V 电源，为单个输出端口提供最大 0.2A 电流，若无外部电源可直接连接 24F 端口，所有相同名称端口其内部相连。

表 5-11　外围设备端口物理地址

CRMA15				CRAM16			
端口序号	端口类别	端口序号	端口类别	端口序号	端口类别	端口序号	端口类别
1	in1	26		1	in21	26	out17
2	in2	27		2	in22	27	out18
3	in3	28		3	in23	28	out19
4	in4	29	0V	4	in24	29	0V
5	in5	30	0V	5	in25	30	0V
6	in6	31	DOSRC1	6	in26	31	DOSRC2
7	in7	32	DOSRC1	7	in27	32	DOSRC2
8	in8	33	out1	8	in28	33	out21
9	in9	34	out2	9		34	out22
10	in10	35	out3	10		35	out23
11	in11	36	out4	11		36	out24
12	in12	37	out5	12		37	
13	in13	38	out6	13		38	
14	in14	39	out7	14		39	
15	in15	40	out8	15		40	
16	in16	41		16		41	out9
17	0V	42		17	0V	42	out10
18	0V	43		18	0V	43	out11
19	SDICOM1	44		19	SDICOM3	44	out12
20	SDICOM2	45		20		45	out13
21		46		21	out20	46	out14
22	in17	47		22		47	out15
23	in18	48		23		48	out16
24	in19	49	24F	24		49	24F
25	in20	50	24F	25		50	24F

5.1.8　I/O 逻辑分配

逻辑地址是在物理地址的基础上分配，一个物理地址可对应多个逻辑地址。在 FANUC 机器人系统中，可将一个逻辑地址分配给一个物理地址，也可不分配任何实际的物理地址，直接由机器人内部系统控制。I/O 中只能通过逻辑地址控制机器人程序中数字 I/O（DO［i］/DI［i］）和外围设备 I/O（UO［i］/UI［i］），建议先分配 UO［i］/UI［i］再分配其他的 I/O 逻辑地址，I/O 逻辑地址分配如图 5-28 所示。

I/O 的配置

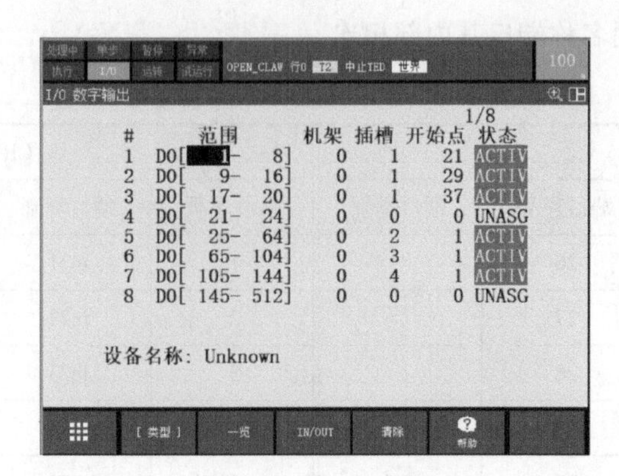

图 5-28 I/O 逻辑地址分配

I/O 逻辑地址分配说明见表 5-12。

表 5-12 I/O 逻辑地址分配说明

符号	功能说明
#	标注当前配置的序号（行号）
范围	所需配置的 I/O 范围，可单个配置或整体配置，建议以字节大小进行配置
机架	定义 I/O 模块的种类： 1）0 表示处理 I/O 印制电路板、I/O 连接设备连接单元 2）1～16 表示 I/O Unit-MODEL A/B 3）32 表示 I/O 连接设备从机接口 4）48 表示 R-30iB Mate 的主板（CRMA15、CRMA16） 5）35 表示由机器人系统内部控制，与实际 I/O 无关
插槽	I/O 模块的编号，R-30iB Mate 主板中该值为 1
开始点	分配的物理端口起始地址。当同时分配多个 I/O 时，注意地址下一个端口的起始地址须手动计算增加，以保证物理地址不会分配给多个逻辑地址，除非是有意为之。分配时不同的机架号和 I/O 类型须分别计算，如机架 35 与机架 48 输入起始地址 1 指向不同的端口，同机架号下的输入起始地址 1 和输出起始地址 1 指向不同的物理端口
状态	当前序号的配置状态，分为以下几种： ACTIV：设置有效，系统正在使用中 UNASG：未分配，该范围的 I/O 点无法使用 PEND：分配正确，但须手动重启之后才生效，变为 ACTIV INVAL：无效分配，属于该范围内的 I/O 不起作用

以工业机器人独立运行控制一个外部电磁阀为例，即在无 PLC 等外部控制设备而由机器人本体 I/O 控制情况下，该外部电磁阀控制信号连接在 out1 端口，其配置步骤如下：

1）选择 I/O 类型：依次单击 TP 示教器上的“I/O”键→“F1 类型”→“3 数字”进入数字 I/O 一览表，如图 5-29 所示。

2）清除配置：单击“F2 分配”进入数字 I/O 分配页面，若之前已配置则可将光标移动到最后一行，然后单击“F4 清除”依次清除不需要的配置信息，如图 5-30 所示。

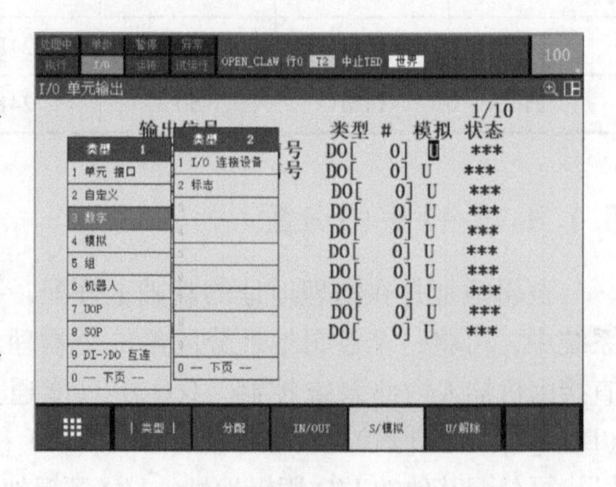

图 5-29 选择 I/O 类型

3）逻辑地址分配：光标移动到“范围”，依次完成如图5-31所示的配置，配置必须重启后生效。

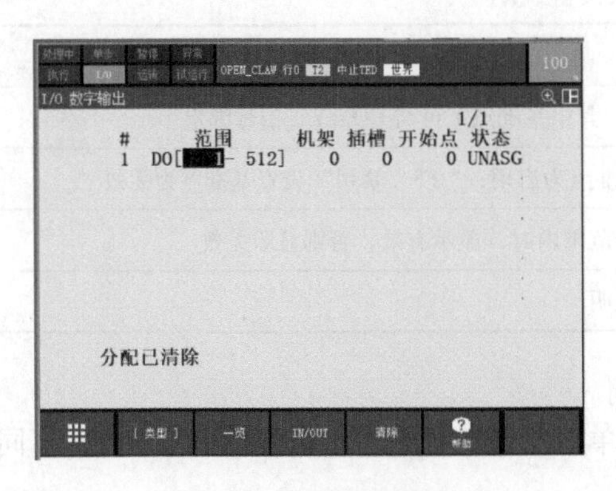

图5-30　清除所有配置

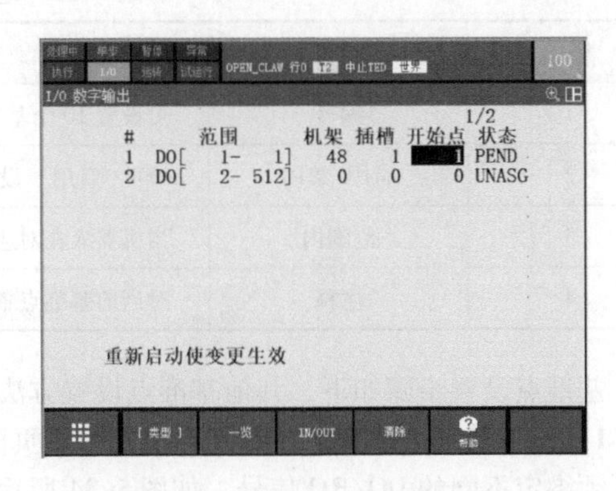

图5-31　DO［1］逻辑地址分配

4）关闭自动分配：若未关闭自动分配功能，则系统重启后将自动分配DO［81-84］及DO［101-120］。关闭自动分配功能须依次单击“MENU”键→“0 下页”→“6 系统”→“2 变量”，修改系统参数“$IO_AUTO_CFG”和“$IO_AUTO_UOP”为“FALSE”，如图5-32所示。

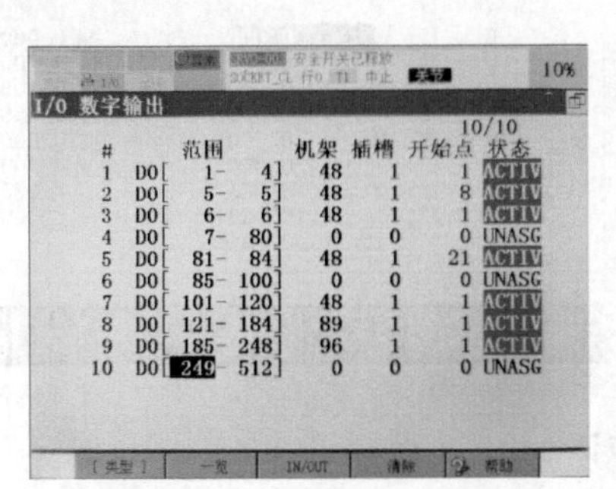

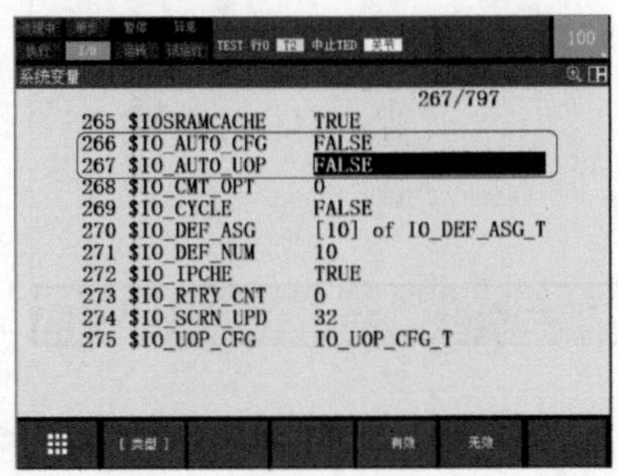

图5-32　I/O自动分配功能及系统参数设置

5.1.9　运行区域判断

当工业机器人运行到指定位置后，绑定信号为逻辑1。当工业机器人从异常中返回安全位置时，可首先根据基准点判断所属区域，以免返回安全点时与外围设备发生碰撞。依次单击“MENU”键→“6 设置”→“6 参考位置”进入基准点设置，如图5-33图所示。

工作状态信号

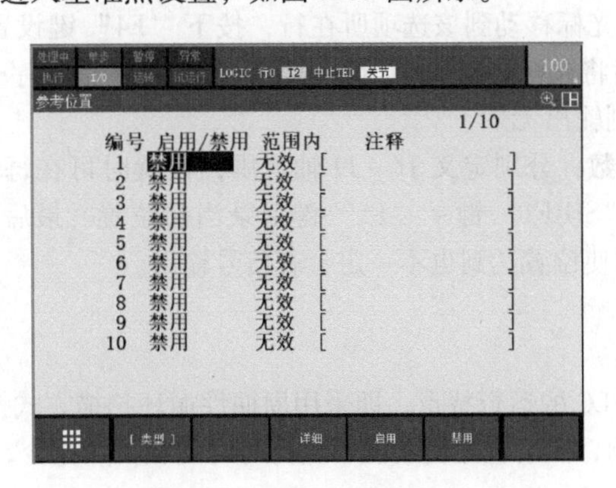

图5-33　基准点设置页面

基准点设置说明见表 5-13。

表 5-13　基准点设置说明

序号	项目	说　明
1	编号	可设置 10 个基准点，其中基准点 1 可与 UO［7］信号绑定
2	启用/禁用	“F4　启用”设置基准点为启用；“ F5　禁用”设置基准点为无效
3	范围内	当机器人在对应编号范围内时，显示有效，否则显示无效
4	注释	对当前基准点备注说明

基准点设置步骤如下，其他基准点设置方法相同。

1）进入基准点设置：在基准点设置一览页面下单击“F3　详细”可设置每个基准点，不同基准点须绑定不同的 DO/RO 信号，如图 5-34 所示。

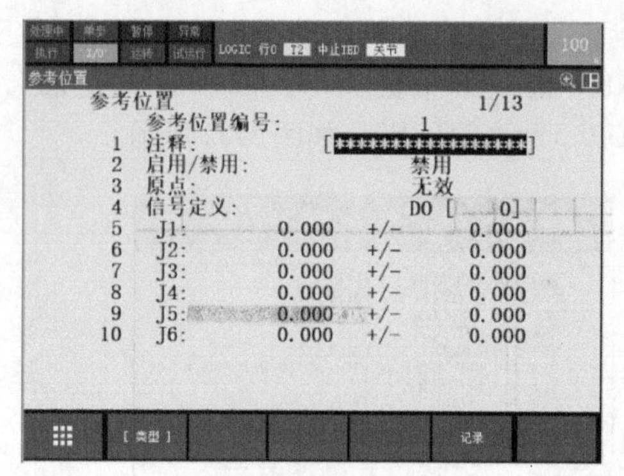

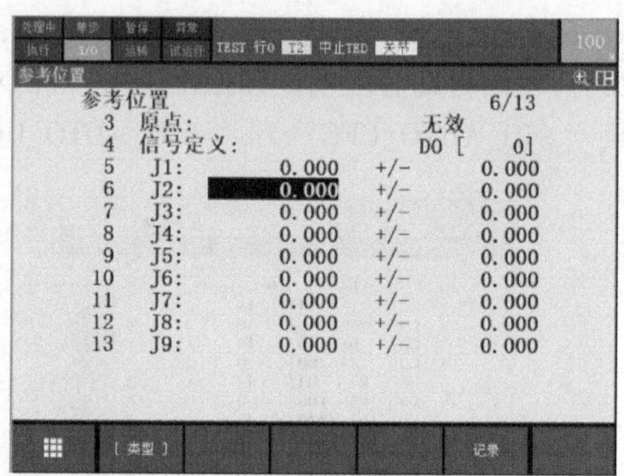

图 5-34　基准点详细设置页面

2）设置基准点注释：将光标移动到注释后的中括号内，按下“ENTER”键即可输入注释备注。

3）设置启用/禁用：光标移动到该选项所在行，按下“F4”键设置为启用，按下“F5”键则设置为禁用。

4）设置原点：原点指远离外围设备的安全点，将光标移动到该选项所在行，按下“F4”键设为有效，按下“F5”键设为无效。

5）设置信号定义：将光标移动到该选项所在行，按下“F4”键设置为 DO 输出，按下“F5”键设置为 RO 输出；确定后将光标移动到中括号内输入所绑定的信号序号，若选择数字 DO 信号，则须先分配逻辑地址，否则输出无效。

6）设置基准点位置参数：分别定义 J1 ~ J9 轴范围，设置时可在每个轴后面手动输入关节位置，也可示教位置后按下“SHIFT”键 + “F5”键记录当前位置。最后填写正负误差值，通常情况下不能设置为 0，否则即使位置达到也不一定会有信号输出。

5.1.10　后台逻辑

后台逻辑功能类似于 PLC 的运行特点，即采用周期性循环扫描方式执行 TP 程序，且该功能不受暂停、急停和报警的影响，但后台逻辑功能不支持与时间相关的指令，如 WAIT 指令，其设置步骤如下：

1）**进入设置页面**：依次单击“MENU”键→“6 设置”→“0 下页”→“3 后台逻辑”。

机器人中的 PLC

2）**绑定后台运行程序**：最多可设置 8 个后台程序，如图 5-35 所示，将光标移动到所要绑定的后台逻辑序号后，单击“F4　选择”，此处须注意所绑定的程序中不能包含动作指令，程序组掩码须全部设置为［＊,＊,＊,＊,＊,＊,＊,＊］，以保证动作指令无效。

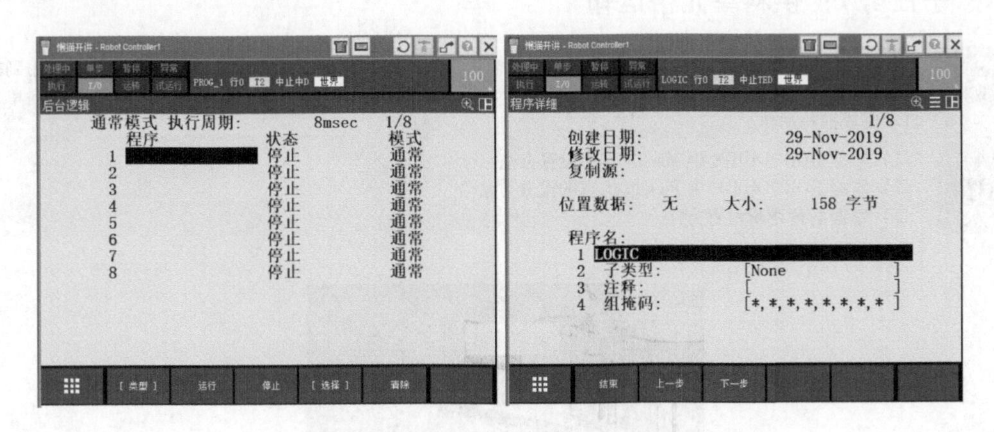

图 5-35　后台运行程序绑定

由于程序是以周期性扫描方式执行的，所以不能使用脉冲指令。

3）**运行模式选择**：后台逻辑程序默认执行周期（ITP）为 8ms，在通常模式下每个 ITP 可扫描 600 条指令，若指令数目超过 600 条则要占用多个 ITP，如程序指令为 1300 条，则需要占据 3 个 ITP 时间，即 24ms。若该逻辑指令较为重要，可设置为优先模式，但该模式下逻辑程序最多 540 行，与通常模式下的程序行数无限制有所区别，且使用优先模式后，通常模式的运行速度也会降低，即先执行优先模式下的逻辑程序，再去执行其他程序。也可通过设置系统变量“$MIX_LOGIC.$ITEM_COUNT”的值来修改 ITP 时间，但指令不要超过 600 条。后台逻辑运行模式设置页面，如图 5-36 所示。

4）**运行程序**：按下“F2　运行”和“F3　停止”可控制后台逻辑程序的运行状态，当程序处于运行状态时，机器人重启后可自动运行，但处于运行状态的后台逻辑程序无法修改，否则将显示“MEMO-093 指定程序使用中”。程序运行状态如图 5-37 所示。

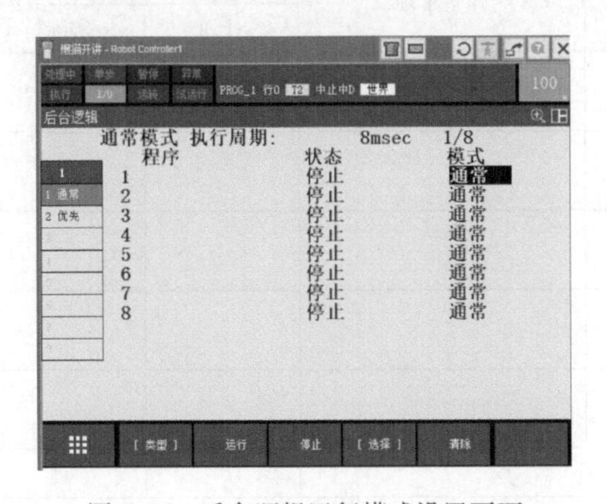

图 5-36　后台逻辑运行模式设置页面

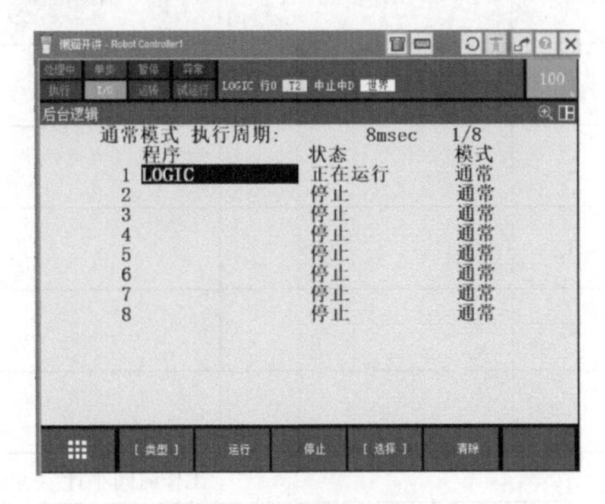

图 5-37　程序运行状态

5.2 计划与决策

本项目采用专家法组织教学，领取相同子任务的原始组成员，在规定时间内组合成专家组并完成对应子任务，完成后再回到各自原始组继续完成决策任务。

5.2.1 子任务1：供料单元带运输

任务要求	在 ROBOGUIDE 中设置供料单元，使用 Link 模块实现方形物料由推料气缸推出，并通过带轮运输到指定位置，再由真空吸盘吸取搬运，如图 5-38 所示。工业机器人吸取方形物料后，若料仓不为空，供料单元将自动完成推料动作
任务目标	1）掌握 ROBOGUIDE 中 Machines 的设置方法 2）掌握 ROBOGUIDE 中 Pickup 仿真的设置方法 3）掌握后台逻辑设置方法

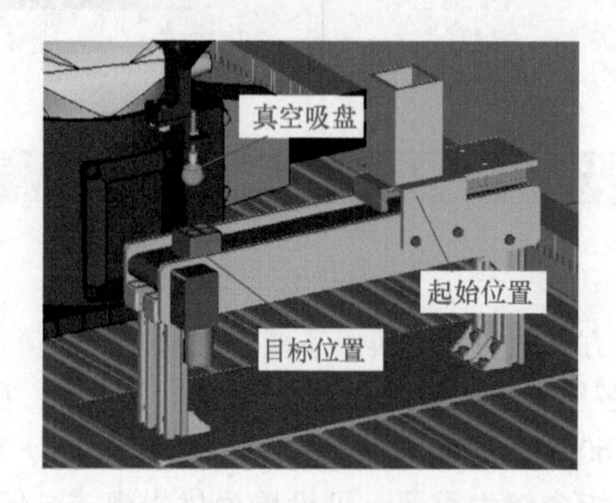

图 5-38 供料单元带运输仿真示意图

1. 制订工作计划

专家组根据任务要求讨论制订工作计划，并完成表 5-14。

表 5-14 专家组工作计划表

<table>
<tr><th colspan="7">专家组工作计划表</th></tr>
<tr><td>原始组号</td><td></td><td>工作台位</td><td></td><td>制订日期</td><td colspan="2"></td></tr>
<tr><td rowspan="2">序号</td><td rowspan="2">工作步骤</td><td rowspan="2">辅助准备</td><td rowspan="2" colspan="2">注意事项</td><td colspan="2">工作时间/min</td></tr>
<tr><td>计划</td><td>实际</td></tr>
<tr><td>1</td><td></td><td></td><td colspan="2"></td><td></td><td></td></tr>
<tr><td>2</td><td></td><td></td><td colspan="2"></td><td></td><td></td></tr>
<tr><td>3</td><td></td><td></td><td colspan="2"></td><td></td><td></td></tr>
<tr><td>4</td><td></td><td></td><td colspan="2"></td><td></td><td></td></tr>
<tr><td>5</td><td></td><td></td><td colspan="2"></td><td></td><td></td></tr>
<tr><td colspan="5">工作时间小计</td><td></td><td></td></tr>
<tr><td colspan="2">全体专家组成员签字</td><td colspan="5"></td></tr>
</table>

2. 任务实施

（1）Link 模块设置　在供料单元“Machines”中添加合适的 Link 模块，以模拟气缸推出及带运输效果，注意所添加的 Link 模块不能影响供料单元的外观显示，并完成表5-15 和表5-16。

表 5-15　运输带 Link 仿真设置一览

<table>
<tr><th colspan="6">运输带 Link 仿真设置一览</th></tr>
<tr><td>原始组号</td><td></td><td>专家组任务序号</td><td></td><td>记录人</td><td></td></tr>
<tr><th>设置项目</th><th colspan="5">设置参数</th></tr>
<tr><td>Link 控制方式</td><td colspan="5">○Device I/O Controlled　○Servo Motor Controlled</td></tr>
<tr><td>Axis Type</td><td colspan="5">○Rotary　○Linear</td></tr>
<tr><td rowspan="5">输出控制</td><td>I/O 标签</td><td colspan="2">值</td><td colspan="2">位置</td></tr>
<tr><td></td><td colspan="2"></td><td colspan="2"></td></tr>
<tr><td></td><td colspan="2"></td><td colspan="2"></td></tr>
<tr><td></td><td colspan="2"></td><td colspan="2"></td></tr>
<tr><td></td><td colspan="2"></td><td colspan="2"></td></tr>
<tr><td rowspan="4">输入信号</td><td>I/O 标签</td><td colspan="2">值</td><td colspan="2">位置</td></tr>
<tr><td></td><td colspan="2"></td><td colspan="2"></td></tr>
<tr><td></td><td colspan="2"></td><td colspan="2"></td></tr>
<tr><td></td><td colspan="2"></td><td colspan="2"></td></tr>
<tr><td rowspan="2">Part 仿真设置
名称：________</td><td>○允许抓取时间</td><td colspan="2">○允许放置时间</td><td colspan="2">仿真信号</td></tr>
<tr><td></td><td colspan="2"></td><td colspan="2"></td></tr>
</table>

表 5-16　推料气缸 Link 仿真设置一览

<table>
<tr><th colspan="6">推料气缸 Link 仿真设置一览</th></tr>
<tr><td>原始组号</td><td></td><td>专家组任务序号</td><td></td><td>记录人</td><td></td></tr>
<tr><th>设置项目</th><th colspan="5">设置参数</th></tr>
<tr><td>Link 控制方式</td><td colspan="5">○Device I/O Controlled　○Servo Motor Controlled</td></tr>
<tr><td>Axis Type</td><td colspan="5">○Rotary　○Linear</td></tr>
<tr><td rowspan="3">输出信号</td><td>I/O 标签</td><td colspan="2">值</td><td colspan="2">位置</td></tr>
<tr><td></td><td colspan="2"></td><td colspan="2"></td></tr>
<tr><td></td><td colspan="2"></td><td colspan="2"></td></tr>
<tr><td rowspan="3">输入信号</td><td>I/O 标签</td><td colspan="2">值</td><td colspan="2">位置</td></tr>
<tr><td></td><td colspan="2"></td><td colspan="2"></td></tr>
<tr><td></td><td colspan="2"></td><td colspan="2"></td></tr>
<tr><td rowspan="2">Part 仿真设置
名称：________</td><td>○抓取时间</td><td colspan="2">○放置时间</td><td colspan="2">仿真信号</td></tr>
<tr><td></td><td colspan="2"></td><td colspan="2"></td></tr>
</table>

（2）真空吸盘机械手仿真设置　在 ROBOGUIDE 中完成对吸盘工具的工具坐标系示教，并将参数填入表5-17。

表 5-17　真空吸盘机械手仿真设置一览

<table>
<tr><th colspan="7">真空吸盘机械手仿真设置一览</th></tr>
<tr><td>原始组号</td><td></td><td colspan="2">专家组任务序号</td><td></td><td>记录人</td><td></td></tr>
<tr><td colspan="2">工具坐标系序号</td><td colspan="2">Part 仿真名称</td><td colspan="3"></td></tr>
<tr><td>坐标参数</td><td>X 值/mm</td><td>Y 值/mm</td><td>Z 值/mm</td><td>W 值/(°)</td><td>P 值/(°)</td><td>R 值/(°)</td></tr>
<tr><td>参数值</td><td></td><td></td><td></td><td></td><td></td><td></td></tr>
</table>

（3）程序设计及示教　根据任务要求及上述设置编写程序并示教，将真空吸盘仿真程序填入

表5-18，TP 程序填入表5-19。

表 5-18　真空吸盘机械手仿真程序

真空吸盘机械手仿真程序					
原始组号		专家组任务序号		记录人	
行号	Drop 放置程序		Pickup 抓取程序		
	程序名		程序名		
1	Drop		Pickup		
2	From		From		
3	On		With		

表 5-19　TP 程序

供料单元带运输控制程序设计及示教					
原始组号		专家组任务序号		记录人	
行号	代　码	行号	代　码		
1		16			
2		17			
3		18			
4		19			
5		20			
6		21			
7		22			
8		23			
9		24			
10		25			
11		26			
12		27			
13		28			
14		29			
15		30			

（4）设置后台逻辑程序　修改上述程序使之满足后台逻辑控制条件，并填入表5-20。

表 5-20　后台逻辑程序设计及设置

后台逻辑程序设计及设置					
原始组号		专家组任务序号		记录人	
行号	代　码	行号	代　码		
1		6			
2		7			
3		8			
4		9			
5		10			

3. 任务检查

验证工作计划及执行结果是否满足表5-21 中的要求，若满足则勾选“是”，反之勾选“否”，分析原因并记录在表5-22 中。

表5-21　专家组项目检查

序号	任务检查点	小组自我检查	
1	设置供料单元中运输带 Link 为不可见方式	○是	○否
2	所搬运的工件物料 Part 仅在运输带 Link 中勾选	○是	○否
3	设置气缸推杆 Link 和运输带 Link 控制方式为 I/O 控制	○是	○否
4	设置气缸推杆 Link 和运输带 Link 为线性运动	○是	○否
5	设置运输带 Link 位置为多阶段控制方式	○是	○否
6	真空吸盘机械手工具坐标系设置为 Z 轴与吸盘中心轴重合	○是	○否
7	运输带 Link 中 Part 方向与真空吸盘抓取时 Part 方向一致	○是	○否
8	设置真空吸盘 Part 仿真为可 Pickup	○是	○否
9	按下工具栏中 按钮，真空吸盘上显示工件物料 Part 模块	○是	○否
10	设置 Pickup 仿真程序	○是	○否
11	程序运行时工件物料推出后推料气缸回退但工件物料继续前进	○是	○否
12	工件物料运输到位后工业机器人吸取该 Part 模块，Link 上的 Part 模块消失	○是	○否
13	单击工具栏上 ▶ 按钮可实现物料运输及抓取仿真演示	○是	○否
14	设置为后台逻辑后程序可正常运行	○是	○否

表5-22　专家组阶段工作记录表

专家组阶段工作记录表					
原始组号		专家组任务序号		记录人	
序号	问题现象描述	原因分析及处理方法			
1					
2					
3					
4					
5					

5.2.2　子任务2：气动机械手离线仿真

任务要求	以 Link 方式实现气动机械手动作，实现立体仓库中物料盒搬运仿真，如图5-39所示。将控制气动机械手开闭的机器人 I/O 程序设置为宏程序，分析宏程序的执行特点
任务目标	1）掌握 ROBOGUIDE 中 Tooling 的 Link 设置方法 2）掌握 ROBOGUIDE 中 Pickup 和 Drop 仿真的设置方法 3）掌握宏指令设置使用方法

图5-39　气动机械手搬运仿真示意图

1. 制订工作计划

专家组根据任务要求讨论制订工作计划，并完成表5-23。

表5-23　专家组工作计划表

<table>
<tr><th colspan="7">专家组工作计划表</th></tr>
<tr><td colspan="2">原始组号</td><td>工作台位</td><td></td><td>制订日期</td><td colspan="2"></td></tr>
<tr><td rowspan="2">序号</td><td rowspan="2">工作步骤</td><td rowspan="2">辅助准备</td><td rowspan="2">注意事项</td><td colspan="2">工作时间/min</td></tr>
<tr><td>计划</td><td>实际</td></tr>
<tr><td>1</td><td></td><td></td><td></td><td></td><td></td></tr>
<tr><td>2</td><td></td><td></td><td></td><td></td><td></td></tr>
<tr><td>3</td><td></td><td></td><td></td><td></td><td></td></tr>
<tr><td>4</td><td></td><td></td><td></td><td></td><td></td></tr>
<tr><td>5</td><td></td><td></td><td></td><td></td><td></td></tr>
<tr><td colspan="4">工作时间小计</td><td></td><td></td></tr>
<tr><td colspan="2">全体专家组成员签字</td><td colspan="4"></td></tr>
</table>

2. 任务实施

（1）Link 模块设置　为气动机械手添加 Link 夹爪后完成工具坐标系示教，并设置 Link 夹爪“Motion”选项卡，完成表5-24和表5-25。

表5-24　Link 左夹爪仿真设置一览

<table>
<tr><th colspan="4">Link 左夹爪仿真设置一览</th></tr>
<tr><td>原始组号</td><td>专家组任务序号</td><td colspan="2">记录人</td></tr>
<tr><td>设置项目</td><td colspan="3">设置参数</td></tr>
<tr><td>Link 控制方式</td><td colspan="3">○Device I/O Controlled　○Servo Motor Controlled</td></tr>
<tr><td>Axis Type</td><td colspan="3">○Rotary　○Linear</td></tr>
<tr><td rowspan="5">输出信号</td><td>I/O 标签</td><td>值</td><td>位置</td></tr>
<tr><td></td><td></td><td></td></tr>
<tr><td></td><td></td><td></td></tr>
<tr><td></td><td></td><td></td></tr>
<tr><td></td><td></td><td></td></tr>
<tr><td rowspan="3">输入信号</td><td>I/O 标签</td><td>值</td><td>位置</td></tr>
<tr><td></td><td></td><td></td></tr>
<tr><td></td><td></td><td></td></tr>
</table>

表5-25 Link右夹爪仿真设置一览

<table>
<tr><th colspan="6">Link右夹爪仿真设置一览</th></tr>
<tr><td>原始组号</td><td></td><td>专家组任务序号</td><td></td><td>记录人</td><td></td></tr>
<tr><td>设置项目</td><td colspan="5">设置参数</td></tr>
<tr><td>Link控制方式</td><td colspan="5">○Device I/O Controlled ○Servo Motor Controlled</td></tr>
<tr><td>Axis Type</td><td colspan="5">○Rotary ○Linear</td></tr>
<tr><td rowspan="5">输出信号</td><td colspan="2">I/O标签</td><td colspan="2">值</td><td>位置</td></tr>
<tr><td colspan="2"></td><td colspan="2"></td><td></td></tr>
<tr><td colspan="2"></td><td colspan="2"></td><td></td></tr>
<tr><td colspan="2"></td><td colspan="2"></td><td></td></tr>
<tr><td colspan="2"></td><td colspan="2"></td><td></td></tr>
</table>

(2) 气动机械手仿真设置 在ROBOGUIDE中完成对气动机械手工具的工具坐标系示教，并将参数填入表5-26。

表5-26 气动机械手仿真设置一览

<table>
<tr><th colspan="7">气动机械手仿真设置一览</th></tr>
<tr><td>原始组号</td><td colspan="2"></td><td colspan="2">专家组任务序号</td><td>记录人</td><td></td></tr>
<tr><td colspan="3">工具坐标系序号：</td><td colspan="2">Part仿真名称：</td><td colspan="2"></td></tr>
<tr><td>坐标参数</td><td>X值/mm</td><td>Y值/mm</td><td>Z值/mm</td><td>W值/(°)</td><td>P值/(°)</td><td>R值/(°)</td></tr>
<tr><td>参数值</td><td></td><td></td><td></td><td></td><td></td><td></td></tr>
</table>

(3) 立体仓库仿真设置 在ROBOGUIDE中完成立体仓库物料盒的仿真设置，并将参数填入表5-27。

表5-27 立体仓库仿真设置一览

<table>
<tr><th colspan="4">立体仓库仿真设置一览</th></tr>
<tr><td>原始组号</td><td>专家组任务序号</td><td>记录人</td><td></td></tr>
<tr><td rowspan="2">Part仿真设置
名称：______</td><td>○允许抓取时间</td><td>○允许放置时间</td><td>仿真信号</td></tr>
<tr><td></td><td></td><td></td></tr>
</table>

(4) 程序设计及示教 根据任务要求及上述设置编写程序并示教，并将气动机械手宏程序填入表5-28，仿真程序填入表5-29，TP程序填入表5-30。

表5-28 气动机械手宏程序

<table>
<tr><th colspan="4">气动机械手宏程序</th></tr>
<tr><td>原始组号</td><td>专家组任务序号</td><td>记录人</td><td></td></tr>
<tr><td colspan="2">气动机械手打开宏程序</td><td colspan="2">气动机械手关闭宏程序</td></tr>
<tr><td>宏指令名称</td><td></td><td>宏指令名称</td><td></td></tr>
<tr><td>TP程序名</td><td></td><td>TP程序名</td><td></td></tr>
<tr><td>1</td><td></td><td>1</td><td></td></tr>
<tr><td>2</td><td></td><td>2</td><td></td></tr>
<tr><td>3</td><td></td><td>3</td><td></td></tr>
</table>

表 5-29 气动机械手仿真程序

气动机械手仿真程序					
原始组号		专家组任务序号		记录人	

行号	Drop 放置程序		Pickup 抓取程序	
	程序名		程序名	
1	Drop		Pickup	
2	From		From	
3	On		With	

表 5-30 TP 程序

立体仓库搬运程序设计及示教					
原始组号		专家组任务序号		记录人	

行号	代　　码	行号	代　　码
1		11	
2		12	
3		13	
4		14	
5		15	
6		16	
7		17	
8		18	
9		19	
10		20	

3. 任务检查

验证工作计划及执行结果是否满足表 5-31 中的要求，若满足则勾选“是”，反之勾选“否”，分析原因并记录在表 5-32 中。

表 5-31 专家组项目检查

序号	任务检查点	小组自我检查	
1	左右 Link 夹爪控制方式均为 I/O 控制线性运动	○是	○否
2	左右 Link 夹爪在“Motion”选项卡下单击“Test”键时 Link 夹爪夹紧	○是	○否
3	左右 Link 夹爪使用 RO [1]/RO [2] 组合控制位置	○是	○否
4	按下工具栏中 按钮气动机械手上只显示一个物料盒 Part	○是	○否
5	立体仓库中的物料盒 Part 仿真勾选“Pick”和“Drop”	○是	○否
6	设置宏指令程序类型为“Marco”	○是	○否
7	宏指令可单步调试	○是	○否
8	TP 程序中同时调用宏指令和仿真程序	○是	○否
9	TP 程序仿真运行时 Link 夹爪可运动且物料盒正常显示	○是	○否
10	TP 程序仿真运行时可实现物料盒在立体仓库中的搬运	○是	○否

表 5-32　专家组阶段工作记录表

专家组阶段工作记录表					
原始组号		专家组任务序号		记录人	

序号	问题现象描述	原因分析及处理方法
1		
2		
3		
4		
5		

5.2.3　子任务3：异常位置回原点

任务要求	在工程文件中添加加工模块底座，并设置物料托盘为旋转方式运动Link模块，如图5-40所示。工业机器人控制物料托盘旋转90°后，加工模块中的传感器检测运行到位，工业机器人吸取物料盖后与物料盒组装。系统恢复运行回到安全点过程中，机器人会处于不同位置，设置工业机器人在物料盖支架附近的姿态为区域1，物料托盘上方为区域2，程序运行时须先判定工业机器人所处位置姿态，再回到原点待命，避免恢复时出现碰撞
任务目标	1）掌握Link旋转控制设置方法 2）掌握基准点区域判断方法

1. 制订工作计划

专家组根据任务要求讨论制订工作计划，并完成表5-33。

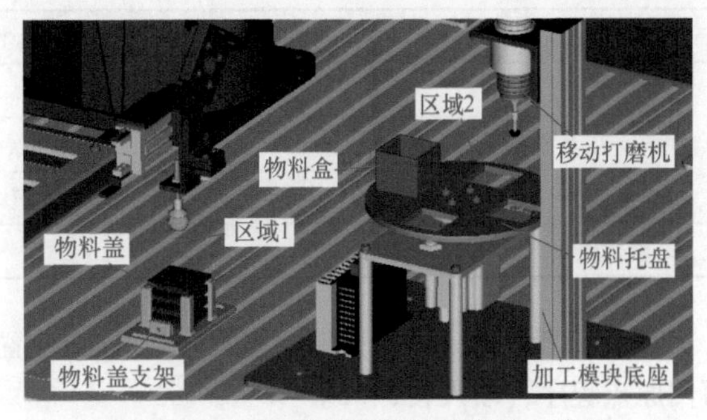

图 5-40　加工模块及物料盖支架示意图

表 5-33　专家组工作计划表

专家组工作计划表						
原始组号		工作台位		制订日期		
序号	工作步骤	辅助准备	注意事项	工作时间/min		
				计划	实际	
1						
2						
3						
4						
5						
工作时间小计						
全体专家组成员签字						

2. 任务实施

（1）设置 Link 旋转控制　在加工模块“Machines”中添加物料托盘 Link 模块，并在表 5-34 中填入相关参数设置。

表 5-34　物料托盘 Link 仿真设置一览

物料托盘 Link 仿真设置一览					
原始组号		专家组任务序号		记录人	
设置项目	设置参数				
Link 控制方式	○Device I/O Controlled　○Servo Motor Controlled				
Axis Type	○Rotary　○Linear				
输出信号	I/O 标签	值	位置		
输入信号	I/O 标签	值	位置		
Part 仿真设置 名称：______	○允许抓取时间	○允许放置时间	仿真信号		

（2）工具坐标系示教　完成真空吸盘的工具坐标系示教，并将参数填入表 5-35。

表 5-35　真空吸盘工具坐标系一览

真空吸盘工具坐标系一览						
原始组号		专家组任务序号		记录人		
工具坐标系序号						
坐标参数	X 值/mm	Y 值/mm	Z 值/mm	W 值/(°)	P 值/(°)	R 值/(°)
参数值						

（3）位置基准点设置及回原点程序　分别设置区域 1 和区域 2 基准点，并根据基准点状态编写回原点程序，填入表 5-36。

表 5-36　基准点设置一览

基准点设置一览					
原始组号		专家组任务序号		记录人	
参考位置编号					
启用/禁用状态					
信号定义					
误差设置	J1	+/−		+/−	
	J2	+/−		+/−	
	J3	+/−		+/−	
	J4	+/−		+/−	
	J5	+/−		+/−	
	J6	+/−		+/−	

（4）真空吸盘仿真程序设置　根据任务要求设置真空吸盘仿真程序，设置 DO［4］为真空吸盘控制信号，并填入表 5-37。

表5-37 真空吸盘仿真程序

真空吸盘仿真程序					
原始组号		专家组任务序号		记录人	
行号	Drop 放置程序			Pickup 抓取程序	
	程序名			程序名	
1	Drop			Pickup	
2	From			From	
3	On			With	

（5）搬运程序示教 完成控制物料托盘旋转并抓取物料盒的TP程序，并填入表5-38。

表5-38 TP程序

物料托盘旋转及抓取程序设计及示教			
原始组号		专家组任务序号	记录人
行号	代 码	行号	代 码
1		16	
2		17	
3		18	
4		19	
5		20	
6		21	
7		22	
8		23	
9		24	
10		25	
11		26	
12		27	
13		28	
14		29	
15		30	

3. 任务检查

验证工作计划及执行结果是否满足表5-39中的要求，若满足则勾选“是”，反之勾选“否”，分析原因并记录在表5-40中。

表5-39 专家组项目检查

序号	任务检查点	小组自我检查	
1	物料托盘设置为Rotary运动模式	○是	○否
2	物料托盘中心轴与Motion电动机Z轴同轴	○是	○否
3	Rotary运动模式下设置物料托盘Link旋转角度为90°	○是	○否
4	设置物料托盘位置反馈信号	○是	○否
5	示教真空吸盘工具坐标系	○是	○否
6	物料托盘Link同时添加物料盒和物料盖两个Part模块	○是	○否
7	基准点信号定义与其他控制信号不重复	○是	○否
8	基准点设置为有效	○是	○否
9	基准点位置误差不为0	○是	○否
10	回安全点程序先判断基准点信号状态	○是	○否
11	可从不同区域设定回安全点路径	○是	○否
12	运行程序可实现旋转物料托盘后为物料盒装配物料盖	○是	○否

表 5-40　专家组阶段工作记录表

专家组阶段工作记录表					
原始组号		专家组任务序号		记录人	
序号	问题现象描述		原因分析及处理方法		
1					
2					
3					
4					
5					

5.2.4　子任务 4：外围设备 I/O 控制

任务要求	通过配置实体工业机器人数字端口逻辑地址，可实现工业机器人根据物料盖支架中的供料情况，完成与物料盒的组装动作，其中物料盒随机放置在立体仓库顶端的物料盒 1 或者物料盒 2 位置，如图 5-41 所示
任务目标	1）掌握工业机器人外围设备端口电气连接方法 2）掌握工业机器人数字 I/O 逻辑地址分配方法

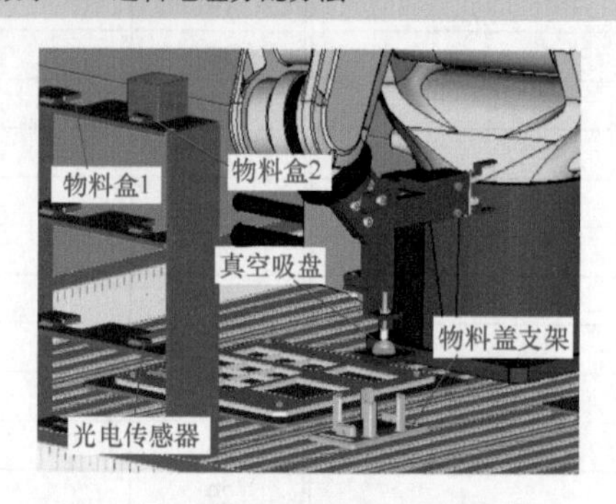

图 5-41　物料盖安装示意图

1. 制订工作计划

专家组根据任务要求讨论制订工作计划，并完成表 5-41。

表 5-41　专家组工作计划表

专家组工作计划表						
原始组号		工作台位		制订日期		
序号	工作步骤	辅助准备	注意事项	工作时间/min		
				计划	实际	
1						
2						
3						
4						
5						
工作时间小计						
全体专家组成员签字						

2. 任务实施

（1）气动回路连接　更换机械手配件，并按图 5-42 完成气动回路连接。

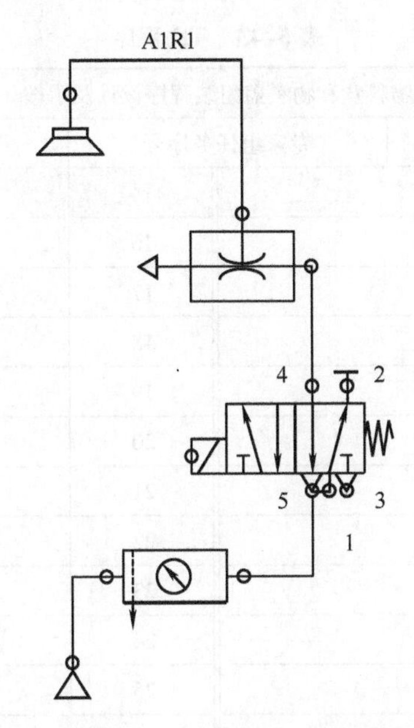

图 5-42　气动回路参考图

（2）外围设备连接及 I/O 地址逻辑分配　根据现场所使用的电磁阀及传感器完成与工业机器人的 I/O 连接，并在示教器中分配其逻辑地址，完成后将设置参数填入表 5-42。

表 5-42　工业机器人外围端口 I/O 分配一览表

工业机器人外围端口 I/O 分配一览表					
原始组号		专家组任务序号		制订日期	
外部接口选择		端口序号	物理端口	连接对象	电缆颜色
○CRMA15　○CRMA16					
○CRMA15　○CRMA16					
○CRMA15　○CRMA16					
○CRMA15　○CRMA16					
○CRMA15　○CRMA16					
○CRMA15　○CRMA16					
固定端口配置					
端口名称	配置信号	端口名称	配置信号	端口名称	配置信号
SDICOM1		SDICOM2		SDICOM3	
DOSRC1		DOSRC2			
工业机器人 I/O 分配					
I/O 类别	I/O 范围	机架号	槽位号	起始地址	说明

注：工业机器人独立运行时，可使用 CRMA15/16 中 24F 端口对外提供电源，并将 DOSRC、SDICOM 与 24F 连接，实现端口有效电平配置及数字 DO 对外输出信号。

（3）物料盒和物料盖组装程序设计及示教　完成物料盒和物料盖组装程序设计及示教，并填入表5-43。

表5-43　TP程序

物料盒和物料盖组装程序设计及示教			
原始组号		专家组任务序号		记录人	

行号	代　码	行号	代　码
1		16	
2		17	
3		18	
4		19	
5		20	
6		21	
7		22	
8		23	
9		24	
10		25	
11		26	
12		27	
13		28	
14		29	
15		30	

3. 任务检查

验证工作计划及执行结果是否满足表5-44中的要求，若满足则勾选“是”，反之勾选“否”，分析原因并记录在表5-45中。

表5-44　专家组项目检查

序号	任务检查点	小组自我检查	
1	更换机械手真空吸盘配件后不松动	○是	○否
2	气源设置为0.5MPa，手动按下电磁阀后吸盘可吸住物料盖	○是	○否
3	SIDCOM1/2/3连接CRMA15/16中的24F端口	○是	○否
4	DOSRC1、DOSRC2连接CRMA15/16中的24F端口	○是	○否
5	电磁阀控制信号连接CRMA15/16接口的out端口	○是	○否
6	传感器输出信号连接CRMA15/16接口中in端口	○是	○否
7	设备通电前检查CRMA15/16接口中0V端口与24F端口未短路	○是	○否
8	配置数字DO且重启后可手动控制外部电磁阀	○是	○否
9	配置数字DI且重启后可接收传感器信号	○是	○否
10	关闭系统自动I/O分配（DO［81-84］及DO［101-120］未自动分配）	○是	○否
11	执行TP程序可在立体仓库中搬运物料盒，完成后回到安全点	○是	○否
12	完成现场整理	○是	○否

表5-45　专家组阶段工作记录表

专家组阶段工作记录表					
原始组号		专家组任务序号		记录人	

序号	问题现象描述	原因分析及处理方法
1		
2		
3		
4		
5		

5.2.5　决策任务：零部件组装站位安装调试

任务要求	在ROBOGUIDE中设置调试零部件组装模拟仿真，确定无误后安装配置实体工业机器人外围设备端口，实现工业机器人与供料单元、加工模块和立体仓库的I/O通信，如图5-43所示，其工作过程及任务要求如下 1）工业机器人从立体仓库中抓取物料盒放在加工模块上 2）加工模块旋转90°后，电容传感器检测物料盒是否反置，正确则继续旋转，若反置则报警。旋转到移动打磨位置后，直流减速电动机控制移动打磨机下降并打磨，打磨3s后停止打磨并上升，物料托盘继续旋转90° 3）供料单元根据料仓状态自动推料，工业机器人自动吸取供料单元工件物料后，放置在加工模块上的物料盒中 4）工业机器人吸取物料盒盖支架中的物料盖装配到物料盒上，完成后将物料盒一起送回到立体仓库中，重复循环至缺料
任务目标	1）掌握工业机器人外围设备端口的配置 2）掌握工业机器人I/O控制方法 3）掌握工业机器人异常处理的基本方法

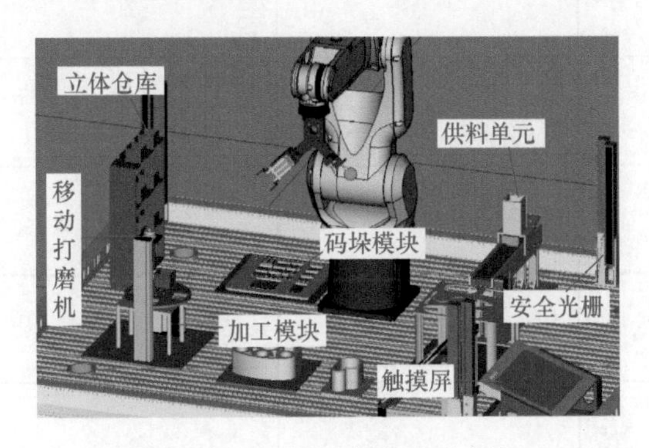

图5-43　工件组装流程示意图

1. 专家组任务交流

原始组小组成员介绍完各自在专家组阶段所完成的任务后，解答表5-46中的问题并记录。

表 5-46 专业问题研讨一览

序号	问题及解答
1	使用 Link 模块实现外围设备运动时有哪些注意事项？
2	宏指令与 CALL 指令有何区别？
3	后台逻辑功能的应用特点是什么？
4	外围设备端口使用中有哪些注意事项？

2. 制订工作计划

原始组根据任务要求讨论制订工作计划，并填入表 5-47。

表 5-47 原始组工作计划表

原始组工作计划表					
原始组号		工作台位		制订日期	
序号	工作步骤	辅助准备	注意事项	工作时间/min	
				计划	实际
1					
2					
3					
4					
5					
6					
工作时间小计					
全体原始组成员签字					

5.3 实施

1. 零部件组装站位 I/O 分配

根据任务要求及计划安排完善工程文件中的模型设置及参数设置，并将 I/O 分配填入表 5-48。

表 5-48 零部件组装站位 I/O 分配一览

零部件组装站位 I/O 分配一览					
原始组号		工作台位		记录人	
模块名称	I/O 序号	标签符号	物理端口	起始地址	功能说明
工业机器人本体					
机械手					
供料单元					
立体仓库					
物料盖支架					
加工模块					

2. ROBOGUIDE 仿真设置

确定 I/O 分配后设置 ROBOGUIDE 中各模块仿真参数，在表 5-49 中勾选各模块“Part”选项卡中添加的 Part 及参数。

表 5-49 功能模块“Part”选项卡设置一览

功能模块“Part”选项卡设置一览						
原始组号		工作台位			记录人	
序号	模块名称	包含 Part 名称			Part 参数选项	
		方形物料	物料盒	物料盖	示教时可见	运行时可见
1	机械手工具	○	○	○	○	○
2	供料单元：运输带 Link	○	○	○	○	○
3	加工模块：物料托盘 Link	○	○	○	○	○
4	立体仓库	○	○	○	○	○
5	物料盖支架	○	○	○	○	○

3. 机械手仿真程序设置

根据任务要求设置机械手仿真程序并填入表 5-50。

表 5-50 机械手抓取和放置程序一览

机械手抓取和放置程序一览				
原始组号	工作台位		记录人	
行号	Pickup 抓取程序		Drop 放置程序	
1	程序名		程序名	
2	Pickup		Drop	
3	From		From	
4	With		On	
5	程序名		程序名	
6	Pickup		Drop	
7	From		From	
8	With		On	
9	程序名		程序名	
10	Pickup		Drop	
11	From		From	
12	With		On	
加工模块 Part 抓取和放置仿真程序				
行号	Pickup 抓取程序		Drop 放置程序	
1	程序名		程序名	
2	Pickup		Drop	
3	From		From	
4	With		On	
5	程序名		程序名	
6	Pickup		Drop	
7	From		From	
8	With		On	
9	程序名		程序名	
10	Pickup		Drop	

（续）

加工模块 Part 抓取和放置仿真程序				
行号	Pickup 抓取程序		Drop 放置程序	
11	From		From	
12	With		On	
物料盖支架及供料单元抓取仿真程序				
行号	供料单元 Pickup 抓取程序		物料盖支架 Pickup 抓取程序	
1	程序名		程序名	
2	Pickup		Pickup	
3	From		From	
4	With		With	

4. 实体设备安装与调试

根据I/O分配表完成实体工业机器人外围设备I/O电气线路连接，更换工业机器人法兰盘上的机械手工具，分别示教气动机械手工具（UTOOL：________）和真空吸盘工具坐标系（UTOOL：________），完成图5-44中气动图设计，并连接气动回路。

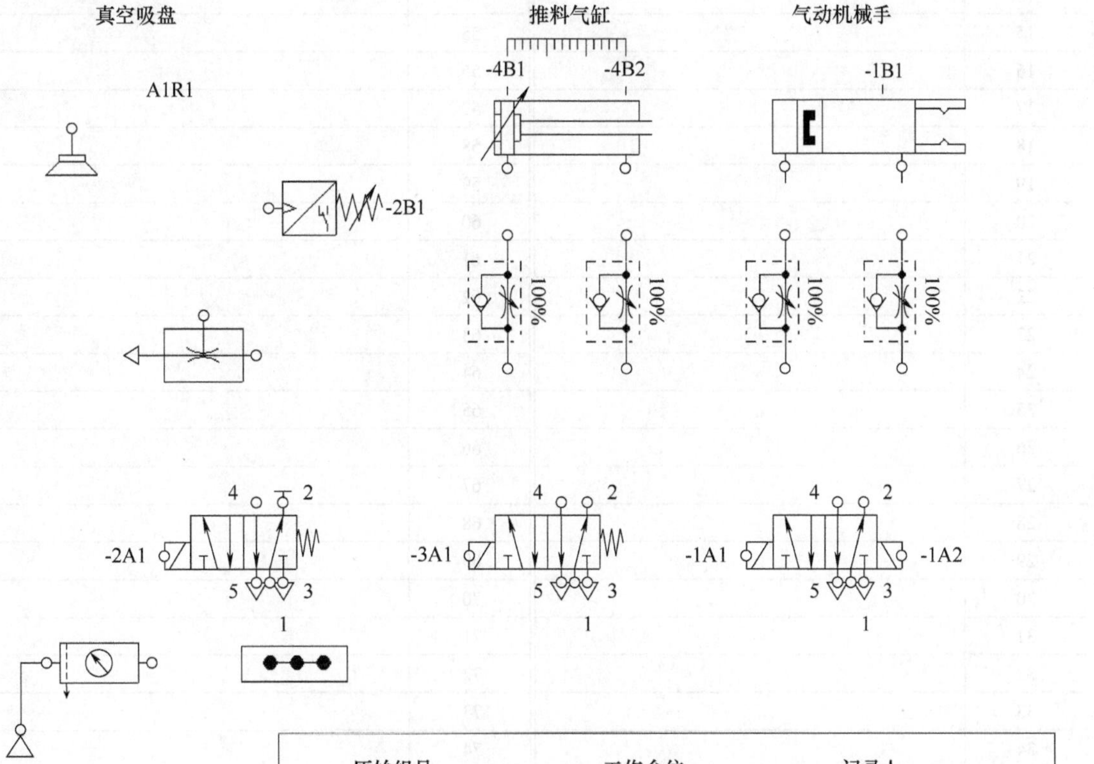

原始组号:______　　工作台位:______　　记录人:______

图5-44　工业机器人外围设备气动图

5. 程序下载及示教

在ROBOGUIDE中以模块化方式完成程序设计并下载到实体工业机器人中，以低速单步示教工业机器人程序，完成后将程序填入表5-51。

表 5-51　TP 程序

TP 程序设计					
原始组号		工作台位		记录人	

行号	代　码	行号	代　码
1		41	
2		42	
3		43	
4		44	
5		45	
6		46	
7		47	
8		48	
9		49	
10		50	
11		51	
12		52	
13		53	
14		54	
15		55	
16		56	
17		57	
18		58	
19		59	
20		60	
21		61	
22		62	
23		63	
24		64	
25		65	
26		66	
27		67	
28		68	
29		69	
30		70	
31		71	
32		72	
33		73	
34		74	
35		75	
36		76	
37		77	
38		78	
39		79	
40		80	

5.4 检查

验证工作计划及执行结果是否满足表5-52中的要求，若满足则勾选“是”，反之勾选“否”，分析原因并记录在表5-53中。

表5-52　决策任务项目检查

序号	任务检查点	小组自我检查	
1	在ROBOGUIDE中添加供料单元、立体仓库、加工模块、物料盖支架	○是	○否
2	立体仓库中同时勾选物料盒、物料盖、方形物料Part	○是	○否
3	立体仓库中物料盖和方形物料未勾选Visible at Run Time	○是	○否
4	物料托盘Link中同时勾选物料盒、物料盖、方形物料Part	○是	○否
5	物料托盘的Pickup仿真程序同时添加所有Part抓取程序	○是	○否
6	可在ROBOGUIDE中完整运行零部件组装过程	○是	○否
7	手动控制电磁阀气缸可正常工作	○是	○否
8	外部设备端口中SDICOM1、SDICOM2、SDICOM3连接24F端口	○是	○否
9	外部设备端口中DOSRC1、DOSRC2连接24F端口	○是	○否
10	每个RO [i] /RI [i] 和DO [i] /DI [i] 信号正常	○是	○否
11	后台逻辑程序可根据供料情况自动供料	○是	○否
12	工业机器人可从不同基准点无碰撞返回安全点	○是	○否
13	工业机器人可根据任务要求完成零部件装配动作	○是	○否
14	任务完成后关闭设备电源并整理现场	○是	○否

表5-53　原始组工作记录表

原始组工作记录表					
原始组号		工作台位		记录人	

序号	问题现象描述	原因分析及处理方法
1		
2		
3		
4		
5		
6		

5.5 反馈

5.5.1 项目总结评价

1. 与其他小组展示分享项目成果，总结工作收获和问题的解决思路及方法，并根据其他学员的意见提出改进措施，其他小组在展示完毕后方可相互提问。

2. 完整描述本次任务的工作内容。

5.5.2 思考与提高

1. 逻辑地址分配的作用是什么？配置时有哪些注意事项？

2. 宏程序、CALL 指令及仿真程序在使用时各有哪些注意事项？分别应用在哪些条件下？

3. 位置寄存器或位置寄存器要素指令如何实现立体仓库的入库及出库动作？

项目 6　工业机器人自动码垛

学习情境

生产企业对码垛灵活性的需求不断增长，码垛形式甚至只是偶尔会有重复，针对生产过程的复杂性，工业机器人支持多种自动运行方式，以配合自动生产线自动运行。如何选择合适的自动运行方式，并及时从故障中恢复生产，都需要在设计工业机器人工作站位之初确定。

工作任务

任务描述	根据码垛对象调试码垛程序，设计工业机器人与外围控制设备之间的电气原理图，配置工业机器人UOP、数字信号，实现控制设备对工业机器人的状态控制，以完成工业机器人自动码垛及异常状态恢复等操作。整个过程中须考虑作业员人身安全，同时也要对工业机器人正常运行采取必要的安全保护措施
任务目标	1）掌握工业机器人码垛程序种类及程序示教方法 2）掌握工业机器人本地自动运行与远程自动运行的特点及配置方法 3）掌握工业机器人 UOP 的功能及配置方法 4）掌握工业机器人自动运行的安全保护措施设置方法 5）掌握可编程序逻辑控制器的程序编辑及调试方法

任务过程

6.1 信息

6.1.1 系统信号 UOP 的功能

与 PLC 的 I/O 通信

系统信号 UOP 分为系统输入信号 UI 和系统输出信号 UO 两类，是工业机器人与外围控制设备信号交换的 I/O 接口，可实现机器人状态控制、选择程序、报警恢复、状态监控等功能。

系统输入信号 UI 说明见表 6-1。

表 6-1　系统输入信号 UI 说明

序号	信号名称	有效性说明	功　能
UI［1］	＊IMSTP	始终有效，共用24V电压	功能与急停相同，接常闭开关
UI［2］	＊HOLD		暂停，常闭开关，与 TP 上“HOLD”键功能相同，信号有效 20s 后将抱闸，以停止机器人动作
UI［3］	＊SFSPD		安全速度信号，一般是连接在安全栅栏或人体红外扫描仪上，当安全栅栏打开时机器人程序暂停，其倍率值被限制在设定范围内，该设定范围可在参数中被修改。同时，SFSPD 也属于遥控的一部分，当该信号无效时，即处于 OFF 状态时，外围设备的 RSR 和 START 信号无效
UI［4］	CYCLE STOP		周期停止信号，用来停止当前执行的程序

（续）

序号	信号名称	有效性说明	功　能
UI［5］	FAULT RESET	报警状态	报警解除输入信号，类似于 TP 上“RESET”键，但不会重新开始执行程序。若在无报警状态下收到该信号，则系统忽略该信号
UI［6］	START	CMDENBL	启动输入信号，默认状态下，接收到下降沿信号后，若机器人处于暂停状态则继续运行，若未选择程序则从光标开始处执行程序，也可设置系统变量修改为重新开始运行
UI［7］	HOME		回安全点输入信号，当该信号有效时，机器人将会自动回到安全点，该信号需配合宏程序实现
UI［8］	ENABLE	始终有效	使能信号，当该信号无效时，机器人无法运行
UI［9-16］	RSR/PNS	CMDENBL	程序选择输入信号
UI［17］	PNSTORBE		程序确认输入信号
UI［18］	PROD_START		自动操作开始（生产开始）信号

系统输出信号 UO 说明见表 6-2。

表 6-2　系统输出信号 UO 说明

端口号	名称	功　能
UO［1］	CMDENBL	可接收输入信号，遥控条件满足且无报警时输出为 ON
UO［2］	SYSRDY	系统准备结束信号，机器人的伺服电源接通时为 ON
UO［3］	PROGRUN	程序执行中信号，程序执行时为 ON，当程序暂停时，该信号为 OFF
UO［4］	PAUSED	暂时停止中信号，程序处于暂停中而等待再次启动时为 ON
UO［5］	HELD	程序停止中信号，输入 HOLD 信号（UI［2］）或按下“HOLD”键时为 ON
UO［6］	FAULT	报警信号，系统处于报警状态时为 ON
UO［7］	ATPERCH	参考位置信号，当机器人处于第一基准点时为 ON，出厂时未设定
UO［8］	TPENBL	示教盒使能信号，当示教器有效时为 ON
UO［9］	BATALM	电池报警信号，控制柜电池电量不足时为 ON
UO［10］	BUSY	处理中信号，程序执行中或示教器操作中为 ON，与示教器 BUSY 指示灯相同
UO［11-18］	ACK1 ~ ACK8	证实信号，当 RSR 输入信号被接收时，能输出一个相应的脉冲信号
UO［11-18］	SNO1 ~ SNO8	该信号组以 8 位二进制码表示相应的当前选中的 PNS 程序号
UO［19］	SNACK	PNS 接收确认信号，接收到 PNS 输入时，作为确认输出的脉冲信号
UO［20］	RESERVED	预留信号，无功能

上述 UOP 信号可根据实际需求选择性配置，无须使用所有的信号。但基于安全需求，即使工业机器人独立运行，也必须配置 UO［1］、UO［6］以及 UO［10］，以显示工业机器人当前的运行状态，避免危险事故发生。

6.1.2　本地自动运行

自动运行概述

FANUC 工业机器人分为本地自动运行和远程自动运行。本地自动运行所需要使用的 I/O 个数较少，且只能运行一个主程序；远程自动运行可选择不同的启动主程序，但需要额外的 I/O 控制启动。

本地自动运行设置及启动方式设置步骤如下：

1）**进入配置页面**：依次单击“MENU”键→“0 下页”→“6 系统”→“5 配置”。

2）**设置本地运行**：光标移动到“远程/本地设置”，单击“F4　选择”→“2 本地”，如图6-1所示。

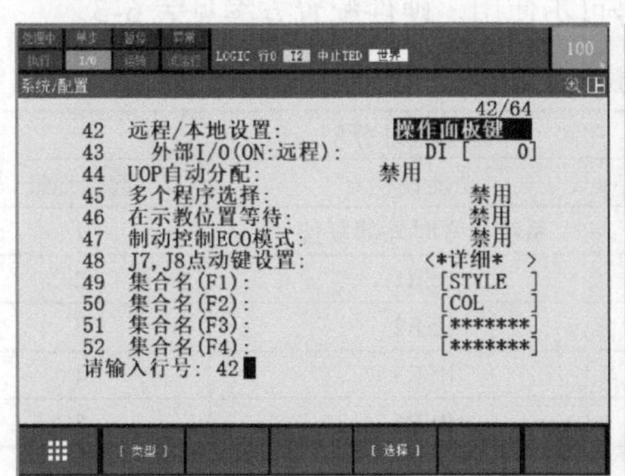

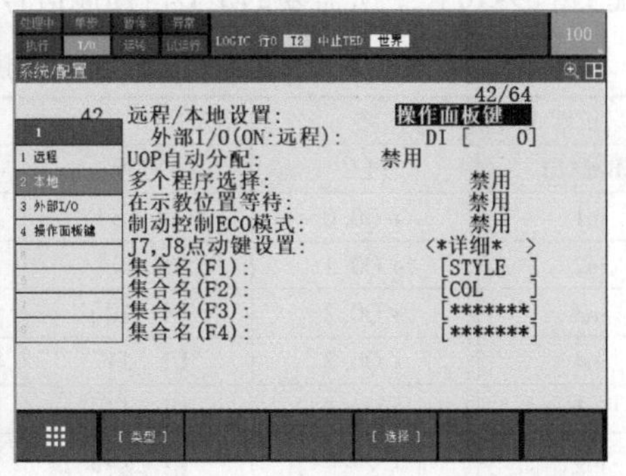

图6-1　远程/本地运行设置页面

3）**设置程序连续运行**：单击“SELECT”键打开执行的主程序，并设置为“连续运行”。

4）**关闭示教器**：确保系统无报警后，示教器置于OFF档，完成机器人软件设置。

5）**模式切换**：将钥匙旋转模式开关设为AUTO模式，再按下“CYCLE START”键本地自动运行主程序一次，如图6-2所示。

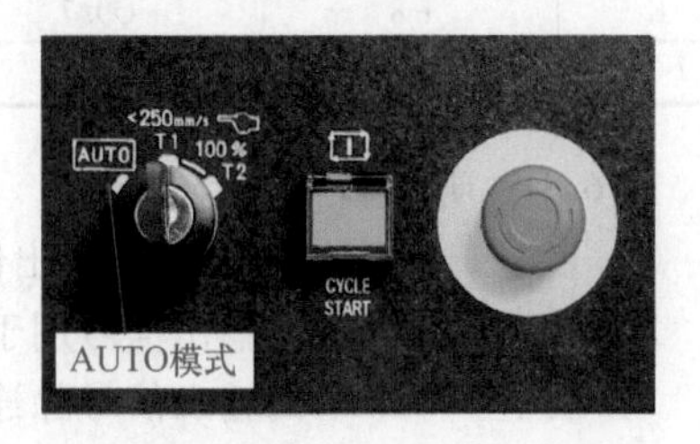

图6-2　模式开关及“CYCLE START”键

6.1.3　RSR自动运行

机器人启动请求（Robot Start Request，RSR）自动运行模式是基于外部I/O信号的启动方式，该模式启动方式如图6-3所示。

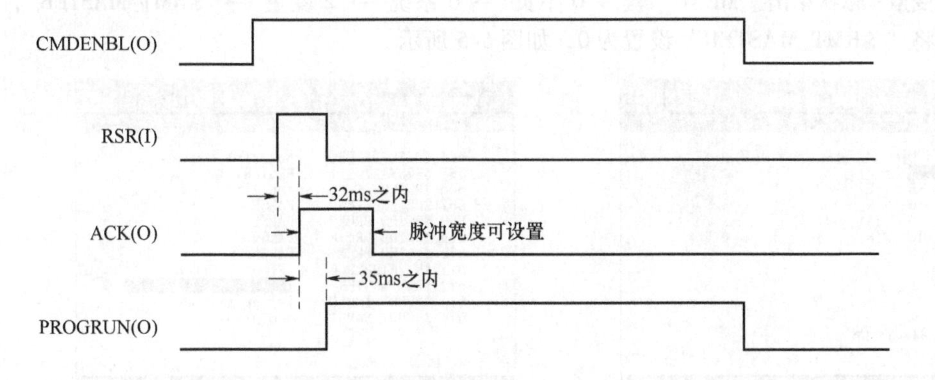

图6-3　RSR自动运行波形图

RSR自动运行特点如下：

1）根据机器人接收到的启动请求信号依次执行程序。

2）系统最多支持8个启动程序，程序名由3位字母串前缀和4位数字所组成，默认使用RSR作为程序名前缀。在机器人接收到启动信号后，将分配的程序编号与基数相加选择启动程序，如分配的程序编号为22，基数设置为1000，则接收到启动信号后将启动RSR1022程序。

工业机器人系统设置包括硬件电气连接及I/O逻辑地址分配、程序命名和启动方式设置三部分，本项目以外部信号控制 7 个程序启动为例，设置步骤如下。

（1）工业机器人硬件电气连接及 I/O 逻辑地址分配　工业机器人硬件配置包含外围 I/O 电气连接和逻辑地址分配两部分，根据不同的配置需求其配置方案可灵活设置，如当只须配置启动信号时，则只分配 UI［9-16］中所需要的 I/O，其他信号可不使用。硬件配置方案见表 6-3。

表 6-3　硬件电气连接及 I/O 逻辑地址分配一览

序号	机器人外围信号连接		逻辑地址分配		
	CRMA15	PLC	范围	功能说明	起始地址
1	in1	+Q0.0	UI［5］	系统异常时外部复位	1
2	in2	+Q0.1	UI［9］	RSR1	2
3	in3	+Q0.2	UI［10］	RSR2	3
4	in4	+Q0.3	UI［11］	RSR3	4
5	in5	+Q0.4	UI［12］	RSR4	5
6	in6	+Q0.5	UI［13］	RSR5	6
7	in7	+Q0.6	UI［14］	RSR6	7
8	in8	+Q0.7	UI［15］	RSR7	8
9	out1	+I0.0	UO［1］	远程准备信号	1

表 6-3 说明如下：

1）表中工业机器人的输入/输出信号机架号均为 48，槽位号为 1。

2）表中 CRMA15 的输出信号用于外部设备判断工业机器人是否具备远程启动的基本条件。

3）表中 CRMA15 的输入信号除连接 PLC 外，还可连接外部按钮作为输入信号。

4）配置方法参考 I/O 逻辑地址分配，类型选择 UOP。

5）逻辑地址分配时以位为单位配置，也可整体配置，未使用的 UI/UO 信号可分配机架号 35 或不分配，整体配置如图 6-4 所示。

（2）程序命名　设置 7 个不同的程序，并分别命名为 RSR1001 ~ RSR1007。

（3）启动方式设置

1）设置系统变量： 依次单击 “MENU” 键→“0 下页”→“6 系统”→“2 变量”→“ $RMT_MASTER”，按 “ENTER” 键将 “ $RMT_MASTER” 设置为 0，如图 6-5 所示。

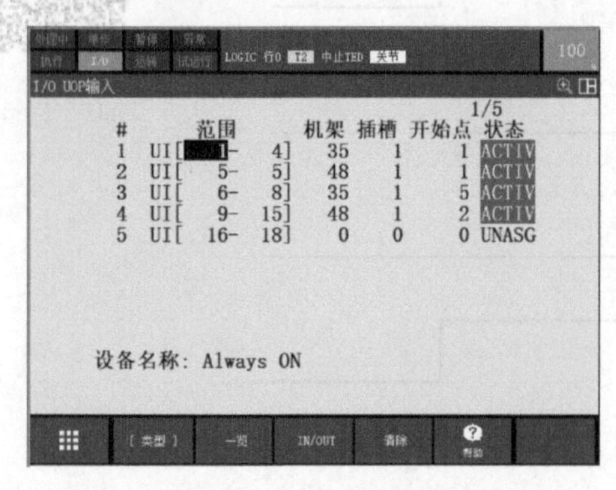

图 6-4　整体配置

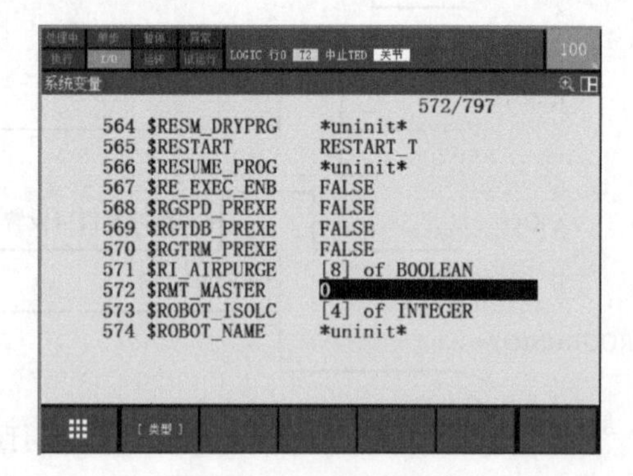

图 6-5　设置系统变量

2）设置本地/远程启动方式： 依次单击 “MENU” 键→“0 下页”→“6 系统”→“5 配置”→“远程/本地设置”→“F4　选择”→“1 远程”，如图 6-6 所示。

3）设置 RSR 自动运行模式： 依次单击 “MENU” 键→“6 设置”→“1 选择程序”→“1 程序选择模式”→“F4　选择”→“1 RSR”，如图 6-7 所示。

4）设置启动程序： 完成上述设置后，按 “F3　详细” 进入 RSR 启动程序设置，如图 6-8 所示。

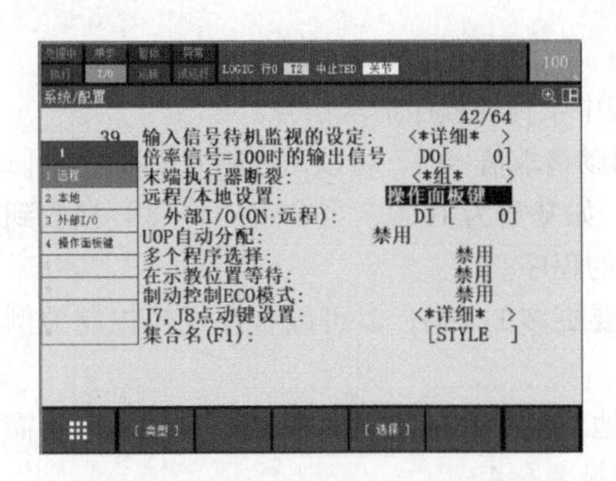

图6-6　远程/本地启动方式设置

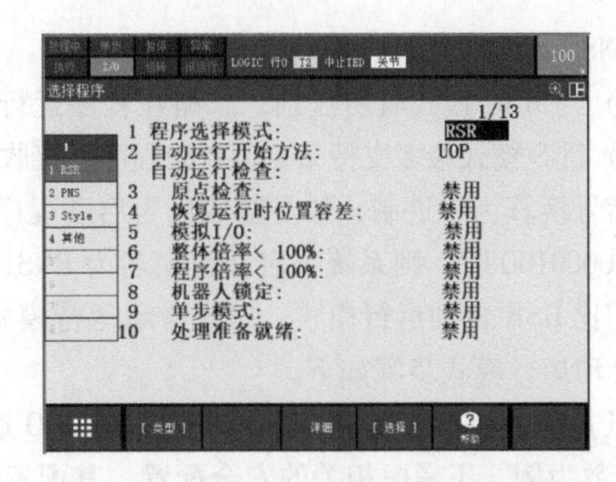

图6-7　RSR自动运行模式设置

图6-8页面设置信息说明如下：

① 启用/禁用：设置当前配置是否生效。

② 程序编号：设置该RSR程序编号，其有效范围为1～9999，若为0则该编号无效。

③ 字符串前缀：默认情况下为RSR，可修改为其他字母，但不要设置为PNS。

④ 基数：设置RSR程序的基础编号，与程序编号相加确定所启动的RSR程序。如设置的程序名为RSR1001，RSR1程序编号为1，则基数就须设置为1000，相同道理，若程序编号为1001，则基数须设置为0。

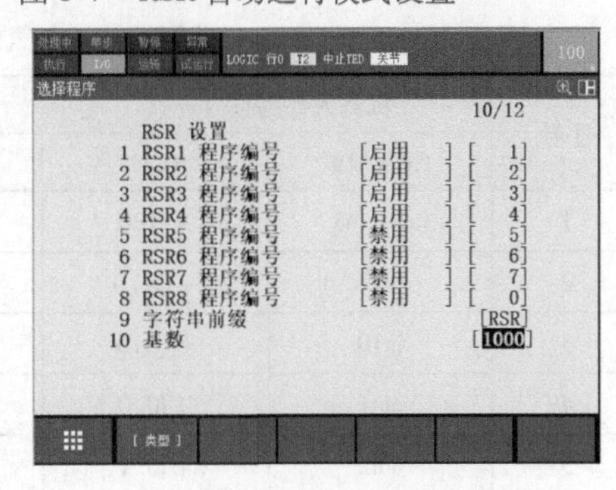

图6-8　RSR启动程序设置

（4）启动程序　当启动条件满足后，RSR1～7收到上升沿信号后即启动RSRn所绑定的程序。

6.1.4　PNS自动运行

PNS自动运行与RSR自动运行的相似之处在于都是通过外部I/O信号选择程序运行，并且程序名都是由3个字母和4位数字组成，但字符前缀为PNS。两者最大的区别是启动程序个数不一样，PNS启动方式如图6-9所示。

PNS自动运行

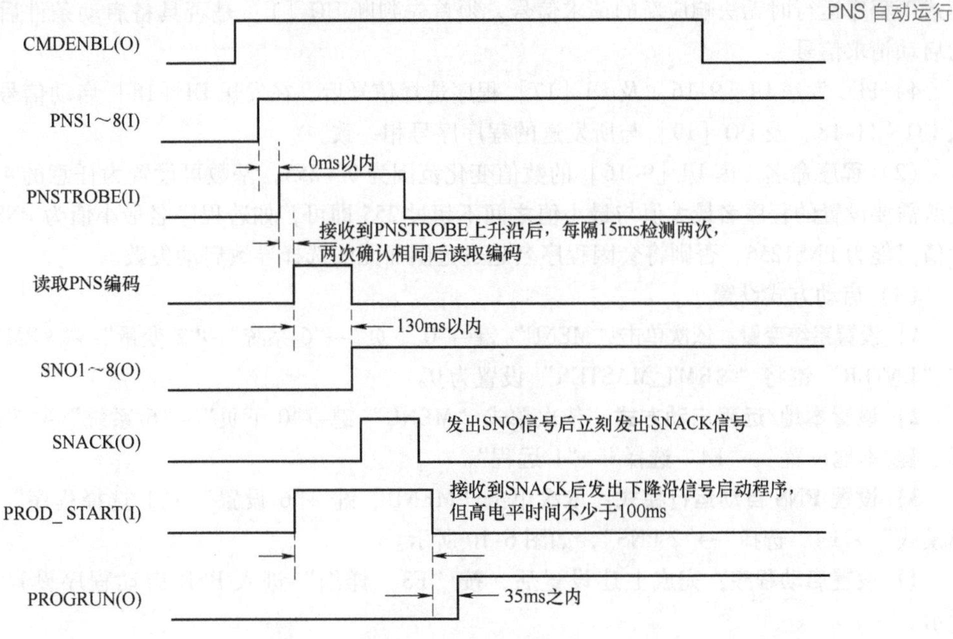

图6-9　PNS自动运行波形图

PNS 自动运行特点如下：

1）与 RSR 模式有所区别，忽略在程序运行过程中收到的程序请求信号。

2）PNS 模式最多支持 255 个启动程序，接收到启动请求信号时，将以二进制方式将 PNS［1～8］中的信号换算为十进制，加上基数后为启动程序名，如基数为 1000，当 PNS［1～8］接收到的信号为 00000100 时，则系统可启动程序名为 PNS1004 的程序。

相比 RSR 自动运行模式，PNS 自动运行模式需要更多的 I/O，以可编程序逻辑控制为例实现 PNS 自动运行模式步骤如下。

（1）工业机器人与 PLC 的电气连接及 I/O 逻辑地址分配　以配置实现 PNS 自动运行所需最少 I/O 个数为例，不考虑相关的安全配置，其配置方案见表 6-4。

表 6-4　电气连接及 I/O 逻辑地址分配一览

序号	机器人外围信号连接		逻辑地址分配		
	CRMA15	PLC	范围	功能说明	起始地址
1	in1～in8	+QB0	UI［9-16］	程序选择信号	1
2	in9	+Q1.0	UI［17］	程序确认输入信号	9
3	in10	+Q1.1	UI［18］	程序启动信号	10
4	out1	+I0.0	UO［1］	远程准备完毕信号	1
5	out2	+I0.1	UO［3］	程序运行中信号	2
6	out3～10	+IB1	UO［11-18］	程序证实信号	3
7	out19	+I0.2	UO［19］	PNS 确认信号	11

表 6-4 说明如下：

1）表中工业机器人的输入/输出信号机架号均为 48，槽位号为 1。

2）未使用的 UI/UO 信号可分配机架号 35 或不分配。

3）将 UI［9-16］与 PLC 的同一组（+QB0）相连接有利于 PLC 以字节大小传送数据，PNS 模式下程序运行时无法响应新的请求信号，须首先判断 UO［1］是否具备启动条件后才能发送新的启动请求信号。

4）PLC 发送 UI［9-16］及 UI［17］程序选择信号后，在发送 UI［18］启动信号前须接收确认 UO［11-18］及 UO［19］与所发送的程序序号相一致。

（2）程序命名　因 UI［9-16］的数值变化范围为 0～255，基数可设置为任意的 4 位数值，因此所需要设置的程序名最大值与最小值之间不超过 255 即可，如若程序名最小值为 PNS1001，则最大值只能为 PNS1256，否则将会因程序名超过范围而无法选择导致启动失败。

（3）启动方式设置

1）设置系统变量：依次单击“MENU”键→“0 下页”→“6 系统”→“2 变量”→“$RMT_MASTER”，按“ENTER”键将“$RMT_MASTER”设置为 0。

2）设置本地/远程启动方式：依次单击“MENU”键→“0 下页”→“6 系统”→“5 配置”→“选择远程/本地设置”→“F4　选择”→“1 远程”。

3）设置 PNS 自动运行模式：依次单击“MENU”键→“6 设置”→“1 选择程序”→“1 程序选择模式”→“F4　选择”→“2 PNS”，如图 6-10 所示。

4）设置启动程序：完成上述设置后，按“F3　详细”进入 RSR 启动程序设置，如图 6-11 所示。

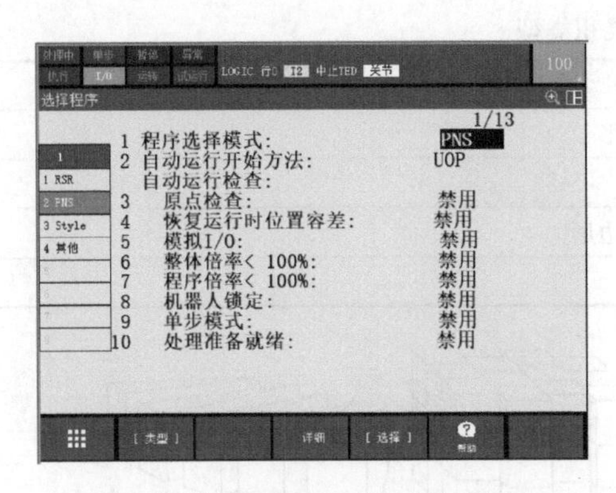

图6-10　设置PNS自动运行模式

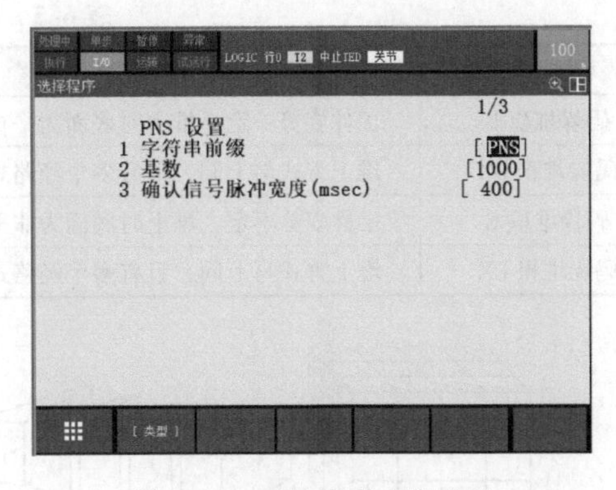

图6-11　RSR启动程序设置

图6-11页面设置信息说明如下：

① 字符串前缀：默认情况下为PNS，可修改为其他字母，但不要设置为RSR。

② 基数：设置PNS程序的基础编号，与程序编号相加确定所启动的PNS程序，如程序名为PNS1001，基数设置为1000，若UI［9-16］接收到的信号转换为十进制后的值为1，则可启动该程序。

③ 确认信号脉冲宽度（msec）：设置SNACK信号的脉冲宽度。

6.1.5　码垛堆积类型

码垛堆积是指按照一定规律将工件从下往上按照顺序堆叠，反之则称为拆垛。工业机器人移动工件到堆上的轨迹称为**经路式样**，堆叠的方式称为**堆上式样**。利用工业机器人自带码垛堆积功能，只须示教几个代表性的点即可完成码垛堆积，码垛堆积结构如图6-12所示。

码垛堆积

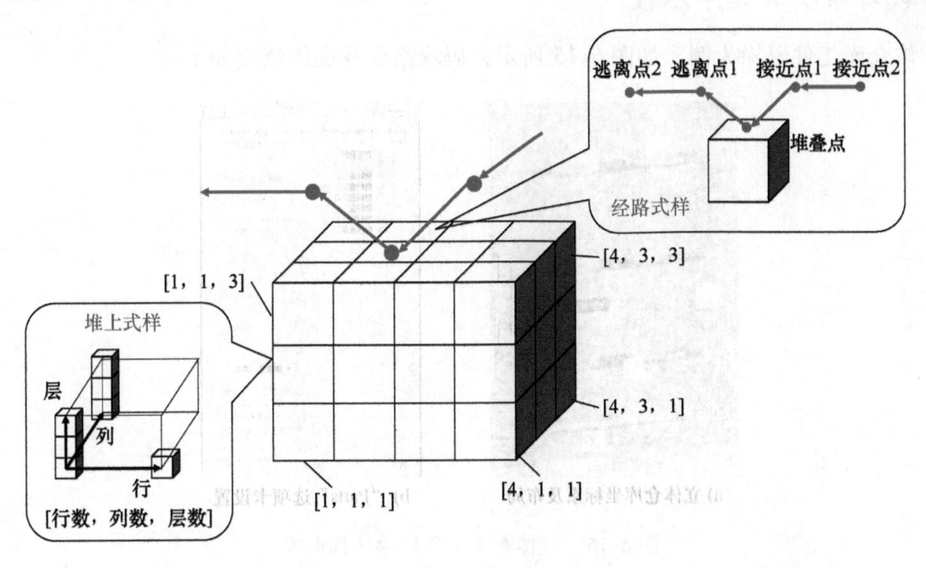

图6-12　码垛堆积结构

根据不同的堆上式样和经路式样，码垛堆积可分为B、BX、E、EX四种类型，见表6-5。堆上式样及经路式样如图6-13和图6-14所示。码垛堆积功能只能在世界坐标系下使用，所以行、列、层方向固定。

表 6-5　码垛堆积类型

码垛堆积类型	说　明
码垛堆积 B	工件姿势一定，堆上时底面为平行四边形
码垛堆积 BX	堆上方式与上同，但有多个经路式样
码垛堆积 E	工件姿势不定，堆上时底面为非平行四边形
码垛堆积 EX	堆上方式与上同，且有多个经路式样

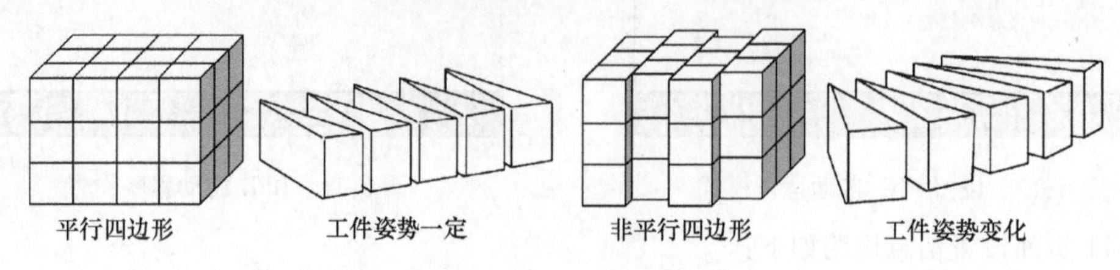

图 6-13　堆上式样

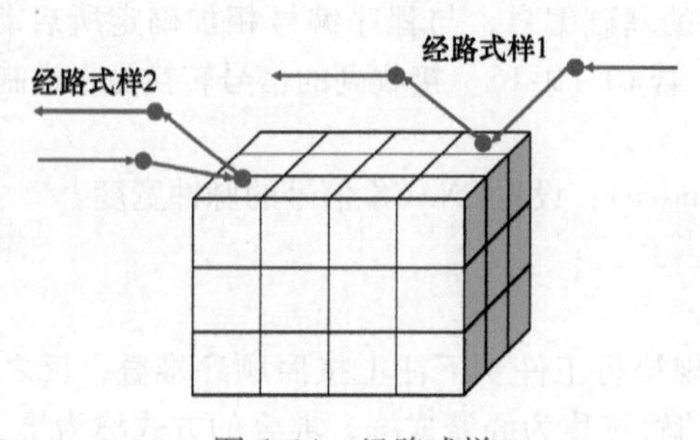

图 6-14　经路式样

6.1.6　码垛堆积 B 程序示教

以立体仓库工件码垛为例，如图 6-15 所示，码垛指令及操作流程如下。

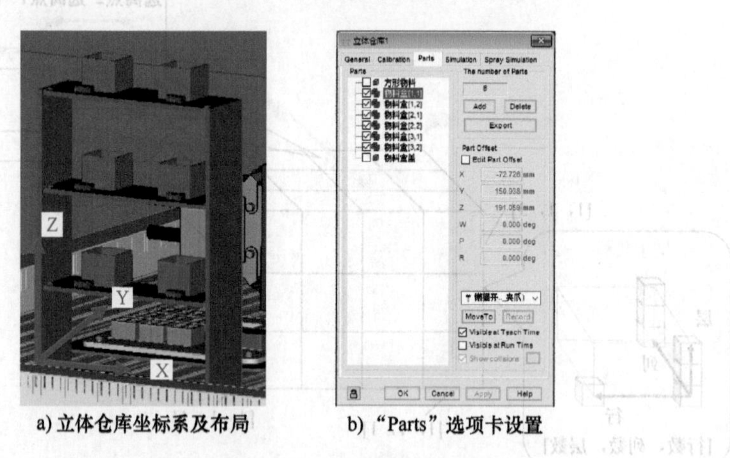

a) 立体仓库坐标系及布局　　b)"Parts"选项卡设置

图 6-15　立体仓库工件码垛仿真设置

1）调用码垛指令：在程序编辑页面下，选择“7 码垛”指令进入码垛配置页面，根据码垛的对象类型选择码垛指令，此处选择“1 PALLETIZING-B”，如图 6-16 所示。

2）输入初期资料：根据立体仓库中工件摆放方式完成设置，按图 6-17 输入初期资料完毕后按“F5　完成”进入下一步。

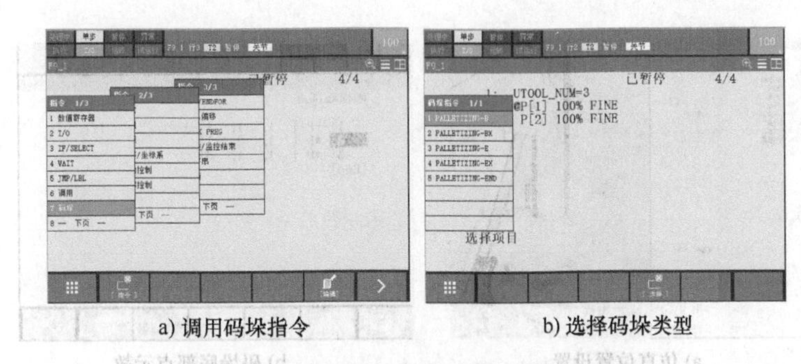

a) 调用码垛指令　　b) 选择码垛类型

图6-16　调用码垛指令和选择码垛类型

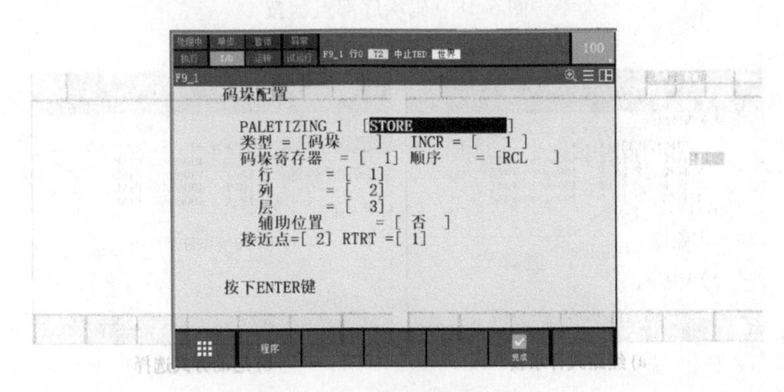

图6-17　码垛堆积初期资料输入

码垛堆积初期资料配置说明见表6-6。

表6-6　码垛堆积初期资料配置说明

序号	配置项	说　明
1	PALETIZING_i	系统自动分配码垛序号i，最多支持16个码垛程序，［ ］内输入该码垛序号注释
2	类型	可设置为拆垛或码垛，码垛时PL［i］为增计数，拆垛时PL［i］为减计数
3	INCR	每次运行码垛程序的递增个数
4	码垛寄存器	码垛寄存器PL［i］保存当前码垛的行、列、层信息，每运行一次码垛程序该值加/减INCR所设置数值，直到等于设置目标后从初始值重新开始计算，每个PL［i］只属于一个码垛配置
5	顺序	设置码垛/拆垛的顺序，其中R为行，C为列，L为层，如RCL即先码行，再码列，最后码层数
6	行、列、层	设置码垛的行、列、层数值
7	辅助位置	该配置仅在E、EX模式下有效，用于控制辅助位置的姿态
8	接近点	接近点个数，根据工业机器人活动空间设置，最大值为8
9	RTRT	逃离点个数，其他与接近点相同

3）示教码垛底部点：示教码垛底部工件摆放位置，根据系统要求示教底部点个数，但每个工件堆叠点点须保持一致，以避免产生累积误差。在仿真中可使用 MoveTo 图标快速示教，按下“SHIFT”键和“F4　记录”完成位置示教，对应的P点由“＊”变为“—”表示示教成功，完毕后单击“F5　完成”进入下一步，如图6-18所示。

码垛寄存器运算指令

4）示教经路式样：经路式样示教时可选择示教码垛中任意工件，按下“F2　点”选择每个点的运动方式，建议先示教堆叠点BTM，再示教接近点P［A_n］和逃离点P［R_n］，如图6-19a所示。默认为关节运行，单击“F2　点”修改为其他动作指令，如图6-19b所示。

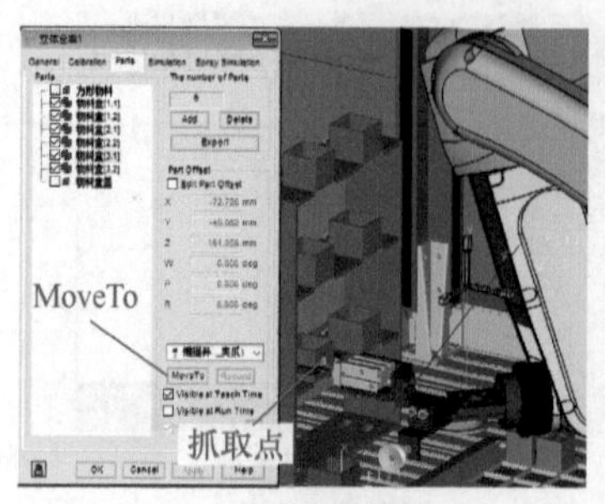

a) 仿真位置设置

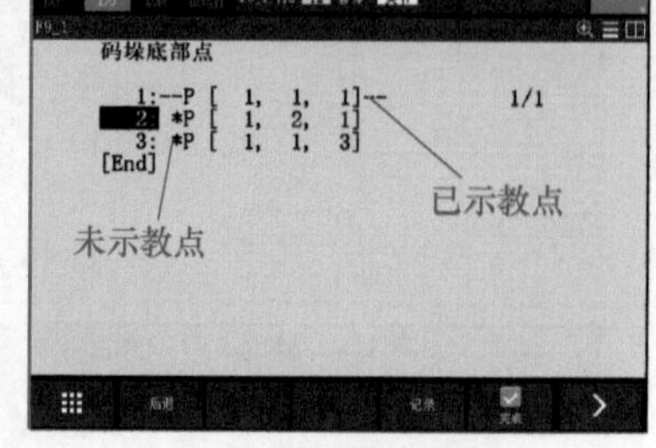

b) 码垛底部点示教

图 6-18　码垛底部点示教

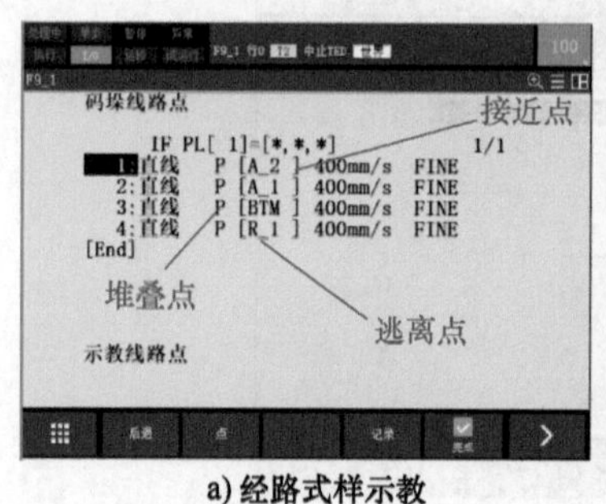

a) 经路式样示教

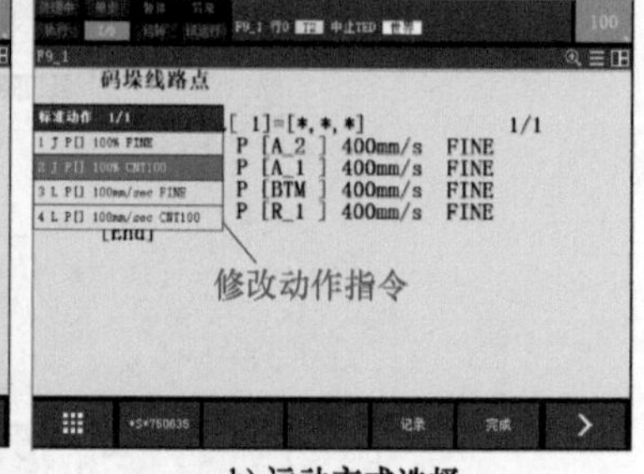

b) 运动方式选择

图 6-19　示教经路式样

5）码垛程序试运行：将 TP 示教器切换为双画面显示，并依次单击“DATA”键→“F1　类型”→“4 码垛寄存器”查看当前码垛寄存器的值，试运行程序以确保位置无误。

码垛程序组成如图 6-20 所示。PALLETZING-B_1 和 PALLETIZING-END_1 两条指令之间的指令即为系统自动生成的码垛程序，两条指令须同时使用。示教过程中可将光标移动到码垛程序序号下方，单击“F1　修改”对当前码垛程序进行重新设置，若改变初期资料则有可能导致码垛程序中自添加程序被删除。

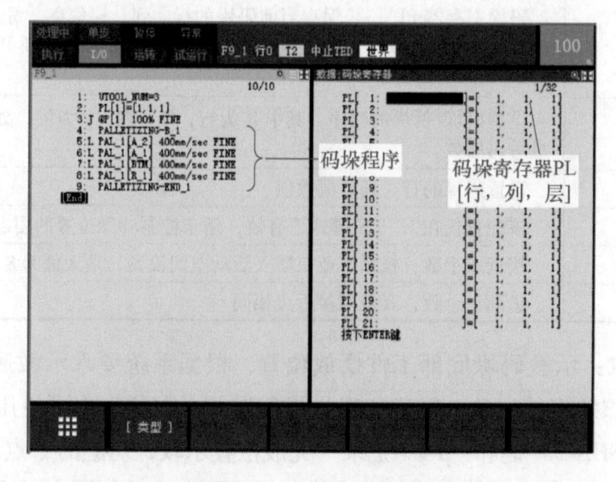

图 6-20　码垛程序组成

6）完善程序：系统自动生成的码垛程序不能实现自动循环，须添加以 PL［i］为判断条件的循环语句，本项目运行轨迹如图 6-21 所示。

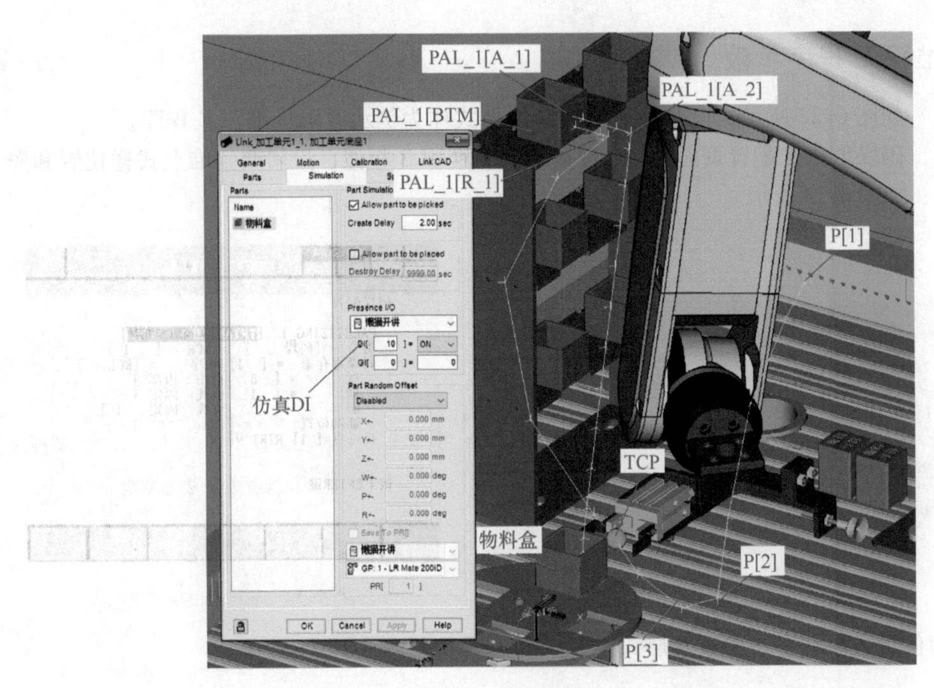

图 6-21　码垛堆积 B 运行轨迹

码垛堆积 B 程序范例见表 6-7。

表 6-7　码垛堆积 B 程序范例

序号	代　码	说　明
1	UTOOL_NUM = 3	调用工具坐标系，气动机械手抓取点为 TCP
2	PL[1] = [1,1,1]	初始化配套的码垛寄存器 PL
3	Open hand 2	调用气动机械手打开的宏程序
4	J P[1] 100% FINE	运动到安全点
5	LBL[1]	设置循环标签
6	WAIT DI[10] = ON	等待物料出现后 Presence I/O 设为 ON
7	J P[2] 100% CNT0	运动到抓取物料盒的接近点
8	L P[3] 400mm/sec FINE	运动到物料盒抓取点
9	Close hand 2	调用气动机械手关闭的宏程序
10	CALL F9_1_PICK	离线 PICK 抓取仿真程序
11	L P[4] 400mm/sec CNT0	运到物料盒抓取点正上方以避免碰撞
12	PALLETIZING-B_1	进入码垛程序
13	L PAL_1[A_2] 400mm/sec FINE	运动到码垛程序的第二个接近点
14	L PAL_1[A_1] 400mm/sec FINE	运动到码垛程序的第一个接近点
15	L PAL_1[BTM] 400mm/sec FINE	运动到码垛程序堆叠点
16	Open hand 2	调用气动机械手打开的宏程序
17	CALL F9_1_DROP	离线 DROP 放置仿真程序
18	L PAL_1[R_1] 400mm/sec FINE	运动到码垛程序的第一个逃离点
19	PALLETIZING-END_1	码垛程序结束命令
20	IF PL[1] < >[1,1,1],JMP LBL[1]	判断当前码垛程序是否循环完毕，若不为初始值则继续循环，否则进入下一行
21	J P[1] 100% FINE	运动到安全点
22	End	程序结束

6.1.7 码垛堆积 E 程序示教

码垛堆积 E

如图 6-22 所示，以非平行四边形堆上式样为例示教码垛堆积 E 程序。

码垛堆积 E 配置页面的参数设置与码垛堆积 B 相似，只须调整堆上式样位置和姿态，如图 6-23 所示。

图 6-22 非平行四边形堆上式样

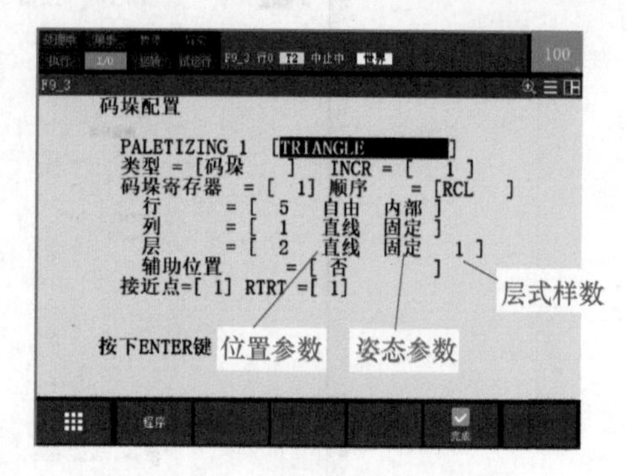

图 6-23 码垛堆积 E 配置

图 6-23 页面位置参数、姿态参数及层式样数说明见表 6-8。

表 6-8 码垛堆积 E 配置说明

类别	参数	图例示意	说明
位置参数	直线	100 100 100	适用于工件均在同一直线且间距相等，该参数可设置为直线或数值 1）直线：示教码垛底部直线上第一个点和最后一个点，系统自动将长度等间距分割，若间距为 0、姿态固定则该配置等同于码垛堆积 B 2）数值：工件间距数（单位为 mm），示教码垛底部直线上第一个点，第二个点为直线上任意一个点，保证所有工件在同一平面上
	自由		适用于码垛底部工件位置任意摆放，须示教码垛底部每个工件的摆放
姿态参数	固定		适用于码垛底部工件摆放方向一致
	内部		适用于码垛底部工件摆放方向不一致，使用该方式时位置参数设置为自由
层式样数			最多可设置 16 层不同的层式样，依次循环堆叠，且只有在直线示教时才有效

本项目程序运行轨迹如图6-24所示。

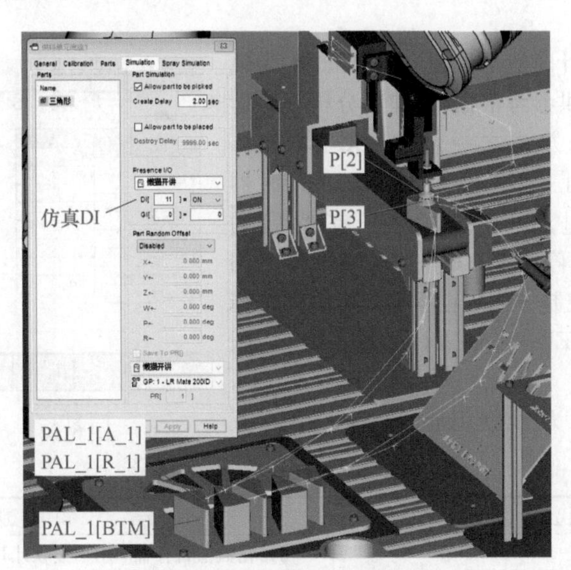

图6-24　码垛堆积E运行轨迹

码垛堆积E程序范例见表6-9。

表6-9　码垛堆积E程序范例

序号	代　　码	说　　明
1	UTOOL_NUM=4	调用工具坐标系，吸盘为TCP
2	PL[1]=[1,1,1]	初始化配套的码垛寄存器PL
3	DO[12]=OFF	吸盘停止工作
4	J P[1] 100% FINE	运动到安全点
5	LBL[1]	设置循环标签
6	WAIT DI[11]=ON	等三角形工件出现后Presence I/O设为ON
7	J P[2] 100% CNT0	运动到抓取三角形工件的接近点
8	L P[3] 400mm/sec FINE	运动到三角形物料的抓取点
9	DO[12]=ON	吸盘吸气
10	CALL F9_3_PICK	离线PICK抓取仿真程序
11	L P[2] 400mm/sec CNT0	运动到物料盒抓取点正上方以避免碰撞
12	PALLETIZING-E_1	进入码垛程序
13	J PAL_1[A_1] 30% CNT0	运动到码垛程序的接近点，本范例中接近点和逃离点设置为同一位置值
14	J PAL_1[BTM] 30% CNT0	运动到码垛程序的堆叠点
15	DO[12]=OFF	吸盘停止工作
16	CALL F9_3_DROP	离线DROP放置仿真程序
17	L PAL_1[R_1] 400mm/sec FINE	运动到码垛程序的第一个逃离点
18	PALLETIZING-END_1	码垛程序结束命令
19	IF PL[1]<>[1,1,1],JMP LBL[1]	判断当前码垛程序是否循环完毕，若不为初始值则继续循环，否则进入下一行
20	J P[1] 100% FINE	运动到安全点
21	End	程序结束

6.1.8 计时器指令

计时器指令

使用计时器记录程序运行周期，为轨迹优化提供参考依据，是辅助分析程序运行的常见方式之一。FANUC LR Mate 200iD 系列工业机器人支持 20 个计时器 TIMER[i]，每个计时器只支持启动(START)、停止(STOP)、复位(RESET)和值设置(R[i]+1)四种控制方式。在程序编辑页面选择“其他指令”，选择“3TIMER[]”输入计数器指令，如图 6-25 所示。

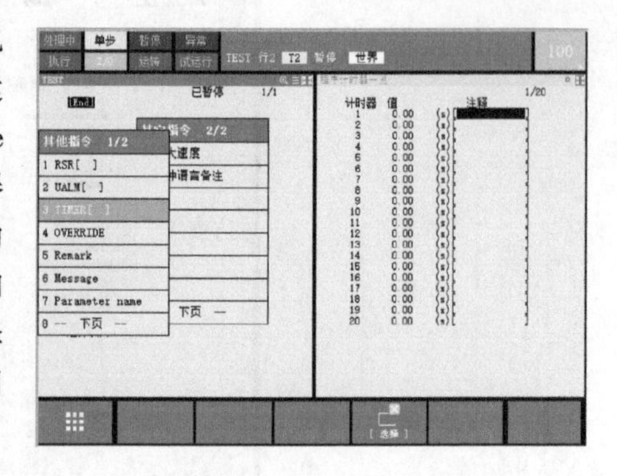

图 6-25 计时器命令输入

以计时器 TIMER[1]为例，使用范例见表 6-10。

表 6-10 计时器使用范例

序号	代码	说明
1	R[1]=0	初始化数值寄存器，用于接收计时器溢出值
2	TIMER[1]=RESET	计时器复位，初次使用时建议初始化
3	TIMER[1]=START	启动计时器，启动后开始累加计时每一行程序的运行时间，即使处于单步运行时也只累计指令运行时间，不记录等待时间
4	J P[1] 100% FINE	动作指令
5	J P[2] 100% FINE	
6	TIMER[1]=(2147483)	对计时器赋值，若计时器处于运行状态，系统页面提示“INTP-685 TIMER[1]已经启动着”，若赋值为 0 相当于 RESET 计时器，计时器最大计时时间为 2147483.647s（约 600h），若溢出则 TIMER[1]的值不再变化，除非重置或赋值
7	J P[3] 100% FINE	动作指令
8	R[1]=TIMER_OVERFLOW[1]	计时器溢出标志，当计时器溢出时 R[1]为 1，否则为 0
9	TIMER[1]=STOP	计时器停止计时
10	END	程序结束指令

设置计时器时，依次单击“MENU”键→“0 下页”→“4 状态”→“7 程序计时器”查看每个计时器值，选中计时器序号后，按“F2 详细”可对每个计时器详细设置，如图 6-26 所示。

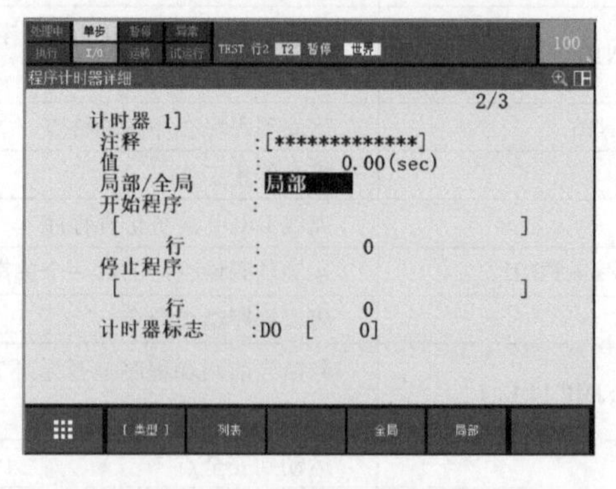

图 6-26 计时器详细设置

图6-26页面设置信息说明见表6-11。

表6-11　计时器详细设置页面说明

序号	项　目	说　明
1	注释	备注当前计时器的功能
2	值	当前计时器的计数值
3	局部/全局	局部：当程序暂停或停止时计时器保持一致，若重启程序则计时器也重启 全局：不依赖于程序的状态，可在多个程序间使用
4	开始程序	显示启动当前计时器的程序名及行数
5	停止程序	显示停止当前计时器的程序名及行数
6	计时器标志	当计时器值小于0时对应的I/O为OFF，否则为ON，可设定DO、RO及F

6.1.9　工作状态信号

当使用外围控制设备时，不仅需要控制工业机器人的运行状态，同时也需要将工业机器人的运行状态传递给控制设备，配合生产线的运行状态工作。将工业机器人的运行状态以电信号传递给外围控制设备主要有三种方式：数字DO信号、外部控制信号UOP以及基准点。

FANUC LR Mate200iD系列工业机器人支持24个数字信号输出，除分配给UO信号后的数字信号外均可配置为DO信号，实现将工业机器人的运行状态传递给外围设备。使用数字DO信号方式时，不仅可直接控制外围设备，也可实现自定义信号以传递信息。

若须发送工业机器人系统状态，则须使用I/O单元输出功能，使用步骤如下：

1）进入I/O单元：依次单击“I/O”键→“F1　类型”→“1 单元接口”。

2）绑定DO信号：根据工艺要求分配数字DO信号，与单元输出信号绑定后不能再作为普通DO信号使用，使用时须先分配DO逻辑地址。

如图6-27左图所示，将系统指定输出信号分配给不同的数字DO信号，若为0则表示不分配，单击“F2　分配”进入输出信号详细设置页面，在此可完成单个输出信号端口分配，如图6-27右图所示，此时单击“F5　核对”，若发现重复分配信号或无效信号则提示错误，重启控制柜后设置生效。

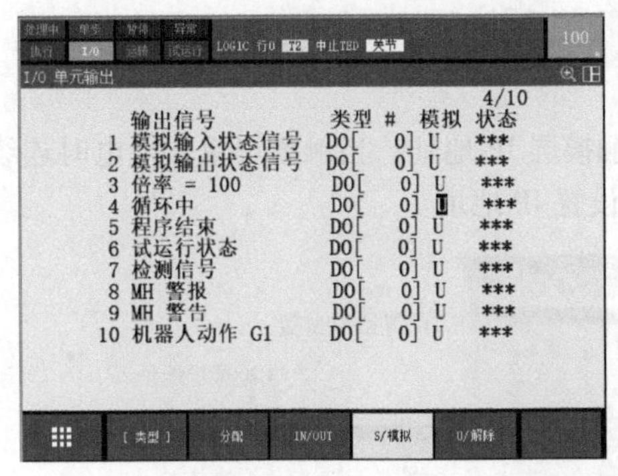

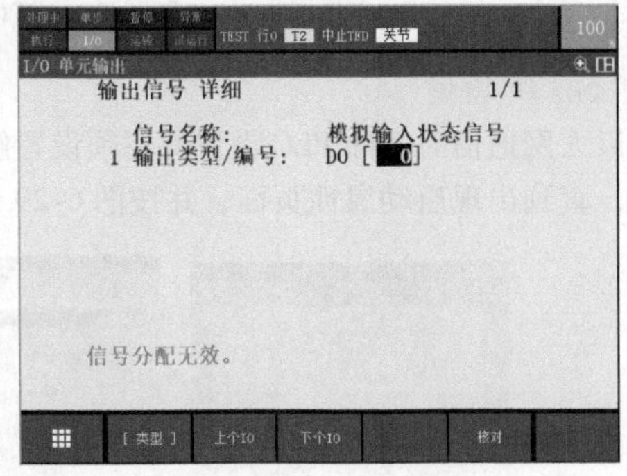

图6-27　I/O单元输出设置

图6-27页面设置信息说明见表6-12，不同程序显示的内容不同。

表 6-12　I/O 单元输出页面说明

序号	输出信号	功 能 说 明
1	模拟输入状态信号	任意输入端口处于仿真状态时为 ON
2	模拟输出状态信号	任意输出端口处于仿真状态时为 ON
3	倍率 = 100	全速运行时为 ON
4	循环中	显示程序当前的运行状态，处于循环状态时为 ON
5	程序结束	显示程序当前的运行状态，程序运行结束后为 ON
6	试运行状态	试验方式有效时为 ON
7	检测信号	检测信号有效时为 ON
8	MH 警报	只针对搬运抓取装置
9	MH 警告	
10	机器人动作 G1	工业机器人组 1 的工作状态

6.1.10　PLC 与 HMI 设置

PLC 与 HMI 设置

人机接口（Human Machine Interface，HMI）是控制系统与用户信息交换的媒介，常用来实现现场数据的采集、监测、控制等，并通过与其他相关设备的通信，快速组态成智能仪表、数据采集，实现无纸化记录等。常见的人机接口有触摸屏（Touch Panel Computer，TPC）等，本项目以常见的 MCGS 触摸屏 TPC1061Ti 为例介绍 PLC 与 HMI 设置，TPC1061Ti 接口如图 6-28 所示。

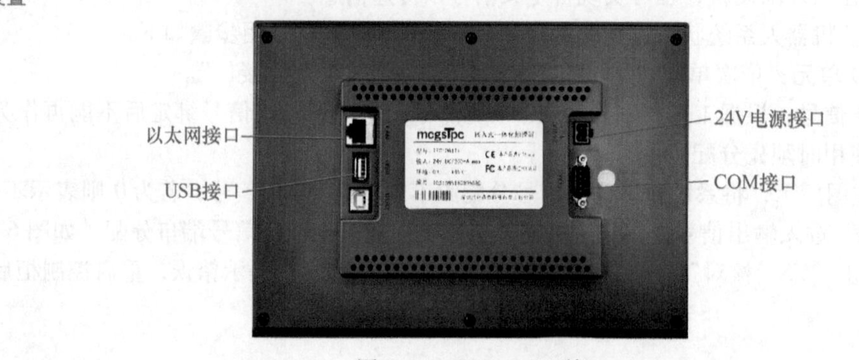

图 6-28　TPC1061Ti 接口

1. 触摸屏 IP 设置

基于以太网通信时，除 PLC 设置外还须设置触摸屏 IP 地址。当触摸屏重新上电时连续单击触摸屏屏幕，直到出现启动属性页面，并按图 6-29 设置 IP 地址。

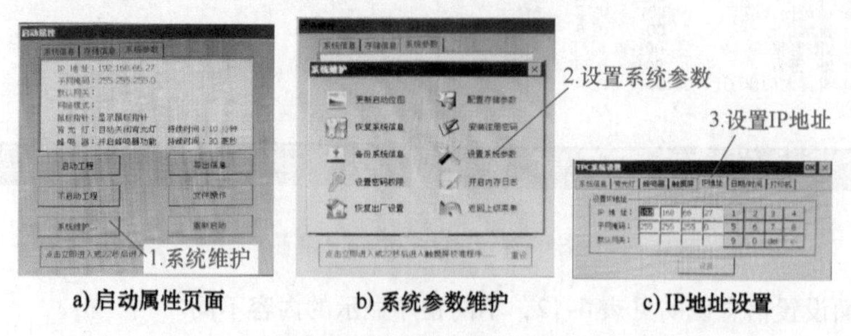

图 6-29　设置触摸屏 IP 地址

2. 系统参数设置

MCGS触摸屏TPC1061Ti与西门子S7-1200系列PLC通信时，须将两者设置在相同网段内。设置步骤如下：

1）创建新工程后，在设备窗口页面左键双击“设备窗口”，如图6-30所示。

2）在设备窗口页面下空白处单击右键，选择“设备工具箱”，如图6-31所示。

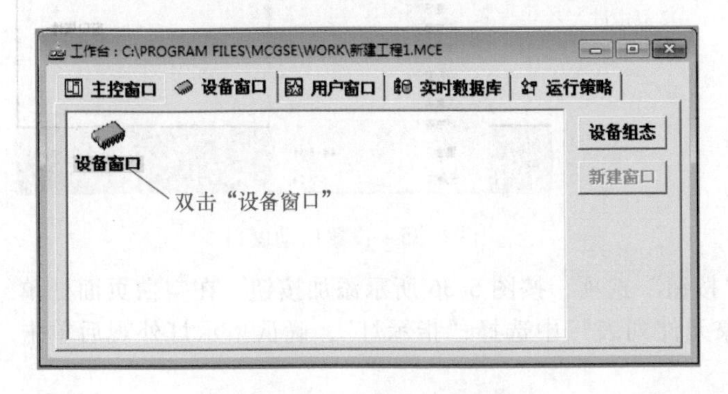

图6-30　设备窗口页面

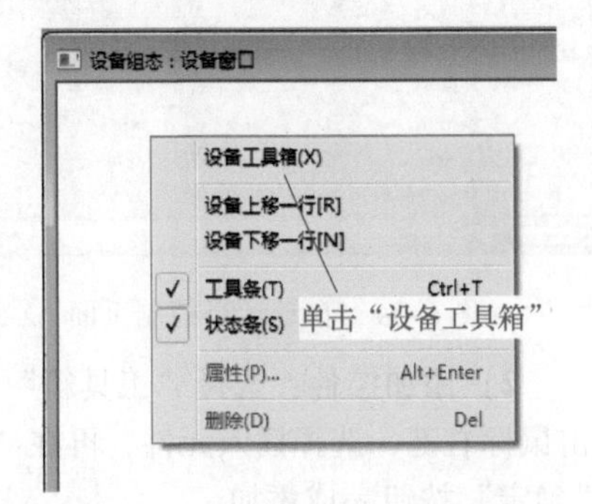

图6-31　设备组态：设备窗口页面

3）选择“设备管理”，在可选设备中依次单击“PLC”→“西门子”→“Siemens_1200以太网”后，选择“Siemens_1200”单击“增加”按钮添加驱动，添加后单击“确认”按钮，如图6-32所示。

4）双击“Siemens_1200”打开设备编辑窗口，分别设置本地IP和远端IP，其中本地IP地址为触摸屏IP地址，远端IP地址为PLC的IP地址，单击“确认”按钮完成组网设置，如图6-33所示。

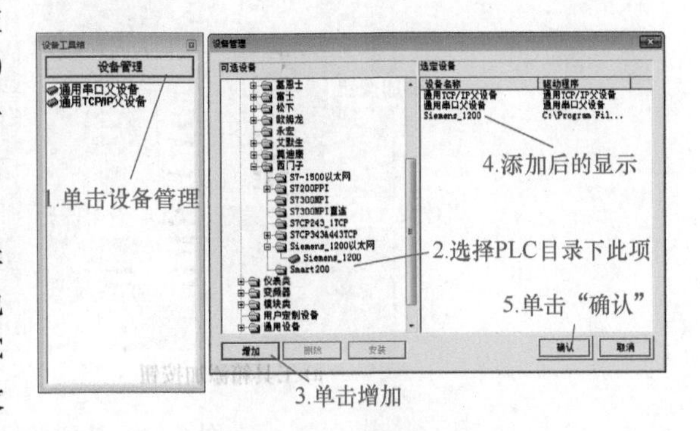

图6-32　添加设备页面

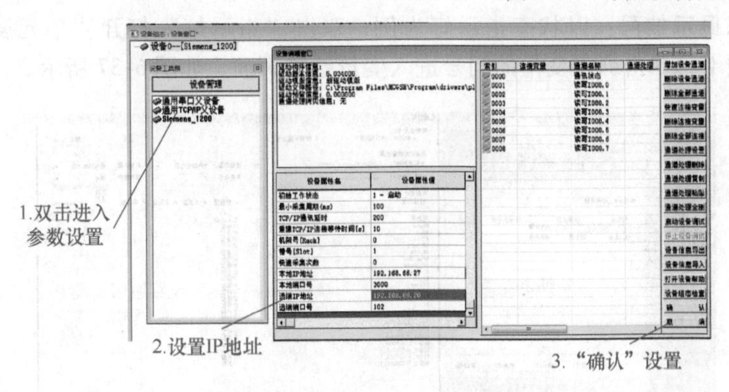

图6-33　IP地址设置页面

5）关闭设备组态页面，并选择“是”保存设置。

3. 按钮输入及状态显示灯设置

此处以工业机器人自动运行控制页面设置为例介绍按钮输入及状态显示灯设置，如图6-34所示。

1）启动窗口设置：在“用户窗口”选项卡下单击右键“窗口0”，将当前窗口设置为启动窗口，双击“窗口 0”打开动画组态窗口，如图 6-35 所示。

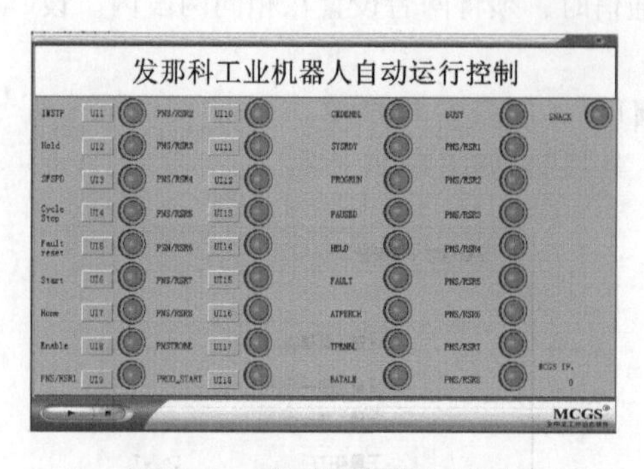

图 6-34　自动运行控制页面

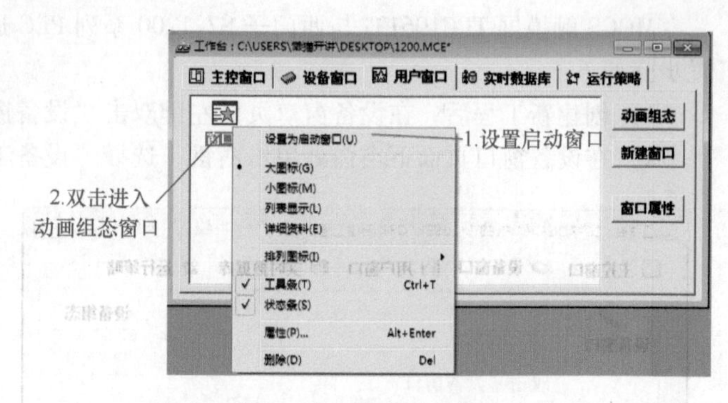

图 6-35　设置启动窗口

2）添加控件：选择“工具箱”中“按钮”选项，按图 6-36 所示添加按钮，在空白页面处单击鼠标右键，选择插入元件，再在“对象元件列表”中选择“指示灯”，确认指示灯外观后单击“确定”按钮完成添加。

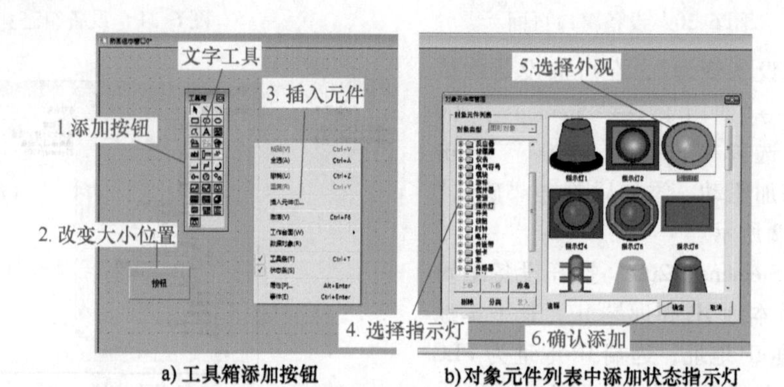

a) 工具箱添加按钮　　b)对象元件列表中添加状态指示灯

图 6-36　按钮及显示灯添加

3）绑定状态显示信号：以状态指示灯为例，双击“指示灯”打开“单元属性设置”，选择“动画连接”选项卡，单击绑定变量的问号进入变量选择页面，如图 6-37 所示。

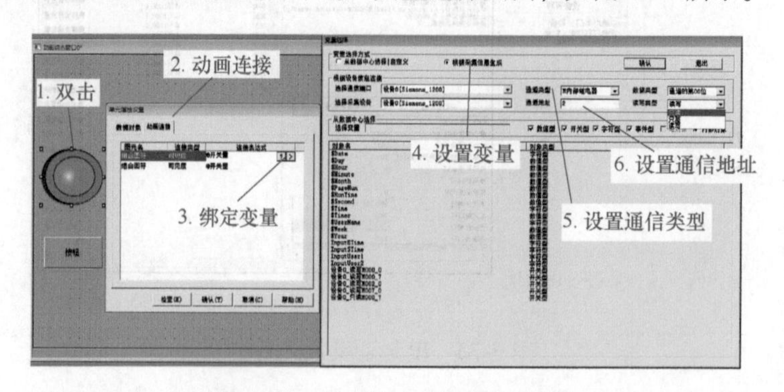

图 6-37　设定绑定状态显示信号

可在数据列表中选择已设置变量，若首次添加须勾选“根据采集信息生成”，然后依次选择所绑定变量所在设备的通信端口、采集设备，确定后选择绑定变量，见表 6-13，设置完成后单击“确认”按钮完成信号设置。

表 6-13　绑定变量地址说明

序号	项目	说　明
1	通道类型	可选择 I、Q、M、V 等类型寄存器
2	通道地址	绑定变量首地址
3	数据类型	可选择 8 位、16 位等数据类型，通道为首地址的位地址
4	读写类型	可设置只读、只写、读写三种类型，如 I 点为只读，M 点为读写

例如，显示 M2.0 状态时，通道地址设置为 2，数据类型选择通道的第 00 位，本项目设置状态指示灯读写类型为只读。将图 6-37 中两个“组合图符”所绑定的变量均按照上述方式设置，即完成状态指示灯信号绑定设置。

4）设置按钮属性：与步骤 3）类似，双击按钮打开属性设置页面，按图 6-38 设置按钮外观。

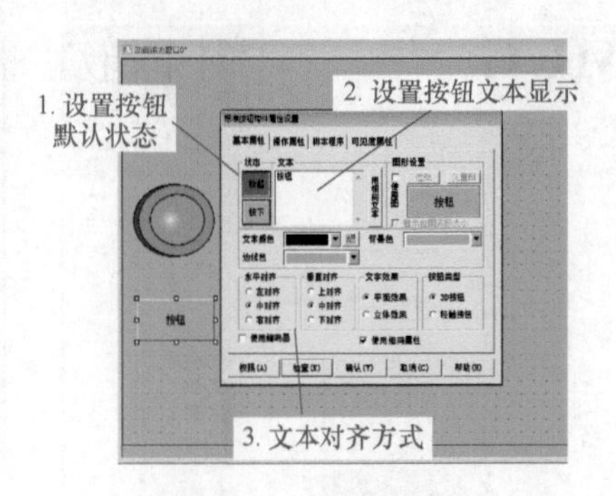

图 6-38　按钮属性设置

完成按钮外观设置后，选择“操作属性”选项框，如图 6-39 所示。在抬起功能下勾选“数据对象值操作”，选择取反操作后单击问号按钮，绑定相关的数据变量。

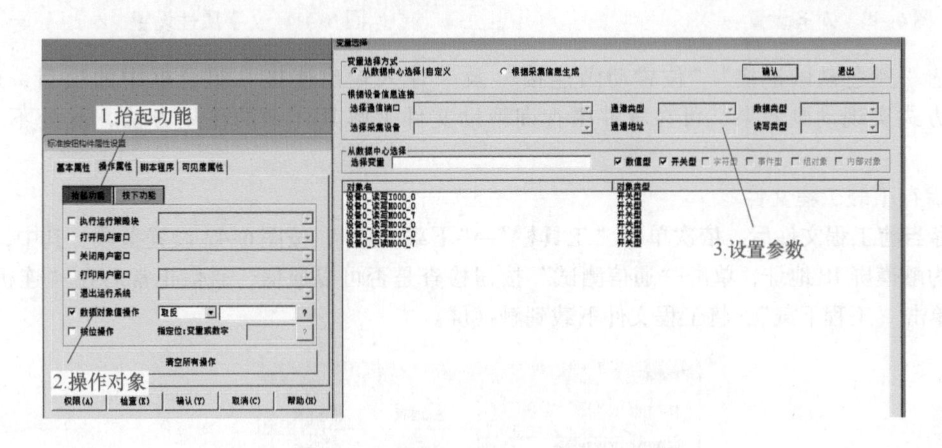

图 6-39　绑定按钮变量

图 6-39 页面部分参数说明见表 6-14。

表 6-14　参数设置说明

序号	项目	说　明
1	抬起/按下功能	抬起功能：按下按键并松开后触发对应功能 按下功能：按下后即触发对应功能
2	数据对象值操作	可设置为置 1、清 0、取反、按 1 松 0、按 0 松 1 中的一种操作
3	按位操作	指定变量中的某一位进行位操作
4	读写类型	可设置只读、只写、读写三种类型

5）布局排列：设置完单个元件后，复制选中元件，依次按图 6-34 所示布局添加所有按钮与状态指示灯完成自动运行控制页面设置，使用工具栏中的“排列”→“对齐”功能对齐多个元件，如图 6-40 所示。

6）设置标签文字：在“工具箱”中选择“文字工具”后，将文本框放在指定位置，双击文本框打开“标签动画组态属性设置”，在“属性设置”选项卡下可设置文字颜色等内容，在“扩展属性”中可设置文本框中显示的文字内容，如图 6-41 所示。

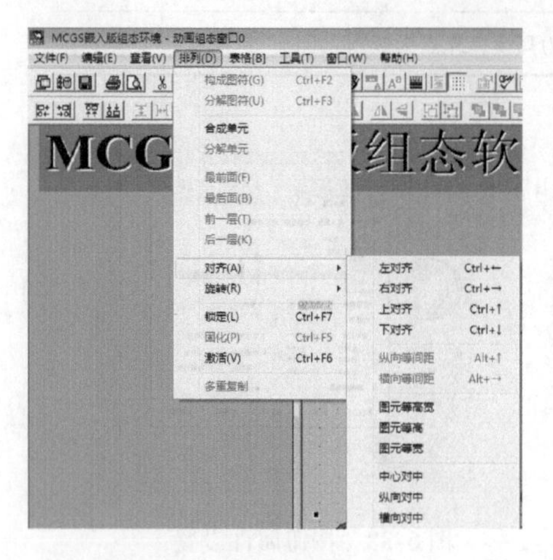

图 6-40　对齐设置

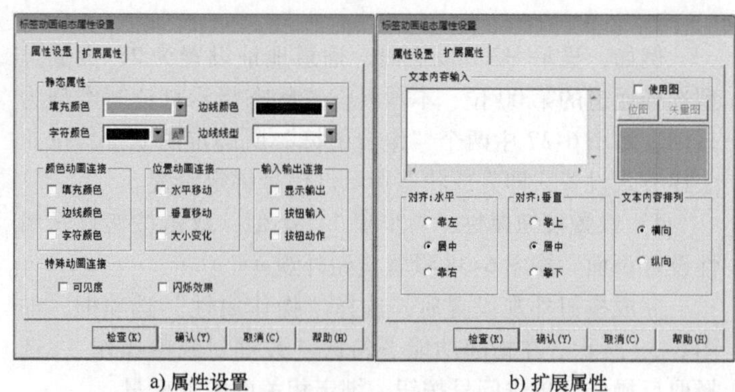

a) 属性设置　　b) 扩展属性

图 6-41　文字属性设置

勾选“颜色动画连接”“位置动画连接”及“输入输出连接”组合框中的项目，通过绑定变量方式实现动画效果，可在软件中查询帮助文件了解其详细的使用方法，此处不再详细解释。

4. 保存下载工程文件

保存当前工程文件后，依次单击“工具栏”→“下载配置”，按图 6-42 设置参数。其中，“目标机名”为触摸屏 IP 地址，单击“通信测试”按钮检查是否可以通信，通信正常后在“连机运行”状态下单击“工程下载”，将工程文件下载到触摸屏。

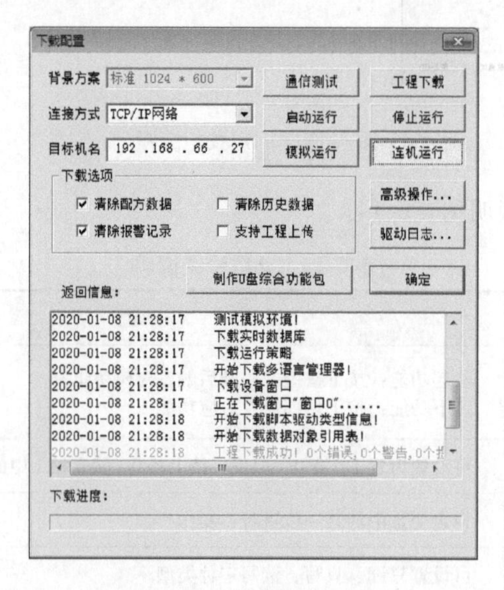

图 6-42　下载配置页面

6.2 计划与决策

本项目采用专家法组织教学，领取相同子任务的原始组成员，在规定时间内组成专家组并完成对应子任务，完成后再回到各自原始组继续完成决策任务。

6.2.1 子任务1：本地自动码垛运行

任务要求	工业机器人根据任务要求可独立运行或由外部 PLC 启动，对单一工作任务场景通常只需要启动信号即可。使用码垛堆积 B 指令实现立体仓库出库动作，当物料盒存在且机器人工作区域内无操作人员时，以本地自动运行方式完成
任务目标	1）掌握本地自动运行方式的设置方法 2）掌握码垛堆积 B 指令的使用方法

1. 制订工作计划

专家组根据任务要求讨论制订工作计划，并完成表 6-15。

表 6-15　专家组工作计划表

专家组工作计划表					
原始组号		工作台位		制订日期	
序号	工作步骤	辅助准备	注意事项	工作时间/min	
				计划	实际
1					
2					
3					
4					
5					
工作时间小计					
全体专家组成员签字					

2. 任务实施

（1）电气设备连接及 I/O 逻辑地址分配　参照项目 5 完成电气设备连接及 I/O 逻辑地址分配。

（2）码垛程序示教　根据立体仓库物料盒放置特点选择码垛堆积指令类型，并将示教初期资料填入表 6-16。

表 6-16　码垛程序示教初期资料设置一览

专家组工作计划					
原始组号		专家组任务序号		记录人	
码垛程序序号			注释名称		
类型		INCR		码垛寄存器	
顺序		接近点		RTRT	
行		列		层	

完成立体仓库出库轨迹程序示教后填写表6-17。

表6-17　TP 程序设计

TP 程序设计					
原始组号		工作台位		记录人	
行号	代　码	行号	代　码		
1		16			
2		17			
3		18			
4		19			
5		20			
6		21			
7		22			
8		23			
9		24			
10		25			
11		26			
12		27			
13		28			
14		29			
15		30			

（3）本地自动运行设置　明确工业机器人本地自动运行条件，在表6-18中勾选设置选项，并在T2模式下运行上述程序无误后，再本地自动运行。

表6-18　本地自动运行条件设置

本地自动运行条件设置						
原始组号		专家组任务序号		记录人		
序号	设置项目	设置状态				
1	TP 示教器开关	○ON　○OFF				
2	程序执行方式	○单步　○连续				
3	模式开关	○T1 模式 ○T2 模式 ○Auto 模式				
4	系统配置-远程/本地设置	○远程 ○本地 ○外部 I/O　○操作面板键				
5	UI［1-3］	○ON　○OFF				
6	UI［8］	○ON　○OFF				
7	$RMT_MASTER	○0　○1　○2　○3				

3. 任务检查

验证工作计划及执行结果是否满足表6-19中的要求，若满足则勾选“是”，反之勾选“否”，分析原因并记录于表6-20。

表6-19　专家组项目检查

序号	任务检查点	小组自我检查	
1	气动回路工作压力为0.5MPa	○是	○否
2	宏指令可控制气动机械手打开与关闭	○是	○否
3	单步运行时可完成立体仓库出库动作	○是	○否
4	单步运行时工业机器人运行轨迹未与周边物体发生碰撞	○是	○否
5	工业机器人自动启动前在T2模式下示教且无故障	○是	○否
6	工业机器人符合本地自动运行条件	○是	○否
7	关闭TP示教器时无系统错误报警	○是	○否
8	按下“Cycle Start”按钮后工业机器人可自动运行	○是	○否
9	自动运行时可正常完成立体仓库出库	○是	○否
10	自动运行时有人进入机器人工作区域，机器人停止工作	○是	○否
11	任务完成后工业机器人回到安全点并对现场进行整理	○是	○否

表6-20　专家组阶段工作记录表

专家组阶段工作记录表					
原始组号		专家组任务序号		记录人	
序号	问题现象描述	原因分析及处理方法			
1					
2					
3					
4					
5					

6.2.2　子任务2：复杂码垛离线编程

任务要求	码垛堆积指令不仅适用于码垛，也可用于拆垛。在应用码垛堆积指令过程中须对堆叠点及路径示教，大型物料可先在ROBOGUIDE中完成程序仿真调试，再应用到实际工作环境。在ROBOGUIDE中设置码垛及拆垛对象模型，使用码垛堆积E指令完成如图6-43所示图形的码垛程序
任务目标	1）掌握码垛堆积B指令的使用方法 2）掌握码垛堆积指令嵌套使用方法

图6-43　码垛及拆垛示意图

1. 制订工作计划

专家组根据任务要求讨论制订工作计划，并完成表6-21。

表6-21 专家组工作计划表

<table>
<tr><th colspan="7">专家组工作计划表</th></tr>
<tr><td>原始组号</td><td></td><td>工作台位</td><td></td><td>制订日期</td><td colspan="2"></td></tr>
<tr><td rowspan="2">序号</td><td rowspan="2">工作步骤</td><td rowspan="2">辅助准备</td><td rowspan="2" colspan="2">注意事项</td><td colspan="2">工作时间/min</td></tr>
<tr><td>计划</td><td>实际</td></tr>
<tr><td>1</td><td></td><td></td><td colspan="2"></td><td></td><td></td></tr>
<tr><td>2</td><td></td><td></td><td colspan="2"></td><td></td><td></td></tr>
<tr><td>3</td><td></td><td></td><td colspan="2"></td><td></td><td></td></tr>
<tr><td>4</td><td></td><td></td><td colspan="2"></td><td></td><td></td></tr>
<tr><td>5</td><td></td><td></td><td colspan="2"></td><td></td><td></td></tr>
<tr><td colspan="5">工作时间小计</td><td></td><td></td></tr>
<tr><td colspan="2">全体专家组成员签字</td><td colspan="5"></td></tr>
</table>

2. 任务实施

（1）仿真设置　仿真设置包括长方形物料 Part 位置设置、码垛模块仿真设置和机械手吸盘仿真设置。设置长方形物料 Part 位置时可使用手动调整，或使用 CSV 格式导入位置信息，并勾选"Pickup"和"Drop"选项，同时注意用于位置示教的码垛工件不能勾选"Visible at Run time"选项，还可导入两个码垛模块 IGS 文件简化仿真设置。

（2）仿真程序设置　设置抓取及放置仿真程序，填入表6-22。

表6-22 机械手真空吸盘仿真程序

<table>
<tr><th colspan="5">机械手真空吸盘仿真程序</th></tr>
<tr><td>原始组号</td><td></td><td>专家组工作序号</td><td>记录人</td><td></td></tr>
<tr><td rowspan="2">行号</td><td colspan="2">Pickup 抓取程序</td><td colspan="2">Drop 放置程序</td></tr>
<tr><td>程序名</td><td></td><td>程序名</td><td></td></tr>
<tr><td>1</td><td>Pickup</td><td></td><td>Drop</td><td></td></tr>
<tr><td>2</td><td>From</td><td></td><td>From</td><td></td></tr>
<tr><td>3</td><td>With</td><td></td><td>On</td><td></td></tr>
</table>

（3）码垛程序示教及离线程序示教　根据拆垛及码垛对象设置码垛示教参数，填入表6-23。

表6-23　拆垛及码垛配置初期资料设置一览

拆垛及码垛配置初期资料设置一览					
原始组号		专家组任务序号		记录人	
码垛程序序号			注释名称		
类型	B型拆垛	INCR		码垛寄存器	
顺序		接近点		RTRT	
行		列		层	
码垛程序序号			注释名称		
类型	E型码垛	INCR		码垛寄存器	
顺序		接近点		RTRT	
设置项目	数量	位置参数	姿态参数	层式样数	
行设置		○直线　○自由	○固定　○内部		
列设置		○直线　○自由	○固定　○内部		
层设置		○直线　○自由	○固定　○内部		

完成上述设置后，编写并示教拆垛及码垛程序，填入表6-24。

表6-24　TP程序

TP程序设计			
原始组号		专家组任务序号	记录人
行号	代　码	行号	代　码
1		16	
2		17	
3		18	
4		19	
5		20	
6		21	
7		22	
8		23	
9		24	
10		25	
11		26	
12		27	
13		28	
14		29	
15		30	

3. 任务检查

验证工作计划及执行结果是否满足表6-25中的要求，若满足则勾选“是”，反之勾选“否”，分析原因并记录于表6-26。

表 6-25　专家组项目检查

序号	任务检查点	小组自我检查	
1	码垛 Part 及拆垛 Part 位置设置合理	○是	○否
2	码垛 Part 均未勾选“Visible at Run time”	○是	○否
3	Pickup 和 Drop 仿真程序中对象设置为长方形物料（*）	○是	○否
4	拆垛使用码垛堆积 B 指令	○是	○否
5	码垛使用码垛堆积 E 指令	○是	○否
6	码垛堆积 E 指令设置 2 层式样	○是	○否
7	拆垛程序与码垛程序使用不同码垛寄存器序号	○是	○否
8	码垛程序嵌套在拆垛程序中	○是	○否
9	单击 ▶ 按钮可实现拆垛及码垛仿真动画展示	○是	○否
10	每层码垛式样不同	○是	○否

表 6-26　专家组阶段工作记录表

专家组阶段工作记录表					
原始组号		专家组任务序号		记录人	
序号	问题现象描述	原因分析及处理方法			
1					
2					
3					
4					
5					

6.2.3　子任务 3：RSR 远程启动配置

任务要求	PLC 与工业机器人通过 UOP 信号可实现 RSR 远程自动运行，配置必要的 UOP 端口，实现 PLC 与工业机器人在 RSR 运行模式下的自动运行，并配置工业机器人工作状态指示灯，如图 6-44 所示。其中，红色表示故障；绿色表示满足远程运行条件；黄色表示正在运行中
任务目标	1）掌握系统 UOP 信号的功能及配置方法 2）掌握工业机器人与 PLC 的电气连接方式 3）掌握工业机器人 RSR 远程自动运行的实现方式

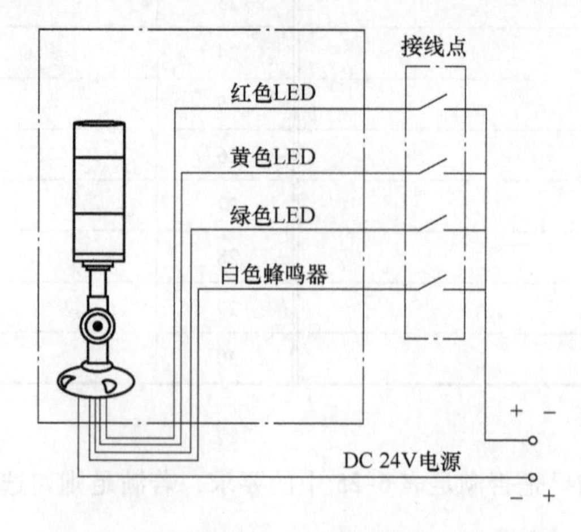

图 6-44　信号灯塔

1. 制订工作计划

专家组根据任务要求讨论制订工作计划，并完成表6-27。

表6-27　专家组工作计划表

专家组工作计划表						
原始组号		工作台位		制订日期		
序号	工作步骤	辅助准备	注意事项	工作时间/min		
				计划	实际	
1						
2						
3						
4						
5						
工作时间小计						
全体专家组成员签字						

2. 任务实施

（1）系统UOP信号分配及逻辑地址分配　根据任务要求以及PLC控制器可提供的I/O个数，合理选择工业机器人系统UOP信号与PLC的连接方式及配置，以满足RSR和PNS远程控制条件，并在信号灯塔中显示工业机器人的运行状态。将系统信号UI［i］和UO［i］配置分别填入表6-28和表6-29中，信号灯塔及系统配置端口连接配置填入表6-30，设置为仿真信号的端口无须填写外围设备。

表6-28　系统UI［i］信号配置一览

系统UI［i］信号配置一览							
原始组号		专家组任务序号			记录人		
工业机器人系统输入信号						外围设备	
端口号	端口名称	物理地址	配置范围	机架号	起始地址	连接对象	I/O地址
UI[1]	*IMSTP		[1-1]				
UI[2]	*HOLD		[2-2]				
UI[3]	*SFSPD		[3-3]				
UI[4]	CYCLE STOP		[4-4]				
UI[5]	FAULT RESET		[5-5]				
UI[6]	START		[6-6]				
UI[7]	HOME		[7-7]				
UI[8]	ENABLE		[8-8]				
UI[9]	RSR[1]/PNS[1]		[9-9]				
UI[10]	RSR[2]/PNS[2]		[10-10]				
UI[11]	RSR[3]/PNS[3]		[11-11]				
UI[12]	RSR[4]/PNS[4]		[12-12]				
UI[13]	RSR[5]/PNS[5]		[13-13]				
UI[14]	RSR[6]/PNS[6]		[14-14]				

（续）

端口号	端口名称	物理地址	配置范围	机架号	起始地址	连接对象	I/O 地址
UI[15]	RSR[7]/PNS[7]		[15-15]				
UI[16]	RSR[8]/PNS[8]		[16-16]				
UI[17]	PNSTORBE		[17-17]				
UI[18]	PROD_START		[18-18]				

表 6-29 系统 UO [i] 信号配置一览

系统 UO [i] 信号配置一览							
原始组号		专家组任务序号			记录人		
工业机器人系统输出信号						外围设备	
端口号	端口名称	物理地址	配置范围	机架号	起始地址	连接对象	I/O 地址
UO[1]	CMDENBL		[1-1]				
UO[2]	SYSRDY		[2-2]				
UO[3]	PROGRUN		[3-3]				
UO[4]	PAUSED		[4-4]				
UO[5]	HELD		[5-5]				
UO[6]	FAULT		[6-6]				
UO[7]	ATPERCH		[7-7]				
UO[8]	TPENBL		[8-8]				
UO[9]	BATALM		[9-9]				
UO[10]	BUSY		[10-10]				
UO[11]	ACK[1]/SNO[1]		[11-11]				
UO[12]	ACK[2]/SNO[2]		[12-12]				
UO[13]	ACK[3]/SNO[3]		[13-13]				
UO[14]	ACK[4]/SNO[4]		[14-14]				
UO[15]	ACK[5]/SNO[5]		[15-15]				
UO[16]	ACK[6]/SNO[6]		[16-16]				
UO[17]	ACK[7]/SNO[7]		[17-17]				
UO[18]	ACK[8]/SNO[8]		[18-18]				
UO[19]	SNACK		[19-19]				

注：实际输入为 UO/UI 配置参数时，如果有多个连续端口，则可扩大配置范围，如将配置范围设置为[1-3]。

表 6-30 信号灯塔及系统配置端口连接配置

信号灯塔及系统配置端口连接配置					
原始组号		专家组任务序号		记录人	
信号灯塔配置一览			系统配置端口		
红色信号线			SDICOM1、2、3		
黄色信号线			DOSRC1、2		
绿色信号线			0V		

注：当有外部电源时不得将 CRMA15/16 中 24F 端口与外部电源 +24V 相连。

（2）电气线路连接　按步骤（1）确定的连接方式完成 PLC、信号灯塔与工业机器人之间的电气连接，连接完毕后须检查线路是否短路。

（3）设置 RSR 远程启动参数及程序　创建符合 RSR 远程启动条件的 TP 程序，将程序命名方式填入表 6-31，并配置 RSR 远程自动运行条件，在表 6-32 中勾选设置选项。

表 6-31　RSR 程序名设置一览

RSR 程序名设置一览					
原始组号		专家组任务序号		记录人	
RSR 程序名设置一览					
字符串前缀		基数			
程序编号	状态	分配值		启动程序名	
RSR1	○启用　○禁用				
RSR2	○启用　○禁用				
RSR3	○启用　○禁用				

表 6-32　RSR 远程自动运行条件设置

RSR 远程自动运行条件设置					
原始组号		专家组任务序号		记录人	
序号	设置项目	设置状态			
1	TP 示教器开关	○ON　○OFF			
2	程序执行方式	○单步　○连续			
3	模式开关	○T1 模式　○T2 模式　○Auto 模式			
4	系统配置-远程/本地设置	○远程　○本地　○外部 I/O　○操作面板键			
5	UI [1]~UI [3]	○ON　○OFF			
6	UI [8] Enable	○ON　○OFF			
7	$RMT_MASTER	○0　○1　○2　○3			

(4) PLC 程序编辑及下载　根据任务要求组态 PLC 并编写程序，测试 PLC 控制启动程序。

3. 任务检查

验证工作计划及执行结果是否满足表 6-33 中的要求，若满足则勾选“是”，否则勾选“否”，分析原因并记录于表 6-34。

表 6-33　专家组项目检查

序号	任务检查点	小组自我检查	
1	PLC 与工业机器人之间的连线全部入槽	○是	○否
2	PLC 的 L 接 +24V，M 接 0V	○是	○否
3	工业机器人 CRMA15/16 中 24F 端口未连接外部电源正极	○是	○否
4	工业机器人 CRMA15/16 中 0V 端口连接外部电源 0V	○是	○否
5	SDICOM1、2、3 端口连接 0V	○是	○否
6	Mate 控制柜通电前检查无短路	○是	○否
7	UI [1] 配置并连接急停信号	○是	○否
8	Mate 控制柜上电后系统未报错	○是	○否
9	Mate 控制柜上电后 UI [1-3]、UI [8] 为 ON	○是	○否
10	工业机器人远程启动条件满足时信号灯塔亮绿灯	○是	○否
11	工业机器人系统报错时信号灯塔亮红灯	○是	○否
12	工业机器人运行时信号灯塔亮橙灯	○是	○否
13	UI [9-16] 接收到上升沿信号后可启动对应的程序	○是	○否
14	依次发送 RSR 启动信号，可依次执行所绑定的 RSR 程序	○是	○否
15	任务完成后工业机器人处于安全点并对现场进行整理	○是	○否

表 6-34　专家组阶段工作记录表

专家组阶段工作记录表					
原始组号		专家组任务序号		记录人	
序号	问题现象描述		原因分析及处理方法		
1					
2					
3					
4					
5					

6.2.4　子任务 4：触摸屏控制及状态显示

任务要求	触摸屏是自动化生产线上的常用设备。使用触摸屏不仅可以监控现场数据，还可以实现对设备数据参数的修改。按图 6-34 设计工业机器人远程控制及监控界面，使 PLC 可远程控制工业机器人及状态监控，辅助自动化生产
任务目标	1）掌握 PLC 组态及程序编辑下载方法 2）掌握触摸屏的使用方法

1. 制订工作计划

专家组根据任务要求讨论制订工作计划，并完成表 6-35。

表 6-35　专家组工作计划表

专家组工作计划表						
原始组号		工作台位		制订日期		
序号	工作步骤	辅助准备	注意事项	工作时间/min		
				计划	实际	
1						
2						
3						
4						
5						
工作时间小计						
全体专家组成员签字						

2. 任务实施

（1）PLC 程序设计　设计工业机器人外围设备接口与 PLC 之间的电气连接，将双方起始地址与终止地址之间的 I/O 一一对应连接，并填入表 6-36。

表 6-36　工业机器人外围设备接口与 PLC 连接信号分配

<table>
<tr><td colspan="8">工业机器人外围设备接口与 PLC 连接信号分配</td></tr>
<tr><td colspan="2">原始组号</td><td></td><td colspan="2">专家组任务序号</td><td></td><td>记录人</td><td></td></tr>
<tr><td rowspan="2">序号</td><td colspan="4">工业机器人外围接口地址</td><td colspan="3">PLC I/O 地址</td></tr>
<tr><td colspan="2">起始地址</td><td colspan="2">终止地址</td><td>起始地址</td><td colspan="2">终止地址</td></tr>
<tr><td>1</td><td colspan="2"></td><td colspan="2"></td><td></td><td colspan="2"></td></tr>
<tr><td>2</td><td colspan="2"></td><td colspan="2"></td><td></td><td colspan="2"></td></tr>
</table>

确定触摸屏与 PLC 之间通道类型中间继电器 M 地址（M 起始地址：________，M 终止地址：________），实现触摸屏可控制 PLC 与工业机器人外围设备接口所连接的所有输出继电器 Q。

（2）界面设计及变量绑定　根据任务要求设计触摸屏访问界面，界面可监控工业机器人与 PLC 交互的所有 UOP 端口，并完成表 6-37。

表 6-37　触摸屏设置一览

<table>
<tr><td colspan="6">触摸屏设置一览</td></tr>
<tr><td>原始组号</td><td></td><td>专家组任务序号</td><td></td><td>记录人</td><td></td></tr>
<tr><td colspan="2">触摸屏本地 IP 设置</td><td colspan="4"></td></tr>
<tr><td colspan="2">触摸屏远程 IP 设置</td><td colspan="4"></td></tr>
<tr><td colspan="2">输出继电器 Q 读写设置</td><td colspan="4">○只读 ○只写 ○读写</td></tr>
<tr><td colspan="2">输入继电器 I 读写设置</td><td colspan="4">○只读 ○只写 ○读写</td></tr>
<tr><td colspan="2">中间继电器 M 读写设置</td><td colspan="4">○只读 ○只写 ○读写</td></tr>
</table>

（3）系统联调　分别下载 PLC 程序和触摸屏程序，实现触摸屏对 PLC 输出端口的控制。

3. 任务检查

验证工作计划及执行结果是否满足表 6-38 中的要求，若满足则勾选“是”，反之勾选“否”，分析原因并记录于表 6-39。

表 6-38　专家组项目检查

序号	任务检查点	小组自我检查	
1	PLC I/O 与工业机器人外围设备物理接口一一对应	○是	○否
2	PLC 与工业机器人之间的连线全部入槽	○是	○否
3	PLC 的 L 端口接 +24V，M 端口接 0V	○是	○否
4	PLC 以太网 IP 地址与触摸屏 IP 地址可 PING 通	○是	○否
5	PLC 中间继电器 M 可控制输出继电器的 Q 状态	○是	○否
6	触摸屏 24V 供电	○是	○否
7	触摸屏启动时进入系统设置页面设置 IP 地址	○是	○否
8	触摸屏可监控 PLC 输入输出 I/O 状态	○是	○否
9	按下触摸屏上对应按钮可控制 PLC 输出端口状态	○是	○否
10	任务完毕后完成现场整理	○是	○否

表 6-39 专家组阶段工作记录表

专家组阶段工作记录表					
原始组号		专家组任务序号		记录人	
序号	问题现象描述	原因分析及处理方法			
1					
2					
3					
4					
5					

6.2.5 决策任务：自动码垛与拆垛

任务要求	将零部件组装程序根据功能修改为 PSN 前缀的程序，由 PLC 完成外围设备控制，实现以下任务要求 1）PLC 启动工业机器人从立体仓库中以拆垛方式依次抓取物料盒，并放置在物料托盘上 2）PLC 控制物料托盘旋转，加工模块完成物料盒打磨加工后，旋转到放料位置 3）PLC 启动工业机器人从码垛模块中以拆垛方式吸取方形物料，并放入物料盒中 4）PLC 启动工业机器人从物料盖支架中以拆垛方式吸取物料盖，并与物料盒组装 5）PLC 控制工业机器人将物料盒以码垛方式放回至立体仓库，同时控制物料托盘旋转到初始位置 6）使用计时器功能记录每个步骤的运行时间，优化动作指令和流程 7）可在触摸屏上显示工业机器人及外围设备 I/O 状态 自动码垛与拆垛位置示意图如图 6-45 所示
任务目标	1）掌握工业机器人 UOP 信号功能及配置方法 2）掌握工业机器人码垛堆积指令的使用方法 3）掌握 PLC 与工业机器人 I/O 的通信方法 4）掌握工业机器人 PNS 远程自动运行设置方法

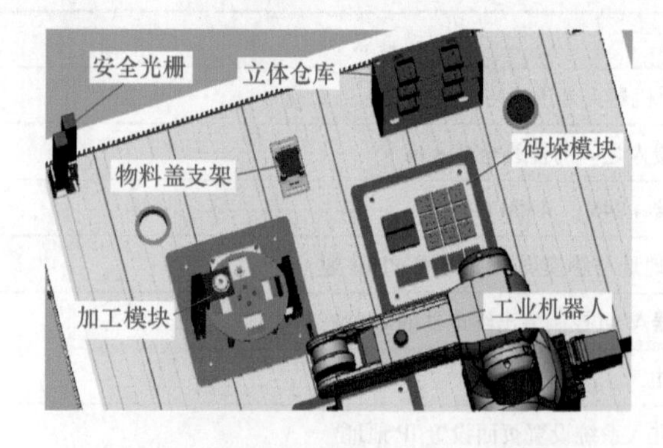

图 6-45 自动码垛与拆垛位置示意图

1. 专家组任务交流

原始组小组成员介绍完各自在专家组阶段所完成的任务后，解答表 6-40 的问题并记录。

表6-40 专业问题研讨一览

序号	问题及解答
1	本地自动运行与远程自动运行有哪些异同点？PNS与RSR模式有何区别？
2	工业机器人运行时哪些UOP信号必须配置？配置时有哪些注意事项？
3	码垛堆积指令在使用时有哪些注意事项？
4	工业机器人与PLC交互过程中可使用哪些功能接口？

2. 制订工作计划

原始组根据任务要求讨论制订工作计划，并填写表6-41。

表6-41 原始组工作计划表

原始组工作计划表					
原始组号		工作台位		制订日期	
序号	工作步骤	辅助准备	注意事项	工作时间/min	
				计划	实际
1					
2					
3					
4					
5					
6					
7					
工作时间小计					
全体原始组成员签字					

6.3 实施

1. PLC 与工业机器人 I/O 分配及电气连接

修改表 6-28 和表 6-29 中 PLC 与工业机器人 I/O 的连接参数，实现 PLC 控制工业机器人 PNS 远程启动要求，并完成电气连接。若存在其他须与 PLC 通信的工业机器人数字 I/O 信号，填入表 6-42。

表 6-42 工业机器人数字 I/O 配置一览

工业机器人数字 I/O 配置一览					
原始组号		工作台位		记录人	
工业机器人数字 I/O 信号		PLC		功能说明	
端口号	物理地址	连接对象	I/O 地址		

2. PLC 与外围设备 I/O 分配及电气连接

设计 PLC 与外围设备 I/O 电气连接，实现 PLC 对外围设备的控制，I/O 分配填入表 6-43，并完成电气连接。

表 6-43 PLC 与外围设备 I/O 分配

PLC 与外围设备 I/O 分配					
原始组号		工作台位		记录人	
序号	PLC 地址	符号	外围设备	功能说明	
1					
2					
3					
4					
5					
6					
7					
8					

3. 工业机器人离线程序示教及下载调试

根据 PLC 与工业机器人 I/O 连接方式配置工业机器人外围设备端口，并将配置参数填入表 6-44。

表6-44 工业机器人外围设备端口配置一览

工业机器人外围设备端口配置一览					
原始组号		工作台位		记录人	
序号	物理地址范围	逻辑地址范围	机架号	插槽号	开始点
1					
2					
3					
4					
5					
6					
7					
8					
9					
10					

在ROBOGUDIE中创建PNS离线程序，示教运行无误后下载到实体工业机器人中并示教程序，以确保在自动运行模式下系统可以正常工作，并将码垛初期资料填入表6-45，PNS相关设置及程序名填入表6-46。

表6-45 码垛初期资料设置一览

码垛初期资料设置一览									
原始组号		工作台位				记录人			
码垛序号	码垛类型	INCR	寄存器号	顺序	接近点	RTRT	行	列	层
1									
2									
3									
4									

码垛序号对应功能说明：

1. ________ 2. ________ 3. ________ 4. ________

表6-46 PNS程序设置一览

PNS程序设置一览		
原始组号	工作台位	记录人
序号	程序名	程序功能说明
1		
2		
3		
4		
5		

其中，PNS字符串前缀为：________，基数为：________。

4. **PLC 硬件组态及程序调试**

根据实际情况完成 PLC 硬件组态，并完成自动控制程序编辑及调试。调试过程中可使用 PLC 强制监控表或触摸屏模拟工业机器人信号，将 PLC 自动运行程序及 PNS 启动程序填入表 6-47。

表 6-47　PLC 自动运行程序及 PNS 启动程序

PLC 自动运行程序及 PNS 启动程序设计					
原始组号		工作台位		记录人	
梯形图程序			梯形图程序		

5. **系统调试**

设置工业机器人为 PNS 远程自动运行模式，在触摸屏上按下启动按键后系统可自动完成零部件装配。

6.4 检查

验证工作计划及执行结果是否满足表 6-48 中的要求，若满足则勾选“是”，反之勾选“否”，分析原因并记录于表 6-49。

表6-48　决策任务项目检查

序号	任务检查点	小组自我检查	
1	在ROBOGUIDE中添加立体仓库、加工模块、物料盖支架及码垛单元	○是	○否
2	以PNS+4位数字为程序名创建每个单元的模块化程序	○是	○否
3	码垛指令未重复使用码垛寄存器	○是	○否
4	系统通电前检查系统无短路	○是	○否
5	触摸屏可显示工业机器人UOP实时状态	○是	○否
6	PLC可启动指定PNS程序	○是	○否
7	系统联调时可依次将立体仓库中的物料盒出库	○是	○否
8	系统联调时可依次抓取码垛单元中的方形物料	○是	○否
9	系统联调时打磨工具可完成物料盒打磨	○是	○否
10	系统联调时可依次抓取物料盖支架中的物料盖	○是	○否
11	系统联调时可完成物料盒、方形物料、物料盖的组装	○是	○否
12	系统联调时可将组装好的物料盒依次放入立体仓库	○是	○否
13	程序自动运行完毕后工业机器人回到安全点	○是	○否
14	任务完成后关闭设备电源并整理现场	○是	○否

表6-49　原始组工作记录表

原始组工作记录表					
原始组号		工作台位		记录人	
序号	问题现象描述	原因分析及处理方法			
1					
2					
3					
4					
5					
6					

6.5 反馈

6.5.1 项目总结评价

1. 与其他小组展示分享项目成果，总结工作收获和问题的解决思路及方法，并根据其他学员的意见提出改进措施，其他小组在展示完毕后方可相互提问。

2. 完整描述本次任务的工作内容。

6.5.2 思考与提高

1. 总结使用外围设备接口时的注意事项。

2. 使用码垛堆积 BX 指令和码垛堆积 EX 指令完成工件码垛堆积。

项目 7 工业机器人 KAREL 程序

学习情境

KAREL 语言可完成除动作指令外其他所有的逻辑指令。使用 KAREL 语言可充分发挥 FANUC 工业机器人的集成优势，并实现复杂的逻辑控制运算。工业机器人与控制设备使用以太网通信，不仅可节省外部 I/O 端口，还可实现信息数据批量采集，便于组建智能化工业网络。

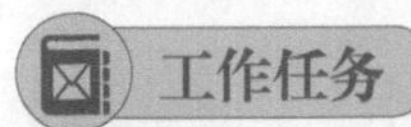

工作任务

任务描述	设置西门子 S7-1200 系列 PLC 为 SOCKET 通信服务器，工业机器人为客户端，基于以太网方式实现工业机器人与 PLC 的交互控制，并控制自动生产线的自动运行
任务目标	1）掌握 KAREL 程序基本语法 2）掌握 KAREL 程序编译及调试方法 3）掌握 PC 程序与 TP 程序相互传递参数的方法 4）掌握工业机器人与 PLC 的网络通信方法

任务过程

7.1 信息

7.1.1 KAREL 程序概况

KAREL 语言是类似于 Pascal 的低级语言，与其他很多编程语言一样可定义变量、常量以及函数等。KAREL 源程序（后缀名为 . KL）在 ROBOGUIDE 中编译为可执行文件 PC 程序（后缀名为 . PC）后方可在实体工业机器人中运行，且 PC 程序无法在示教器上查看。**本书中约定 KL 代表 KAREL 源程序，PC 代表 KAREL 源程序编译后的可执行文件。**

KAREL 程序入门

使用 KAREL 语言须添加 R632 软件包，并设置系统变量 $KAREL_ENB = 1 才可启动 KAREL 功能，如图 7-1 所示。

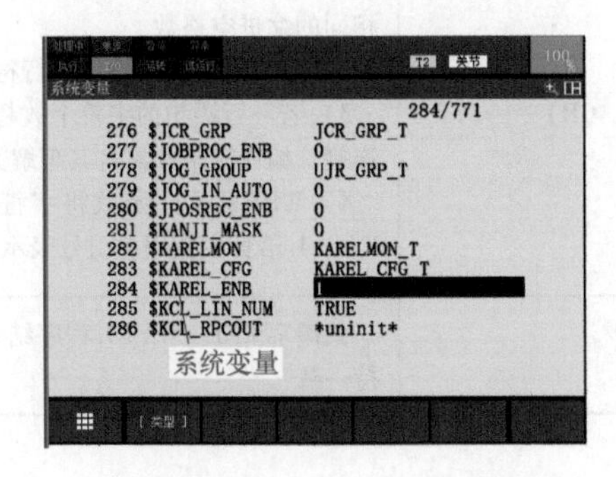

图 7-1　设置 KAREL 功能有效

1. KAREL 程序结构

ROBOGUIDE 中 KAREL 程序 IDE 页面如图 7-2 所示，以不同颜色代表不同程序元素，若编译无误则转为可执行文件 PC，并自动将 PC 程序复制到虚拟机器人中，或手动导入至实体工业机器人中，导入方式与导入 TP 程序方式相同。

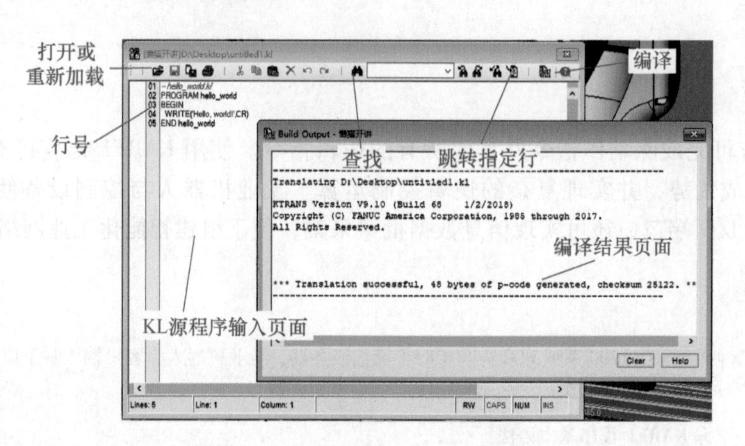

图 7-2　KAREL 程序 IDE 页面

KAREL 程序范例见表 7-1。

表 7-1　KAREL 程序范例

行号	代　　码	说　　明
1	--hello world 程序范例	--为注释符，不影响程序正常运行
2	--HELLO 为自定义程序名 PROGRAM HELLO	1）关键字 PROGRAM 作为程序开始，HELLO 为编译后下载到工业机器人中的 PC 程序名，与 KL 文件名无关，但建议两者名称保持一致以方便管理 2）PC 程序名不能与已有 TP 程序名相同 3）KL 程序中不区分大小写
3	BEGIN	1）PROGRAM 与 BEGIN 之间可写入变量定义或加载选项，如常量（CONST）、类型（TYPE）、变量（VAR）、例行程序（ROUTINE）以及内建函数所需的环境参数等 2）使用“%ENVIRONMENT 参数名称”添加环境参数 3）BEGIN 与 END 之间不能定义变量
4	WRITE（'Hello World!', CR）	1）使用缩进来表示代码块，即同一个代码块的语句必须包含相同的缩进空格数 2）不同的语句间使用换行符（回车）或分号（;）区分 3）若一行语句的字符个数超过 252 个，则须使用连接符（&）连接，编译时编译器将其理解为一行 4）WRITE（）函数将字符串发送到用户页面辅助调试，在 KAREL 语言中使用单引号表示字符串
5	END HELLO	关键字 END 表示 KL 程序结束，须与 PROGRAM 后的程序名保持一致

KAREL 程序中的 WRITE 函数和 IO_STATUS 函数语法见表 7-2 和表 7-3。

表 7-2 WRITE 函数语法

函数语法	WRITE <file_var>（data_item {,data_item}）	
函数功能	将数据输入到串行设备或文件，使用内建函数 IO_STATUS 函数检查输出是否成功	
参数	file_var	文件变量： 1）尖括号“< >”表示该参数可以为空，此函数中若为空，则默认输出到 TP 示教器的用户页面 2）可指定设备或文件输出类型
输入形参	data_item	形参表达式 1）大括号“{}”表示该参数可以有多个形参 2）可以是 KAREL 中的任何表达式，应指定所输出的格式 3）若为数组类型，则输入数组名即可 4）使用关键字 CR 换行

表 7-3　IO_STATUS 函数语法

函数语法	IO_STATUS（file_id）	
函数功能	返回最近一次对文件系统操作的状态结果	
环境参数	%ENVIRONMENT PBCORE	
输入形参	file_id	检查文件的 FILE 变量名
返回值类型	INTEGER	返回值为 0 时表示无错误

2. KAREL 程序的编译及运行

可使用第三方 IDE 编辑程序，如 Visual Studio Code，然后将 KL 源程序导入 ROBOGUIDE 中编译，或直接按图 7-3 的方式，在虚拟机器人目录下右键单击 Files 按钮添加 KL 源程序。

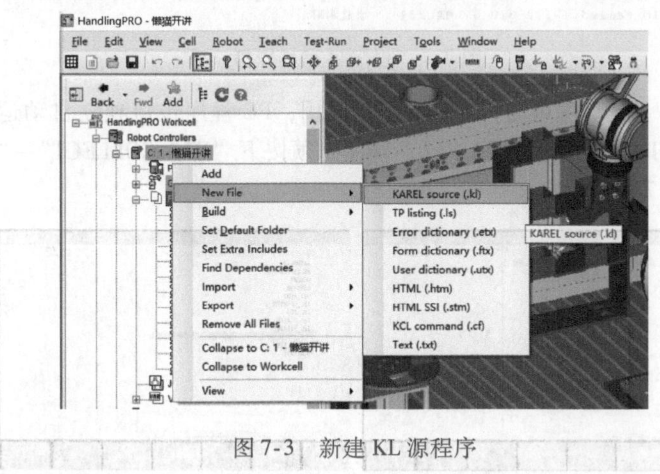

图 7-3　新建 KL 源程序

KL 程序编译为 PC 程序，并导入工业机器人中后，可选择手动试运行或在 TP 程序中调用。

（1）手动试运行方式

1）加载 PC 程序：将光标移动到 PC 程序所在行，按下“ENTER”键加载程序，若导入后未发现程序，则须按下“F1　类型”→“5 KAREL 程序”，以显示已导入到工业机器人中的 PC 程序如图 7-4 所示。

如图 7-5 所示，PC 程序正确加载后，会在页面上显示所加载的程序名，并在信息窗口显示当前所加载的 PC 程序名。

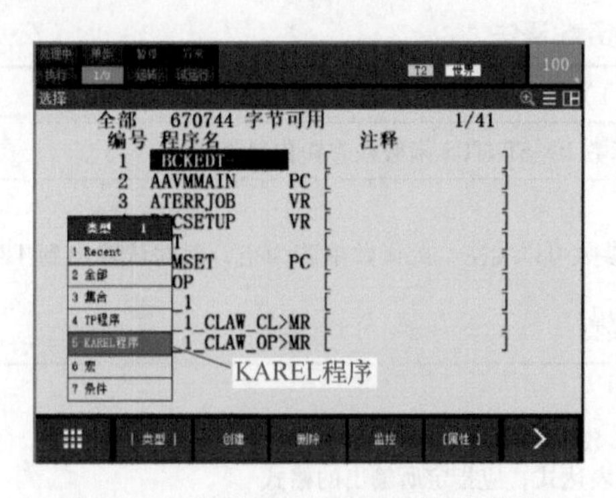

图 7-4 选择显示 KAREL 程序类型

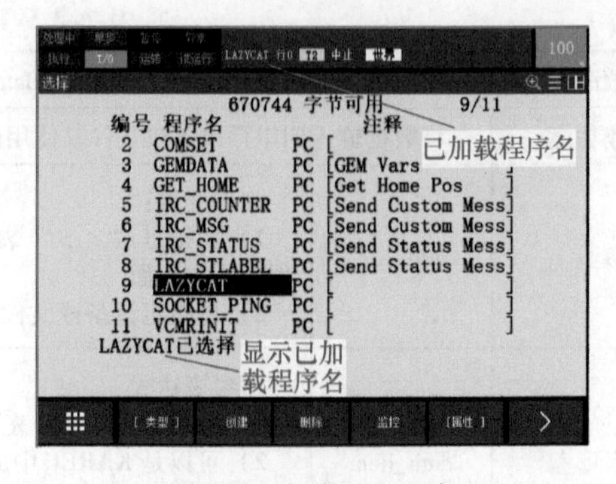

图 7-5 加载 PC 程序

2）试运行程序：消除所有的报警及错误信息后，在任意页面按下“SHIFT” + “FWD”键即可运行当前所加载的 PC 程序，但无法看到执行过程。在程序执行过程中，松开“SHIFT”键程序运行状态不确定，若在停止状态下再次按下“SHIFT” + “FWD”键时 PC 程序将继续运行。

3）查看运行结果：按下“MENU”键→“9 用户”打开用户页面，用户页面显示输出建议使用双画面查看运行结果，如图 7-6 所示。

4）重新加载程序：重新加载 PC 程序时，须先在示教器中删除相同文件名的 PC 程序，否则会出现类似图 7-7 的报警。若依旧无法下载，则须删除相同文件名的 VR 文件。

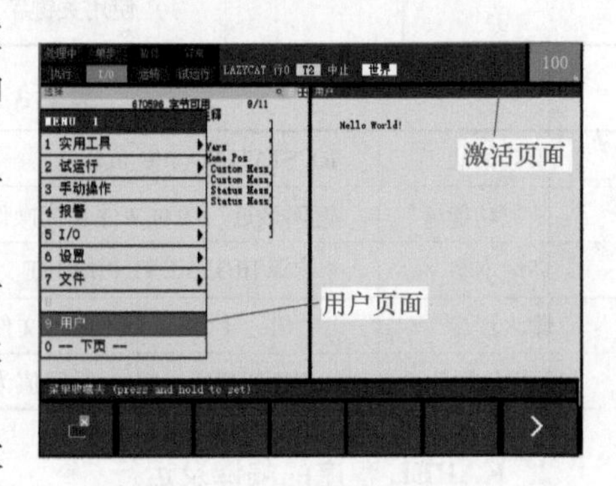

图 7-6 用户页面显示输出结果

```
*** Translation successful, 64 bytes of p-code generated, checksum 17168.
Build Failed: ????-820 $  4A0F34   凑业叫畔
```

图 7-7 程序名重复报警

（2）TP 程序调用　TP 程序可与 PC 程序相互调用，PC 程序也可独立自动运行。TP 程序调用 PC 程序的方式与调用 TP 子程序的方式一致，调用时须按下“F3　COLLECT”→“KAREL 程序”才可选择 PC 程序，如图 7-8 所示。

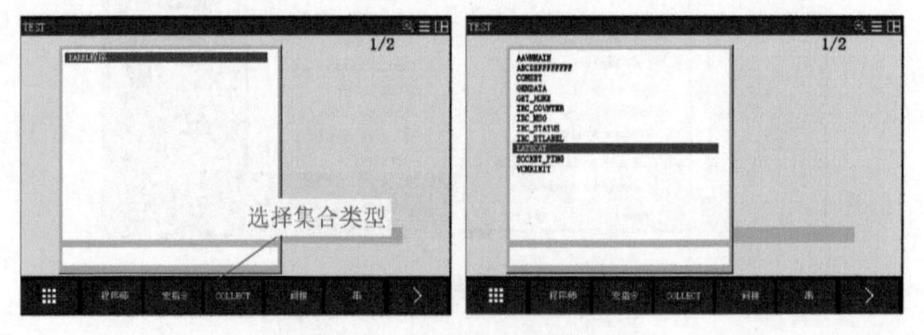

图 7-8 TP 程序调用过程

3. KAREL 程序支持的功能

添加软件包 J971 后可实现 PC 程序独立自动运行。依次单击“MENU”键→“6 设置”→“1 KAREL 设置”后进入 KAREL 程序设置页面，如图 7-9a 所示。

KAREL 程序设置功能可同时管理 30 个 PC 程序，包括启动控制及运行状态查询，设置步骤如下：

（1）程序绑定　在图 7-9b 页面下，选择“编号”后单击“F4　选择”绑定 PC 程序，如图 7-10 所示。

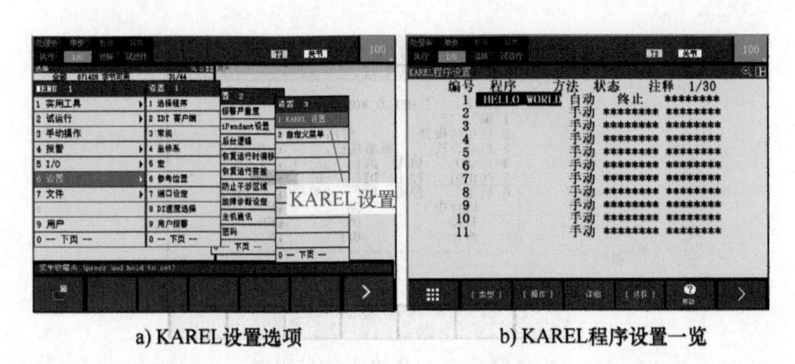

a) KAREL设置选项　　b) KAREL程序设置一览

图7-9　KAREL程序设置

（2）启动方法设置　光标移动到“方法”所在列，按下“F4　自动”并重启Mate控制柜后程序在后台自动运行。若按下“F5　手动”可手动运行该程序，在手动运行状态下依次单击“F2　操作”→“1 运行”可执行PC程序，若选择“2 强制终止”则停止运行当前PC程序，如图7-11所示。

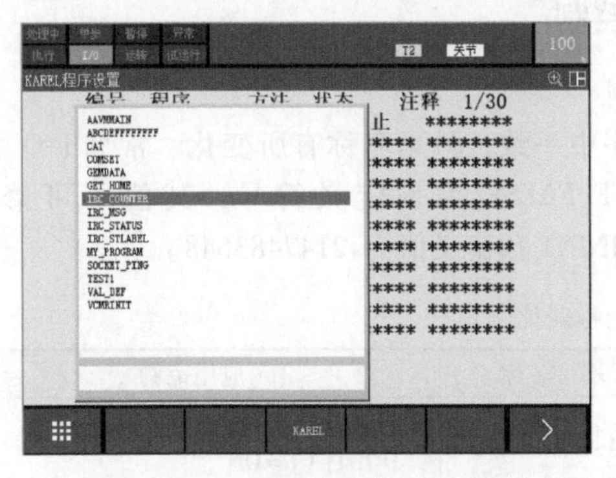
图7-10　选择绑定的PC程序

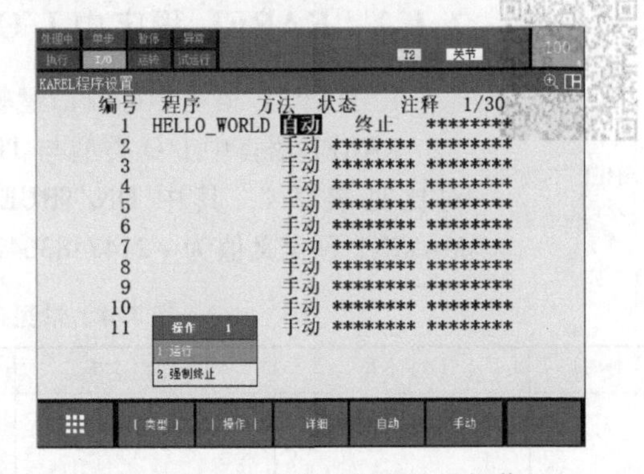
图7-11　PC程序运行方法及操作

手动执行程序时，系统会强行终止所选定的已运行程序，然后从程序的第一行重新开始运行。

（3）状态及注释设置　在“状态”列可看到PC程序的执行状态（运行中或终止）。“注释”列显示KL程序中“% COMMENT”所备注的内容，最多可设置16个字符，通常为如% COMMENT = ‘0.0.0.0 - 00’的版本信息。

（4）详细设置　单击“F3　详细”可设置程序I/O查询及控制，如图7-12所示。

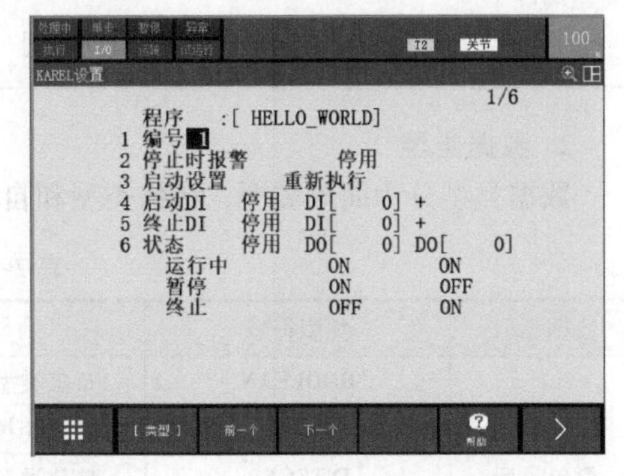
图7-12　KAREL详细设置

图7-12页面各设置选项说明如下：

1）程序：当前详细设置的PC程序名。

2）编号：当前PC程序所绑定的编号，可按下“ENTER”键修改。

3）停止时报警：按下“F4　启用”并重启Mate控制柜后生效，当PC程序停止运行时可设置对应的报警信息，若选择“F5　停用”则停止后不报警。

4）启动设置：设定Mate控制柜重启后PC程序处理方式，其中“重新执行”是从PC程序第一行开始执行；“继续执行”则是从上次中断位置继续执行。使用“继续执行”时一定要注意，避免意外。

5）启动DI、终止DI：默认为停用状态，开启后可通过数字DI信号控制PC程序运行，且每个控制信号可单击“F4　+”设置上升沿信号有效，或单击“F5　-”设置下降沿信号有效。设置时须先停用控制信号，设置完毕重启生效，如图7-13所示。

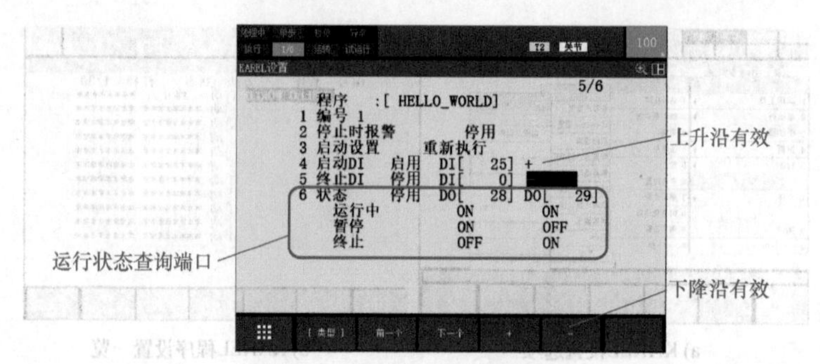

图 7-13 启动及终止信号设置

6）**运行状态端口查询**：设置为启用状态且 DO［i］序号设置不为零时，以数字 DO 不同状态代表程序的运行状态，如图 7-13 所示，当程序运行时 DO[28］和 DO[29］均为“ON”，程序终止时则 DO[28］为“OFF”，DO[29］为“ON”。

KAREL 下数字 I/O 的控制

7.1.2 KAREL 程序中 I/O 的控制

1. KAREL 语言中的端口逻辑控制

KAREL 语言中 I/O 类型与 TP 程序中一致，只是名称有所变化。常见 I/O 名称对比见表 7-4，其中 ON/TRUE、OFF/FALSE 为预定义符号，其值不可修改，MAXINT 预定义值为 +2147483647，MININT 预定义值为-2147483648。

表 7-4 常见 I/O 名称对比一览

类型	I/O 类型	TP 端口名称	KL 端口名称	应用范例
布尔类型端口	数字 I/O	DI[i]/DO[i]	DIN[i]/DOUT[i]	设置数字端口输出逻辑 1：DOUT[1] = ON
	机器人 I/O	RI[i]/RO[i]	RDI[i]/RDO[i]	设置机器人端口输出逻辑 0：RDO[2] = OFF
	外围设备 I/O	UI[i]/UO[i]	UIN[i]/UOUT[i]	设置外围端口输出逻辑 1：UOUT[5] = ON
整型端口	组 I/O	GI[i]/GO[i]	GIN[i]/GOUT[i]	设置组输出为最大值：GOUT[1] = MAXINT
	模拟 I/O	AI[i]/AO[i]	AIN[i]/AOUT[i]	设置模拟量输出为最小值：AOUT[1] = MININT

2. 数据类型

数据类型分为简单类型、结构类型和自定义类型，简单类型和结构类型见表 7-5 所示。

表 7-5 数据类型一览

数据类型	类型符号	说　明
简单类型	BOOLEAN	布尔类型，其值为 ON/OFF 或 TRUE/FALSE，支持逻辑运算和关系运算
	FILE	静态变量文件类型，不能作为函数返回值或用于结构体中
	INTEGER	整数类型，其值范围为 -2147483648 ~ +2147483647
	REAL	实数类型，形如 1.0、3.2 的数据类型
	STRING［len］	字符串类型，len 为其长度值，如‘sting’
结构类型	ARRAY OF BYTE	定义数组，BYTE 为数组数据类型，可定义一维数组或多维数组
	JOINTPOS	实数组成的关节位置值，记录每个轴的位置信息
	XYZWPR	实数组成的笛卡儿坐标系值

定义数据类型符号名称时以字母开头，可包含数字和下横线，且最多包含12个字符，但不能与关键字重复，并秉承“先定义后使用”原则。

数据类型定义及赋值范例见表7-6。

表7-6　数据类型定义及赋值范例

行号	代　码	说　明
1	PROGRAM var_def	命名PC程序名为var_def
2	CONST	定义常量声明
3	SUCCESS = 0	定义整数型常量，常量在定义时必须赋值
4	VAR	定义变量声明
5	flag:boolean	定义布尔变量
6	status, num:integer	定义两个整数型变量，不同的变量用逗号分隔，建议每个变量的定义单独占一行
7	real_value: REAL	定义实数变量
8	str: String[10]	定义数组名为str、长度为10的字符数组
9	file_var:FILE	定义FILE变量
10	arr_b:ARRAY[2] OF boolean	定义布尔类型的一维数组
11	arr_i:ARRAY[2,3] OF integer	定义整数类型的二维数组，多维数组之间用逗号分隔
12	pos_obj:XYZWPR	定义XYZWPR变量
13	jnt_obj:JOINTPOS	定义JOINTPOS变量
14	BEGIN	开始程序
15	flag = FALSE	布尔变量可复制为ON/OFF、FALSE/TRUE
16	num = 1	整数类型赋值
17	str = 'Hello word'	字符串类型赋值,若赋值字符个数大于定义个数,则只保留所定义个数的前几位
18	status = IO_STATUS(file_var)	获取文件的状态
19	arr_b[1] = TRUE	一维数组元素赋值,KL中数组序号以1开始
20	arr_i[1, 2] = 5	二维数组元素赋值
21	pos_obj = CURPOS(0, 0)	赋值当前机器人笛卡儿坐标系值
22	jnt_obj = CURJPOS(0,0)	赋值当前机器人关节坐标系值
23	END val_def	程序结束

3. 流程控制指令

（1）中止程序指令 ABORT　执行该指令后，将中断当前执行的程序，下次再运行该程序时将从第一行重新运行。

（2）延时指令 DELAY　指定延时等待毫秒时间，如 DELAY 500 代表延时等待 500ms。

（3）等待延时指令 WAIT FOR　KL 语言中使用 WAIT FOR 指令实现延时等待，说明见表7-7。

表 7-7 WAIT FOR 指令说明

语法	WAIT FOR cond_list
功能	一直等待直到条件满足后继续向下执行
cond_list	等待条件，该条件可由多个条件组成： 1）复合条件判断时可使用关系运算符和逻辑运算符的组合条件 2）关系运算符包括大于（>）、大于或等于（>=）、等于（=）、不等于（<>）、小于（<）、小于或等于（<=），运算符两边的数据类型须一致，如 1 <2 的结果值为 TRUE；'a' < 2 类型不匹配无法运行 3）逻辑运算符包括与逻辑（AND）、或逻辑（OR）、非逻辑（NOT），运算结构为布尔类型，如（1 <2）AND（'a' <'b'）的结果为 TRUE 4）当使用整型参与运算时，则会以对应的二进制进行位操作，如 5AND8 运算时会转化为 0101AND1000，其结果值为 0000 5）表达式中可使用小括号，以避免运算符优先级的影响

WAIT FOR 指令使用范例如下：

KAREL 程序的判断控制

```
--等待数字输入端口 DIN［2］输入信号为逻辑 1，否则持续等待。
WAIT FOR DIN［2］
```

4. 选择控制结构

KAREL 语言中选择控制结构分为 IF 语句和 SELECT 语句两种。

（1）IF 语句 IF 语句分为两种结构，见表 7-8。

表 7-8 IF 语句结构

语句结构	说　明

IF condition THEN
--程序段
ENDIF
	condition 只能是布尔表达式，当其结果为 TRUE 时，执行 IF 与 ENDIF 之间的程序段代码，否则不执行

IF condition THEN
--程序段 1
ELSE
--程序段 2
ENDIF
	当 condition 条件为 TRUE 时，执行 IF 与 ELSE 之间的程序段 1 代码，否则执行程序段 2 代码

（2）SELECT 语句 当变量状态对应多个可执行条件时，使用 SELECT 语句，见表 7-9。

表 7-9 SELECT 语句说明

语句结构	说　明
SELECT element OF CASE（element1）： --程序段 1 CASE（element2）： --程序段 2 ELSE： --程序段 3 ENDSELECT	1）参数 element、element1、element2 均为整型 2）当参数 element 等于 element1 时仅执行程序段 1 代码；当参数 element 等于 element2 时仅执行程序段 2 代码；当参数 element 不等于 element1 和 element2 时仅执行程序段 3 代码

（3）应用范例 KAREL 语言中选择控制结构使用范例见表 7-10。

表 7-10 选择控制结构应用范例

行号	代码	说明
1	PROGRAM test	定义 PC 程序名
2	CONST	常量声明
3	def_val = 0	定义常量
4	BEGIN	程序开始
5	IF ON = DIN[1] THEN	当数字输入端口 DIN[1] 为 ON 时执行程序段，为避免实际应用时将赋值符号与恒等于判断运算符混淆造成错误，建议将常量写在恒等于运算符之前，利用编译器检查该类型错误
6	RDO[1] = ON	设置机器人 RDO[1] 为 ON
7	RDO[2] = OFF	设置机器人 RDO[2] 为 OFF
8	ENDIF	IF 语句结束
9	IF OFF = RDI[1] THEN	当机器人输入 RDI[1] 为 OFF 时执行程序段 1
10	DOUT[1] = ON	设置数字输出端口 DOUT[1] 为 ON
11	ELSE	RDI[1] 输入不为 OFF 时执行
12	DOUT[1] = OFF	设置数字输出端口 DOUT[1] 为 OFF
13	ENDIF	IF 语句结束
14	SELECT GIN[1] OF	根据组端口 GIN[1] 的值执行不同 CASE 语句，组端口必须先分配生效后再使用，否则报“INTP-347 载入 I/O 资料执行错”
15	CASE (1):	当 GIN[1] 的输入值为 1 时执行
16	GOUT[1] = 55	设置组 GOUT[1] 的输出值为 55，也必须分配生效后使用
17	CASE (2):	当 GIN[1] 的输入值为 2 时执行
18	GOUT[1] = 44	设置组 GOUT[1] 的输出值为 44
19	ELSE:	当 GIN[1] 的输入值不为 1 和 2 时执行
20	GOUT[1] = def_val	设置组 GOUT[1] 的输出值为常量
21	ENDSELECT	SELECT 语句结束
22	END test	程序结束

5. 循环控制结构

KAREL 语言中循环控制结构分为 FOR 循环、REPEAT 循环和 WHILE 循环，见表 7-11。使用循环控制结构时须避免程序进入死循环状态造成系统死机，若不可避免则须在循环中加入延时等待。

KAREL 程序的循环控制

表 7-11 循环控制结构一览

循环名称	语句结构	说明
FOR 循环	**FOR** element1 = init **TO** element2 DO --循环体 **ENOFOR**	1）有限次数循环方式：当整型变量 element1 的值不大于整形变量 element2 时执行循环体代码，且每次 element1 自动加 1 2）整型变量 element1 必须在 FOR 语句中初始化
REPEAT 循环	**REPEAT** --循环体 **UNTIL** (element)	1）条件循环方式；当条件 element 不满足时执行循环体代码 2）条件 element 为布尔类型

WHILE 循环	**WHILE** element **DO**
	--循环体
	ENDWHILE
		1）条件循环方式：当条件 element 为 TRUE 时执行循环体代码
		2）条件 element 为布尔类型

循环控制结构应用范例见表 7-12。

表 7-12　循环控制结构应用范例

行号	代　码	说　明
1	PROGRAM repeat_ep	定义 PC 程序名
2	VAR	常量声明
3	sum，num：INTEGER	定义两个整数类型变量
4	BEGIN	程序开始
5	sum =0	sum 变量初始化
6	FOR num =1 TO 5 DO	开始 FOR 循环，当 num 等于 5 时执行最后一次循环
7	sum = sum +1	sum 值增加 1
8	ENDFOR	FOR 循环结束，此时 SUM 值为 5
9	sum =0	sum 变量初始化
10	REPEAT	开始 REPEAT 循环
11	sum = sum +1	sum 值增加 1
12	UNTIL（sum >3）	sum 值大于 3 后停止循环，即 sum 的值为 4 停止循环
13	sum =0	sum 变量初始化
14	WHILE sum <8 DO	开始 WHILE 循环
15	sum = sum +1	sum 值增加 1
16	ENDWHILE	循环结束后 sum 值为 8
17	END repeat_ep	主程序结束

KAREL 程序的调试方法

7.1.3　KAREL 程序的调试方法

除正常运行 PC 程序外，通常使用 INCLUDE 文件导入、查看 KAREL 变量以及单步调试三种方法综合调试 PC 程序。

1. INCLUDE 文件导入

FANUC 工业机器人控制系统在 RAM 允许范围内最多支持 2704 个 PC 程序，且每个 PC 程序最多包含 2704 个变量。同时，为保证程序的相对独立性，通常将大型应用程序拆分为多个小型程序文件，小型程序文件须使用% INCLUDE 方式导入，导入自定义文件时须将该文件先添加到 ROBOGUIDE 中的 Files 文件夹。

例如，在使用 WRITE（）函数输出时，可导入 FANUC 工业机器人的预设文件，应用范例见表 7-13。

表 7-13　INCLUDE 文件导入应用范例

行号	代　码	说　明
1	PROGRAM test	命名 PC 程序名为 test
2	% INCLUDE klevccdf	导入预定义程序文件
3	BEGIN	程序开始
4	WRITE（CHR（cc_clear_win），& CHR（cc_home））	内建函数 CHR（）返回字符所对应的数值，此段代码用于清空当前用户页面
5	WRITE（‘程序测试’，CR）	KL 支持中文输出
6	END test	程序结束

2. 查看 KAREL 变量

系统仅支持查看 KAREL 程序全局变量。加载 PC 程序并运行后，依次单击“DATA”键→“F1　类型”→“5 KAREL 变量”查看当前 PC 程序全局变量，如图 7-14 所示。

3. 单步调试

单步调试是指在单步运行模式下，每次按下“SHIFT” + “FWD”键 PC 程序仅执行一行代码，设置步骤如下：

1）进入单步设置页面： 依次选择“MENU”键→“2 试运行”→“1 设置”。

2）选择单步命令执行方式： 将光标移到第三行后，按下“F4　选择”，根据需要选择单步命令执行方式，如图 7-15 所示。

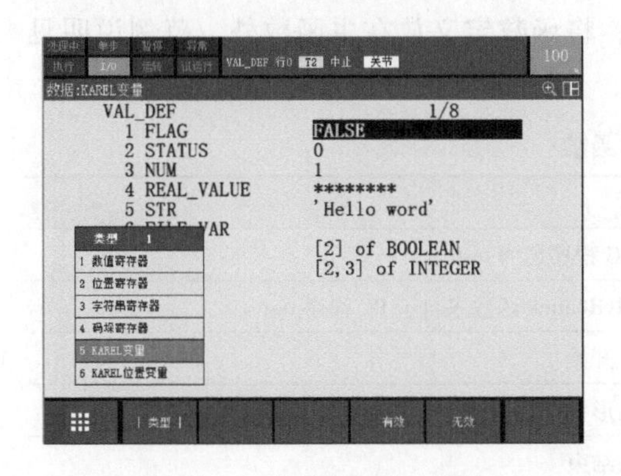

图 7-14　查看 KAREL 变量

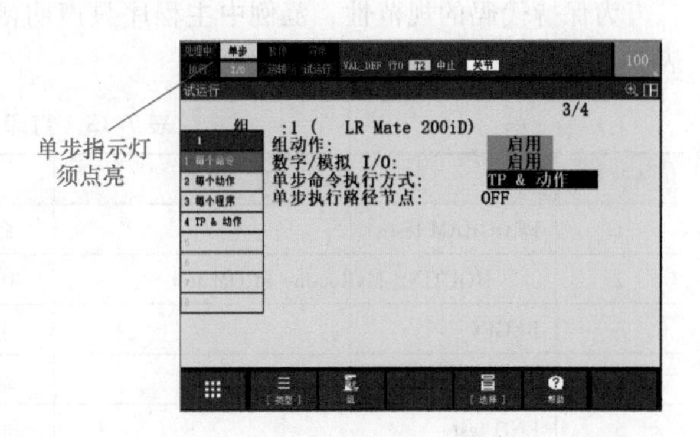

图 7-15　单步命令执行方式选择

图 7-15 所示页面单步命令执行方式选项说明见表 7-14。

表 7-14　单步命令执行方式说明

序号	命令名称	说　明
1	每个命令	单步调试所有程序类型
2	每个动作	单步调试 TP 程序中的动作指令
3	每个程序	与每个命令基本相同，但调用程序时不会暂停
4	TP& 动作	默认方式，只对 TP 程序有效

使用调试辅助指令会降低 1% ~2% 的程序运行速度，因此建议调试完毕后删除对应指令，或将其修改为注释。

7.1.4　KAREL 程序中函数的应用

KAREL 程序中
函数的应用

KAREL 语言中将函数定义为 ROUTINE，根据是否有返回值，将其分为有返回值的 Procedure Routines，以及无返回值的 Function Routines。为方便理解，本书中约定将其均称为函数。

1. 函数的定义及使用

函数与变量一样，均须先定义后使用，其定义为：

```
ROUTINE 函数名（形参1：类型；形参2，形参3：类型；......）：返回类型 FROM 文件名
    --函数体
END 函数名
```

基于上述格式，函数定义规则说明如下：

1）函数代码块以关键字 ROUTINE 开头，后面紧跟函数名。

2）函数名与变量命名规则相同，只能由字母、数字和下横线组成，且函数名唯一。

3）可在函数内定义局部常量和局部变量，函数外不可访问。

4）当无形参时函数名后无须小括号，调用时仅调用函数名，若有形参必须放于小括号内，并用分号分隔不同类型形参，相同类型形参使用逗号分隔形参名称。

5）若无返回类型则无须使用 RETURN 语句，若有返回类型则须使用 RETURN 语句，该语句将结束当前函数。

6）FROM 后的文件名为该函数所定义的 PC 文件名。

7）系统提供的预定义函数称为内建函数，函数名均为大写。

2. 范例 1：打印信息函数

为保持代码的规范性，范例中主程序只声明函数，将函数定义放在主函数外，范例说明见表 7-15。

表 7-15 打印信息函数

行号	代　码	说　明
1	PROGRAM test	命名 PC 程序名为 test
2	ROUTINE MyRoutine FROM test	声明 MyRoutine 函数来自于 PC 程序 test
3	BEGIN	主程序开始
4	MyRoutine	调用无形参函数
5	END test	主程序结束
6	ROUTINE MyRoutine	定义函数名为 MyRoutine
7	VAR	函数中定义变量
8	num：INTEGER	定义变量
9	BEGIN	函数开始
10	num = 1	整数赋值
11	WRITE（'It is MyRoutine'，num，'.'，CR）	输出多个参数，用逗号分隔
12	END MyRoutine	函数定义结束

3. 范例 2：比较函数

函数声明须放在 CONST、TYPE 和 VAR 后，否则编译器将报错，范例说明见表 7-16。

表 7-16 比较函数

行号	代　码	说　明
1	PROGRAM my_pro	命名 PC 程序名为 my_pro
2	VAR	变量声明
3	status：INTEGER	定义 status 为整型变量
4	ROUTINE my_rou（input1，input2：INTEGER；& input3：REAL）：INTEGER FROM my_pro	申明函数，形参及返回值须写完整，FROM 后为定义该函数实体所在 PC 文件名
5	BEGIN	主程序开始
6	status = my_rou（1，2，3）	调用函数，并将实参 1、2、3 分别赋值给形参 input1、input2 和 input3
7	WRITE（'ROUTINE status：'，status，CR）	打印函数返回值
8	END my_pro	主程序结束

（续）

行号	代　码	说　明
9	ROUTINE my_rou	定义函数，此处只能写函数名
10	BEGIN	函数开始
11	IF（input1 > input2）THEN	判断语句
12	RETURN（1）	若执行则直接退出当前函数
13	ELSE	IF 判断条件不满足时执行
14	RETURN（0）	返回值须写在小括号内
15	ENDIF	判断语句结束
16	END my_rou	函数定义结束

7.1.5 KAREL 程序中位置的控制

KAREL 程序中位置的控制

使用第三方视觉系统时可将检测信息转换为位置信息传送给工业机器人，实现视觉位置检测控制，但 KAREL 语言无法直接控制工业机器人动作，须将位置信息保存在位置寄存器 PR［i］中，再在 TP 程序中根据 PR［i］值控制机器人动作。

1. KAREL 语言运算符

KAREL 语言的标准数学运算符及特殊运算符见表 7-17。

表 7-17　KAREL 语言运算符

运算符类型	符号	作　用	范　例
标准数学运算符	+	加法运算	1 + 1 = 2
	-	减法运算	3 - 1 = 2
	*	乘法运算	2 * 2 = 4
	/	除法运算	3/2 = 1.5
	DIV	整除	4 DIV 3 = 1
	MOD	求余运算	5 MOD 3 = 2

特殊运算符	> = <	比较 POSITION 类型变量是否相等	org = CURPOS（0，0）
			obj = CURPOS（0，0）
			IF org > = < obj THEN
			WRITE（'Equal!'，CR）
			ENDIF
			-- 输出结果值为 Equal

2. 位置值计算

根据位置寄存器 PR［i］中不同的存储形式，KAREL 语言将关节坐标系位置值以数组形式存储在 JOINTPOS 数据类型中，笛卡儿坐标系位置值以结构体形式存储在 XYZPOS 数据类型中。注意：**KAREL 语言存储的是 TCP 位置信息。**

位置寄存器 PR［i］中不同存储形式使用不同的函数，使用时首先使用 POS_REG_TYPE 函数判断位置存储器的存储形式，该函数说明见表 7-18。

表 7-18　POS_REG_TYPE 函数说明

<table>
<tr><td>函数语法</td><td colspan="5">POS_REG_TYPE（register_no，group_no，posn_type，num_axes，status）</td></tr>
<tr><td>函数功能</td><td colspan="5">返回指定位置寄存器 PR［i］的存储形式</td></tr>
<tr><td>环境参数</td><td colspan="5">%ENVIRONMENT REGOPE</td></tr>
<tr><td rowspan="2">输入形参</td><td>register_no</td><td colspan="4">需查询位置寄存器 PR［i］的序号</td></tr>
<tr><td>group_no</td><td colspan="4">运动轴所在运动组，若不指定则使用程序默认运动组，若指定则必须在控制系统设定范围内</td></tr>
<tr><td rowspan="6">输出形参</td><td rowspan="4">posn_type</td><td colspan="4">返回指定位置寄存器的存储形式，对应关系如下</td></tr>
<tr><td>返回值</td><td>对应存储形式</td><td>返回值</td><td>对应存储形式</td></tr>
<tr><td>1</td><td>POSITION</td><td>2</td><td>XYZWPR</td></tr>
<tr><td>6</td><td>XYZWPREXT</td><td>9</td><td>JOINTPOS</td></tr>
<tr><td>num_axes</td><td colspan="4">根据不同的存储形式，其返回含义不同：
1）JOINTPOS 类型时返回动作轴数
2）XYZWPREXT 类型时返回外部轴数</td></tr>
<tr><td>status</td><td colspan="4">返回状态值，若不为 0 则表示程序有错误</td></tr>
</table>

预先设置 PR［1］以正交形式存储，PR［2］以关节形式存储，位置寄存器存储类型检测范例见表 7-19。

表 7-19　位置寄存器存储类型检测范例

行号	代　码	说　明
1	PROGRAM PR_TYPE_TEST	定义主函数
2	%INCLUDE klevccdf	导入预定义程序文件
3	VAR	定义变量
4	pos_type：INTEGER	分别定义三个整型变量
5	num_axes：INTEGER	
6	status：INTEGER	
7	BEGIN	主程序开始
8	WRITE（CHR（cc_clear_win），CHR（cc_home））	用户页面清屏
9	FORCE_SPMENU（TP_PANEL，SPI_TPUSER，1）	强制打开用户页面
10	POS_REG_TYPE（1，1，pos_type，num_axes，status）	获取 PR［1］存储形式
11	WRITE（'PR［1］='，pos_type，num_axes，status）	输出函数的输出信息
12	POS_REG_TYPE（2，1，pos_type，num_axes，status）	获取 PR［2］存储形式
13	WRITE（'PR［2］='，pos_type，num_axes，status）	输出函数的输出信息
14	END PR_TYPE_TEST	主程序结束

上述程序执行结果如图 7-16 所示。

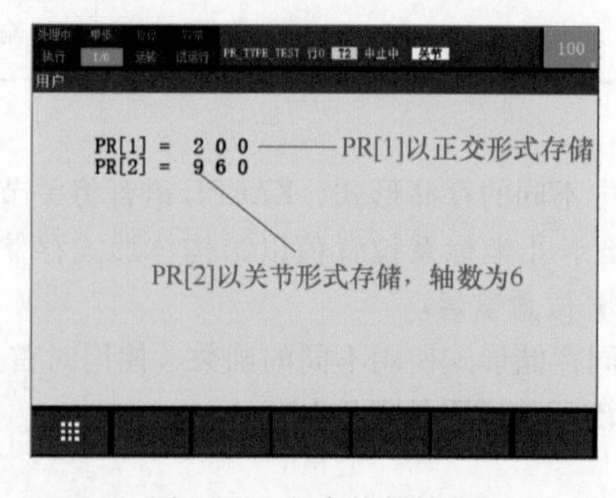

图 7-16　程序执行结果

3. 正交形式位置值计算

KAREL 语言中正交形式位置寄存器操作分为获取位置寄存器位置信息、设置位置寄存器位置信息及获取机器人位置信息三种，使用的函数分别见表 7-20 ~ 表 7-22。

表 7-20 GET_POS_REG 函数说明

函数语法	GET_POS_REG（register_no，status < ，group_no >）	
函数功能	返回指定位置寄存器的正交形式位置信息	
环境参数	%ENVIRONMENT REGOPE	
输入形参	register_no	整型，指定位置寄存器 PR［i］的序号
	group_no	整型，运动轴所在的运动组，可不输入
输出参数	status	整型，返回状态值，若不为 0 则表示程序有错误
返回值类型	XYZWPREXT	返回正交形式的位置信息

表 7-21 SET_POS_REG 函数说明

函数语法	SET_POS_REG（register_no，posn，status < ，group_no >）	
函数功能	设置指定位置寄存器的正交形式位置信息	
环境参数	%ENVIRONMENT REGOPE	
输入形参	register_no	整型，指定位置寄存器 PR［i］的序号
	posn	XYZWPR 类型，位置寄存器的设置值
	group_no	运动轴所在的运动组，可不输入
输出形参	status	返回状态值，若不为 0 则表示程序有错误

表 7-22 CURPOS 函数说明

函数语法	CURPOS（axis_limit_mask，ovr_trv_mask < ，group_no >）	
函数功能	以正交形式返回当前工业机器人的 TCP 位置信息	
环境参数	%ENVIRONMENT SYSTEM	
输入形参	group_no	整型，运动轴所在的运动组，可不输入
输出形参	axis_limit_mask	系统保留参数，在 KAREL 7.5 版本中设置项无效，设备厂家建议设置为 0
	ovr_trv_mask	
返回值类型	XYZWPREXT	返回正交形式的位置信息

正交形式位置计算范例见表 7-23。

表 7-23 正交形式位置计算范例

行号	代 码	说 明
1	PROGRAM location_xyz	定义主程序
2	VAR	定义变量
3	xyz：XYZWPR	定义 XYZWPR 类型变量
4	status：INTEGER	定义整型变量
5	BEGIN	主程序开始
6	xyz = CURPOS（0，0）	xyz 赋值为机器人当前正交形式 TCP 位置值，且转换为 XYZWPR 类型

（续）

行号	代　　码	说　　明
7	xyz. x = xyz. x + 10	修改变量 xyz 中 X 轴的位置值
8	SET_POS_REG（1，xyz，status）	将修改后的 xyz 值赋值给 PR［1］
9	xyz = GET_POS_REG（1，status）	将 PR［1］的值赋值给变量 xyz
10	xyz. p = xyz. p + 20	修改变量 xyz 中的姿态 p 值
11	SET_POS_REG（2，xyz，status）	将修改后的 xyz 值赋值给 PR［2］
12	END location_xyz	主程序结束

4. 关节形式位置值计算

与正交形式位置寄存器操作相类似，关节形式位置存储器也有三种操作方式，见表 7-24 ~ 表 7-26，受限于关节形式位置值以数组形式存储，须使用 CNV_REL_JPOS 函数和 CNV_JPOS_REL 函数赋值，具体说明见表 7-27 和表 7-28。

表 7-24　GET_JPOS_REG 函数说明

函数语法	GET_JPOS_REG（register_no，status <，group_no >）	
函数功能	返回指定位置寄存器的关节形式位置信息	
环境参数	%ENVIRONMENT REGOPE	
输入形参	register_no	整型，指定位置寄存器 PR［i］的序号
	group_no	整型，运动轴所在的运动组，可不输入
输出形参	status	整型，返回状态值，若不为 0 则表示程序有错误
返回值类型	JOINTPOS	返回关节形式的位置信息

表 7-25　SET_JPOS_REG 函数说明

函数语法	SET_JPOS_REG（register_no，jpos，status <，group_no >）	
函数功能	设置指定位置寄存器的关节形式位置信息	
环境参数	%ENVIRONMENT REGOPE	
输入形参	register_no	整型，指定位置寄存器 PR［i］的序号
	jpos	JOINTPOS 类型，位置寄存器的设置值
	group_no	运动轴所在的运动组，可不输入
输出形参	status	返回状态值，若不为 0 则表示程序有错误

表 7-26　CURJPOS 函数说明

函数语法	CURJPOS（axs_lim_mask，ovr_trv_mask <，group_no >）	
函数功能	以关节形式返回当前工业机器人的 TCP 位置信息	
环境参数	%ENVIRONMENT SYSTEM	
输入形参	group_no	整型，运动轴所在的运动组，可不输入
输出形参	axis_limit_mask	系统保留参数，设置无效，通常均设置为 0
	ovr_trv_mask	
返回值类型	JOINTPOS	返回关节形式的位置信息

表7-27 CNV_JPOS_REL函数说明

函数语法	CNV_JPOS_REL（jointpos，real_array，status）	
函数功能	将JOINTPOS类型数据转换为实数数组，因JOINTPOS类型变量不能直接相加减，须先转换为数组后再计算	
环境参数	%ENVIRONMENT SYSTEM	
输入形参	joint_pos	JOINTPOS类型，被转换的关节形式位置信息
输出形参	real_array	实数数组，其元素个数若小于系统的轴数则丢失部分信息
	status	返回状态值，若不为0则表示程序有错误

表7-28 CNV_REL_JPOS函数说明

函数语法	CNV_REL_JPOS（real_array，joint_pos，status）	
函数功能	将数组转换为JOINTPOS形式	
环境参数	%ENVIRONMENT SYSTEM	
输入形参	real_array	实数数组，其元素个数必须大于系统的轴数
输出形参	joint_pos	JOINTPOS类型，保存转换后的关节形式位置信息
	status	整型，返回状态值，若不为0则表示程序有错误

5. 调用TP程序

在KAREL程序中完成位置值计算后，使用CALL_PROG函数调用TP程序可在计算机中控制工业机器人的运动，函数说明见表7-29。

表7-29 CALL_PROG函数说明

函数语法	CALL_PROG（prog_name，prog_index）	
函数功能	在KL程序中调用其他PC程序或TP程序	
环境参数	%ENVIRONMENT PBCORE	
输入形参	prog_name	字符串，调用的PC程序名或TP程序名
输出形参	prog_index	整型，返回被调用程序的序号，无须修改

被调用的TP程序如图7-17所示。

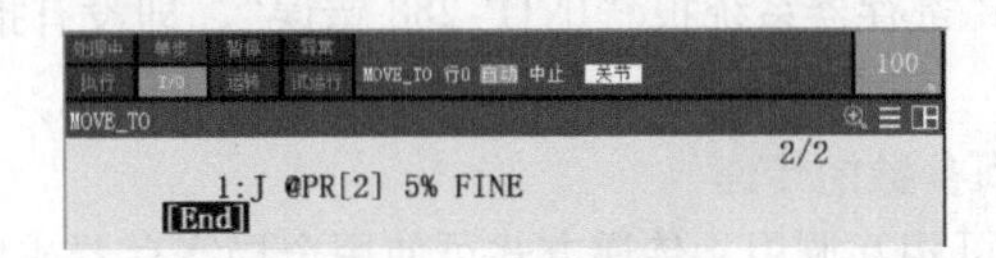

图7-17 TP程序

KAREL程序中运动控制程序范例见表7-30。

表7-30 运动控制程序范例

行号	代　码	说　明
1	PROGRAM loc_joint	定义主程序
2	VAR	定义变量
3	jpos：JOINTPOS	定义JOINTPOS类型变量
4	real_array：ARRAY［6］of REAL	定义实数数组
5	status：INTEGER	定义整型变量
6	BEGIN	程序开始
7	jpos = CURJPOS（0，0）	赋值当前机器人关节形式位置信息给变量jpos

（续）

行号	代　码	说　明
8	CNV_JPOS_REL（jpos，real_array，status）	将 jpos 值转换为实数数组
9	real_array[5] = -45.0	将第 5 轴的角度修改为 -45°
10	CNV_REL_JPOS（real_array，jpos，status）	将数组转换为 JOINPOS 类型
11	SET_JPOS_REG（2，jpos，status）	赋值 jpos 值给 PR［2］
12	CALL_PROG（'MOVE_TO'，status）	调用 TP 程序实现机器人运动到位置寄存器指定位置
13	jpos = GET_JPOS_REG（3，status）	将 PR［3］的值赋值给变量
14	END loc_joint	主程序结束

7.1.6　程序间参数的传递

1. TP 程序间参数的传递

CALL 指令调用 TP 程序时，可通过传递参数提高同逻辑 TP 程序重复利用率。使用自变量时将光标移动到 CALL 指令语句子程序名后，按下“F4　选择”添加自变量。如图 7-18 所示，CALL 指令后面小括号内的参数称为自变量，当调用子程序时，按照顺序将至多10 个自变量值传送到子程序自变量寄存器 AR［i］。如执行 MAIN 程序后，子程序 SUB 中 AR［1］值为自变量 1 的值，AR［2］的值为自变量 2 中R［5］的值，以此类推。

程序间参数的传递

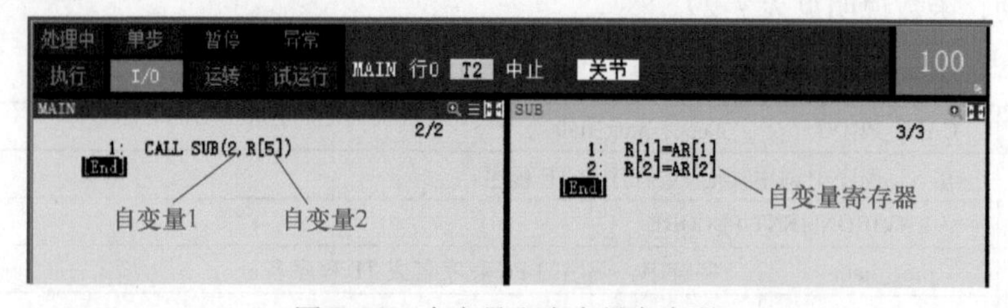

图 7-18　自变量和自变量寄存器

自变量类型可以是常数、字符串和寄存器，且自变量寄存器不能被赋值，只能在调用时由系统赋值，若调用未赋值的 AR 寄存器系统报“INTP-288 错误”，即没有指定参数。自变量的使用方式同样适用于宏程序。

2. TP 程序与 PC 程序间参数的传递

TP 程序与 PC 程序之间可相互调用，传递方式可使用全局寄存器或形参。

（1）寄存器共享方式　与位置寄存器 PR［i］共享方式类似，可在 TP 程序与 PC 程序间共享数值寄存器 R［i］和字符串寄存器 SR［i］。

1）数值寄存器 R［i］相关函数：KAREL 语言中根据不同数据类型选择不同的处理函数，见表 7-31 ~ 表 7-33。

表 7-31　SET_INT_REG 函数说明

函数语法	SET_INT_REG（register_no，int_value，status）	
函数功能	设置指定数值寄存器的整数值	
环境参数	%ENVIRONMENT REGOPE	
输入形参	register_no	整型，数值寄存器的序号
	int_value	整型，设置数值寄存器的值
输出形参	status	整型，返回状态值，若不为 0 则表示程序有错误

表7-32　SET_REAL_REG 函数说明

函数语法	SET_REAL_REG（register_no，real_value，status）	
函数功能	设置指定数值寄存器的实数值	
环境参数	%ENVIRONMENT REGOPE	
输入形参	register_no	整型，数值寄存器的序号
	real_value	实数，设置数值寄存器的值
输出形参	status	整型，返回状态值，若不为0则表示程序有错误

表7-33　GET_REG 函数说明

函数语法	GET_REG（register_no，real_flag，int_value，real_value，status）	
函数功能	获取指定数值寄存器的整数或实数值	
环境参数	%ENVIRONMENT REGOPE	
输入形参	register_no	整型，数值寄存器的序号
输出形参	real_flag	布尔类型，若为TRUE则real_value输出值有效，否则int_value输出值有效
	int_value	整型，返回指定数值寄存器的整数值
	real_value	实数，返回指定数值寄存器的实数值
	status	整型，返回状态值，若不为0则表示程序有错误

2）字符串寄存器SR［i］相关函数：KAREL语言中字符串与整数相互转换函数，见表7-34和表7-35。

表7-34　SET_STR_REG 函数说明

函数语法	SET_STR_REG（register_no，value，status）	
函数功能	设置指定字符串寄存器值	
环境参数	%ENVIRONMENT REGOPE	
输入形参	register_no	整型，字符串寄存器的序号
	value	字符串，设置字符串寄存器的值
输出形参	status	整型，返回状态值，若不为0则表示程序有错误

表7-35　GET_STR_REG 函数说明

函数语法	GET_STR_REG（register_no，value，status）	
函数功能	获取指定字符串寄存器的值	
环境参数	%ENVIRONMENT REGOPE	
输入形参	register_no	整型，字符串寄存器的序号
输出参数	value	字符串，返回指定字符串寄存器的值
	status	整型，返回状态值，若不为0则表示程序有错误

KAREL语言中寄存器操作范例见表7-36。

表 7-36　KAREL 语言寄存器操作范例

行号	代　码	说　明
1	PROGRAM reg_test	定义主程序
2	VAR	定义变量
3	int_value, status: INTEGER	定义两个整型变量
4	real_value: REAL	定义实数变量
5	str_value: STRING[10]	定义 10 个字节长度的字符串数组
6	real_flag: BOOLEAN	定义布尔类型变量
7	BEGIN	程序开始
8	SET_INT_REG（1, 1, status）	设置数值寄存器值 1 为整数 1
9	SET_REAL_REG（2, 2.2, status）	设置数值寄存器值 2 为实数 2.2
10	SET_STR_REG（1, 'Hello', status）	设置字符串寄存器值 1 为 'Hello'
11	GET_REG（2, real_flag, int_value, & real_value, status）	获取数值寄存器 2 的值，因其是实数类型，所以整数值为 0，实数值为 2.2
12	GET_STR_REG（1, str_value, status）	获取字符串寄存器 1 的字符串值
13	END reg_test	主程序结束

（2）函数参数传递　与 TP 程序间参数传递方式相同，PC 程序使用 GET_TPE_PRM 函数读取 AR［i］，函数说明见表 7-37。

表 7-37　GET_TPE_PRM 函数说明

函数语法	GET_TPE_PRM（param_no, data_type, int_value, real_value, str_value, status）	
函数功能	当被 TP 或宏程序调用后，获取指定自变量寄存器 AR［i］的值	
环境参数	%ENVIRONMENT PBCORE	
输入形参	register_no	整型，自变量寄存器的序号
输出参数	data_type	整型，指定自变量的数据类型：1—整型；2—实数；3—字符串
	int_value	整型，自变量数据类型为整型时有返回值
	real_value	实数，自变量数据类型为实数时有返回值
	str_value	字符串，自变量数据类型为字符串时有返回值
	status	整型，返回状态值，若不为 0 则表示程序有错误

TP 程序传递数据到 PC 程序范例见表 7-38。

表 7-38　TP 程序与 PC 程序数据传递范例

行号	代　码	说　明
1	PROGRAM KL_PRG	定义主程序
2	VAR	变量声明
3	data_type, int_value, status: INTEGER	定义整型变量
4	real_value: REAL	定义实数变量
5	str_value: STRING[10]	定义字符串变量
6	BEGIN	主程序开始
7	WRITE（CHR（137），CHR（128））	TP 示教器清屏
8	GET_TPE_PRM（1, data_type, int_value, & real_value, str_value, status）	获取 TP 的第一个参数

（续）

行号	代　码	说　明
9	IF (0 = status) THEN	无错误判断
10	IF 1 = data_type THEN	整数类型判断
11	WRITE ('Int_value: ', int_value, CR)	输出整数值
12	ENDIF	
13	IF 2 = data_type THEN	实数类型判断
14	WRITE ('Real_value: ', real_value, CR)	输出实数值
15	ENDIF	
16	IF 3 = data_type THEN	字符串类型判断
17	WRITE ('Str_value: ', str_value, CR)	输出字符串值
18	ENDIF	
19	ENDIF	
20	END KL_PRG	主程序结束

上述程序运行结果如图7-19所示。

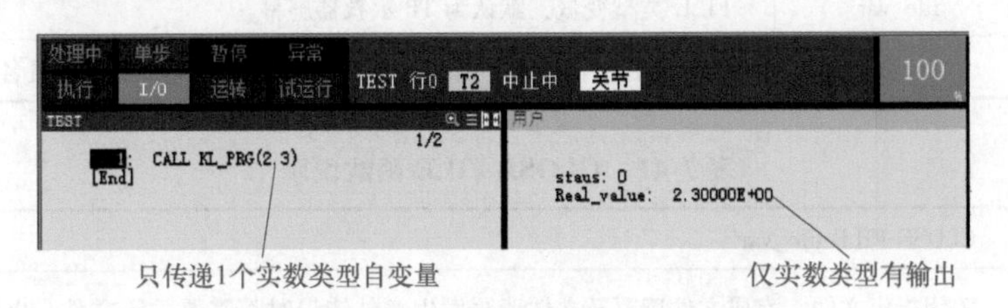

图7-19　TP程序及运行结果

7.1.7　程序调试日志读写

Log文件的读写

受限于TP示教器上用户页面显示的信息内容，当调试内容较多时无法显示完全时，须将调试信息写入文件系统方便调试。文件读写操作流程如图7-20所示。

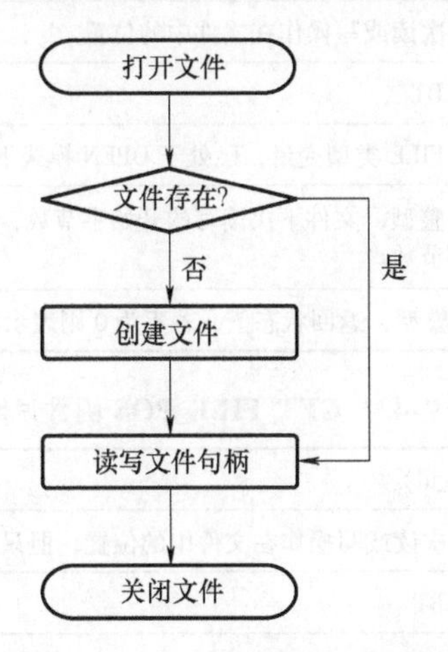

图7-20　文件读写操作流程图

KAREL语言中文件写操作分为打开文件、写文件及关闭文件三个步骤。相关文件读写操作函数见表7-39～表7-43。

表 7-39 OPEN FILE 函数说明

函数语法	OPEN FILE file_var（usage_string，file_string）	
函数功能	以文件变量打开数据文件或通信端口，可使用 IO_STATUS 检查执行结果	
参数	file_var	FILE 类型，且未被其他程序使用
输入形参	usage_string	字符串，标注文件打开方式： RO：只读模式，使用该模式时文件必须存在否则报错 RW：读写模式，清空已有文件中的内容，若文件路径不存在则自动创建该文件 AP：添加模式，只在已有文件末尾添加内容
	file_string	字符串，打开文件的类型及名称，若未指定文件路径则默认打开 MD 装置下的文件

表 7-40 READ 函数说明

函数语法	READ < file_var >（data_item {，data_item}）	
函数功能	读取指定文件中的内容	
参数	file_var	FILE 类型变量，默认为 TP 示教器屏幕
输入形参	data_item	读取文件存储空间，可以是系统变量、自定义变量或数组名

表 7-41 CLOSE FILE 函数说明

函数语法	CLOSE FILE file_var	
函数功能	关闭指定文件，完成文件读写及文件读写发生意外错误时都需要关闭文件，以免造成内存泄漏影响机器人正常运行	
参数	file_var	FILE 类型变量，与 READ 函数一样，若未标注则默认为 TP 示教器屏幕

表 7-42 SET_FILE_POS 函数说明

函数语法	SET_FILE_POS（file_id，new_file_pos，status）	
函数功能	设置指定文件中下一次读或写操作在文件中的位置	
环境参数	%ENVIRONMENT FLBT	
输入形参	file_id	FILE 类型变量，已处于 OPEN 模式下操作文件的文件句柄
	new_file_pos	整型，文件下次读写的开始字节数，其数值从 0 开始，不超过文件字符数的总字节数
输出形参	status	整型，返回状态值，若不为 0 则表示程序有错误

表 7-43 GET_FILE_POS 函数说明

函数语法	GET_FILE_POS（file_id）	
函数功能	返回指定文件中下一次读或写操作在文件中的位置，但只能用于存储于 RAM DISK 中的设备	
环境参数	%ENVIRONMENT FLBT	
输入形参	file_id	FILE 类型变量，已处于 OPEN 模式下操作文件的文件句柄
返回值类型	整型	返回下次读写文件的开始字节数

KAREL 程序日志文件读写范例见表 7-44。

表 7-44　KAREL 程序日志文件读写范例

行号	代　　码	说　　明
1	PROGRAM WRITE_DEBUG	定义主程序
2	VAR	定义变量
3	debug_file：FILE	定义 FILE 类型变量
4	status：INTEGER	定义整型变量
5	tmp_str：STRING［128］	定义读取缓冲字符串变量
6	BEGIN	主程序开始
7	WRITE（CHR（137），CHR（128））	TP 示教器屏幕清屏
8	OPEN FILE debug_file（'RW'，& 'UD1：\ debug_log. LS'）	以读写方式在 UD1 中创建 debug_log. LS 文件
9	status = IO_STATUS（debug_file）	检查文件是否打开
10	IF status < >0 THEN	若文件打开异常则关闭 FILE 文件变量，并退出本程序
11	CLOSE FILE debug_file	
12	RETURN	
13	ENDIF	
14	WRITE debug_file（'Debug_mes'，CR）	将信息写入 debug_log. LS 文件中
15	status = IO_STATUS（debug_file）	检查文件是否写入正确
16	IF status < >0 THEN	若文件写入异常则关闭 FILE 文件变量，并退出本程序
17	CLOSE FILE debug_file	
18	RETURN	
19	ENDIF	
20	WRITE（'Last：'，GET_FILE_POS（debug_file））	返回值为 10
21	SET_FILE_POS（debug_file，0，status）	重新定位在文件开始，否则读写将会报错
22	status = IO_STATUS（debug_file）	检查文件是否打开
23	IF status < >0 THEN	若文件打开异常则关闭 FILE 文件变量，并退出本程序
24	CLOSE FILE debug_file	
25	RETURN	
26	ENDIF	
27	READ debug_file（tmp_str）	读取文件内容存在字符串中
28	status = IO_STATUS（debug_file）	检查文件是否读取正常
29	IF status < >0 THEN	若文件读取异常则关闭 FILE 文件变量，并退出本程序
30	CLOSE FILE debug_file	
31	RETURN	
32	ENDIF	
33	WRITE（tmp_str）	读取内容显示在示教器屏幕上
34	CLOSE FILE debug_file	关闭打开的文件变量
35	END WRITE_DEBUG	主程序结束

切换到文件所在目录并选中文件，单击“NEXT”键选择“F3　显示”可在 TP 示教器上查看文件内容，如图 7-21 所示。

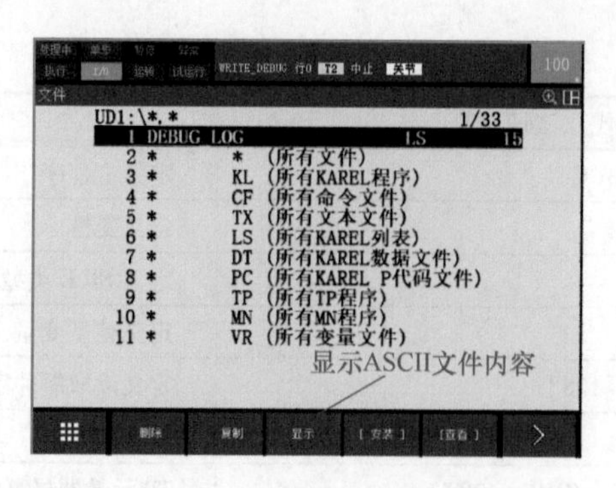

图 7-21　查看文件内容

7.1.8　SOCKET 通信

添加 User Socket Msg（R648）软件包后，FANUC 工业机器人支持标准 TCP/IP 通信，添加步骤如图 7-22 所示。

SOCKET 通信设置

图 7-22　添加 User Socket Msg（R648）软件包

FANUC 工业机器人支持 Socket Message 通信（以下简称 SM）中的服务器和客户端模式，服务器标签和客户端标签与 FTP 通信模式共享。

1. 检测网络通信

KAREL 语言中使用 MSG_PING 内建函数检查通信质量，函数说明见表 7-45。

表 7-45　MSG_PING 函数功能说明

函数语法	MSG_PING（string，integer）	
函数功能	用于检测与远程主机是否可以网络通信，该内建函数将发送 PING 数据包并等待返回，若无返回则表示无法连接对方设备	
环境参数	%ENVIRONMENT FLBT	
输入形参	string	字符串，远程网络设备名称，若未设置 DNS 设备，则须在主机访问表中添加主机名称和 IP 地址
	integer	整型，返回状态值，若不为 0 则表示程序有错误

MSG_PING 函数应用范例见表7-46。

表7-46　MSG_PING 函数应用范例

序号	代　码	说　明
1	PROGRAM SOCKET_PING	命名 PC 程序名为 SOCKET_PING
2	VAR	定义变量
3	status：INTEGER	定义整型变量 status
4	BEGIN	主程序开始
5	WRITE（'Start ping...'，CR）	用户页面显示命令
6	MSG_PING（'PC'，status）	PING 主机名为 PC 主机，执行完函数后程序才继续运行，PC 的定义见图7-23
7	IF 0 < > status THEN	根据 MSG_PING 函数的返回值执行不同的显示
8	WRITE（'Ping unsuccessful!'，CR）	若返回不为0，则显示未 PING 通
9	ELSE	
10	WRITE（'Ping successful!'，CR）	若返回为0，则显示 PING 通
11	ENDIF	结束判断语句
12	END SOCKET_PING	结束 KAREL 程序

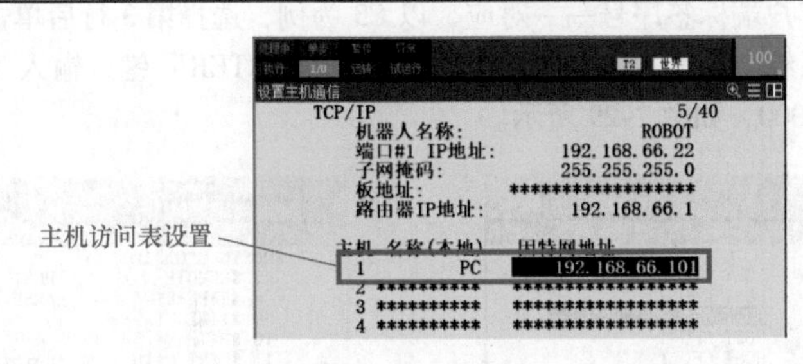

图7-23　PC 定义

2. 客户端标签设置

以工业机器人作为客户端实现 SM 通信为例，实现方式如下：

（1）设置客户端标签　设置协议页面，单击“F4　显示”→“2 客户端”，选择一个未配置标签后单击“F3　详细”进入设置，本项目以 C3 为例，如图7-24 所示。

图7-24 客户端标签设置步骤如下：

1）选择通信协议：光标选择“协议”后，单击“F4　选择”→“1 SM”，如图7-25 所示。

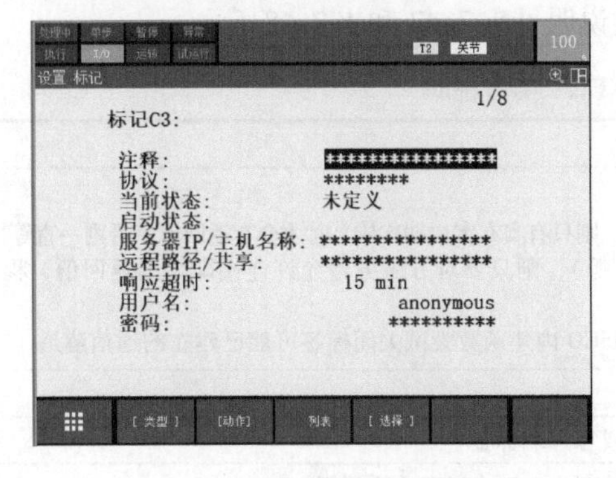

图7-24　客户端标签设置

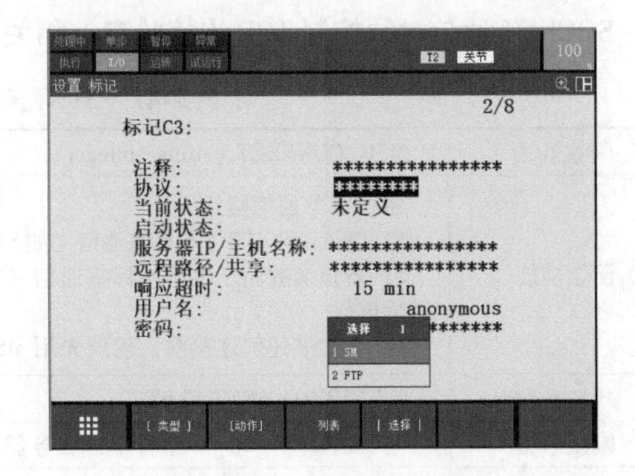

图7-25　通信协议选择

2）设置启动状态： 光标选择“启动状态”栏，单击“F4　选择”→“2 定义”，如图 7-26 所示。

3）设置通信对象： 光标选择“服务器 IP/主机名称”，单击“ENTER”键后输入通信对象 IP 地址，若网络中有 DNS 服务或该 IP 地址已在主机访问表中填写，可填入主机名称，如图 7-27 所示。

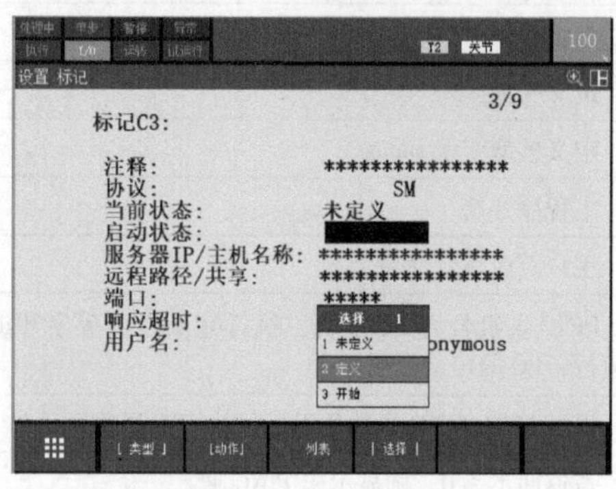

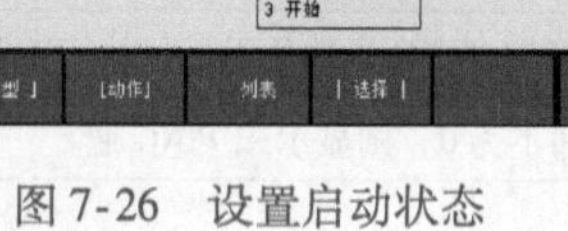

图 7-26　设置启动状态

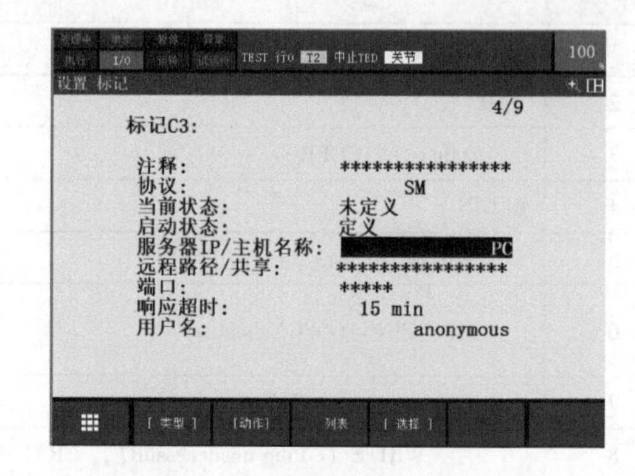

图 7-27　设置服务器 IP/主机名称

4）设置当前状态： 单击“F2　动作”→“1 定义”完成客户端标签的设置。

（2）设置通信端口　在系统变量一览页面中选择变量 $HOSTC_CFG 进入客户端参数一览页面，如图 7-28 所示。

系统变量序号与客户端标签序号一一对应，以 C3 为例，选择第 3 行后单击“F2　详细”进入设置页面，光标选择系统变量 $ SERVER_PORT 后按下“ENTER”键，输入 TCP 服务器的监听端口，此处监听端口为 8000，如图 7-29 所示。

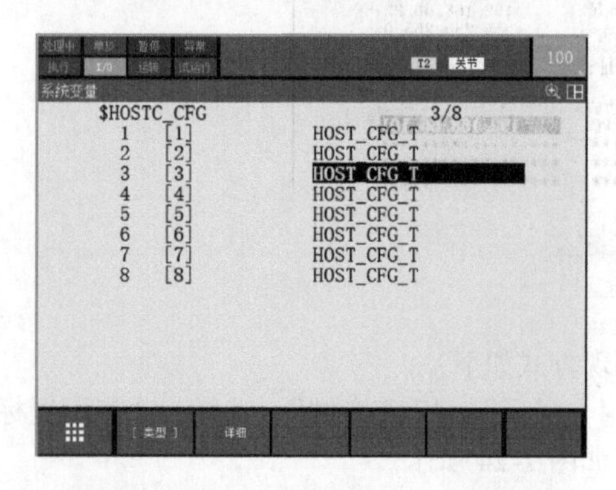

图 7-28　设置 $ HOSTC_CFG 系统变量

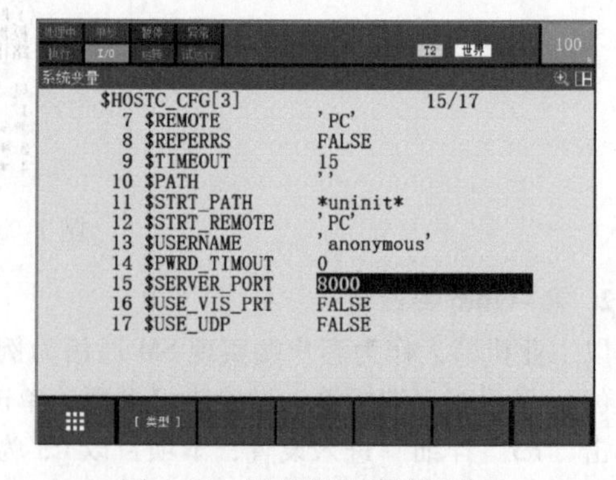

图 7-29　设置服务器访问端口

3. SOCKET 程序设计

SOCKET 通信时须控制 TCP 连接状态，相关函数说明见表 7-47 和表 7-48。

表 7-47　MSG_CONNECT 函数说明

函数语法	MSG_CONNECT（string，integer）	
函数功能	建立 TCP 通信隧道 1）若该函数用于主机标签通信（如 S1 等），则只有当有客户端连接上时才会有返回值，否则一直等待 2）若该函数用于客户端标签通信（如 C3 等），则只要对方服务器允许连接即输出返回值，程序继续执行 3）在尝试任何连接前，建议先用 MSG_DISCO 内建函数尝试关闭标签可能已建立的通信隧道	
环境参数	% ENVIRONMENT FLBT	
输入形参	string	字符串，服务器标签或客户端标签
输出形参	integer	整型，返回状态值，若不为 0 则表示程序有错误

表 7-48 MSG_DISCO 函数说明

函数语法	MSG_DISCO（string，integer）	
函数功能	关闭 TCP 通信隧道，当须关闭或丢失通信连接时须关闭通信隧道	
环境参数	%ENVIRONMENT FLBT	
输入形参	string	字符串，服务器标签或客户端标签
输出形参	integer	整型，返回状态值，若不为0则表示有错误

以工业机器人作为客户端的 SOCKET 通信程序范例见表 7-49。

表 7-49 工业机器人作为客户端的 SOCKET 通信程序范例

序号	代　码	说　明
1	PROGRAM SOCKET_CL	命名 PC 程序名为 SOCKET_CL
2	%ENVIRONMENT flbt	添加环境变量 flbt
3	VAR	定义变量
4	status：INTEGER	定义整型变量 status
5	file_var ：FILE	定义文件变量 file_var
6	tmp_str：string[128]	定义字符数组用于通信缓存
7	BEGIN	开始程序
8	MSG_DISCO（'C3：'，status）	关闭 C3 标签可能建立的 SOCKET 连接
9	WRITE（'Connecting...'，CR）	用户页面输出调试信息
10	MSG_CONNECT（'C3：'，status）	连接 C3 标签所设定的服务器端口
11	IF 0 < > status THEN	判断连接状态
12	WRITE（'Connect unsuccessful！'，CR）	用户页面输出调试信息
13	MSG_DISCO（'C3：'，status）	若连接失败则尝试关闭连接
14	RETURN	若连接失败则退出当前程序
15	ENDIF	IF 语句结束
16	WRITE（'Connect successful！'，CR）	用户页面输出调试信息
17	WRITE（'Open file...'，CR）	用户页面输出调试信息
18	SET_FILE_ATR（file_var，ATR_IA）	使用文件前必须先定义文件打开方式，此处设置 file_var 文件为交互式打开方式
19	OPEN FILE file_var（'rw'，'C3：'）	以读写方式打开文件
20	status = IO_STATUS（file_var）	检查文件打开是否正确
21	WRITE（'File status：'，status，CR）	用户页面输出调试信息
22	IF 0 < > status THEN	判断文件 I/O 状态
23	MSG_DISCO（'C3：'，status）	若错误则关闭 SOCKET 连接
24	CLOSE FILE file_var	并关闭已打开的文件
25	RETURN	退出当前程序
26	ENDIF	IF 语句结束
27	DELAY 1000	等待服务器连接稳定
28	WRITE file_var（'ROBOT Connect'，CR）	将字符串发送到服务器端口

（续）

序号	代　码	说　明
29	WRITE（'Read data from PC '）	用户页面输出调试信息
30	READ file_var（tmp_str：：10）	读取服务器发来的 10B 数据，若未接收到数据则一直等待
31	status = IO_STATUS（file_var）	检查文件 I/O 状态
32	WRITE（'Read status：'，status，cr）	用户页面输出调试信息
33	WRITE（tmp_str，cr）	将接收到的数据发送到用户页面
34	CLOSE FILE file_var	关闭已打开的文件
35	MSG_DISCO（'C1：'，status）	关闭 SOCKET 连接
36	WRITE（'Done：'，status，cr）	用户页面输出调试信息
37	END SOCKET_CL	结束 KAREL 程序

4. 数据类型转换

网络数据交换通常使用字符串方式，在应用时需要将字符串、整型或实数相互转换，相关函数见表 7-50 ~ 表 7-53。

表 7-50　CNV_STR_INT 函数说明

函数语法	CNV_STR_INT（string，integer）	
函数功能	将字符串转换为整型数值	
环境参数	%ENVIRONMENT PBCORE	
输入形参	string	字符串，待转换字符形式表达的整型数值，若无法转换则显示“INTP-311 错误”
输出形参	integer	整型，返回转换后的整型数值

表 7-51　CNV_STR_REAL 函数说明

函数语法	CNV_STR_REAL（string，real）	
函数功能	将字符串转换为实数数值	
环境参数	%ENVIRONMENT PBCORE	
输入形参	string	字符串，待转换字符形式表达的实数数值，若无法转换则显示“INTP-311 错误”
输出形参	real	实数，返回转换后的实数数值

表 7-52　CNV_INT_STR 函数说明

函数语法	CNV_INT_STR（source，length，base，target）	
函数功能	将整型数值转换为对应的字符串	
环境参数	%ENVIRONMENT PBCORE	
输入形参	source	整型，待转换的整型数值
	length	设置转换后的字符串长度，若转换后实际长度大于设定值，则以实际值为准；若小于设定值，则在字符串前面补空格
	base	字符串以指定进制方式显示，可选择 0（10 进制）、2（二进制）、8（八进制）以及 16（十六进制）中的一项
输出形参	target	字符串，返回转换后的字符串

表 7-53　CNV_REAL_STR 函数说明

函数语法	CNV_REAL_STR（source，length，num，target）	
函数功能	将实数数值转换为对应的字符串	
环境参数	%ENVIRONMENT PBCORE	
输入形参	source	实数，待转换的实数数值
	length	设置转换后的字符串长度，若转换后的实际长度大于设定值，则以实际值为准；若小于设定值，则转换后的字符串前面补空格
	num	设置转换为字符串后小数点后的个数，若设置为0则不含小数点
输出形参	target	字符串，返回转换后的字符串

数据类型转换程序范例见表 7-54。

表 7-54　数据类型转换程序范例

序号	代　码	说　明
1	PROGRAM TPYE_CHANGE	命名 PC 程序名
2	VAR	定义变量
3	real_value：REAL	定义实数变量
4	int_value，status：INTEGER	定义整型变量
5	str_value：STRING［10］	定义字符串
6	BEGIN	开始程序
7	CNV_STR_INT（'10'，int_value）	将字符串转换为整型数值
8	SET_INT_REG（1，int_value，status）	设置数值寄存器1为整型数值
9	CNV_STR_REAL（'2.3'，real_value）	将字符串转换为实数数值
10	SET_REAL_REG（2，real_value，status）	设置数值寄存器2为实数数值
11	CNV_INT_STR（4，4，2，str_value）	将整型数值转换为以4位显示的二进制字符串
12	SET_STR_REG（1，str_value，status）	设置字符串寄存器1
13	CNV_REAL_STR（3.1，4，2，str_value）	将实数数值转换为以4位显示的字符串，并保留两位小数显示
14	SET_STR_REG（2，str_value，status）	设置字符串寄存器2
15	END TPYE_CHANGE	程序结束

上述程序执行结果如图 7-30 所示。

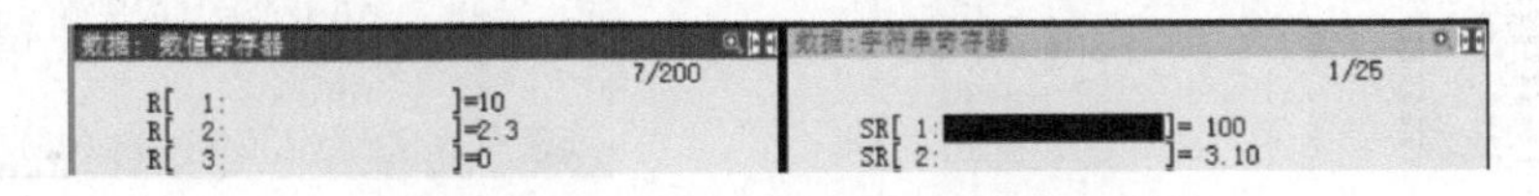

图 7-30　数据类型转换结果

7.1.9　PLC TCP 通信设置

西门子 S7-1200 型 PLC 支持 TCP 服务端和客户端两种通信方式，此处以 S7-1215C DC/DC/DC 为例介绍创建 TCP 服务器的方式，在西门子博途（TIA V16）软件中的设置步骤如下。

S7-1200 TCP 通信

1. 硬件组态配置

硬件组态时，PROFINET 接口中以太网地址须与机器人处于同一网段内。为方便调试，按图 7-31 方式设置连接机制、系统和时钟存储器。

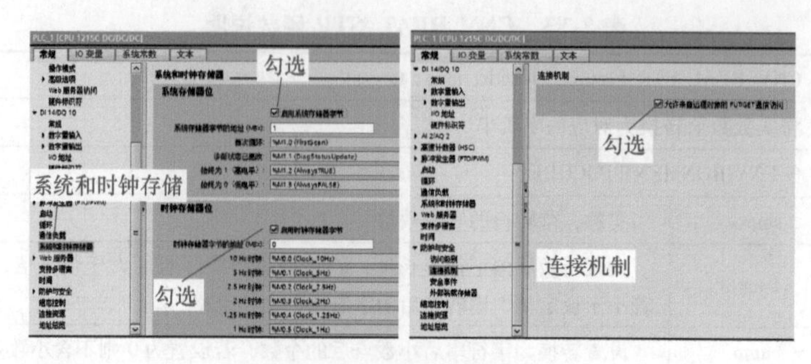

图 7-31　硬件组态相关参数设置

2. 设置数据缓冲区

单击“添加新块”，选择添加全局 DB 数据块，设置为自动模式后单击“确定”打开新建的数据块，如图 7-32 示。

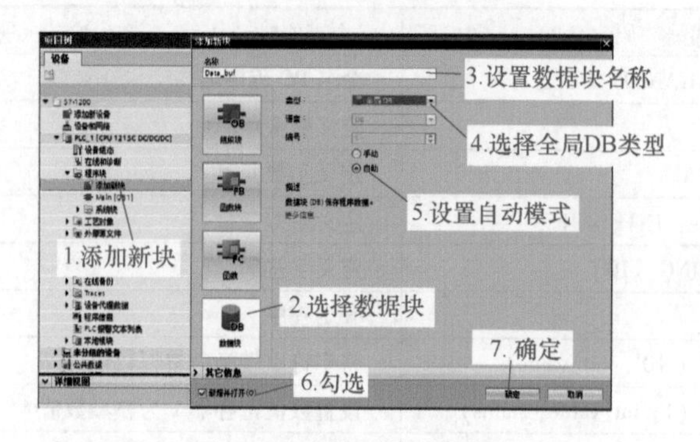

图 7-32　添加数据缓冲区

在“Data_buf”数据块中添加 20B 静态数据变量，前 10B 作为发送数据缓冲区，后 10B 作为接收数据缓冲区，如图 7-33 所示。

完成数据块格式设置后，右键单击所创建的 Data_buf 数据块，选择“属性”，在图 7-34 所示页面取消“优化的块访问”，否则无法在网络通信中调用该数据块。

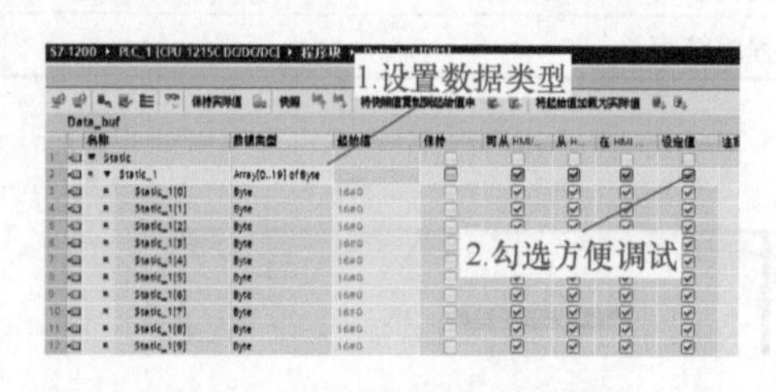

图 7-33　设置数据块格式

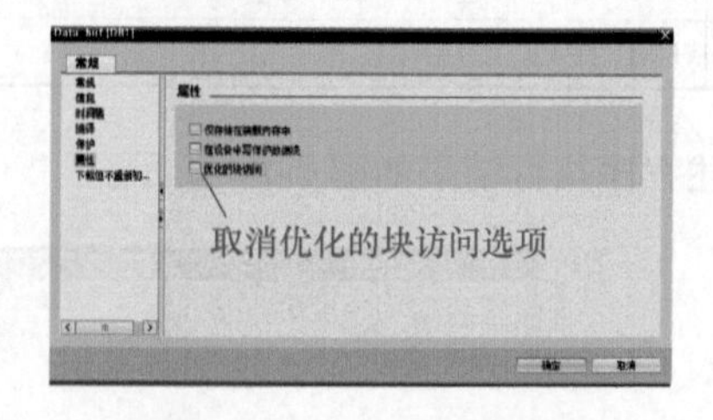

图 7-34　数据块属性设置

3. 设置 TCP SERVER 连接方式

添加 TCON 模块到 OB1 组织块中，系统将自动分配与该模块匹配的背景数据块 TCON_DB（DB2），并将自动打开连接参数设置页面，后期若须修改可单击该模块上的组态按钮，TCP 连接设置如图 7-35 所示。

将“伙伴”设置为“未指定”并选择“主动建立连接”，即设置其他连接模块为 TCP 客户端，系统将自动为本地 PLC 添加连接数据，再选择“连接类型”为“TCP”并设置连接 ID 和本地端口，不同的连接通道需设置不同的 ID，本地端口是 TCP 客户端所访问的端口号。本项目中设置 TCON 模块中 REQ 为一直有效，即设备上电后则自动创建 TCP 监听。

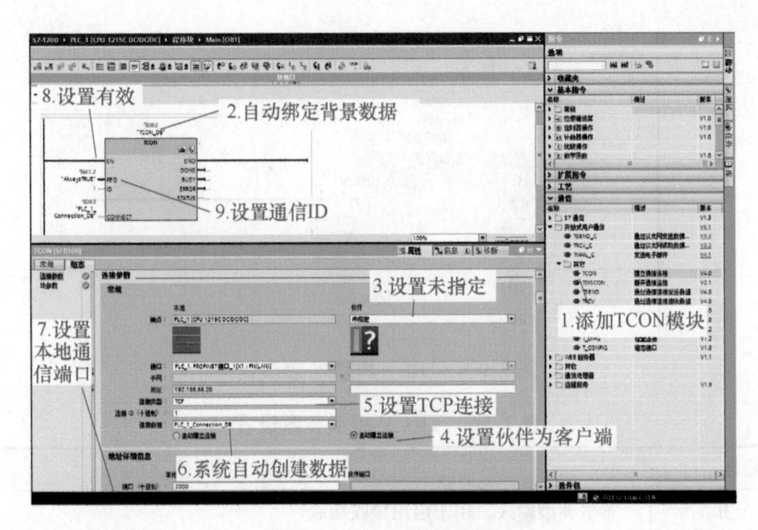

图 7-35　TCP 连接设置

4. 设置 TCP 数据发送

采用同样的方式添加发送模块（TSEND），将 SOCKET 数据包发送到客户端，如图 7-36 所示。TSEND 模块参数设置见表 7-55。

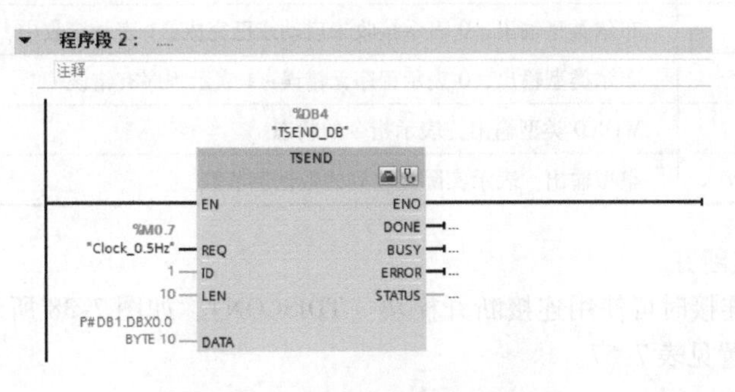

图 7-36　TSEND 模块参数设置

表 7-55　TSEND 模块参数设置

序号	参数	说　明
1	REQ	布尔类型输入参数，在上升沿时发送 ID 所指定的数据
2	ID	输入参数，由 TCON 模块建立连接的编号
3	LEN	输入参数，发送数据最大字节数，单击 TSEND 模块下方的三角形可开启该隐藏设置
4	DATA	输入所要发送数据的指针，包含缓冲区要发送数据的地址和长度，可选择 Q、I、M 及 DB 的地址，发送端和接收端的结构必须相同；本项目设置为传送 DB1 中以 DBX0.0 开始的 10B，其中 P#表示指针
5	DONE	布尔类型输出参数，0 表示传送未完成或未启动；1 表示传送已完成
6	BUSY	布尔类型输出参数，0 表示传送未启动；1 表示传送中，无法启动新任务
7	ERROR	布尔类型输出参数，0 表示程序无错误；1 表示程序有错误
8	STATUS	WORD 类型输出，表示指令的状态

5. 设置 TCP 数据接收

添加接收模块（TRCV）用于接收客户端发送的 SOCKET 数据包，如图 7-37 所示。TRCV 模块参数设置见表 7-56。

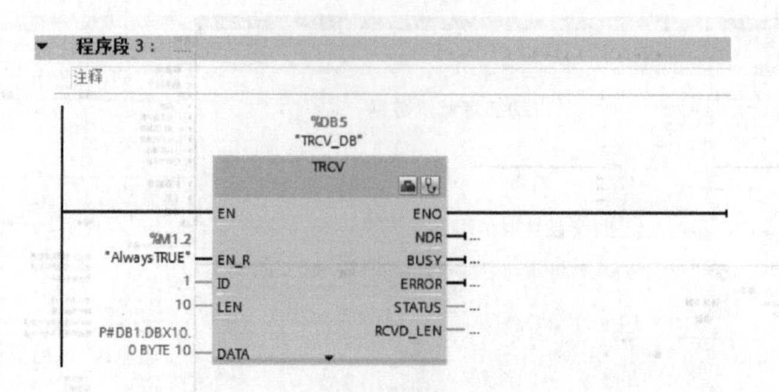

图 7-37　TRCV 模块参数设置

表 7-56　TRCV 模块参数设置

序号	参数	说　明
1	EN_R	布尔类型输入，用于启用接收功能
2	ID	输入参数，由 TCON 模块建立连接的编号
3	LEN	输入接收区最大字节数
4	DATA	指向接收区的指针，注意接收区和发送区地址不要重复
5	NDR	布尔类型输出，0 表示接收未完成或未启动；1 表示接收已完成
6	BUSY	布尔类型输出，0 表示接收未启动或已完成；1 表示接收中，无法启动新任务
7	ERROR	布尔类型输出，0 表示程序无错误；1 表示程序有错误
8	STATUS	WORD 类型输出，表示指令的状态
9	RCVD_LEN	整型输出，表示实际接收到的数据字节数

6. 设置 TCP 连接断开

当需要主动断开连接时可使用连接断开模块（TDISCON），如图 7-38 所示。本项目中不使用，TDISCON 模块参数设置见表 7-57。

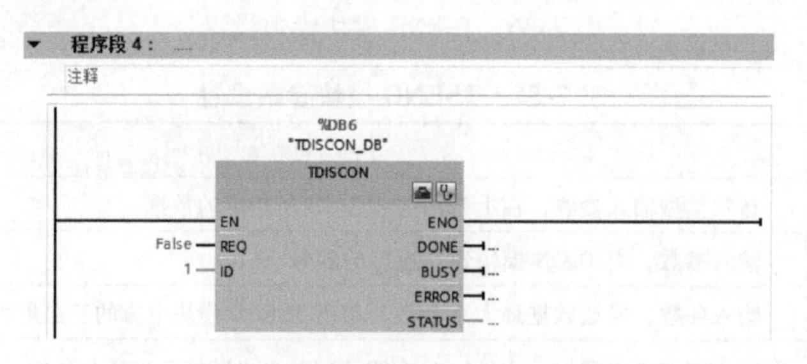

图 7-38　TDISCON 模块参数设置

表 7-57　TDISCON 模块参数设置

序号	参数	说　明
1	REQ	布尔类型输入，上升沿时停止对应 ID 的连接
2	ID	输入参数，由 TCON 模块建立连接的编号
3	DONE	布尔类型输出，0 表示断开未完成或执行中；1 表示已断开且无错误
4	BUSY	布尔类型输出，0 表示断开未启动或已完成；1 表示未断开
5	ERROR	布尔类型输出，0 表示程序无错误；1 表示程序有错误
6	STATUS	WORD 类型输出，表示指令的状态

7. 程序下载

完成程序设置后可直接下载全部工程文件，若在虚拟机使用程序下载，虚拟机网卡应设置为桥接模式，在TIA的“选择目标设置”中选择“显示地址相同的设备”，如图7-39所示。

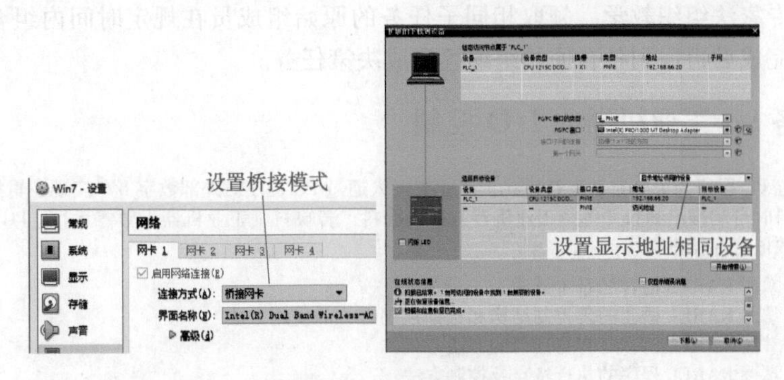

图7-39　程序下载设置

完成上述设置后，PLC将会自动创建TCP SERVER服务器，TCP Client连接该服务器后将会自动分配通信端口，实现10B的数据通信。

7.2 计划与决策

本项目采用专家法组织教学，领取相同子任务的原始组成员在规定时间内组合成专家组并完成对应子任务，完成后再回到各自原始组继续完成决策任务。

7.2.1 子任务1：工业机器人I/O控制

任务要求	设置PC程序为上电自动运行模式，工业机器人通过PC程序对外部数字I/O实现逻辑控制，当供料单元有物料时自动推出物料并等待工业机器人抓取物料，若缺料则工业机器人暂停运行，PC程序与TP程序间通过数值寄存器进行通信
任务目标	1）掌握KAREL语言的基本语法 2）掌握KAREL语言循环控制结构和选择控制结构的使用方法 3）掌握KAREL语言寄存器读写的方法 4）掌握KAREL程序的执行特点及控制方法

1. 制订工作计划

专家组根据任务要求讨论制订工作计划，并完成表7-58。

表7-58 专家组工作计划表

专家组工作计划表					
原始组号		工作台位		制订日期	
序号	工作步骤	辅助准备	注意事项	工作时间/min	
				计划	实际
1					
2					
3					
4					
5					
工作时间小计					
全体专家组成员签字					

2. 任务实施

（1）I/O分配及信号测试　设计工业机器人与供料单元I/O分配并测试信号功能，将测试结果填入表7-59。

表7-59 供料单元I/O分配及信号测试

供料单元I/O分配及信号测试						
原始组号		专家组任务序号		记录人		
序号	供料单元		工业机器人			信号功能检测
	信号名称	功能	物理地址	起始地址	端口号	
1						○正常　○错误
2						○正常　○错误
3						○正常　○错误
4						○正常　○错误
5						○正常　○错误
6						○正常　○错误

（2）程序设计及调试　根据任务要求设计KAREL程序，将调试完毕的程序填入表7-60。

表7-60　供料单元KAREL程序

供料单元KAREL程序			
原始组号		专家组任务序号	记录人
行号	代　码	行号	代　码
1		21	
2		22	
3		23	
4		24	
5		25	
6		26	
7		27	
8		28	
9		29	
10		30	
11		31	
12		32	
13		33	
14		34	
15		35	
16		36	
17		37	
18		38	
19		39	
20		40	

（3）KAREL程序支持设置　启动设置状态：________；启动DI端口：________；触发信号：________。

3. 任务检查

验证工作计划及执行结果是否满足表7-61中的要求，若满足则勾选“是”，反之勾选“否”，分析原因并记录于表7-62。

表7-61　专家组项目检查

序号	任务检查点	小组自我检查	
1	在ROBOGUIDE中测试程序，运行正常后下载到实体机器人	○是	○否
2	供料单元手动工作正常	○是	○否
3	逻辑地址配置正确，信号输入输出工作正常	○是	○否
4	设置初始化函数，并设置初始化标志位	○是	○否
5	初始化完成后供料单元才能工作	○是	○否
6	设置程序为自动运行，并设置程序的触发条件	○是	○否
7	工业机器人吸取物料后供料单元自动供料	○是	○否
8	缺料时供料单元停止运行	○是	○否

表 7-62 专家组阶段工作记录表

专家组阶段工作记录表					
原始组号		专家组任务序号		记录人	
序号	问题现象描述	原因分析及处理方法			
1					
2					
3					
4					
5					

7.2.2 子任务 2：工业机器人位置偏移控制

任务要求	以复杂工件的码垛为应用对象编写码垛程序，可实现指定行、列、层的自动码垛，若中途意外中断码垛程序，程序可自动从中断位置继续码垛
任务目标	1）掌握 KAREL 语言的编译及调试方法 2）掌握 KAREL 语言读写寄存器的方法 3）掌握 KAREL 程序与 TP 程序相互调用的方法

1. 制订工作计划

专家组根据任务要求讨论制订工作计划，并完成表 7-63。

表 7-63 专家组工作计划表

专家组工作计划表					
原始组号		工作台位		制订日期	
序号	工作步骤	辅助准备	注意事项	工作时间/min	
				计划	实际
1					
2					
3					
4					
5					
工作时间小计					
全体专家组成员签字					

2. 任务实施

（1）轨迹规划及 I/O 设置　将立方体工件码垛成 3mm × 3mm × 3mm 形式，规划码垛参数填入表 7-64。

表 7-64 码垛参数设置 （单位：mm）

规划轨迹及 I/O 设置							
原始组号		专家组任务序号			记录人		
立方体尺寸		长		宽		高	
码垛规划间隔		行		列		层	
行列层数值寄存器		行		列		层	
吸盘控制 I/O 设置		物理地址		逻辑起始地址		端口号	

（2）程序设计及调试　根据任务要求设计 KL 程序及 TP 程序，并填入表 7-65 和表 7-66。

表 7-65 码垛堆积 KL 程序

码垛堆积 KL 程序			
原始组号		专家组任务序号	记录人
行号	代　码	行号	代　码
1		28	
2		29	
3		30	
4		31	
5		32	
6		33	
7		34	
8		35	
9		36	
10		37	
11		38	
12		39	
13		40	
14		41	
15		42	
16		43	
17		44	
18		45	
19		46	
20		47	
21		48	
22		49	
23		50	
24		51	
25		52	
26		53	
27		54	

表 7-66 码垛堆积 TP 程序

码垛堆积 TP 程序			
原始组号		专家组任务序号	记录人
行号	代　码	行号	代　码
1		12	
2		13	
3		14	
4		15	
5		16	
6		17	
7		18	
8		19	
9		20	
10		21	
11		22	

3. 任务检查

验证工作计划及执行结果是否满足表 7-67 中的要求，若满足则勾选“是”，反之勾选“否”，分析原因并记录在表 7-68 中。

表 7-67 专家组项目检查

序号	任务检查点	小组自我检查	
1	TP 示教器手动控制外围 I/O 设备工作正常	○是	○否
2	PC 程序可依次执行行、列、层数加 1	○是	○否
3	包含初始化函数	○是	○否
4	PC 程序中包括异常检测及保护	○是	○否
5	真空吸盘吸取或放置时不粘连工件	○是	○否
6	工业机器人码垛过程中未发生碰撞	○是	○否
7	工业机器人可完成码垛堆积	○是	○否
8	码垛程序运行完毕后机器人回到安全点	○是	○否

表 7-68 专家组阶段工作记录表

专家组阶段工作记录表					
原始组号		专家组任务序号		记录人	
序号	问题现象描述	原因分析及处理方法			
1					
2					
3					
4					
5					

7.2.3　子任务3：工业机器人网络通信

任务要求	设置工业机器人以太网通信参数及客户端标签，以SOCKET通信为基础，接收到TCP SERVER命令后，将指定数据上传到服务器，使用安装在PC上的TCP软件协助调试
任务目标	1）掌握KAREL语言的编译及调试方法 2）掌握工业机器人客户端标签设置方法 3）掌握工业机器人SOCKET通信方法

1. 制订工作计划

专家组根据任务要求讨论制订工作计划，并完成表7-69。

表7-69　专家组工作计划表

专家组工作计划表					
原始组号		工作台位		制订日期	
序号	工作步骤	辅助准备	注意事项	工作时间/min	
				计划	实际
1					
2					
3					
4					
5					
工作时间小计					
全体专家组成员签字					

2. 任务实施

（1）网络参数设置　根据以太网环境设置工业机器人及TCP SERVER参数，并填入表7-70。

表7-70　网络参数设置

网络参数设置					
原始组号		专家组任务序号		记录人	
设置类别	设置项目			设置参数	
TCP SERVER参数	IP地址				
	监听端口				
工业机器人网络参数	协议设置	IP地址			
		子网掩码			
		路由器IP地址			
	主机访问表	名称			
		IP地址			
	客户端标签	标签名称			
		服务器名称			
		$HOSTC_CFG序号			
		$HOSTC_CFG[i].$SERVER_PORT			

（2）程序设计及调试　编辑及调试网络通信程序，并填入表 7-71。

表 7-71　网络通信程序

网络通信程序					
原始组号		专家组任务序号		记录人	

行号	代　码	行号	代　码
1		26	
2		27	
3		28	
4		29	
5		30	
6		31	
7		32	
8		33	
9		34	
10		35	
11		36	
12		37	
13		38	
14		39	
15		40	
16		41	
17		42	
18		43	
19		44	
20		45	
21		46	
22		47	
23		48	
24		49	
25		50	

3. 任务检查

验证工作计划及执行结果是否满足表 7-72 中的要求，若满足则勾选“是”，反之勾选“否”，分析原因并记录于表 7-73。

表 7-72　专家组项目检查

序号	任务检查点	小组自我检查	
1	可通过示教器 PING 通 TCP SERVER	○是	○否
2	PC 上创建 TCP SERVER 并设置监听端口号	○是	○否
3	设置应用于通信的客户端标签	○是	○否
4	创建 TCP 通信隧道前调用 MSG_DISCO 函数	○是	○否
5	MSG_CONNECT 返回状态值为 0，TCP SERVER 显示设备已连接	○是	○否
6	缓冲文件设置为 ATR_IA 属性	○是	○否
7	所有函数均设置了异常保护判断	○是	○否
8	TCP 通信隧道及文件读写完毕均主动关闭	○是	○否

表 7-73 专家组阶段工作记录表

<table>
<tr><th colspan="6">专家组阶段工作记录表</th></tr>
<tr><td>原始组号</td><td></td><td>专家组任务序号</td><td></td><td>记录人</td><td></td></tr>
<tr><td>序号</td><td colspan="2">问题现象描述</td><td colspan="3">原因分析及处理方法</td></tr>
<tr><td>1</td><td colspan="2"></td><td colspan="3"></td></tr>
<tr><td>2</td><td colspan="2"></td><td colspan="3"></td></tr>
<tr><td>3</td><td colspan="2"></td><td colspan="3"></td></tr>
<tr><td>4</td><td colspan="2"></td><td colspan="3"></td></tr>
<tr><td>5</td><td colspan="2"></td><td colspan="3"></td></tr>
</table>

7.2.4 子任务4：PLC TCP 网络通信

任务要求	以 PLC 为 TCP 服务器收集工业机器人及外部传感器数据，并根据外围设备状态将控制命令通过以太网方式发送给工业机器人，控制工业机器人的运动状态，同时以 TCP 客户端模式将该控制信息上传到服务器，使用安装在 PC 上的 TCP 软件协助调试
任务目标	1）掌握 PLC 通信类型及其特点 2）掌握 PLC 以太网通信控制方式

1. 制订工作计划

专家组根据任务要求讨论制订工作计划，并完成表 7-74。

表 7-74 专家组工作计划表

<table>
<tr><th colspan="6">专家组工作计划表</th></tr>
<tr><td colspan="2">原始组号</td><td>工作台位</td><td></td><td colspan="2">制订日期</td></tr>
<tr><td rowspan="2">序号</td><td rowspan="2">工作步骤</td><td rowspan="2">辅助准备</td><td rowspan="2">注意事项</td><td colspan="2">工作时间/min</td></tr>
<tr><td>计划</td><td>实际</td></tr>
<tr><td>1</td><td></td><td></td><td></td><td></td><td></td></tr>
<tr><td>2</td><td></td><td></td><td></td><td></td><td></td></tr>
<tr><td>3</td><td></td><td></td><td></td><td></td><td></td></tr>
<tr><td>4</td><td></td><td></td><td></td><td></td><td></td></tr>
<tr><td>5</td><td></td><td></td><td></td><td></td><td></td></tr>
<tr><td colspan="4">工作时间小计</td><td></td><td></td></tr>
<tr><td colspan="2">全体专家组成员签字</td><td colspan="4"></td></tr>
</table>

2. 任务实施

（1）以太网通信特点　总结分析以太网通信特点，并完成表 7-75。

表 7-75　S7-1200 以太网通信特点

<table>
<tr><th colspan="6">S7-1200 以太网通信特点</th></tr>
<tr><td>原始组号</td><td></td><td>专家组任务序号</td><td></td><td>记录人</td><td></td></tr>
<tr><td>实时性分类</td><td>协议类型</td><td colspan="4">说明</td></tr>
<tr><td rowspan="2">实时通信</td><td>PROFINET I/O</td><td colspan="4"></td></tr>
<tr><td>Modbus TCP</td><td colspan="4"></td></tr>
<tr><td rowspan="2">非实时通信</td><td>OUC 通信</td><td colspan="4"></td></tr>
<tr><td>S7 通信</td><td colspan="4"></td></tr>
</table>

（2）PLC 以太网通信参数设置　根据现场环境设置 PLC 以太网通信参数，并完成表 7-76。

表 7-76　PLC 以太网通信参数设置

<table>
<tr><th colspan="4">PLC 以太网通信参数设置</th></tr>
<tr><td>原始组号</td><td></td><td>专家组任务序号</td><td></td></tr>
<tr><td>记录人</td><td colspan="3"></td></tr>
<tr><td>PC 侧 IP 地址</td><td></td><td>TCP 监听端口</td><td></td></tr>
<tr><td colspan="2">PLC 服务器设置</td><td colspan="2">PLC 客户端设置</td></tr>
<tr><td>IP 地址</td><td></td><td>IP 地址</td><td></td></tr>
<tr><td>端口地址</td><td></td><td>端口地址</td><td></td></tr>
<tr><td>连接 ID</td><td></td><td>连接 ID</td><td></td></tr>
<tr><td>通信协议</td><td></td><td>通信协议</td><td></td></tr>
<tr><td>发送缓冲区地址</td><td></td><td>发送缓冲区地址</td><td></td></tr>
<tr><td>发送缓冲区长度</td><td></td><td>发送缓冲区长度</td><td></td></tr>
<tr><td>接收缓冲区地址</td><td></td><td>接收缓冲区地址</td><td></td></tr>
<tr><td>接收缓冲区长度</td><td></td><td>接收缓冲区长度</td><td></td></tr>
<tr><td>是否主动建立连接</td><td>○是　○否</td><td>是否主动建立连接</td><td>○是　○否</td></tr>
</table>

（3）程序设计及调试　根据任务计划设计并调试通信程序，将程序填入表 7-77。

表 7-77　PLC 网络通信程序

<table>
<tr><th colspan="6">PLC 网络通信程序</th></tr>
<tr><td>原始组号</td><td></td><td>专家组任务序号</td><td></td><td>记录人</td><td></td></tr>
<tr><td colspan="3">梯形图程序</td><td colspan="3">梯形图程序</td></tr>
<tr><td colspan="3"></td><td colspan="3"></td></tr>
</table>

3. 任务检查

验证工作计划及执行结果是否满足表 7-78 中的要求，若满足则勾选“是”，反之勾选“否”，分析原因并记录于表 7-79。

表 7-78 专家组项目检查

序号	任务检查点	小组自我检查	
1	PC 与 PLC 可 PING 通	○是	○否
2	通信数据缓冲区范围无重复且取消块优化	○是	○否
3	PLC 上 TCP SERVER 与 CLIENT 设置为不同的通信连接 ID	○是	○否
4	TCP 客户端可连接 PLC 上的 TCP SERVER	○是	○否
5	TCP 客户端显示已分配的端口	○是	○否
6	TCP 服务器端可连接到 PLC 上的 TCP CLIENT	○是	○否
7	PLC 可定时发送数据到 TCP 客户端并接收其返回的数据	○是	○否
8	PLC 可将数据发送到指定 TCP SERVER	○是	○否

表 7-79 专家组阶段工作记录表

专家组阶段工作记录表					
原始组号		专家组任务序号		记录人	
序号	问题现象描述	原因分析及处理方法			
1					
2					
3					
4					
5					

7.2.5 决策任务：工业机器人协同作业

任务要求	大型设备加工生产时，受限于工业机器人运动范围，实际生产中采用多台工业机器人协同作业方式以提高生产效率，但工业机器人彼此之间须相互配合以免发生碰撞，如图 7-40 所示 本任务要求具体如下 1）以 PLC 为 TCP 服务器，两台工业机器人为客户端实现工件的装配 2）自定义 SOCKET 数据格式，实现三方通信 3）将装配完成工件放置在立体仓库中
任务目标	1）掌握 PLC 作为 TCP SERVER 连接多个 CLIENT 的通信方法 2）掌握工业机器人 SOCKET 通信方法 3）掌握 KAREL 语言中函数及程序间参数传递的方法

1. 专家组任务交流

原始组成员介绍完各自在专家组阶段所完成的任务后，解答表 7-80 的问题并记录。

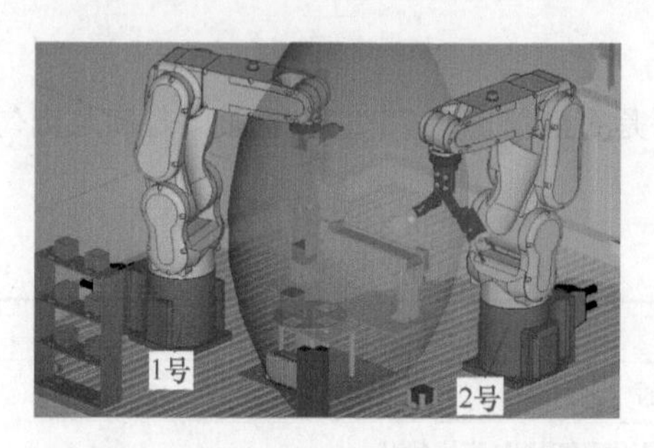

图 7-40　工业机器人协同作业干涉示意图

表 7-80　专业问题研讨一览

序号	问题及解答
1	PC 程序中 I/O 控制较 TP 程序有何区别？
2	实现工业机器人 SOCKET 通信需要设置哪些参数？
3	工业机器人中如何实现 TP 程序与 PC 程序的相互调用？参数传递时有哪些注意事项？
4	PLC 实现 SOCKET 通信时须设置哪些参数？其传送的数据是什么类型？

2. 制订工作计划

原始组根据任务要求讨论制订工作计划，并填入表 7-81。

表 7-81　原始组工作计划表

原始组工作计划表					
原始组号		工作台位		制订日期	
序号	工作步骤	辅助准备	注意事项	工作时间/min	
				计划	实际
1					
2					
3					
4					
5					
6					
7					
工作时间总计					
全体原始组成员签字					

7.3 实施

1. 工作流程设计

根据工件装配工艺要求设计工作流程，并填入表7-82。

表7-82　工件装配工艺流程设计

工件装配工艺流程设计					
原始组号		工作台位		记录人	

2. I/O 地址分配

设计工业机器人与 PLC 等外围设备之间的 I/O 端口连接方式，实现 PLC 可控制工业机器人远程自动运行，并将 I/O 地址分配填入表7-83。

表7-83　I/O 地址分配

I/O 地址分配						
原始组号			工作台位		记录人	
序号	I/O 地址	符号名称	说明			
1						
2						
3						
4						
5						
6						
7						
8						
工业机器人 I/O 分配及配置						
序号	机器人序号	物理地址	分配起始地址	端口号	连接设备地址	说　明
1						
2						
3						
4						

3. 网络通信设置

根据任务要求完成 PLC 与工业机器人的网络通信参数设置，并填入表 7-84。

表 7-84 网络通信参数设置

网络通信参数设置				
原始组号		工作台位	记录人	
PLC TCP SERVER 网络通信参数	连接 ID		连接 ID	
	IP 地址		IP 地址	
	本地端口		本地端口	
	发送缓冲区		发送缓冲区	
	接收缓冲区		接收缓冲区	
	缓冲区长度		缓冲区长度	
	主动建立连接	○是 ○否	主动建立连接	○是 ○否
工业机器人 网络通信参数	IP 地址		IP 地址	
	路由器 IP		路由器 IP	
	客户端编号		客户端编号	
	SERVER PORT		SERVER PORT	

4. SOCKET 数据格式定义

设计多方通信时的 SOCKET 数据格式（注意通信时的大小端问题），将定义的 SOCKET 数据格式填入表 7-85。

表 7-85 SOCKET 数据格式

SOCKET 数据格式					
原始组号		工作台位		记录人	
字节序号	符号定义	功能说明			
1					
2					
3					
4					

5. 程序设计及调试

（1）PLC 程序　将编写、调试完毕的 PLC 程序填入表 7-86。

表 7-86 PLC 程序

PLC 程序					
原始组号		工作台位		记录人	
梯形图程序			梯形图程序		

（2）KAREL 程序 将编写、调试完毕的 KAREL 程序填入表 7-87。

表 7-87 KAREL 程序

<table>
<tr><th colspan="4">KAREL 程序</th></tr>
<tr><td>原始组号</td><td></td><td>工作台位</td><td>记录人</td></tr>
<tr><th>行号</th><th>代码</th><th>行号</th><th>代码</th></tr>
<tr><td>1</td><td></td><td>26</td><td></td></tr>
<tr><td>2</td><td></td><td>27</td><td></td></tr>
<tr><td>3</td><td></td><td>28</td><td></td></tr>
<tr><td>4</td><td></td><td>29</td><td></td></tr>
<tr><td>5</td><td></td><td>30</td><td></td></tr>
<tr><td>6</td><td></td><td>31</td><td></td></tr>
<tr><td>7</td><td></td><td>32</td><td></td></tr>
<tr><td>8</td><td></td><td>33</td><td></td></tr>
<tr><td>9</td><td></td><td>34</td><td></td></tr>
<tr><td>10</td><td></td><td>35</td><td></td></tr>
<tr><td>11</td><td></td><td>36</td><td></td></tr>
<tr><td>12</td><td></td><td>37</td><td></td></tr>
<tr><td>13</td><td></td><td>38</td><td></td></tr>
<tr><td>14</td><td></td><td>39</td><td></td></tr>
<tr><td>15</td><td></td><td>40</td><td></td></tr>
<tr><td>16</td><td></td><td>41</td><td></td></tr>
<tr><td>17</td><td></td><td>42</td><td></td></tr>
<tr><td>18</td><td></td><td>43</td><td></td></tr>
<tr><td>19</td><td></td><td>44</td><td></td></tr>
<tr><td>20</td><td></td><td>45</td><td></td></tr>
<tr><td>21</td><td></td><td>46</td><td></td></tr>
<tr><td>22</td><td></td><td>47</td><td></td></tr>
<tr><td>23</td><td></td><td>48</td><td></td></tr>
<tr><td>24</td><td></td><td>49</td><td></td></tr>
<tr><td>25</td><td></td><td>50</td><td></td></tr>
</table>

（3）TP 程序 将编写、调试完毕的 TP 程序填入表 7-88。

表 7-88 TP 程序

<table>
<tr><th colspan="6">TP 程序</th></tr>
<tr><td>原始组号</td><td></td><td colspan="2">工作台位</td><td>记录人</td><td></td></tr>
<tr><td colspan="2">1 号机器人启动程序名</td><td></td><td colspan="2">2 号机器人启动程序名</td><td></td></tr>
<tr><th>行号</th><th colspan="2">代　码</th><th>行号</th><th colspan="2">代　码</th></tr>
<tr><td>1</td><td colspan="2"></td><td>1</td><td colspan="2"></td></tr>
<tr><td>2</td><td colspan="2"></td><td>2</td><td colspan="2"></td></tr>
<tr><td>3</td><td colspan="2"></td><td>3</td><td colspan="2"></td></tr>
<tr><td>4</td><td colspan="2"></td><td>4</td><td colspan="2"></td></tr>
<tr><td>5</td><td colspan="2"></td><td>5</td><td colspan="2"></td></tr>
<tr><td>6</td><td colspan="2"></td><td>6</td><td colspan="2"></td></tr>
<tr><td>7</td><td colspan="2"></td><td>7</td><td colspan="2"></td></tr>
<tr><td>8</td><td colspan="2"></td><td>8</td><td colspan="2"></td></tr>
<tr><td>9</td><td colspan="2"></td><td>9</td><td colspan="2"></td></tr>
<tr><td>10</td><td colspan="2"></td><td>10</td><td colspan="2"></td></tr>
<tr><td>11</td><td colspan="2"></td><td>11</td><td colspan="2"></td></tr>
<tr><td>12</td><td colspan="2"></td><td>12</td><td colspan="2"></td></tr>
<tr><td>13</td><td colspan="2"></td><td>13</td><td colspan="2"></td></tr>
<tr><td>14</td><td colspan="2"></td><td>14</td><td colspan="2"></td></tr>
<tr><td>15</td><td colspan="2"></td><td>15</td><td colspan="2"></td></tr>
<tr><td>16</td><td colspan="2"></td><td>16</td><td colspan="2"></td></tr>
<tr><td>17</td><td colspan="2"></td><td>17</td><td colspan="2"></td></tr>
<tr><td>18</td><td colspan="2"></td><td>18</td><td colspan="2"></td></tr>
<tr><td>19</td><td colspan="2"></td><td>19</td><td colspan="2"></td></tr>
<tr><td>20</td><td colspan="2"></td><td>20</td><td colspan="2"></td></tr>
<tr><td>21</td><td colspan="2"></td><td>21</td><td colspan="2"></td></tr>
<tr><td>22</td><td colspan="2"></td><td>22</td><td colspan="2"></td></tr>
<tr><td>23</td><td colspan="2"></td><td>23</td><td colspan="2"></td></tr>
<tr><td>24</td><td colspan="2"></td><td>24</td><td colspan="2"></td></tr>
<tr><td>25</td><td colspan="2"></td><td>25</td><td colspan="2"></td></tr>
</table>

7.4 检查

验证工作计划及执行结果是否满足表 7-89 中的要求，若满足则勾选“是”，反之勾选“否”，分析原因并记录于表 7-90。

表7-89　决策任务项目检查

序号	任务检查点	小组自我检查	
1	操作符合安全规范	○是	○否
2	外围设备气动系统压力及控制信号工作正常	○是	○否
3	正确连接PLC与工业机器人RSR/PNS程序选择端口	○是	○否
4	PLC中设置不同ID及监听端口用于以太网通信	○是	○否
5	工业机器人设置为TCP客户端	○是	○否
6	PLC与工业机器人网络通信正常	○是	○否
7	工业机器人运行过程中不断连TCP SERVER，除非主动断连	○是	○否
8	工业机器人可接收PLC发送的数据并正确识别	○是	○否
9	工业机器人可发送数据到PLC并正确识别	○是	○否
10	工业机器人可由PLC远程启动运行程序	○是	○否
11	设备自动运行条件下工业机器人可协同工作	○是	○否
12	完成任务后整理现场并检查安全措施是否正常	○是	○否

表7-90　原始组工作记录表

原始组工作记录表					
原始组号		专家组任务序号		记录人	
序号	问题现象描述	原因分析及处理方法			
1					
2					
3					
4					
5					
6					

7.5　反馈

7.5.1　项目总结评价

1. 与其他小组展示分享项目成果，总结工作收获和问题的解决思路及方法，并根据其他学员的意见提出改进措施，其他小组在展示完毕后方可相互提问。

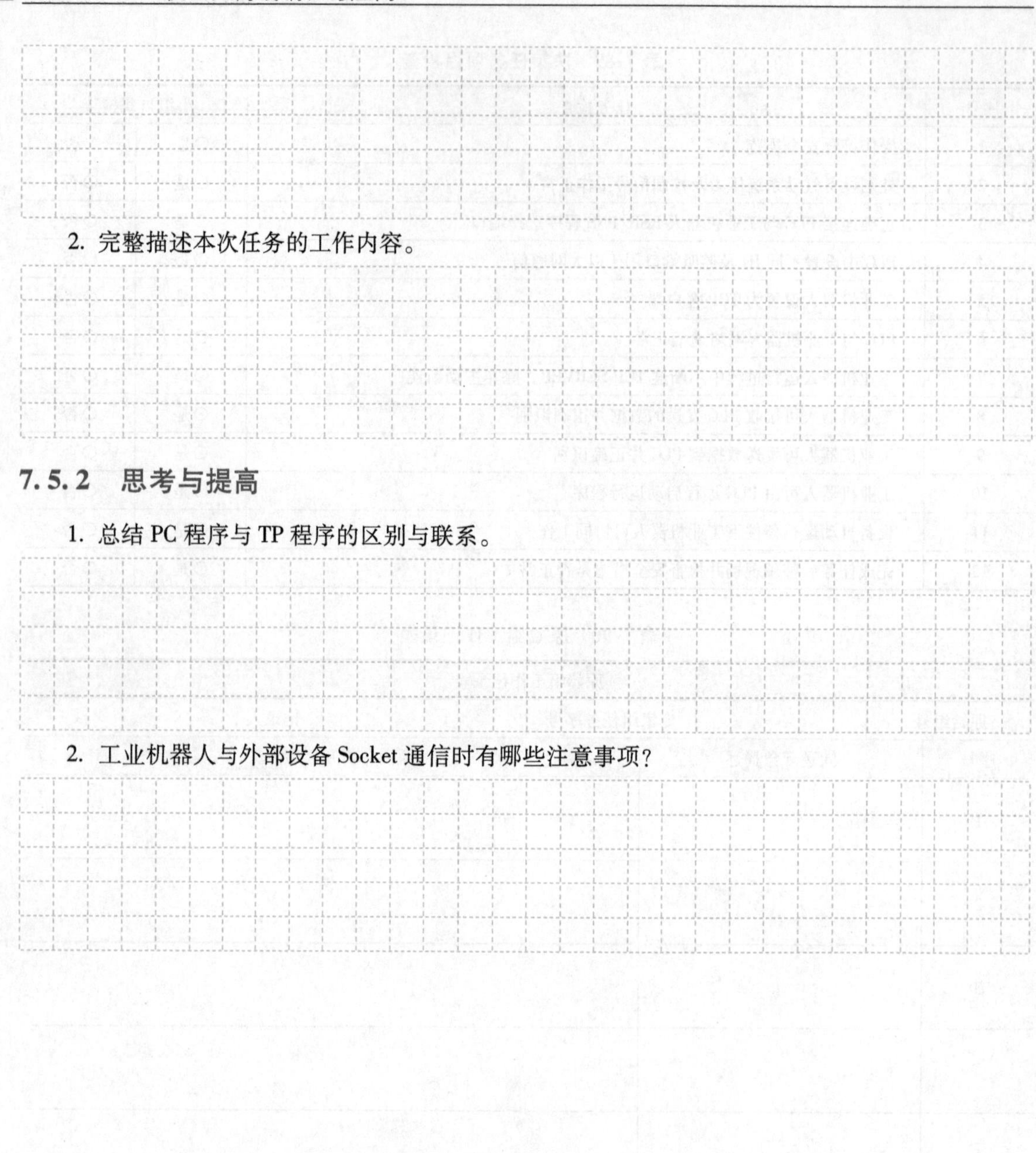

2. 完整描述本次任务的工作内容。

7.5.2 思考与提高

1. 总结 PC 程序与 TP 程序的区别与联系。

2. 工业机器人与外部设备 Socket 通信时有哪些注意事项？

项目 8 工业机器人日常维护

学习情境

工业机器人通常应用于条件较为恶劣、或工作强度和持续性要求较高的场合，因此，工业机器人的预防性保养不可忽视。工业机器人日常维护的目的是为了降低零部件损坏或故障发生率，保持机器人的最佳性能，提高工业机器人的使用寿命。工业机器人的维护管理包括制度、实施和考核等多个方面，从事工业机器人管理和维护的人员必须经过专业培训，具备机器人安装、调试、编程及维修等技能。

工作任务

任务描述	根据工业机器人运维岗位要求，掌握工业机器人电气安装及控制线路、工业机器人校对与调试、工业机器人操作与编程、工业机器人系统维护及工业机器人常见故障处理等多个工作领域的知识技能
任务目标	1）掌握工业机器人本体调试和维护方法 2）系统性掌握工业机器人参数设置、示教编程及常见故障的处理方法

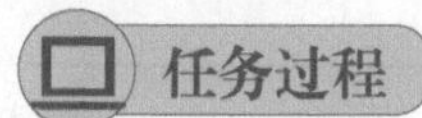

任务过程

8.1 信息

8.1.1 工业机器人的维护

为保障工业机器人正常运行，需要对工业机器人进行定期维护。

1. 日常维护

日常维护包括急停保护装置、渗油、异响和精度等的检查，见表8-1。

表8-1 日常维护清单

序号	维护项目	说明
1	急停控制电路	含示教器急停、控制柜急停、外部急停、IMSTP信号、光栅信号是否有效及可恢复
2	电动机温度	手动状态下检查各轴电动机温度是否异常
3	关节连接处渗油	若有油分泌出，须擦拭干净
4	气动组件	1）检查机器人进气压力是否在0.49MPa 2）检查气管回路是否有泄漏，若有泄漏须拧紧或更换部件 3）检查是否泄水，若含水量过高须在气源处增设空气干燥器
5	系统程序	1）备份控制器系统 2）备份TP和PC程序
6	外围设备	1）指示信号、控制装置、执行器、传感器、熔断器装置等是否正常 2）安装在工业机器人机械手上的螺栓是否有松动、滑丝现象，易松动脱离部位是否正常等

2. 定期维护

依次单击“MENU”键→“0 下页”→“4 状态”→“2 维护保养通知功能”，可对工业机器人设置定期保养提醒。在图 8-1 功能页面按下“F5　设定”可设置每一项的维护保养通知时间。

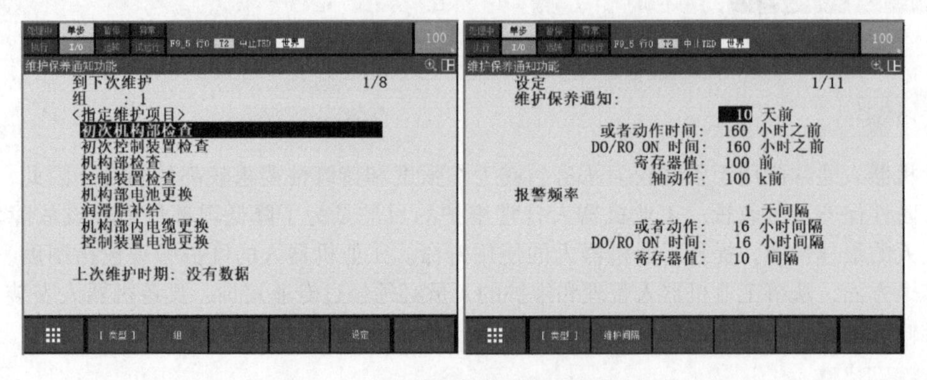

图 8-1　定期维护保养通知时间设置

定期维护通知时间的设置依赖于机器人动作时间、寄存器值及轴动作时间等，其通知频率也可单独设置。工业机器人本体定期维护具体内容见表 8-2。

表 8-2　工业机器人本体定期维护内容

序号	维护频率	维 护 内 容
1	第 1 个月	控制装置通气口灰尘清除
2	第 3 个月	1）控制装置通气口灰尘清除 2）机器人接线端子、连接电缆及用户电缆是否松脱，并进行必要紧固 3）机器人外部安装螺钉是否松动，并进行必要紧固 4）机器人各部分清洁，并检查本体是否有龟裂、损坏
3	每 3 个月	控制装置通气口灰尘清除
4	每 12 个月	1）完成第 3 个月全部项目 2）增加本体电池电量检测及更换
5	每 24 个月	各轴减速机的供脂
6	每 48 个月	1）各轴减速机的供脂 2）机构内部电缆更换

FANUC 工业机器人默认每年工作 3840h，若超过该时间则须缩短上述维护项目的维护频率。

8.1.2　电池的更换

FANUC LR Mate 200iD 系列工业机器人 Mate 控制柜内主板和机器人本体基座上各有一个电池仓，分别实现对 SRAM 和编码器数据存储器的供电。当电池电量不足时，须及时更换以免造成工业机器人无法正常启动。

1. 存储器后备用电池更换

存储在 SRAM 中的程序、系统变量等数据的数据存储器都是依靠安装在主板上的锂电池供电的，如图 8-2 所示。通常情况下锂电池每 4 年更换一次，当示教器上出现“SYSTEM-035”时则须及

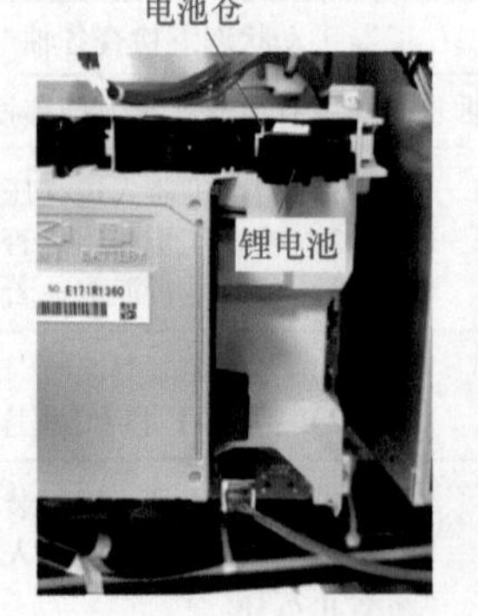

图 8-2　主板锂电池位置

时更换电池，更换电池前 Mate 控制柜至少通电 30s 后再关闭电源。

2. 机器人本体电池更换

用于存储工业机器人数据及脉冲编码器数据的数据存储器都须使用后备电池供电，当电池电压下降时系统发出“SRVO-062”错误报警，当出现该报警时须更换机器人基座电池盒内的电池，更换步骤如图 8-3 所示。

本体电池的更换

图 8-3　工业机器人本体电池更换步骤

更换工业机器人本体电池时必须在机器人本体通电条件下进行，否则需要重新零点标定。

8.1.3　系统备份

系统备份与还原

建议在工业机器人初次开机及调试完毕后备份系统，不同配置的系统间不要相互备份还原。FANUC LR Mate 200iD 系列工业机器人支持三种模式的系统备份及还原，具体见表 8-3。

表 8-3　系统备份及还原模式

模　　式	支持备份类型	支持加载/还原功能
一般模式	1）单个文件或全部文件备份 2）全盘镜像备份	仅支持单个文件的加载，注意： 1）写保护文件不能被加载 2）编辑中的文件不能被加载 3）部分系统文件不能被加载
控制启动模式 (Controlled Start)		与一般模式基本相同，同时还支持全部文件加载
Boot Monitor 模式	文件及系统的镜像备份	文件及应用系统的加载

1. 一般模式的备份与加载

一般模式是指工业机器人正常上电运行时的状态，使用 U 盘可备份实体工业机器人单个程序或系统。

（1）U 盘中创建目录　将 USB 存储设备插入 Mate 控制柜 USB 端口，并确保信息窗口显示“FILE-066”，然后选择“6 USB 盘（UD1:）”。如图 8-4 所示，依次单击“MENU”键→“7 文件”→“1 文件”→“F5　工具”→“4 创建目录”，此处以文件夹名 200ID 为例，输入完毕后按下“ENTER”键完成输入，系统自动进入所创建文件夹。

（2）备份文件　进入文件夹后，单击“F4　备份”选择备份文件，此处以备份所有文件为例。选择“8 以上所有”备份系统所有文件，若在文件夹下则会首先提示“是否删除当前文件夹”，此时选择“F5　否”，如图 8-5 左图所示。系统再次提示“是否将当前文件备份到当前文件夹”，选择“F4　是”后系统开始备份，此时系统会显示当前备份的进度及所要备份的文件总数，所有文件备份完毕后，进度显示消失，如图 8-5 右图所示。

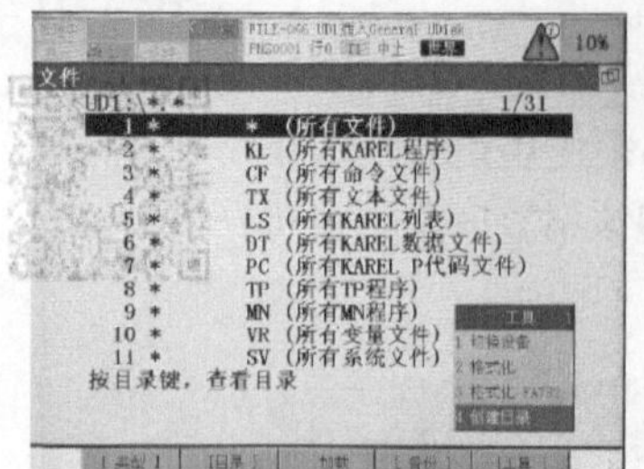

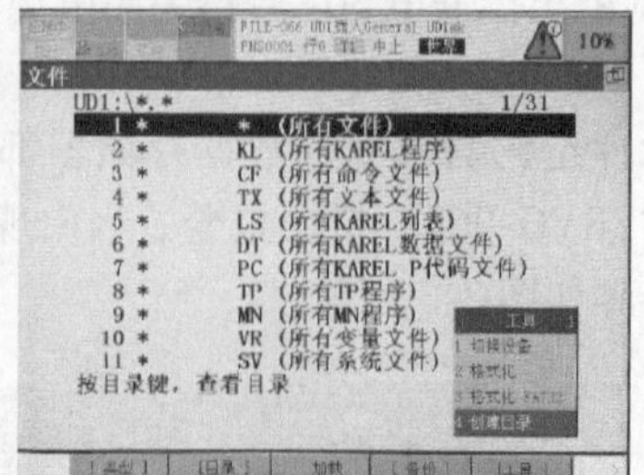

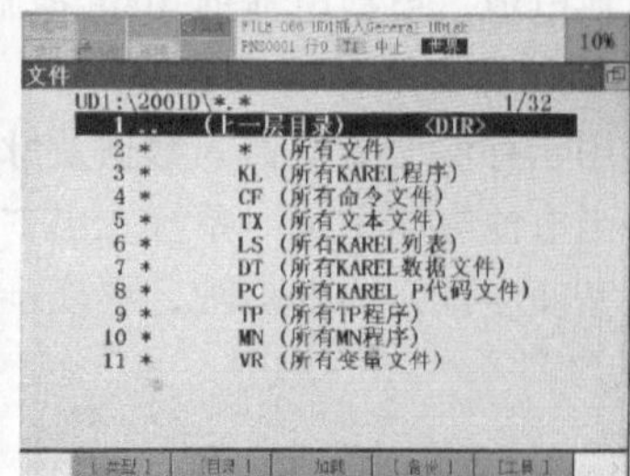

图 8-4　U 盘中创建目录

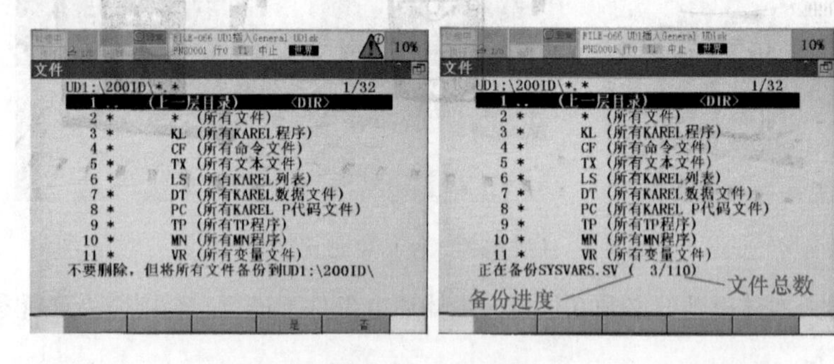

图 8-5　备份文件

（3）镜像备份　镜像备份以 *.IMG 格式备份所有的程序和系统文件，备份文件中的 FROM00.IMG 文件存储有工业机器人的基本配置信息和程序文件，可用于 ROBOGUIDE 创建虚拟机器人时导入实体配置，配置方式如下：

1）选择镜像备份：如图 8-6 所示，在文件管理页面下，选择 UD1 为当前设备，进入自定义文件夹后按下“F4　备份”，选择“2 镜像备份”进入备份选项。

2）选择备份设备：可选择当前目录或以太网方式存储镜像备份文件，此处选择“当前目录”，如图 8-7 所示。

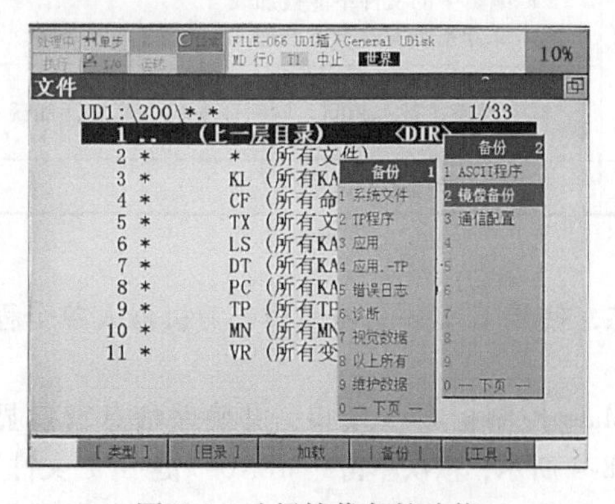

图 8-6　选择镜像备份功能

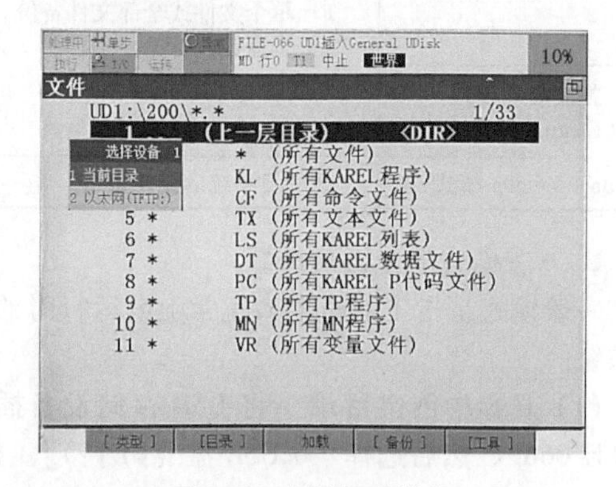

图 8-7　选择备份设备

3）重启 Mate 控制柜：选择备份设备后，TP 示教器上会提示是否重启，单击“F4　确定”后手动重启 Mate 控制柜，当 Mate 控制柜重新上电后，系统会自动进入镜像备份功能并开始备份，在备份过程中切勿关闭 Mate 控制柜电源或移除 U 盘，如图 8-8 所示。

镜像备份完成后，Mate 控制柜会自动重启，并在示教器页面上显示“镜像备份成功完成”，若系统提示备份失败，则格式化当前 USB 移动存储设备后再次镜像备份。

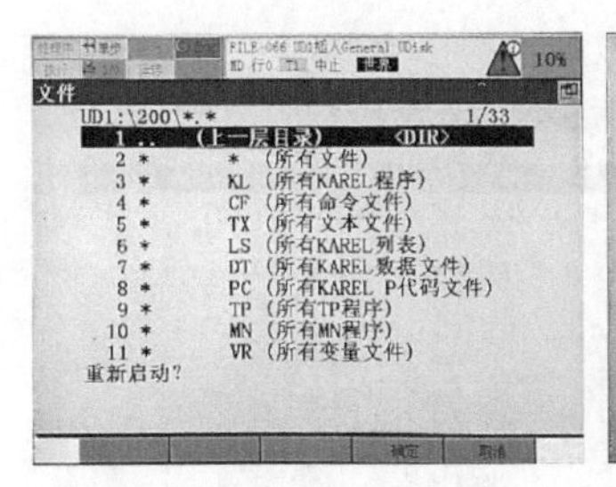

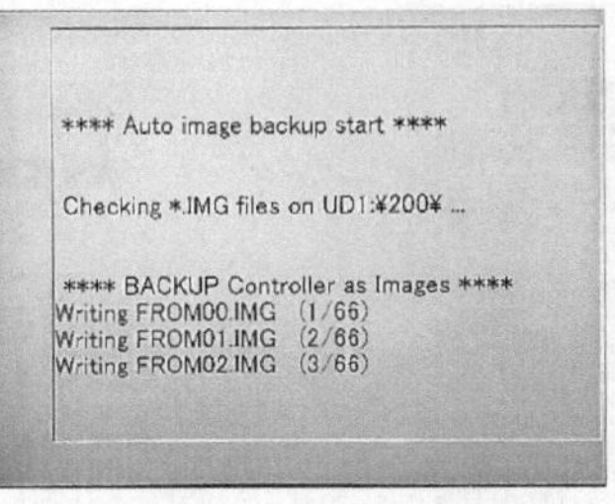

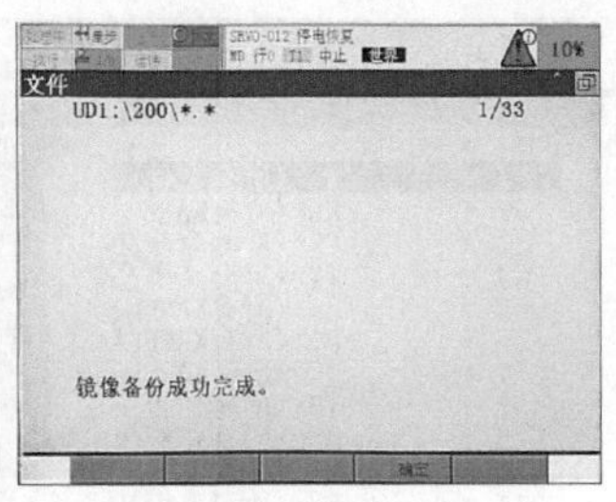

图 8-8　系统镜像备份

2. 控制启动模式的备份与加载

当需要还原系统文件时须进入控制启动模式，该模式下单个文件的备份与还原与一般模式下操作相同。

进入控制启动模式的方式除选择启动模式外，还可在系统上电时在示教器上同时按下“PREV”键和“NEXT”键后，再开启 Mate 控制柜电源，系统上电启动出现对话框后松开两按键，当出现图 8-9a 所示页面后输入“3”选择“Controlled start”控制模式，系统将继续启动，当出现图 8-9b 所示的页面时，即指示窗口显示“CTRL START”时，则表示系统已进入控制启动模式。

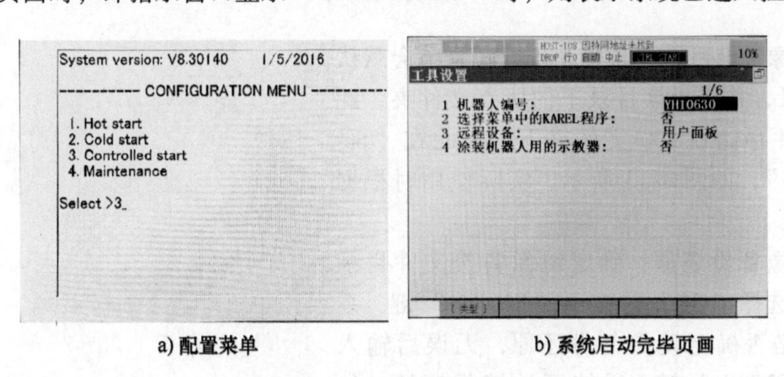

a) 配置菜单　　b) 系统启动完毕页面

图 8-9　控制启动模式

在控制启动模式下批量还原文件的步骤如下：

1）进入文件系统：任意页面下按下“MENU”键→“5 文件”，如图 8-10 所示。

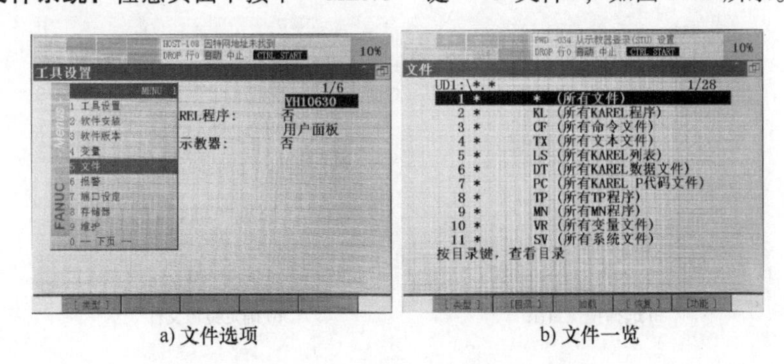

a) 文件选项　　b) 文件一览

图 8-10　控制启动模式下的文件系统页面

2）选择功能模式：如图 8-11 所示，若 F4 为“备份”，则须按下“FCTN”键→选择“2 备份/全部载入”切换，使 F4 功能由“备份”切换为“恢复”。

3）选择加载文件类型：按下“F3　加载”可加载单个文件，按下“F4　恢复”可批量恢复加载其中一种文件类型，如图 8-12 所示。

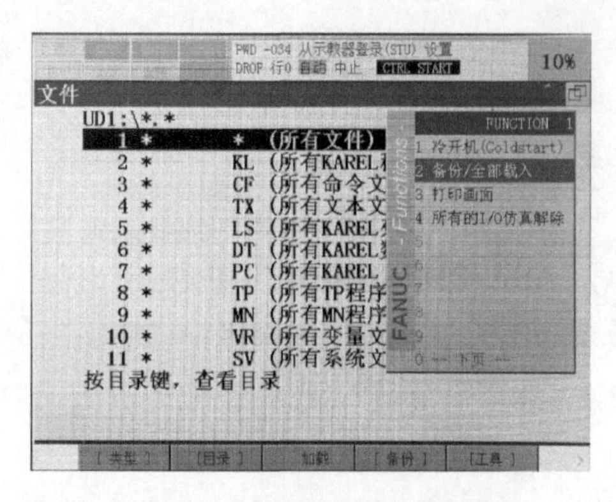

图 8-11 备份/恢复功能切换

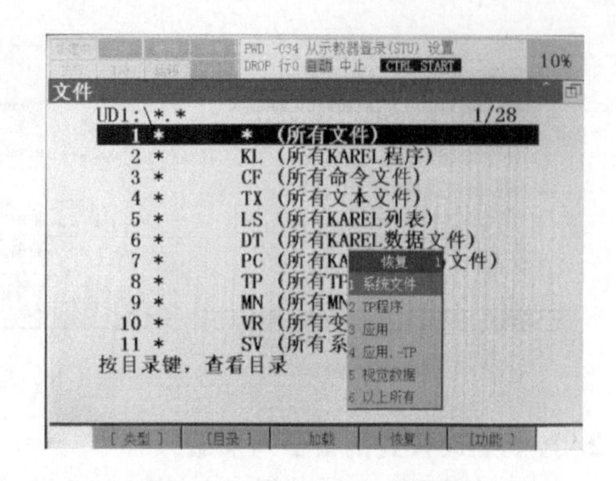

图 8-12 选择加载文件类型

3. Boot Monitor 模式下系统的加载

进入 Boot Monitor 模式须在示教器上同时按下“F1”键和“F5”键后再开启 Mate 控制柜电源，当显示“BOOT MONITOR”后方可松开。以镜像还原为例，操作步骤如下。

1）选择镜像存储设备：进入 BOOT MONITOR 页面后，在“Select”后输入“3”，选择“USB (UD1:) 设备”。

2）选择镜像备份目录：选择设备后，系统会默认进入 U 盘根目录，并显示该目录下的所有文件夹，此处镜像备份文件存储在 200 文件夹下，因此在“Select”后输入“3”，如图 8-13 所示，实际使用时根据现实情况选择。

图 8-13 选择镜像备份文件所在目录

3）确定镜像备份还原：确定镜像备份文件目录后，输入“1”选择“OK”并按下“ENTER”键，系统将再次提示是否确定镜像备份还原，无误后输入“1”并按下“ENTER”键，系统开始镜像还原，如图 8-14 所示。需要注意的是，若系统文件选择错误将导致设备损坏，因此必须谨慎确定。

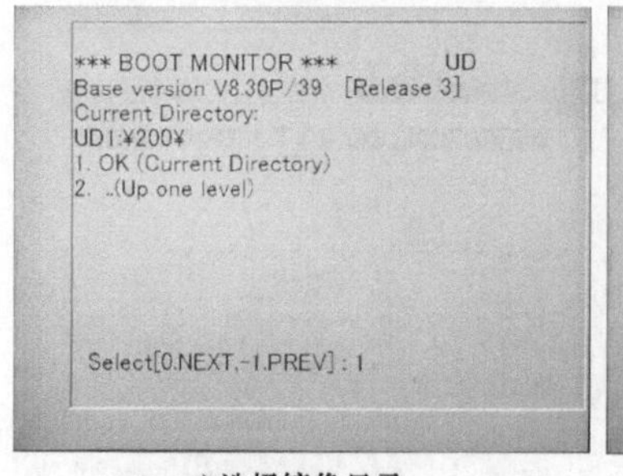

a) 选择镜像目录

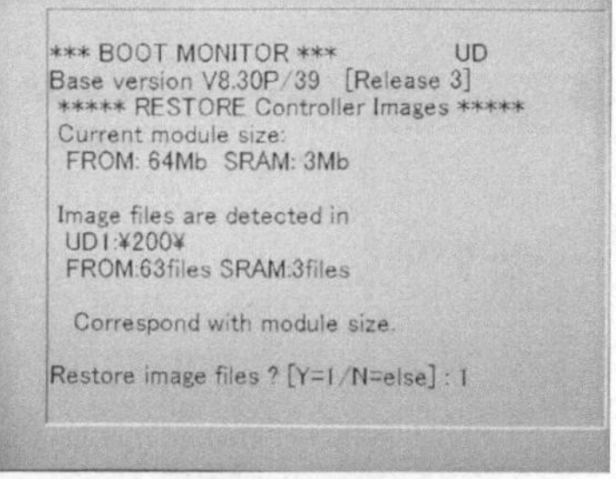

b) 确定镜像文件

图 8-14 确定镜像备份还原

4）镜像还原：根据不同的系统配置，镜像还原需要的时间也不相等。在镜像还原过程中勿断电，当页面显示“Restore complete”时表示镜像还原成功，按下“ENTER”键后系统自动重启，恢复到镜像文件备份时的状态，镜像还原过程如图 8-15 所示。

a) 开始还原镜像　　b) 镜像还原完成

图 8-15　镜像还原过程

8.1.4　零点标定

零点标定是指同步工业机器人的机械位置与位置信息。在下列情况下需要重新进行零点标定。

1）厂家建议每三年零点标定一次工业机器人。

2）更换与运动控制相关的设备（电动机、串行脉冲编码器等），以及编码器丢失时须重新零点标定。

零点复归

3）因编码器备份电池电量不足导致脉冲记录丢失或关机状态下更换机器人底座电池。

4）工业机器人系统升级或初始化后。

需要注意的是，在零点标定过程中，若标定错误将导致所标定轴软限位失效，可能造成工业机器人损坏！

零点标定的步骤如下。

1）开启零点标定功能选项：依次单击“MENU”键→“0 下页”→“6 系统”→“2 变量”→将系统变量 $MASTER_ENB 修改为 1。

2）选择零点标定方式：依次单击“MENU”键→“0 下页”→“6 系统”→“3 零点标定/校准”，零点标点方式如图 8-16 所示。

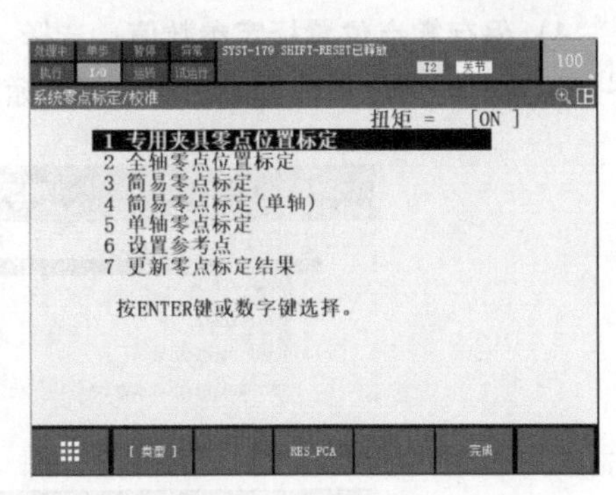

图 8-16　零点标定方式

不同的零点标定方式其操作及误差有所不同，具体见表 8-4。

表 8-4　零点标定方式

序号	标定方式	说　明
1	专用夹具零点位置标定	使用专用校正工具标定，在使用时须拆下所有负载
2	全轴零点位置标定	由于更换机械零部件或维修导致数据丢失时，对所有轴同时标定，会产生累积误差
3	简易零点标定	适用于电气或软件故障造成的数据丢失，零点标定全轴
4	简易零点标定（单轴）	适用于电气或软件故障造成的数据丢失，零点标定单轴，当零点标定 J3 轴时须首先将 J2 轴示教到零点位置
5	单轴零点标定	由于更换机械零部件或维修导致数据丢失时，对所有轴同时标定
6	设置参考点	在机器人正常使用（即无报警）时，设置零点复归参考点数据，建议在机器人安装完毕后，先设置该点
7	更新零点标定结果	保存零点标定参数值

此处以全轴零点位置标定为例。

3）调整工业机器人姿态：在关节坐标系下，依次调整工业机器人各关节轴，对齐轴与轴之间的刻度线，各轴零点位置标定如图 8-17 所示。

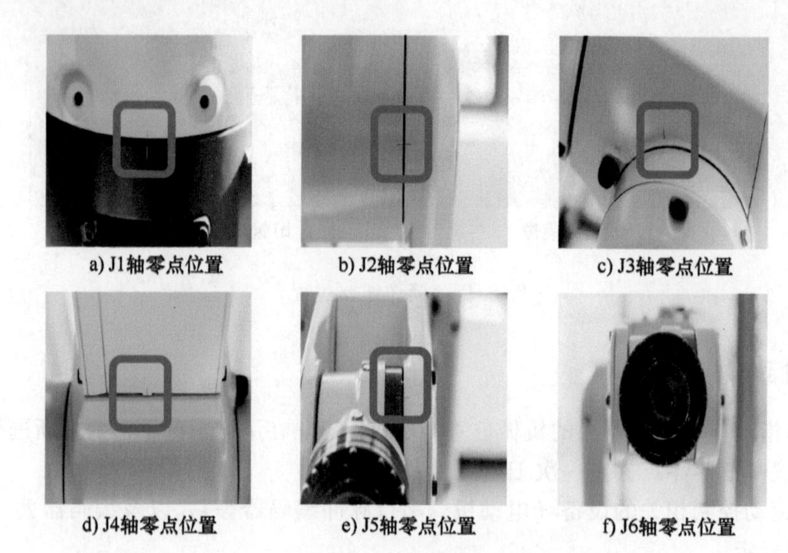

a) J1轴零点位置　b) J2轴零点位置　c) J3轴零点位置

d) J4轴零点位置　e) J5轴零点位置　f) J6轴零点位置

图 8-17　各轴零点位置标定

4）保存零点位置标定参数值：选择“2 全轴零点位置标定”→“ENTER”键→“F4　是”完成零点标定，标定成功后会显示当前零点标定数据，如图 8-18 所示。

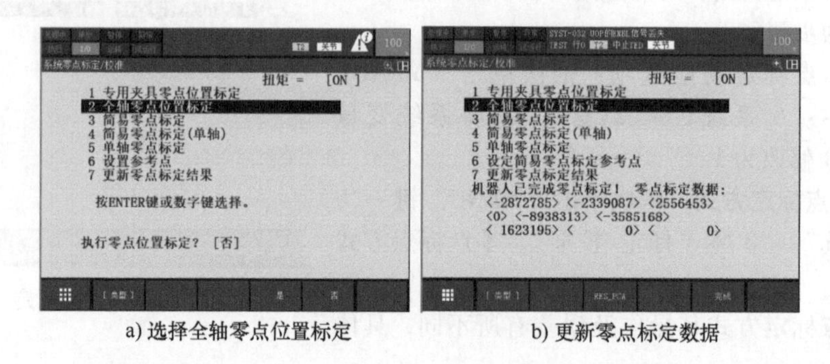

a) 选择全轴零点位置标定　b) 更新零点标定数据

图 8-18　零点标定功能选择

5）更新零点标定数据：选择“7 更新零点标定结果”更新标定数据，或重启 Mate 控制柜更新标定数据，更新完毕后若按下“F5　完成”则系统变量 $MASTER_ENB 设置为 0。

在断电情况下更换本体电池时会产生三个相关错误，须依次执行以下步骤消除报警信息：

1）SRVO-062 BZAL 报警：出现该错误报警时，工业机器人无法动作，须进入零点标定/校准页面，依次单击“F3　RES_PCA”→“F4　是”，重启 Mate 控制柜。

2）SRVO-075 脉冲编码器位置未确定报警：在该报警状态下，工业机器人只能在关节坐标系下运动。该报警信息可在报警页面中按下“F3　履历”查看。在点动模式下将报警轴旋转 20° 以上，然后按下“RESET”键可消除报警。

3）JOG-002 未完成匹配位置报警：在系统零点标定/校准页面上执行零点标定，重新接通电源完成全部故障的排除。

8.2 计划与实施

本任务分为任务排序和结构确立两部分，复习巩固已学知识点，并形成学员自身的知识体系，具体过程及方法见表 8-5。

表 8-5　工作计划

工　作　计　划				
步骤	学习形式	工作内容	工作时间/min	
			计划	实际
1	个人独立学习	将附录 A 技能知识点分类任务中的知识点（见表 A-1 和表 A-2）沿着边框剪成小纸条		
2		任务排序：将标注知识点的小纸条依据“是否知道其含义或者操作方法”分为两类，“知道”为一类，“不确定或不知道”为一类		
3	小组讨论	随机由三位学员组合为一组，讨论各自“不知道”的纸条，若小组中有人知道该知识点，则讲解该知识点，小组成员均不知道的知识内容可寻求教师帮助		
4		结构确立：通过头脑风暴将上述所有知识点进行综合排布，形成认知地图。在此不局限于原有章节的知识结构，按照个人理解建立知识点之间的相互联系即可允许增加附录以外的内容		
5	项目汇报	以小组为单位展示汇报头脑风暴的成果		
工作时间总计				

在规定时间内按照工作计划完成任务，并将实际完成的时间填入表 8-5 中。

8.3 反馈

8.3.1 项目总结评价

1. 与其他小组展示分享项目成果，并记录其他学员的建议。

2. 完整描述本次任务的工作内容。

8.3.2 思考与提高

总结本课程的收获和不足。

附　录

附录 A　技能知识点分类任务

表 A-1　技能知识点分类任务 1

技能知识点	页码	技能知识点	页码	技能知识点	页码	技能知识点	页码
AI [i]/AO [i]	86	EE 接口	88	KAREL 流程控制	207	Placed	129
AIR1	123	Fixture	19	KAREL 数据类型	206	PNS 自动运行	167
AIR2	123	FWD 键	62	KAREL 位置控制	213	POSN 键	25
Auto 模式	5	GI [i]/GO [i]	86	KAREL 选择控制	208	PR [i, j]	96
A 命令	55	HMI	178	KAREL 中 I/O 名称	206	RI [i]/RO [i]	86
Boot Monitor	253	I/O Panel	132	Link 运动方式	127	RSR 自动运行	165
BWD 键	62	I/O 键	87	LPOS	96	SDICOM	137
CAD-To-Path	99	I/O 逻辑分配	137	L 命令	55	SERVO	68
COORD 键	25	IF 指令	91	Machines	18	Simulation 功能	108
CRMA15	136	IMSTP	163	MSG_CON	226	SOCKET 通信	224
CRMA16	136	正交形式	56	MSG_PING	224	SYSTEM	137
C 命令	55	JPOS	96	PC 程序	201	T1 模式	5
DATA 键	90	J 命令	54	Obstacles	19	T2 模式	5
DEADMAN	7	KAREL 程序结构	202	Parts	19	TBOP20	30
DI [i]/DO [i]	86	KAREL 程序支持	204	Part 阵列设置	23	UFRAME [i]	96
DOSRC	137	KAREL 函数定义	211	Pickup	130	UI [i]/UO [i]	86

表 A-2　技能知识点分类任务 2

技能知识点	页码	技能知识点	页码	技能知识点	页码	技能知识点	页码
USB 自动登录	29	仿真动画程序	129	控制柜模式开关	5	位置变量 P [i]	46
UTOOL [i]	96	服务器标签 TAG	107	控制启动模式	253	位置补偿指令	97
WAIT 指令	93	更换本体电池	253	离线坐标直接输入	52	位置寄存器 PR [i]	56
TP 程序	57	工具补偿指令	99	连续运行	62	基本轴	4
安装权限密码	28	工具坐标六点示教	49	零点标定	257	系统备份	253
备注	65	工具坐标三点示教	47	码垛堆积功能	169	系统变量 $SCR	31
倍率指令	104	工具坐标系	46	码垛寄存器 PL	171	系统软件版本号	65
本地自动运行	164	工业机器人维护	251	密码权限	28	关节坐标系	45
程序备份	70	宏指令	134	默认备份目录	18	循环指令 FOR	92
程序间参数传递	218	后台逻辑	140	奇异点	26	一般模式	253
程序调用 CALL	103	机器人本体结构	4	全轴零点标定	257	用户报警	68
程序写保护	66	机器人使用安全	7	日志文件读写	221	用户坐标三点示教	50
程序组掩码	66	基准点	139	设定负载	27	用户坐标四点示教	51
单步运行	62	急停信号类别	30	设置分辨率	64	用户坐标系	46
单轴核对方式	257	计时器指令	176	示教权限	28	优化的块访问	230
导入程序	71	简易零点标定	257	世界坐标系	46	远程自动运行	164
定位类型 CNT	56	经路式样	169	数值寄存器 R [i]	88	注释	48
定位类型 FINE	56	镜像备份	254	跳转指令 JMP	90	专用 I/O	86
堆上式样	169	客户端标签 Tag	225	通用 I/O	86	坐标系类别	45

附录 B　配套工具设计图

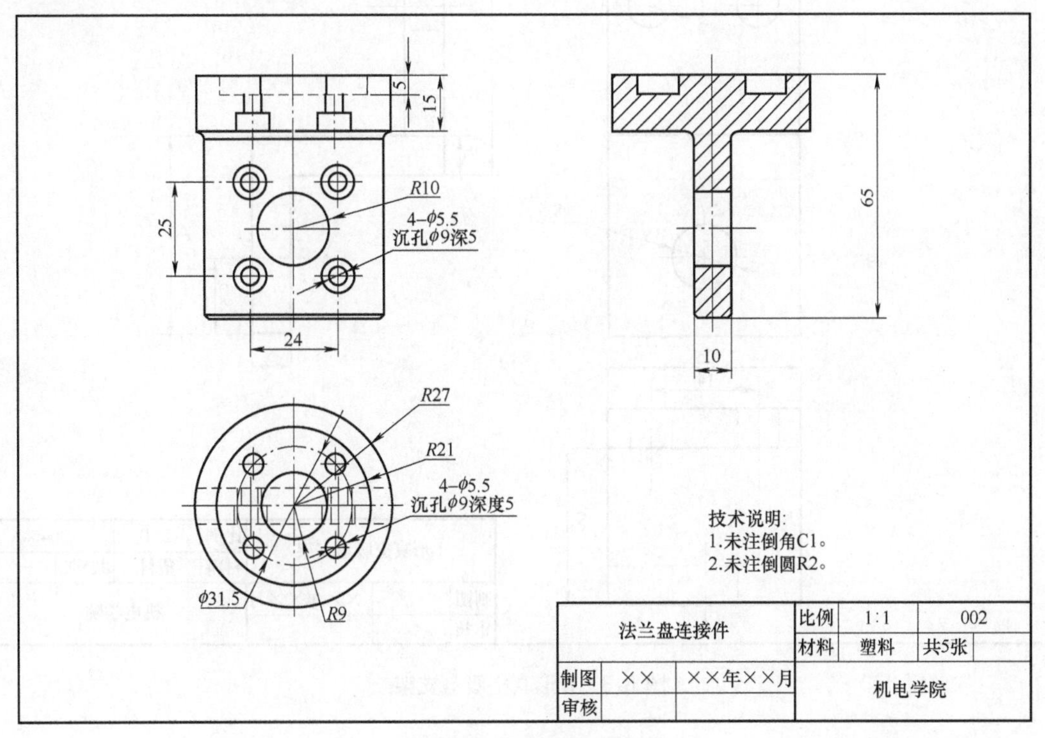

图 B-1　法兰盘连接件

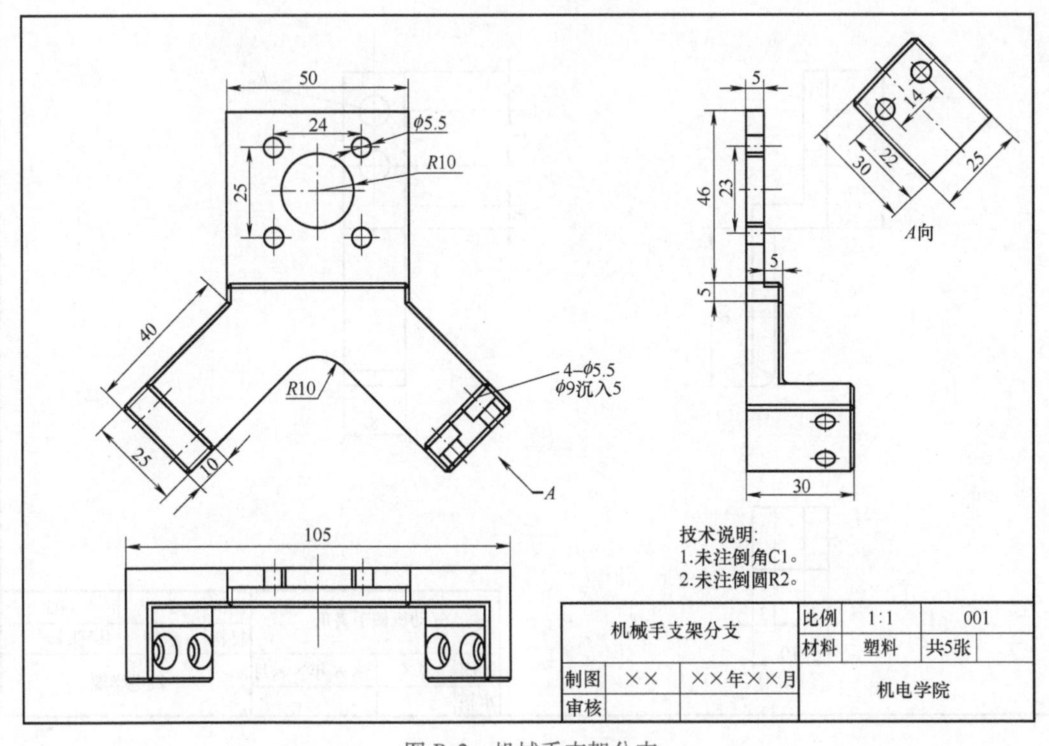

图 B-2　机械手支架分支

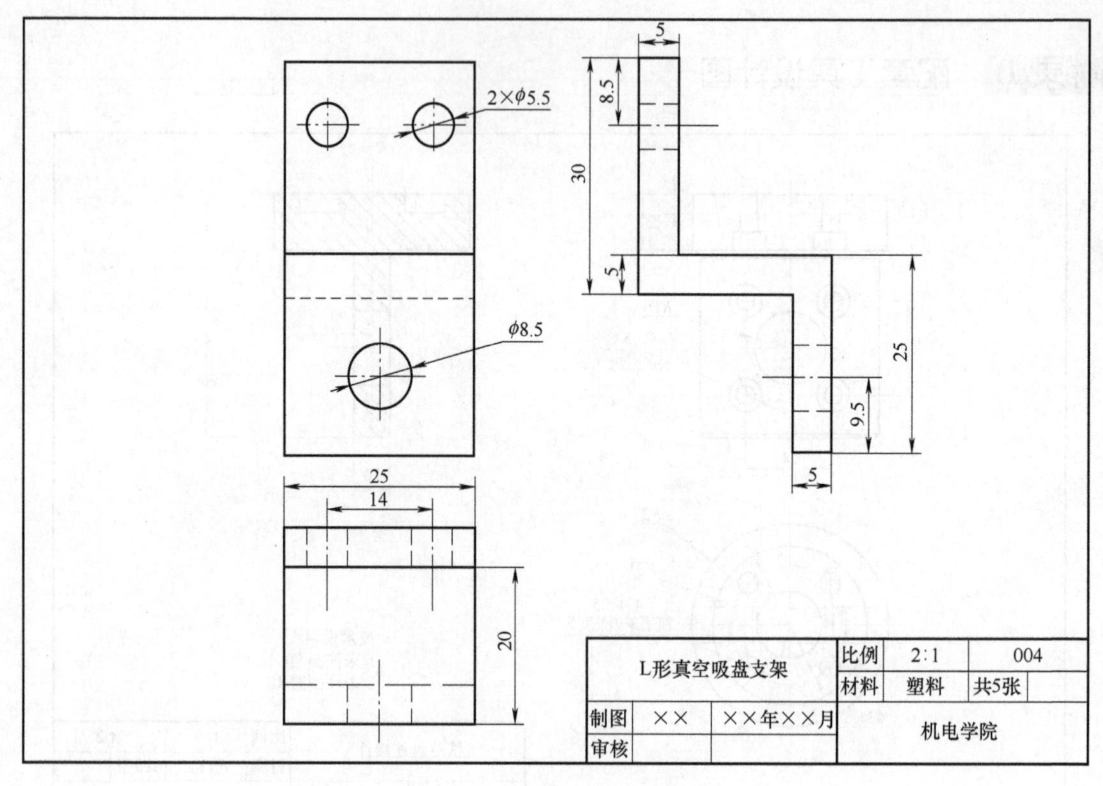

图 B-3　L形真空吸盘支架

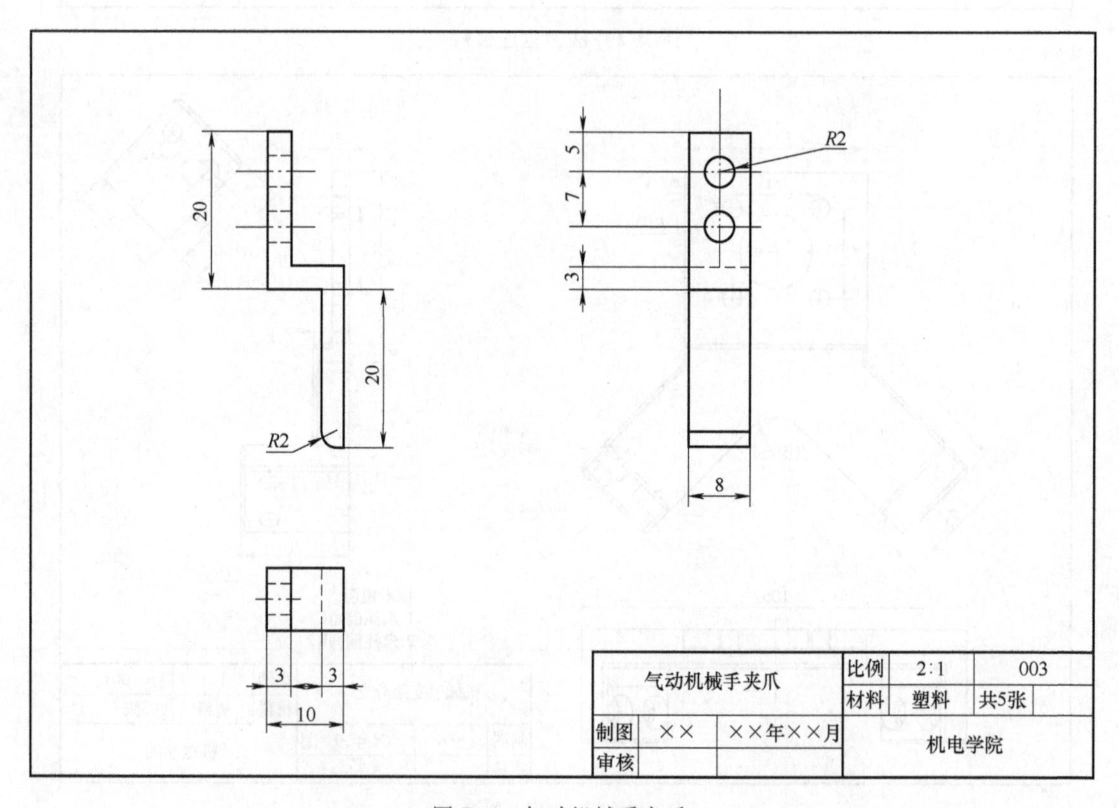

图 B-4　气动机械手夹爪

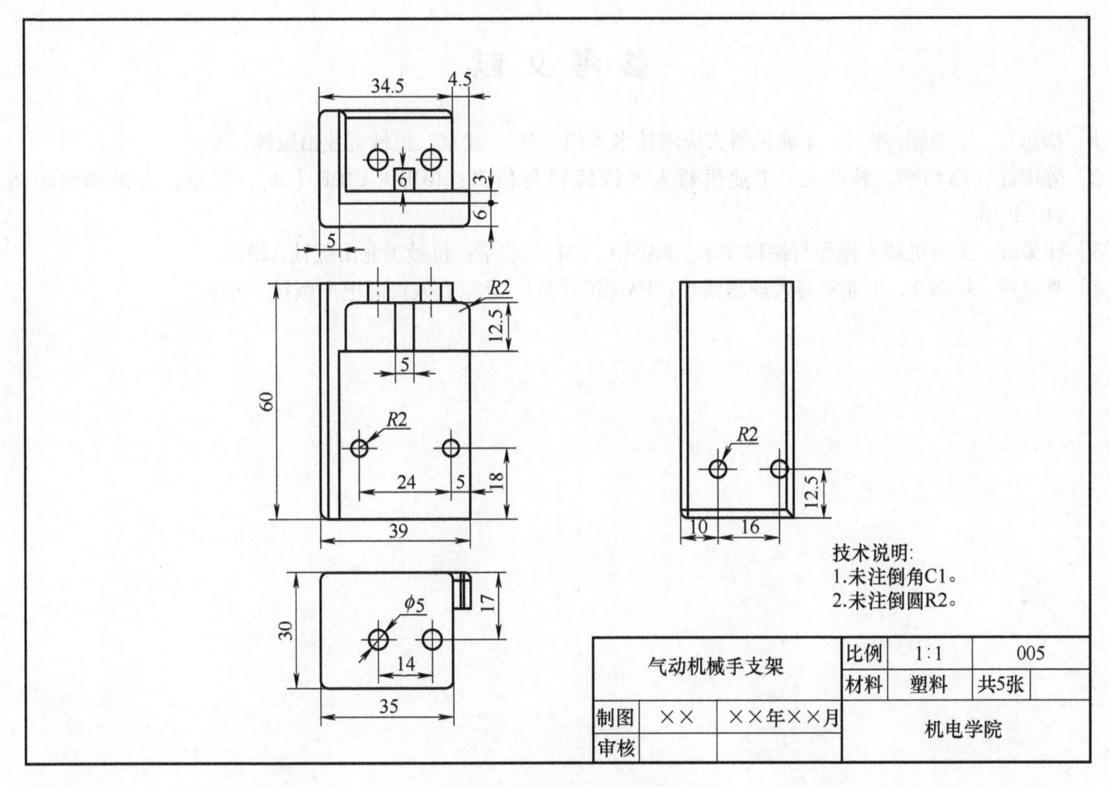

图 B-5　气动机械手支架

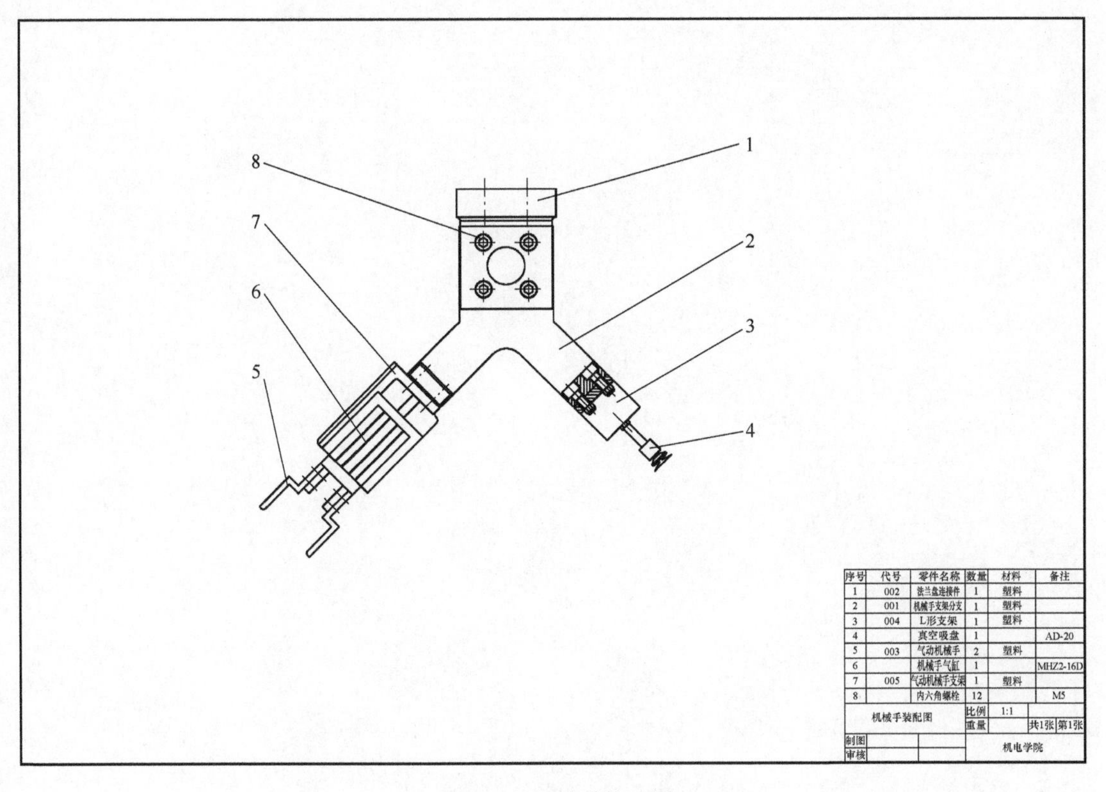

序号	代号	零件名称	数量	材料	备注
1	002	法兰盘连接件	1	塑料	
2	001	机械手支架分支	1	塑料	
3	004	L形支架	1	塑料	
4		真空吸盘	1		AD-20
5	003	气动机械手	2	塑料	
6		机械手气缸	1		MHZ2-16D
7	005	气动机械手支架	1	塑料	
8		内六角螺栓	12		M5

机械手装配图	比例	1:1		
	重量		共1张	第1张
制图			机电学院	
审核				

图 B-6　机械手装配图

参 考 文 献

[1] 徐忠想, 康亚鹏, 陈灯. 工业机器人应用技术入门［M］. 北京：机械工业出版社, 2018.
[2] 陈南江, 郭炳宇, 林燕文. 工业机器人离线编程与仿真：ROBOGUIDE［M］. 北京：人民邮电出版社, 2018.
[3] 张爱红. 工业机器人操作与编程技术：FANUC［M］. 北京：机械工业出版社, 2019.
[4] 李艳晴, 林燕文. 工业机器人现场编程：FANUC［M］. 北京：人民邮电出版社, 2018.